应用型本科系列规划教材

大学数学

微积分 上

■ 李志林　吴建成　主编

U0198078

江苏大学出版社
JIANGSU UNIVERSITY PRESS
镇　江

内容提要

本书根据应用型本科院校(尤其新建本科院校、独立学院)对大学数学课程教学的要求编写. 内容符合工科与经济管理类本科数学基础课程教学基本要求. 主要内容包括一元微积分、微分与差分方程、空间解析几何、多元微积分、无穷级数、数学软件介绍等,全书配有习题与解答. 教材力求通俗易懂,用直观的方法描述比较抽象的理论. 对于不同专业选学的内容,教材采用符号△以示区别;对于部分超出要求的内容,教材标有符号 * 供学有余力的学生选用.

图书在版编目(CIP)数据

大学数学. 微积分. 上 / 李志林,吴建成主编. —镇江:江苏大学出版社,2017.7(2020.10 重印)
ISBN 978-7-5684-0509-6

Ⅰ.①大… Ⅱ.①李… ②吴… Ⅲ.①高等数学—高等学校—教材②微积分—高等学校—教材 Ⅳ.①O13 ②O172

中国版本图书馆 CIP 数据核字(2017)第 169043 号

大学数学——微积分 上
Daxue Shuxue——Weijifen Shang

主　　编/李志林　吴建成
责任编辑/吴昌兴
出版发行/江苏大学出版社
地　　址/江苏省镇江市梦溪园巷 30 号(邮编: 212003)
电　　话/0511-84446464(传真)
网　　址/http://press.ujs.edu.cn
排　　版/镇江文苑制版印刷有限责任公司
印　　刷/丹阳兴华印务有限公司
开　　本/787 mm×1 020 mm　1/16
印　　张/18.75
字　　数/422 千字
版　　次/2017 年 7 月第 1 版　2020 年 10 月第 4 次印刷
书　　号/ISBN 978-7-5684-0509-6
定　　价/41.00 元

如有印装质量问题请与本社营销部联系(电话:0511-84440882)

前　言

高等教育的大众化，促使本科院校呈现出不同层次、不同要求的多元化办学趋势．本书顺应这一发展趋势，在认真总结部分本科院校微积分教材的基础上，编写了这部教材．

本教材最大的特点是针对性强．教材根据本科数学基础课程教学基本要求和应用型人才培养的目标，结合应用型本科院校的教学特点而编写．教材的编写淡化了传统本科教材中部分理论性过强的内容，对于一些重要概念、定理和方法尽量用一些直观、通俗的语言加以描述，如极限的定义、函数可导与不可导的几何表示、复合函数求导的"链式法则"等，一些定义、定理、方法也常常借助于几何图形加以描述，如连续的概念，中值定理的引出、条件与结论等。同时，教材突出了数学的基本原理和思想方法，通过增加部分应用性例题，培养学生应用数学知识解决实际问题的能力，体现出数学既是一种工具，同时也是一种文化的思想．教材的编写力求深入浅出，通俗易懂，便于学生自学．

考虑到不同专业和不同层次的需要，教材选编了部分基本要求以外的内容，对于不同专业选学的内容，教材采用符号△以示区别；对于部分要求较高的内容如各章的综合例题，教材标有符号 * 供学有余力的学生进一步提高数学水平选用．每章的复习题也分为一般和较难的两个层次，这样处理使得教材有较宽的适用面．

尽管我们对全书进行了认真仔细的推敲、审阅，但难免还会存在一些错误．教材中存在的问题欢迎专家、同行和广大读者给予批评指正．

本书配有相应的习题参考答案与提示，读者可到江苏大学出版社网站（http://press.ujs.edu.cn）下载．

编　者

2017 年 5 月

目录

Contents

第一章　函数与极限

大学数学研究的对象是变量与函数，并着重研究函数的共性.大学数学的基本理论和方法都是建立在极限理论的基础之上的，掌握极限理论是学好大学数学的前提.本章在复习函数有关概念之后，着重介绍极限的基本理论和主要运算方法，并讨论函数的连续性.

第一节　函　数

本节将在中学数学的基础上，对一元函数的概念做简要的复习.

一、集合

1. 集合概念

一般地，所谓**集合**(或简称集)是指具有特定性质的一些事物的总体，或是一些确定对象的汇总.构成集合的事物或对象，称为集合的**元素**.例如，彩电、电冰箱、录像机构成一个集合，彩电是这个集合的元素；直线 $x+y-1=0$ 上所有的点构成一个集合，点(0,1)是这个集合的元素.习惯上用大写字母如 A,B,C 等表示集合，用小写字母如 a,b,c,x,y,t 等表示集合的元素.

设 M 是一集合，事物 a 是集合 M 的元素，记作 $a\in M$(读作 a 属于 M)；事物 a 不是集合 M 的元素，记作 $a\notin M$(读作 a 不属于 M).

集合的表示方法有两种：一种是**列举法**，又称**穷举法**，就是在花括号内把集合中所有元素一一列举出来，元素之间用逗号隔开.如 $M=\{a,b,c\}$，$N=\{$彩电，电冰箱，录像机$\}$，自然数集 $\mathbf{N}=\{0,1,2,3,\cdots\}$等.

另一种方法是**描述法**，就是在花括号内，左边写出集合的一个代表元素，右边写出集合的元素所具有的性质，中间用竖线“|”分开.以 x 表示 A 的元素，记作

$$A=\{x|x\text{ 所具有的性质}\}.$$

例如，满足不等式 $1<x<3$ 的一切实数构成的集合可以表示成 $A=\{x|1<x<3\}$.$M=\{(x,y)|x^2+y^2=R^2,x,y\text{ 为实数}\}$代表了 Oxy 平面上以原点为中心、半径等于 R 的圆周上点的全体所组成的集合.

由所研究的所有事物构成的集合称为全集，记作 I.全集是相对的，一个集合在一定条件下是全集，在另一条件下就可能不是全集.例如，讨论的问题仅限于正整数，则全体正整数的集合为全集；讨论的问题包括正整数和负整数，则全体正整数就不是

全集.

不含有任何元素的集合称为**空集**,记作$\varnothing$. 例如,集合$\{x|x>4$ 且 $x<1\}=\varnothing$.

若集合 B 的元素都是集合 A 的元素,则称集合 B 是集合 A 的**子集**,记作 $B\subset A$ 或 $A\supset B$.

对于任一集合 A,因为$\varnothing\subset A$,$A\subset A$,所以$\varnothing$,A 都是集合 A 的子集.

若 $A\supset B$ 且 $B\supset A$,则称集合 A 和集合 B **相等**,记作 $A=B$,表示集合 A 和集合 B 中元素完全相同. 若 $A\subset B$,且 $A\neq B$,则称 A 是 B 的真子集.

设 A,B 为两个集合,由所有属于 A 或属于 B 的元素组成的集合,称为集合 A 与 B 的并集(简称并),记作 $A\cup B$,即

$$A\cup B=\{x|x\in A \text{ 或 } x\in B\}.$$

设 A,B 为两个集合,由所有既属于 A 又属于 B 的元素组成的集合,称为集合 A 与 B 的交集(简称交),记作 $A\cap B$,即

$$A\cap B=\{x|x\in A \text{ 且 } x\in B\}.$$

设 A,B 为两个集合,由所有属于 A 但不属于 B 的元素组成的集合,称为集合 A 与 B 的差集(简称差),记作 $A\backslash B$,即

$$A\backslash B=\{x|x\in A \text{ 且 } x\notin B\}.$$

假设考虑的集合都是全集 I 的子集,称全集 I 中所有不属于 A 的元素构成的集合 $I\backslash A$ 为 A 的余集或补集,记作 A^C,即

$$A^C=I\backslash A=\{x|x\in I,x\notin A,A\subset I\}.$$

集合的运算结果,可用图 1-1 直观表示(图中阴影部分为运算结果).

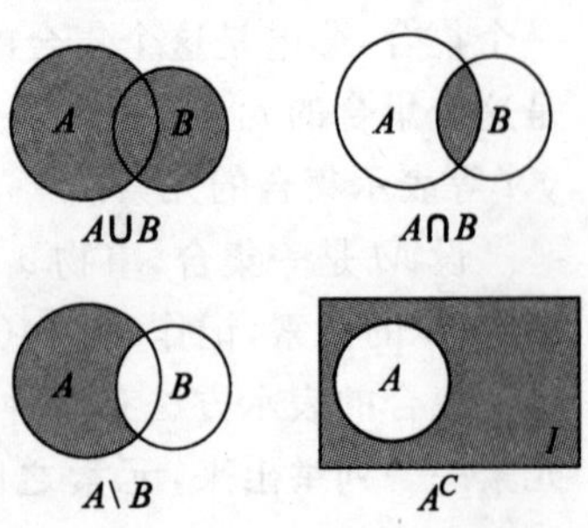

图 1-1

若 $I=\{0,1,2,3,\cdots\}$是所有的自然数集,但 $A=\{1,2,3,4\}$,$B=\{3,4,5,6\}$,则

$$A\cup B=\{1,2,3,4,5,6\},\ A\cap B=\{3,4\},$$
$$A\backslash B=\{1,2\},\ A^C=I\backslash A=\{5,6,7,\cdots\}.$$

集合的运算有下列性质:

(1) 交换律 $A\cup B=B\cup A$, $A\cap B=B\cap A$;

(2) 结合律 $A\cup(B\cup C)=(A\cup B)\cup C$,
$A\cap(B\cap C)=(A\cap B)\cap C$;

(3) 分配律 $(A\cup B)\cap C=(A\cap C)\cup(B\cap C)$,
$(A\cap B)\cup C=(A\cup C)\cap(B\cup C)$;

(4) 幂等律 $A\cup A=A$, $A\cap A=A$;

(5) 吸收律 $A\cup(A\cap B)=A$, $A\cap(A\cup B)=A$;

(6) 对偶律(德·摩根律)

$$(A\cup B)^C=A^C\cap B^C,\ (A\cap B)^C=A^C\cup B^C.$$

2. 实数集

人们对于数的认识是逐步发展的，先是自然数，继而发展到有理数，即正负整数、正负分数及零，再进一步就发展到无理数. 有理数可表示为分数$\frac{p}{q}$，其中 p,q 为整数($q\neq 0$)，而无理数不能表示成这种形式. 我们熟知的无理数有 π，$\sqrt{2}$等. 由于分数可表示为小数或无限循环小数，因此，有理数总可以表示为小数或无限循环小数；而无理数必定为无限不循环小数. 有理数与无理数统称为实数.

全体自然数的集合记作 **N**，全体整数的集合记作 **Z**，全体有理数的集合记作 **Q**，全体实数的集合记作 **R**. 它们有如下关系：

$$\mathbf{N}\subset\mathbf{Z}\subset\mathbf{Q}\subset\mathbf{R}.$$

设有一条直线，在这条直线上取定一点 O，称为原点；规定一个正方向；再规定一个长度，称为单位长度. 这种具有原点、正方向和单位长度的直线称为数轴.

任何一个有理数都可以在数轴上找到一个点与之对应，这样的点称为有理点. 反之，数轴上任何一个有理点必对应于一个有理数. 在任意两个有理数之间可以找到无穷多个有理数，这就是有理数的稠密性. 同样，数轴上任意两个有理点之间总可找到无穷多个有理点，即有理点在数轴上是处处稠密的. 虽然有理点在数轴上处处稠密，但是有理点尚未充满数轴. 数轴上除了有理点之外还有大量的“空隙”，这些空隙处的点就是无理点，与无理点相对应的数就是无理数.

有理数与无理数一起作为实数充满数轴而且没有空隙，这就是实数的连续性.

每一个实数必是数轴上某一个点的坐标；反之，数轴上每一点的坐标必是一个实数. 这就是说，全体实数与数轴上的全体点形成一一对应的关系.

为了简单起见，常常将实数和数轴上与它对应的点不加区别，用相同的符号表示.

3. 绝对值

设 $a\in\mathbf{R}$，符号$|a|$表示 a 的绝对值，定义

$$|a|=\begin{cases}a, & a\geqslant 0,\\ -a, & a<0.\end{cases}$$

在几何上，$|a|$表示点 a 至原点 O 的距离. 例如，点 -1 和点 1 至原点的距离都是 1，即 $|-1|=1$，$|1|=1$. 由算术根的意义可知

$$|a|=\sqrt{a^2}.$$

可见，总有$|a|\geqslant 0$.

绝对值具有下述性质：

(1) $-|a|\leqslant a\leqslant |a|$；

(2) $|a|\leqslant b$(b 是常数，且 $b>0$)等价于$-b\leqslant a\leqslant b$；

$|a|\geqslant b$(b 是常数，且 $b>0$)等价于 $a\leqslant -b$ 或 $a\geqslant b$；

(3) $|ab|=|a||b|$；

(4) $\left|\frac{a}{b}\right|=\frac{|a|}{|b|}\quad(b\neq 0)$；

(5) $|a+b|\leqslant|a|+|b|$，$|a-b|\geqslant|a|-|b|$.

现仅证性质(5).

证 由性质(1)知

$$-|a|\leqslant a\leqslant|a|,\ -|b|\leqslant b\leqslant|b|,$$

两式相加，得

$$-(|a|+|b|)\leqslant a+b\leqslant|a|+|b|.$$

由性质(2)得

$$|a+b|\leqslant|a|+|b|.$$

又

$$|a|=|(a-b)+b|\leqslant|a-b|+|b|,$$

移项即得

$$|a-b|\geqslant|a|-|b|.$$

4. 区间与邻域

区间是常见的数(点)集. 设 a,b 是两个实数，且 $a<b$，则常见的区间有如下几种：

(1) 开区间 $(a,b)=\{x|a<x<b\}$；

(2) 闭区间 $[a,b]=\{x|a\leqslant x\leqslant b\}$；

(3) 左开右闭区间 $(a,b]=\{x|a<x\leqslant b\}$；

(4) 左闭右开区间 $[a,b)=\{x|a\leqslant x<b\}$.

a,b 也称为区间的端点. 以上这些区间都称为有限区间，此外还有所谓无限区间. 引进记号 $+\infty$(读作正无穷大)及 $-\infty$(读作负无穷大)，则常见的无穷区间包括：

$[a,+\infty)=\{x|x\geqslant a\}$，$(a,+\infty)=\{x|x>a\}$，

$(-\infty,b)=\{x|x<b\}$，$(-\infty,b]=\{x|x\leqslant b\}$，

$(-\infty,+\infty)=\{x|x\in\mathbf{R}\}$.

上述区间都可以在数轴上表示出来，如图 1-2 所示.

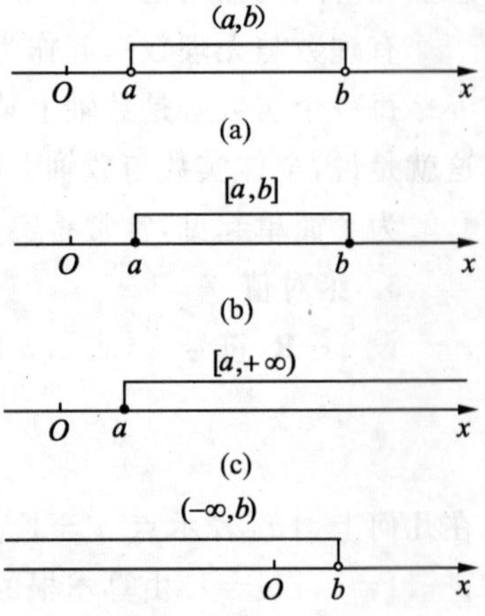

图 1-2

集合 $\{x||x-x_0|<\delta\}$ 可以用开区间 $(x_0-\delta,x_0+\delta)$ 或不等式 $x_0-\delta<x<x_0+\delta$ 表示，称为点 x_0 的 δ **邻域**，通常简记作 $U(x_0,\delta)$. 在数轴上，$U(x_0,\delta)$ 表示以点 x_0 为对称中心，以 δ 为半径画出的开区间，如图 1-3 所示.

常用的还有去心邻域 $(x_0-\delta,x_0)\cup(x_0,x_0+\delta)$，即将点 x_0 排除在外，记作 $\hat{U}(x_0,\delta)$.

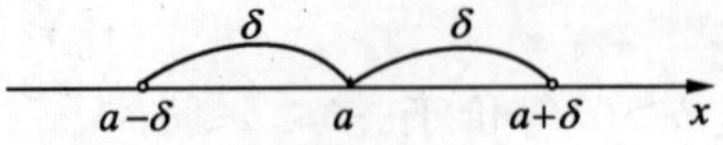

图 1-3

二、一元函数的定义

在实际问题中，常常会遇到各种不同的量，其中有些量保持固定的数值，这种量称为常量，如圆周率 π、重力加速度 g 等；还有一些量可以取一些不同的数值，这种量称为变量，如一天中温度不断变化，温度是一个变量.

通常，一些客观事物所反映出的变量往往不是孤立的，它们常相互依赖并按一定规律变化. 这就是变量间的函数关系，例如：

例 1(自由落体运动)　设物体下落的时间为 t，落下的路程为 h，它们均是变量. 假定开始下落的时间 $t=0$，那么变量 h 与 t 之间的对应关系为

$$h=\frac{1}{2}gt^2,$$

式中，g 为重力加速度. 假定物体着地时刻为 $t=T$，那么当时间 t 在闭区间 $[0,T]$ 内任意取定一个数值时，按上式就有确定的数值 h 与之对应.

例 2　一金属圆盘受温度影响而变化. 由平面几何知，圆的面积 S 与其半径 r 这个变量之间有如下关系：

$$S=\pi r^2.$$

当 r 受温度影响在范围 $[R_1,R_2]$ (R_1,R_2 为常量)变化时，面积 S 依上式随半径 r 的变化而变化.

例 3　在某地乘坐出租车，3 km 之内，付 7 元；3 km 以上，超出部分按每公里 1.4 元计价. 设 x,y 分别表示某乘客的里程与应付的车费，这些量都是变量，其对应的关系为：当 $0<x\leqslant 3$ 时，$y=7$；当 $x>3$ 时，$y=7+1.4(x-3)=1.4x+2.8$，即

$$y=\begin{cases}7, & 0<x\leqslant 3,\\ 1.4x+2.8, & x>3.\end{cases}$$

上述例子反映了变量之间的相互依赖关系. 这些关系确立了相应的法则，当其中一个变量在一定范围内取值时，另一变量相应地有确定的值与之对应. 两个变量之间的这种对应关系就是数学上的函数关系.

定义　设 x 和 y 是两个变量，D 是一个给定的数集. 如果对于每个数 $x\in D$，变量 y 按照一定法则总有确定的数值和它对应，则称 y 是 x 的函数，记作 $y=f(x)$. x 称为自变量，y 称为因变量，数集 D 称为这个函数的定义域，对应的函数值组成的数集 $W=\{y\mid y=f(x),x\in D\}$ 称为函数的值域.

当 x 取数值 $x_0\in D$ 时，与 x_0 对应的 y 的函数值称为函数 $y=f(x)$ 在点 x_0 处的函数值，记作 $f(x_0)$ 或 $f(x)|_{x=x_0}$. 在平面直角坐标系 Oxy 中以自变量 x 为横轴，因变量 y 为纵轴，则平面点集 $L=\{(x,y)\mid y=f(x),x\in D\}$ 称为函数 $y=f(x)$ 的图形(见图 1-4). 函数 $y=f(x)$ 中表示对应关系的记号 f

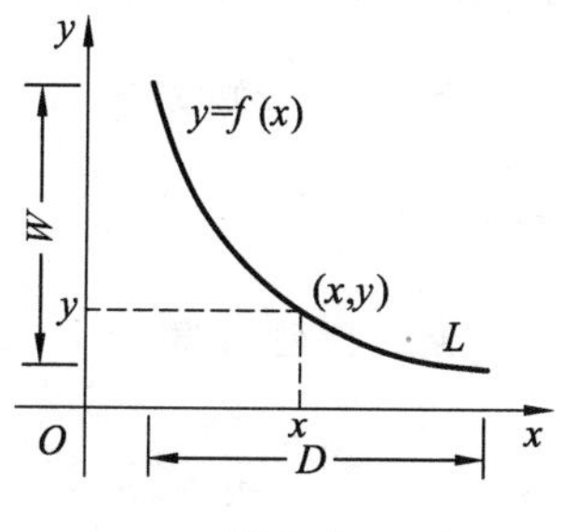

图 1-4

也可改用其他字母，如 F,φ 等.

下面看几个函数的例子.

例 4 设 C 为一常数，函数 $y=C$ 的定义域为所有实数；对任意实数 x，y 都只有一个值 C 与之对应，因此函数的值域为 $\{C\}$. 它的图形为一条平行于 x 轴的直线，如图 1-5 所示.

例 5 函数 $y=|x|=\begin{cases}x, & x\geqslant 0,\\ -x, & x<0\end{cases}$ 的定义域 $D=(-\infty,+\infty)$，值域 $W=[0,+\infty)$，它的图形如图 1-6 所示.

例 6 函数 $y=\operatorname{sgn} x=\begin{cases}1, & x>0,\\ 0, & x=0,\\ -1, & x<0\end{cases}$ 称为符号函数，其定义域 $D=(-\infty,+\infty)$，值域 $W=\{-1,0,1\}$. 对于任何实数 x，有 $x=|x|\operatorname{sgn} x$. 它的图形如图 1-7 所示，在点 $x=0$ 处曲线是断开的.

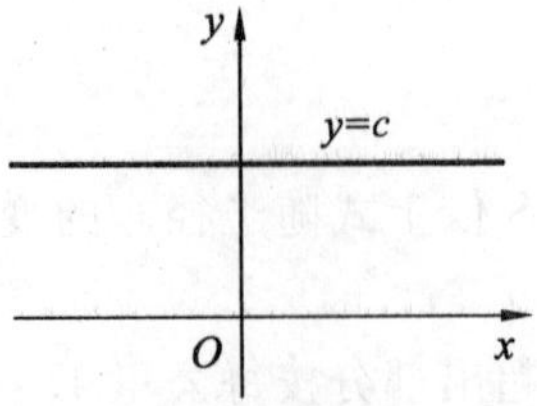

图 1-5

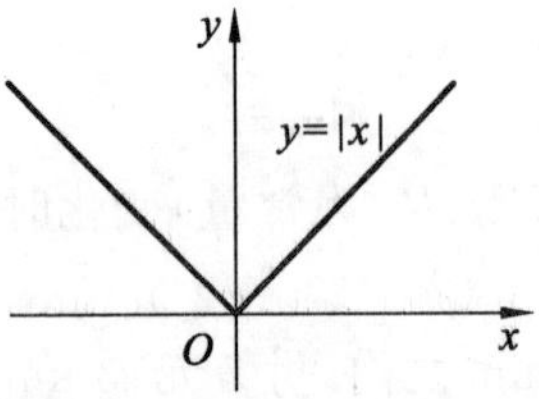

图 1-6

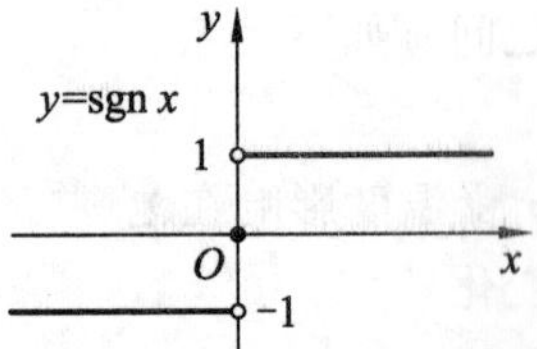

图 1-7

例 7 设 x 为任一实数. 不超过 x 的最大整数简称为 x 的最大整数，记作 $[x]$. 如 $[0.7]=0$，$[\pi]=3$，$[-1]=-1$，$[-2.8]=-3$ 等. 因此，取整函数 $y=[x]$ 的定义域为 $\mathbf{R}$，值域 $W=\mathbf{Z}$. 它的图形如图 1-8 所示，在 x 为整数值处图形发生跳跃.

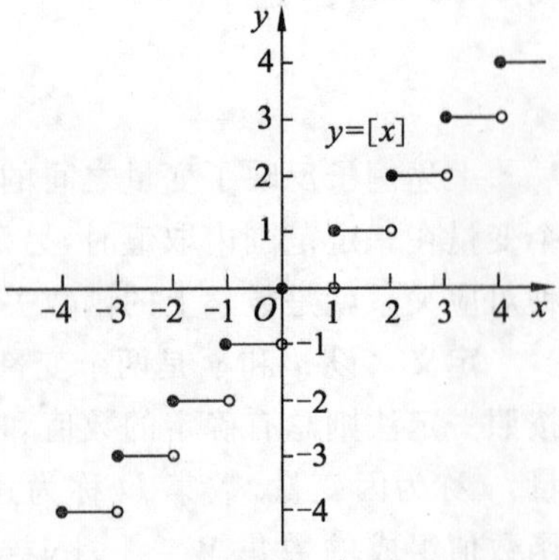

图 1-8

用几个式子来表示一个（注意不是几个）函数，也称为分段函数，是常见的一种函数表达方式，如例 4、例 5、例 6. 这种表达方式在应用中更为常见.

例 8 已知函数 $f(x)=\begin{cases}x+2, & 0\leqslant x\leqslant 2,\\ x^2, & 2<x\leqslant 4,\end{cases}$ 求 $f(x-1)$.

解 由题意得 $f(x-1)=\begin{cases}(x-1)+2, & 0\leqslant x-1\leqslant 2,\\ (x-1)^2, & 2<x-1\leqslant 4,\end{cases}$ 即

$$f(x-1)=\begin{cases}x+1, & 1\leqslant x\leqslant 3,\\ (x-1)^2, & 3<x\leqslant 5.\end{cases}$$

如果自变量在定义域内任取一个数值时，对应的函数值只有一个，这种函数称为单

值函数,否则称为多值函数.前面几例都是单值函数的例子.下面看一个多值函数的例子.

例 9　在直角坐标系中,抛物线的方程是 $y^2=x$.该方程在区间 $[0,+\infty)$ 上确定了以 x 为自变量,y 为因变量的函数.当 $x=0$ 时,对应的函数值只有一个,但当 x 取开区间 $(0,+\infty)$ 内的任何一个值时,对应的函数值就有两个:$y=\pm\sqrt{x}$.所以该函数是多值函数.

对于多值函数,通常分为若干个单值函数来讨论.如上例中多值函数可分为两个单值函数:$y=\sqrt{x}$ 和 $y=-\sqrt{x}$.以后如无特别说明,函数都是指单值函数.

在实际问题中,函数的定义域是根据问题的实际意义确定的.如例 1 中定义域 $D=[0,T]$;例 2 中定义域 $D=[R_1,R_2]$;例 3 中定义域为所有正实数.

在很多情况下,常常不考虑函数的实际意义,而是研究用数学式子表达的函数.此时约定:函数的定义域就是自变量所能取的使算式有意义的一切实数值.例如,函数 $y=\sqrt{1-x^2}$ 的定义域是闭区间 $[-1,1]$,函数 $y=\dfrac{1}{x}$ 的定义域是 $(-\infty,0)\cup(0,+\infty)$.

例 10　求函数 $y=\sqrt{9-x^2}+\ln(x-1)$ 的定义域.

解　要使 y 有意义,必须有

$$\begin{cases}9-x^2\geqslant 0,\\x-1>0.\end{cases}$$

解得

$$-3\leqslant x\leqslant 3 \text{ 且 } x>1.$$

因此定义域为 $(1,3]$.

函数的定义方式可以是多种多样的.数列也是一种函数关系,它的定义域为自然数.在应用中,有时函数与自变量的关系还可以借助列表或图形来表示.值得注意的是,并非所有的函数都可作出它的图形.例如,

$$y=f(x)=\begin{cases}x\sin\dfrac{1}{x}, & x\neq 0,\\0, & x=0.\end{cases}$$

在 $x=0$ 的任何邻域中都无法画出它的完整图形.图 1-9是利用数学软件画出的该函数的图形,在 $x=0$ 附近无法清晰地表示出具体的函数值.

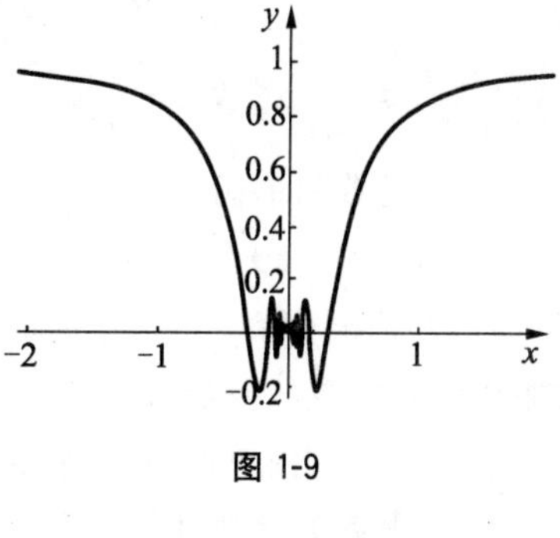

图 1-9

三、函数的几种特性

1. 函数的奇偶性、对称性

对于区间 I,如果 $x\in I$ 且 $-x\in I$,那么称区间 I 为关于原点对称的对称区间.

设函数 $f(x)$ 的定义域 D 是关于原点对称的区间.

(1) 如果对所有的 $x\in D$,有 $f(-x)=f(x)$,则 $f(x)$ 称为**偶函数**.对于偶函数,如果

点 $P(x, f(x))$ 在函数的图形上，则与它对称于 y 轴的点 $P'(-x, f(x))$ 也在图形上，因此偶函数的图形对称于 y 轴.

(2) 如果对所有的 $x\in D$，有 $f(-x)=-f(x)$，则 $f(x)$ 称为**奇函数**. 对于奇函数，如果点 $Q(x, f(x))$ 在函数的图形上，则与它对称于原点的点 $Q'(-x, -f(x))$ 也在图形上，因此奇函数的图形对称于原点.

例如，$y=x^2$（见图 1-10），$y=\cos x$ 为偶函数；$y=x^3$（见图 1-11），$y=\sin x$ 为奇函数.

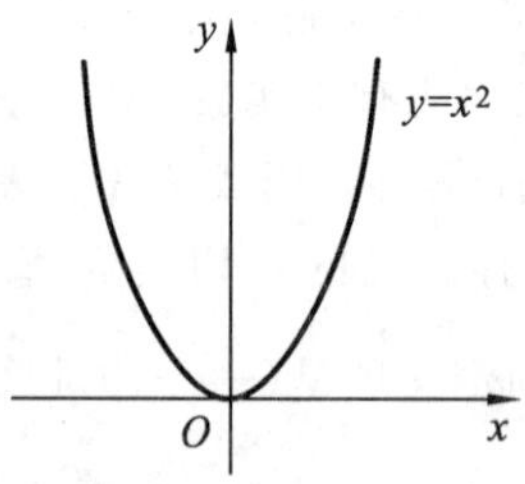

图 1-10

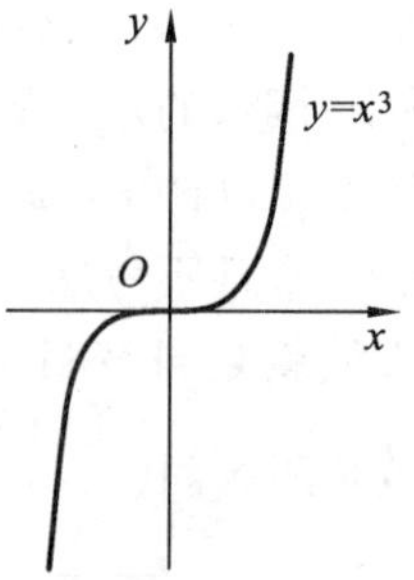

图 1-11

2. 函数的有界性

设函数 $f(x)$ 的定义域为 D，数集 $X\subset D$，如果存在正数 M，使得不等式

$$|f(x)|\leqslant M,\ x\in X$$

成立，则称函数 $f(x)$ 在数集 X 上有界. 如果这样的正数 M 不存在，就称函数 $f(x)$ 在数集 X 上无界. 这就是说，如果对于任何正数 M，总有 $x_0\in X$，使 $|f(x_0)|>M$，那么函数 $f(x)$ 在 X 上无界.

例如，函数 $y=\sin x$ 在定义域 $(-\infty, +\infty)$ 内是有界的，因为对所有的实数 $x\in(-\infty, +\infty)$，$|\sin x|\leqslant 1$；函数 $y=\dfrac{x}{1+x^2}$ 在定义域内是有界的，因为对所有的实数 $x\in\mathbf{R}$，$\left|\dfrac{x}{1+x^2}\right|\leqslant\dfrac{1}{2}$；函数 $y=\dfrac{1}{x}$ 在 $(1, +\infty)$ 内有界但在 $(0,1)$ 内无界.

3. 函数的单调性

设函数 $f(x)$ 在区间 I 内有定义，如果对于区间 I 内任意两点 x_1 及 x_2，当 $x_1<x_2$ 时，$f(x_1)<f(x_2)$（$f(x_1)>f(x_2)$），则称函数 $f(x)$ 在区间 I 内是单调增加（减少）的. 单调增加和单调减少的函数统称为单调函数. 例如，函数 $y=x^2$ 在区间 $[0, +\infty)$ 内单调增加，在区间 $(-\infty, 0]$ 内单调减少，在区间 $(-\infty, +\infty)$ 内不是单调的（见图 1-10）.

4. 函数的周期性

设 a 为一正数，如果对于函数 $f(x)$ 定义域内任意 x，有 $f(x\pm a)=f(x)$，则 $f(x)$ 称为**周期函数**，a 称为周期. 通常我们说周期函数的周期是指最小正周期. 例如，函数 $\sin x$，$\cos x$ 的周期为 2π；函数 $\tan x$，$\sin^2 x$ 的周期为 π；函数 $x-[x]$ 的周期为 1. 常数函数是周期函数，任何正实数都是它的周期，但它没有最小的正周期. 对于周期函数，只要知道其在一个周期的图形，则在其他区间上函数的图形也就知道了.

四、反函数

设函数 $y=f(x)$的定义域为 D，值域为 W. 如果对于每一个 $y\in W$，有确定的且满足 $y=f(x)$的 $x\in D$ 与之对应，则依据这种对应规则定义了一个新的函数 $x=\varphi(y)$，它的定义域为 W. 这个函数就称为函数 $y=f(x)$的**反函数**，也记作 $x=f^{-1}(y)$，它的值域为 D. 相对于反函数来说，原来的函数也称为直接函数.

应当说明的是，虽然直接函数 $y=f(x)$是单值函数，但是其反函数 $x=f^{-1}(y)$未必是单值的. 如函数 $y=x^2$ 的定义域是$(-\infty,+\infty)$，值域$[0,+\infty)$，对于任一 $y\neq 0$，适合 $y=x^2$ 的 x 数值有两个：$x_1=\sqrt{y}$，$x_2=-\sqrt{y}$，所以直接函数 $y=x^2$ 的反函数是多值函数 $x=\pm\sqrt{y}$.

但如果函数 $y=f(x)$是单值单调函数，就一定能保证反函数是单值的. 这是因为，若 $y=f(x)$是单调函数，则任取 D 上两个不同的数值 $x_1\neq x_2$ 时，必有 $f(x_1)\neq f(x_2)$. 所以在 W 上任取一个数值 y_0 时，D 上不可能有两个不同的数值 x_1 及 x_2 使 $f(x_1)=y_0$ 及 $f(x_2)=y_0$ 同时成立.

虽然函数 $y=x^2$ 的反函数不是单值的，但函数 $y=x^2$，$x\in[0,+\infty)$是单值单调的，所以它有反函数 $x=\sqrt{y}$. 同样，函数 $y=x^2$，$x\in(-\infty,0]$有反函数 $x=-\sqrt{y}$.

设 $x=f^{-1}(y)(y\in W)$是 $y=f(x)(x\in D)$的反函数，若把它们画在同一坐标系中，则它们的图形完全重合. 但是，习惯上常用字母 x 表示自变量，y 表示函数，所以我们通常把 $y=f(x)$的反函数 $x=f^{-1}(y)$写成 $y=f^{-1}(x)$，并把 $y=f^{-1}(x)$称为函数 $y=f(x)$的反函数. 由于 $y=f(x)$与 $y=f^{-1}(x)$的关系是 x 与 y 的互换，所以它们的图形是对称于直线 $y=x$ 的(见图 1-12).

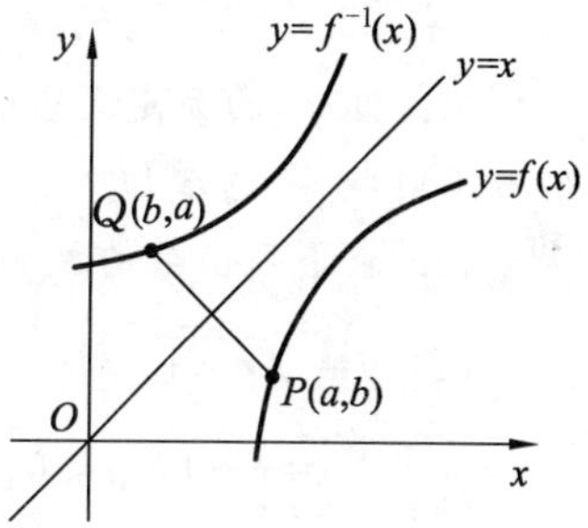

图 1-12

习题 1-1

1. 写出 $A=\{0,1,2\}$的所有子集.

2. 设 $A=\{1,2,3\}$，$B=\{1,3,5\}$，$C=\{2,4,6\}$，求 $A\cup B$，$A\cap B$，$A\cup B\cup C$，$A\cap B\cap C$，$A\setminus B$.

3. 已知 $A=\{0,2,4,6,9\}$，$B=\{-3,-2,-1,0,1,2,4\}$，求 $A\cup B$，$A\cap B$，$A\setminus B$.

4. 已知 $A=\{x|x\geqslant -1\}$，$B=\{x|x<3\}$，求 $A\cup B$，$A\cap B$，$A\setminus B$.

5. 设 $A=\{a,b,c,d\}$，$B=\{c,d,e\}$，$C=\{d,e,f\}$，验证 $A\cap(B\cup C)=(A\cap B)\cup(A\cap C)$.

6. 求下列函数的定义域：

(1) $y=\ln(x+1)$；　　(2) $y=\frac{1}{x}+\sqrt{1-x^2}$.

7. 下列各题中，函数 $f(x)$和 $g(x)$是否相同？

(1) $f(x)=\lg x^2, g(x)=2\lg x$；

(2) $f(x)=x, g(x)=\sqrt{x^2}$；

(3) $f(x)=\frac{x^2-1}{x-1}, g(x)=x+1$；

(4) $f(x)=x\operatorname{sgn} x, g(x)=|x|$.

8. 下列函数中，哪些是偶函数，哪些是奇函数，哪些是非奇非偶函数？

(1) $y=(x^2-1)\sqrt{1+2x^4}$；　　(2) $y=(3x^2-x^3)\sin 2x$；

(3) $y=\frac{1-x^2}{1+\cos x}$；　　(4) $y=x(x+1)(x-1)$；

(5) $y=\tan x-\cot x+1$；　　(6) $y=\frac{a^x+a^{-x}}{2}$；

(7) $y=\ln\frac{1-x}{1+x}$；　　(8) $y=\frac{a^x-1}{a^x+1}$.

9. 设 $F(t)=2t^2+\frac{2}{t^2}+\frac{5}{t}+5t$，证明：$F(t)=F\left(\frac{1}{t}\right)$.

10. 设 $f(x)=\begin{cases}3x+5, & x\leqslant 0,\\ x^2, & x>0.\end{cases}$ 求 $f(-1), f(1)$.

11. 设 $f(x)$为定义在$(-l,l)$内的奇函数，若 $f(x)$在$(0,l)$内单调增加，证明 $f(x)$在$(-l,0)$内也单调增加.

12. 求下列函数的反函数：

(1) $y=\sqrt[3]{x+1}$；　　(2) $y=\frac{1-x}{1+x}$；

(3) $y=\begin{cases}x-1, & x<0,\\ x^3, & x\geqslant 0.\end{cases}$

第二节　初等函数

一、基本初等函数

幂函数、指数函数、对数函数、三角函数和反三角函数这五种函数称为**基本初等函数**. 这些函数在中学的数学课程中已经介绍过，在此列表（见表 1-1）简要回顾一下.

表 1-1　基本初等函数的主要特性及对应的图形

函数	定义域/值域	图　形	函数主要特点
幂函数 $y=x^{\mu}$(μ 为任意实数)	依 μ 的取值而定,但不论 μ 取何值,x^{μ} 在$(0,+\infty)$内总有定义 值域 $(0,+\infty)$	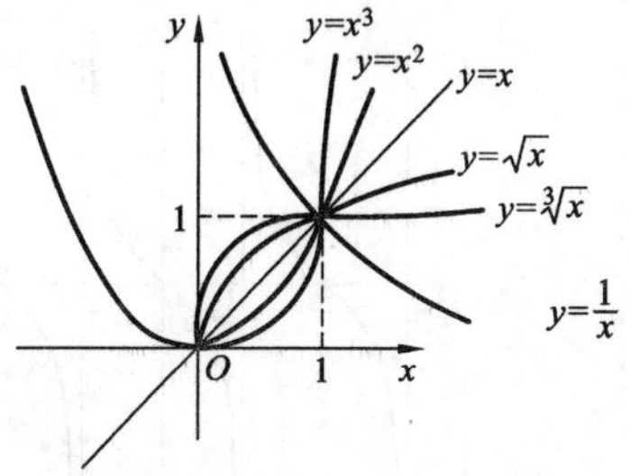	经过点(1,1),在第一象限内:当 $\mu>0$ 时 $y=x^{\mu}$ 为单调增加函数;$\mu<0$ 时,$y=x^{\mu}$ 为单调减函数;$\mu=0$ 时为常数函数 $y=1$
指数函数 $y=a^{x}$ $(a>0, a\neq 1)$. 以 e=2.178 28…为底的函数是工程中常用的函数	定义域 $(-\infty,+\infty)$ 值域 $(0,+\infty)$	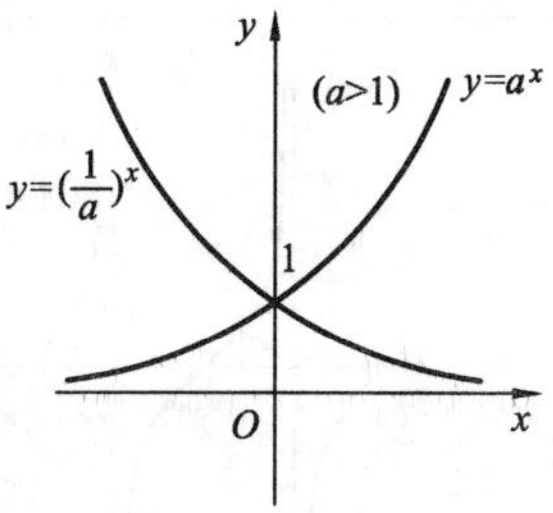	当 $0<a<1$ 时,函数为单调减少的;当 $a>1$ 时,函数为单调增加的. 由于 $y=\left(\frac{1}{a}\right)^{x}=a^{-x}$,所以 $y=\left(\frac{1}{a}\right)^{x}$ 与 $y=a^{x}$ 是关于 y 轴对称的
对数函数 $y=\log_{a}x$ $(a>0, a\neq 1)$以 e=2.718 28… 为底的函数 ln x 是工程中常用的函数	定义域 $(0,+\infty)$ 值域 $(-\infty,+\infty)$	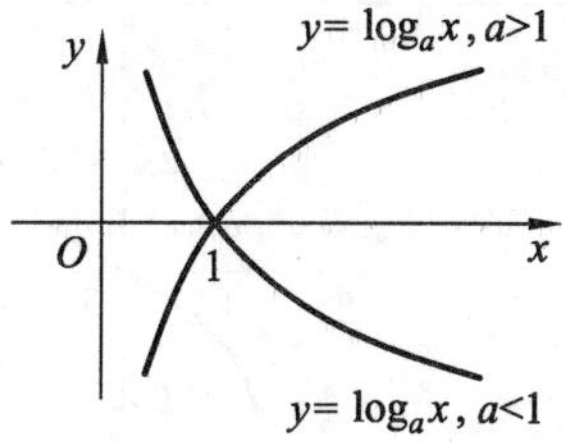	当 $0<a<1$ 时,函数为单调减少的;当 $a>1$ 时,函数为单调增加的
正弦函数 $y=\sin x$	定义域 $(-\infty,+\infty)$ 值域 $[-1,1]$	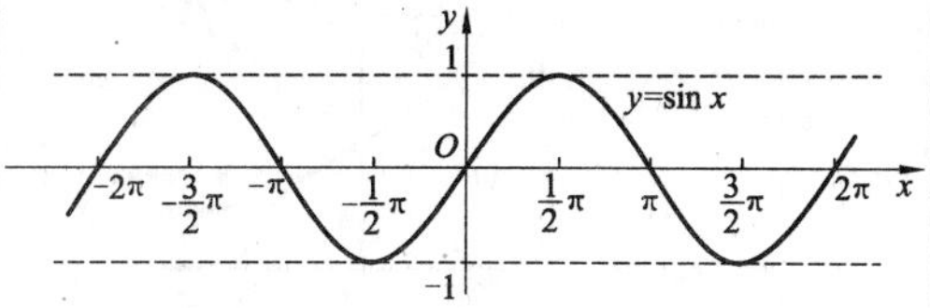	奇函数,曲线关于原点对称; 周期函数,周期为 2π
余弦函数 $y=\cos x$	定义域 $(-\infty,+\infty)$ 值域 $[-1,1]$	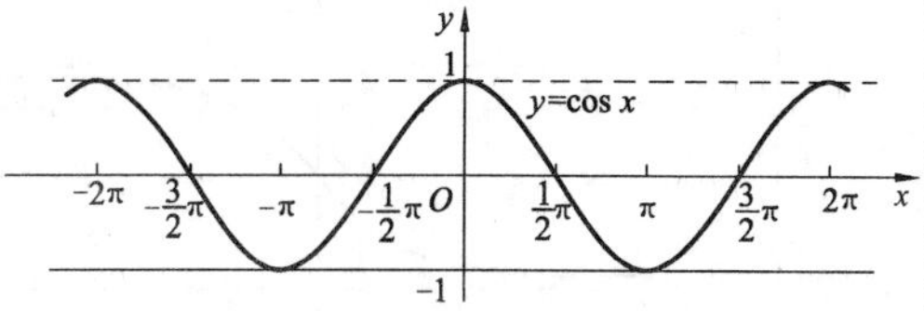	偶函数,曲线关于 y 轴对称; 周期函数,周期为 2π

续表

函数	定义域/值域	图　形	函数主要特点
正切函数 $y=\tan x$	定义域 $x\neq 2k\pi+\frac{\pi}{2}$, $k=0,\pm1,\cdots$ 值域 $(-\infty,+\infty)$.	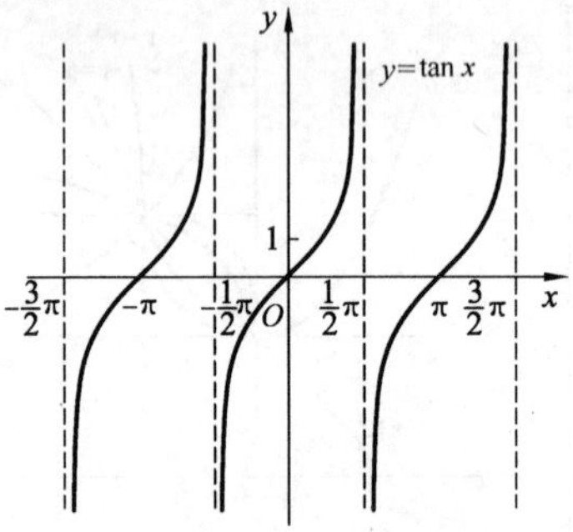	奇函数，曲线关于原点对称； 周期函数，周期为π，在$\left(-\frac{\pi}{2},\frac{\pi}{2}\right)$内函数单调增加
余切函数 $y=\cot x$	定义域 $x\neq k\pi, k=0,\pm1,\cdots$, 值域 $(-\infty,+\infty)$.	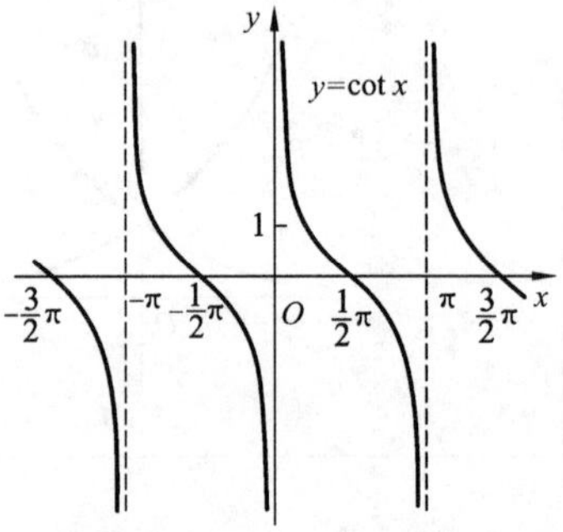	奇函数，曲线关于原点对称； 周期函数，周期为π，在$\left(-\frac{\pi}{2},\frac{\pi}{2}\right)$内函数单调减少
反正弦函数 $y=\arcsin x$	定义域 $[-1,1]$ 值域 $\left[-\frac{\pi}{2},\frac{\pi}{2}\right]$	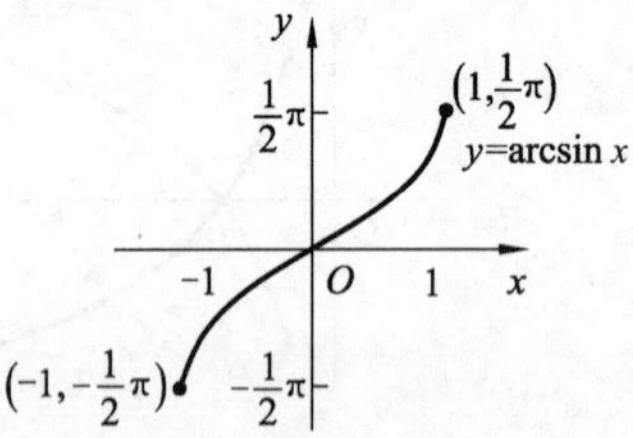	奇函数，曲线关于原点对称； 函数单调增加
反余弦函数 $y=\arccos x$	定义域 $[-1,1]$ 值域 $[0,\pi]$	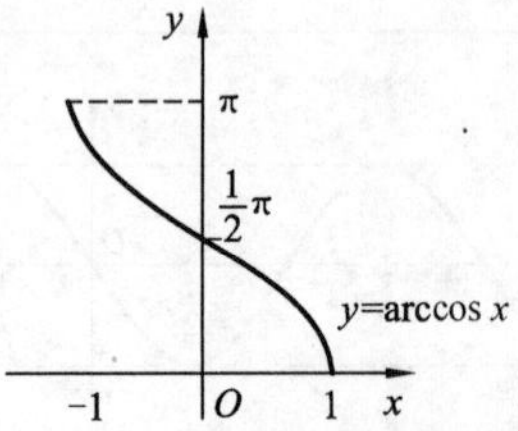	函数单调减少
反正切函数 $y=\arctan x$	定义域 $(-\infty,+\infty)$ 值域 $\left(-\frac{\pi}{2},\frac{\pi}{2}\right)$	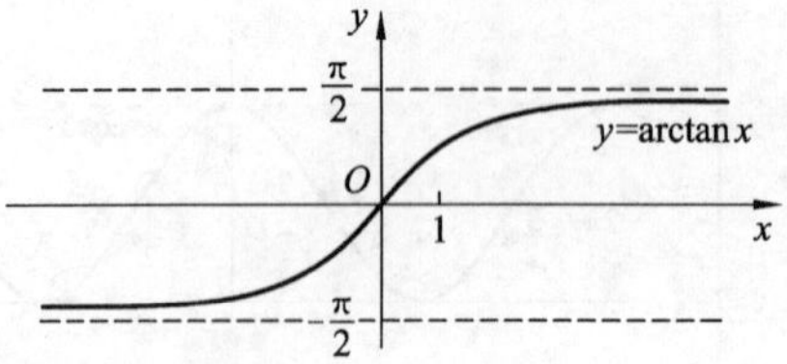	奇函数，曲线关于原点对称； 函数单调增加

续表

函数	定义域/值域	图　形	函数主要特点
反余切函数 $y=\operatorname{arccot} x$	定义域 $(-\infty,+\infty)$ 值域 $(0,\pi)$	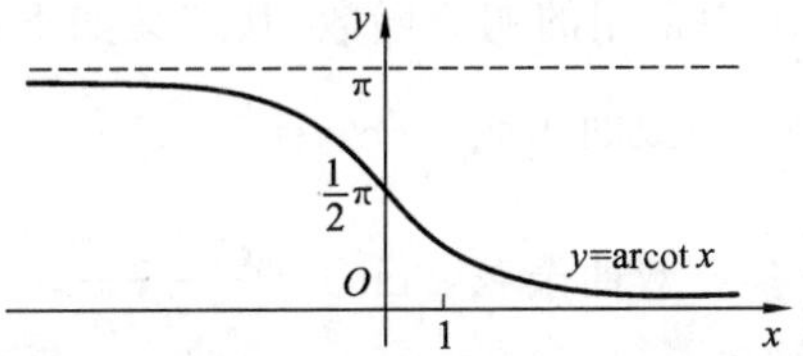	函数单调减少

三角函数常见的公式见附录 A.

对数函数有常用的换底公式：

$$\log_a x=\frac{\ln x}{\ln a}.$$

下面的公式也是经常用到的：

$$当\ A>0\ 时，A=e^{\ln A}.$$

二、复合函数

设 y 是 u 的函数 $y=f(u)$，u 是 x 的函数 $u=\varphi(x)$ 且 $\varphi(x)$ 的值域的全部或部分包含在 $f(u)$ 的定义域内，则通过变量 u，y 也是 x 的函数，称此函数是由 $y=f(u)$ 及 $u=\varphi(x)$ 复合而成的函数，简称**复合函数**，记作

$$y=f[\varphi(x)],$$

而 u 称为中间变量.

例如，$y=|x|=\sqrt{x^2}$ 可以看作由 $y=\sqrt{u}$ 及 $u=x^2$ 复合而成；$y=\ln(1-\cos x)$ 可以看作由 $y=\ln u$ 及 $u=1-\cos x$ 复合而成.

由上面几例可以看出，函数 $y=f[\varphi(x)]$ 的定义域 D 与函数 $u=\varphi(x)$ 的定义域 D_2 通常有很大的差别. 一般 D 要比 D_2 小很多.

注　并非任何两个函数都可以复合. 例如，$y=\ln u$ 的定义域 $D=(0,+\infty)$ 与 $u=\cos x-2$ 的值域 $W=[-3,-1]$ 无公共元素，因此是不能复合的.

复合函数也可以由两个以上的函数经过复合构成. 如 $y=\ln(1+\sin^2 x)$ 可以看成由 $y=\ln u$，$u=1+v$，$v=w^2$，$w=\sin x$ 多次复合而成的复合函数.

三、初等函数

我们通常遇到的函数大都是由常数及基本初等函数经过一些运算构成的. 通常把由常数和基本初等函数经过有限次的四则运算及有限次的函数复合步骤所构成的，并可以用一个式子表示的函数称为**初等函数**.

例如，$y=\tan\dfrac{e^x+2}{x^3+7}$，$y=\arcsin x^2\cdot\ln(x+\sqrt{x^2+1})$ 等都是初等函数.

△四、双曲函数

双曲函数是工程技术中常用的初等函数，其定义如下：

$$\text{双曲正弦}\quad \operatorname{sh} x=\frac{e^x-e^{-x}}{2},$$

$$\text{双曲余弦}\quad \operatorname{ch} x=\frac{e^x+e^{-x}}{2},$$

$$\text{双曲正切}\quad \operatorname{th} x=\frac{\operatorname{sh} x}{\operatorname{ch} x}=\frac{e^x-e^{-x}}{e^x+e^{-x}},$$

$$\text{双曲余切}\quad \coth x=\frac{\operatorname{ch} x}{\operatorname{sh} x}=\frac{e^x+e^{-x}}{e^x-e^{-x}}.$$

函数图形见图 1-13.

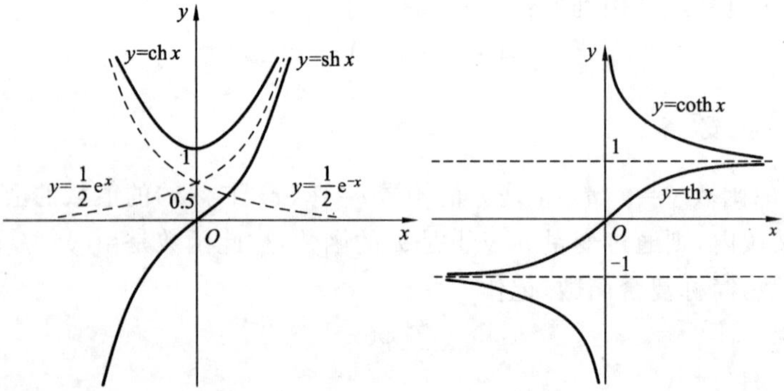

图 1-13

这些函数主要有如下一些公式：

$$\operatorname{ch}^2 x-\operatorname{sh}^2 x=1,$$
$$\operatorname{sh} 2x=2\operatorname{sh} x\operatorname{ch} x,$$
$$\operatorname{ch} 2x=\operatorname{ch}^2 x+\operatorname{sh}^2 x,$$
$$\operatorname{ch}(x\pm y)=\operatorname{ch} x\operatorname{ch} y\pm\operatorname{sh} x\operatorname{sh} y,$$
$$\operatorname{sh}(x\pm y)=\operatorname{sh} x\operatorname{ch} y\pm\operatorname{ch} x\operatorname{sh} y.$$

这些公式和三角函数的公式类似，可以直接验证.

双曲函数的反函数称为反双曲函数. 例如，由双曲正弦函数

$$y=\operatorname{sh} x=\frac{e^x-e^{-x}}{2},\ x\in(-\infty,+\infty),$$

有

$$e^{2x}-2ye^x-1=0.$$

由此可解出

$$e^x=y\pm\sqrt{y^2+1}.$$

因为指数函数只取正值，所以

$$e^x=y+\sqrt{y^2+1},$$

即

$$x=\ln(y+\sqrt{y^2+1}).$$

这就是反双曲正弦函数的表达式. 记双曲正弦函数 sh x 的反函数为 arsh x，则反双曲正弦函数为

$$y=\operatorname{arsh} x=\ln(x+\sqrt{x^2+1}),\ x\in(-\infty,+\infty).$$

对于双曲余弦函数 $y=\operatorname{ch} x, x\in(-\infty,+\infty)$，由于在定义域内不是单调函数，所以只能分别在它的两个单调区间 $(-\infty,0]$ 及 $[0,+\infty)$ 上来讨论. 取 $x\geqslant0$ 所对应的一支作为该函数的主值，读者可自行证明，反双曲余弦函数(记作 arch x)的表达式为

$$y=\operatorname{arch} x=\ln(x+\sqrt{x^2-1}),\ x\geqslant1.$$

它在区间 $[1,+\infty)$ 上是单调增加的. 类似地，反双曲正切函数(记作 arth x)的表达式为

$$y=\operatorname{arth} x=\frac{1}{2}\ln\frac{1+x}{1-x},\ x\in(-1,1).$$

△五、经济领域中常见的函数

1. 成本函数

产品的成本，是指生产一定数量的产品所需的全部经济投入的费用总额. 短期内的总成本可以分为固定成本和可变成本两部分. 如生产中的设备费用、机器折旧费用、一般管理费用等，可以看作是与产品产量无关的，都是固定成本. 而原材料、水电动力支出及雇佣工人的工资等，都是随产品产量的变化而变化的，属于可变成本. 可变成本是产量的函数.

总成本一般用 C 表示，固定成本用 C_0 表示，可变成本用 C_1 表示，C_1 是产量 Q 的函数 $C_1=C_1(Q)$，于是总成本函数为

$$C=C(Q)=C_0+C_1(Q).$$

平均成本就是单位产品的成本，用 $\overline{C}$ 表示. 当产品产量为 Q 个单位时，平均成本为

$$\overline{C}=\overline{C}(Q)=\frac{C(Q)}{Q}.$$

2. 需求函数与供给函数

需求函数记作 $Q=f(p)$，供给函数记作 $Q=g(p)$，其中 p 是商品的价格. $Q=f(p)$ 是在价格 p 条件下，消费者购买的商品量(市场吸收量)，即需求量. $Q=g(p)$ 是在价格 p 条件下，生产者提供给市场的商品量，即供给量.

一般情况下，供给函数是增函数，而需求函数是减函数. 这是因为，当商品价格上扬时，生产者会积极生产增加供应量，而消费者则因价格上涨而减少购买量.

3. 价格函数

需求函数的反函数称为价格函数，即 $p=f^{-1}(Q)$.

实际应用中，价格函数常表示为

$$p=P(Q),$$

式中，Q 为商品销售量(需求量).

4. 收益函数与平均收益

总收益是生产者出售一定量产品所得到的全部收入，等于商品销售量与价格的乘积，常用 R 表示，即

$$R=R(Q)=QP(Q),$$

式中，Q 为销售量，$P(Q)$ 为价格函数.

平均收益是单位商品的收益，用 $\overline{R}$ 表示，即

$$\overline{R}=\overline{R}(Q)=\frac{R(Q)}{Q}.$$

5. 利润函数

总收益减去总成本的差称为总利润. 总利润用 L 表示，即

$$L=L(Q)=R(Q)-C(Q).$$

例 1　某商场销售某种商品 8 000 件. 当销售量在 5 000 件以内时，按照每件 70 元出售，超过 5 000 件后，打八折销售. 试建立总收益与销售量之间的函数关系.

解　设销售量为 x(件)，总收益为 R(元).

总收益与销售量之间的函数关系式为

$$R=\begin{cases}70x, & 0\leqslant x\leqslant 5\,000,\\ 70\times 5\,000+70\times 0.8\times(x-5\,000), & 5\,000<x\leqslant 8\,000,\end{cases}$$

即

$$R=\begin{cases}70x, & 0\leqslant x\leqslant 5\,000,\\ 70\,000+56x, & 5\,000<x\leqslant 8\,000.\end{cases}$$

例 2　某企业生产一种产品，其固定成本为 1 000 元，单位产品的可变成本为 18 元，市场需求函数为 $Q=90-p$. 求总利润函数.

解　总利润函数

$$\begin{aligned}L&=L(Q)=R(Q)-C(Q)=90Q-Q^2-(1\,000+18Q)\\&=-Q^2+72Q-1\,000.\end{aligned}$$

习题 1-2

1. 求下列函数的定义域：

(1) $y=\arcsin\dfrac{x-1}{3}$；　　(2) $y=\dfrac{\lg(3-x)}{\sqrt{|x|-1}}$；

(3) $y=\sqrt{\sin x}+\sqrt{16-x^2}$；　　(4) $y=\sqrt{\lg\dfrac{5x-x^2}{4}}$；

(5) $y=\ln(1-2\cos x)$.

2. 设 $f(x)$ 的定义域是 $[0,1]$，求下列复合函数的定义域：

(1) $f(2-x)$；　　(2) $f\left(\dfrac{1}{1+x}\right)$；

(3) $f(\sin x)$；　　(4) $f(x+a)+f(x-a)\quad(a>0)$.

3. 设 $\varphi(x+1)=\dfrac{x+1}{x+5}$，求 $\varphi(x)$，$\varphi(x-1)$.

4. 设 $f(x)=\begin{cases}x^2, & 0\leqslant x\leqslant 1,\\ 3x, & 1<x\leqslant 2,\end{cases}$ $g(x)=e^x$，求 $f[g(x)]$.

5. 设 $f(x)=\begin{cases}1, & |x|\leqslant 1,\\ 0, & |x|>1.\end{cases}$ 求 $f[f(x)]$.

△6. 证明下列公式：

(1) $\mathrm{ch}^2x-\mathrm{sh}^2x=1$；　　(2) $\mathrm{sh}\,2x=2\mathrm{sh}\,x\mathrm{ch}\,x$；

(3) $\mathrm{ch}\,2x=\mathrm{ch}^2x+\mathrm{sh}^2x$；　　(4) $\mathrm{sh}(x\pm y)=\mathrm{sh}\,x\mathrm{ch}\,y\pm\mathrm{ch}\,x\mathrm{sh}\,y$.

△7. 证明反双曲余弦函数 $\mathrm{arch}\,x$ 的表达式为

$$y=\mathrm{arch}\,x=\ln(x+\sqrt{x^2-1}),\ x\geqslant 1.$$

△8. 某种毛料出厂价格为 90 元/m，成本为 60 元/m. 为促销起见，决定凡是订购量超过 100 m 的，每多订购 1 m，降价 0.01 元，但最低价为 75 元/m.

(1) 试将每米实际出厂价 p 表示为订购量 x 的函数；

(2) 将厂方所获取的利润 L 表示为订购量 x 的函数；

(3) 某商家订购 1 000 m，厂方可获利多少？

第三节　数列的极限

本节先给出数列极限的直观定义，其严格定义将在第九节中阐明. 读者可根据自己的理解能力在学习过程中逐步接受、理解极限思想和极限的严格定义.

一、数列

1. 数列的概念及特性

若函数的定义域为正整数集 $\mathbf{N}^+$，则称函数 $f(n)$，$n\in\mathbf{N}^+$ 为**数列**. 因正整数可按大小顺序依次排列，所以数列也可排成一个序列

$$x_1, x_2, \cdots, x_n, \cdots. \tag{1}$$

数列中的每一个数叫做数列的**项**，第 n 项 x_n 称为该数列的**通项**或**一般项**. 例如：

$$1,-1,1,-1,\cdots,(-1)^{n-1},\cdots; \tag{2}$$

$$2,4,6,\cdots,2n,\cdots; \tag{3}$$

$$\frac{2}{1},\frac{3}{2},\cdots,\frac{n+1}{n},\cdots; \tag{4}$$

$$-\frac{1}{2},\frac{1}{4},-\frac{1}{8},\cdots,\left(-\frac{1}{2}\right)^n,\cdots \tag{5}$$

它们的一般项分别是 $(-1)^{n-1}$，$2n$，$\dfrac{n+1}{n}$，$\left(-\dfrac{1}{2}\right)^{n-1}$. 数列(1)可简记作数列 $\{x_n\}$.

几何上,数列$\{x_n\}$可看作数轴上的一个动点,它依次取数轴上的点$x_1,x_2,\cdots,x_n,\cdots$(见图 1-14).

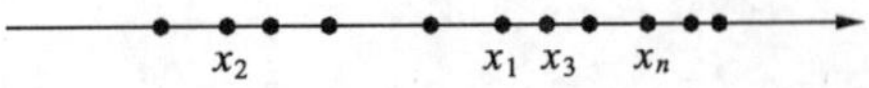

图 1-14

注 1 有时也将数列的定义域取为扩大的自然数集 **N**.

作为特殊的函数,可讨论数列的如下一些特性.

(1) 数列的单调性

如果数列$\{x_n\}$满足条件

$$x_1 \leqslant x_2 \leqslant x_3 \leqslant \cdots \leqslant x_n \leqslant x_{n+1} \cdots,$$

就称数列$\{x_n\}$是单调增加的;如果数列$\{x_n\}$满足条件

$$x_1 \geqslant x_2 \geqslant x_3 \geqslant \cdots \geqslant x_n \geqslant x_{n+1} \cdots,$$

就称数列$\{x_n\}$是单调减少的.单调增加和单调减少的数列统称为单调数列.

例如,数列(3)是单调增加的,数列(4)是单调减少的.

注 2 这里讨论的单调性是广义的,允许有等号成立,这和函数的单调性有所不同.

例 1 设$x_1=\sqrt{2}, x_{n+1}=\sqrt{2+x_n}, n=1,2,\cdots$,讨论数列$\{x_n\}$的单调性.

解 容易看到$x_n>1>0$.由

$$x_{n+1}-x_n=\sqrt{2+x_n}-\sqrt{2+x_{n-1}}=\frac{x_n-x_{n-1}}{\sqrt{2+x_n}+\sqrt{2+x_{n-1}}},$$

并利用数学归纳法可以证明,对一切自然数n,$x_{n+1}-x_n>0$成立.因此,$\{x_n\}$是单调增加的.

(2) 数列的有界性

对于数列$\{x_n\}$,如果存在着正数M,使得$|x_n| \leqslant M$对一切正整数$n=1,2,\cdots$成立,则称数列$\{x_n\}$是有界的;如果这样的正数M不存在,则称$\{x_n\}$是无界的.

显然,存在正数M,使得$|x_n| \leqslant M$和存在正数M_1, M_2,使得$M_1 \leqslant x_n \leqslant M_2$是等价的.

例如,数列(2)和(4)是有界的,数列(3)是无界的,对于数列(2)可取$M=1$,对于(4)可取$M=2$,从而,对于一切正整数都成立$|x_n| \leqslant M$.

例 2 讨论例 1 中数列的有界性.

解 显然

$$1<x_1=\sqrt{2}<2,$$

设对自然数n,$1<x_n<2$成立,则由

$$x_{n+1}=\sqrt{2+x_n}>\sqrt{3}>1,\ x_{n+1}=\sqrt{2+x_n}<\sqrt{2+2}=2$$

知,对于$n+1$,$1<x_{n+1}<2$也成立.所以,数列$\{x_n\}$是有界的.

2. 子数列

在数列$\{x_n\}$中任意抽取无限多项并保持这些项在原数列$\{x_n\}$中的先后次序,这样得到的一个数列称为原数列$\{x_n\}$的**子数列**(或子列).例如,数列(2)可抽取子数列$1,1,\cdots,1,\cdots$和另一子数列$-1,-1,\cdots,-1,\cdots$;数列$1,\frac{1}{2},1,\frac{1}{3},\cdots,1,\frac{1}{n},\cdots$,可抽取子数列 1,

$\frac{1}{2},\frac{1}{3},\cdots,\frac{1}{n},\cdots$.

一般地，设在数列$\{x_n\}$中，第一次抽取x_{n_1}，第二次在x_{n_1}后抽取x_{n_2}，第三次在x_{n_2}后抽取x_{n_3}，…，这样无休止地抽取下去，得到一个数列

$$x_{n_1},x_{n_2},\cdots,x_{n_k},\cdots.$$

这个数列$\{x_{n_k}\}$就是$\{x_n\}$的一个子数列.

注 3　在子数列$\{x_{n_k}\}$中，一般项x_{n_k}是第k项，而x_{n_k}在原数列$\{x_n\}$中却是第n_k项，显然$n_k \geqslant k$.

二、数列极限的定义

微积分诞生于17世纪下半叶，但其思想的萌芽可追溯到2 500多年前的古希腊，欧多克索斯(Eudoxus)和阿基米德(Archimedes)利用严格的穷竭法给出了棱锥、圆锥、球体体积.我国古代数学家刘徽(公元263年)用正多边形逼近圆周，并直觉意识到边数越多，多边形的面积就越接近圆的面积.这些方法体现了一种朴素的、直观的极限思想.

通过观察数列(1)～(5)可见，当n无限增大时，数列x_n的变化趋势是不同的.其中，数列(4)当n无限增大时，无限地接近于1；数列(5)当n无限增大时，x_n无限地接近于0；而数列(2)，(3)没有确定的趋向.

定义　对于数列$\{x_n\}$，如果当n无限增大时(即$n \to \infty$时)，对应的x_n无限接近于某一个确定的数值a，则a就称为数列$\{x_n\}$的极限，或称数列$\{x_n\}$当$n \to \infty$时收敛于a，记作$\lim\limits_{n \to \infty} x_n = a$或$x_n \to a(n \to \infty)$.

如果数列$\{x_n\}$没有极限，即当n无限增大时，对应的x_n不能无限接近于某一个数值a，则称数列$\{x_n\}$极限不存在，或数列$\{x_n\}$是发散的.

根据这个直观定义可以看出数列(4)的极限是1，数列(5)的极限是0.

而数列(2)和(3)不存在极限，即数列(2)和(3)是发散的.

从数列的定义可以看出

$$\lim_{n \to \infty} 1 = 1,\ \lim_{n \to \infty} a = a,\ \lim_{n \to \infty} \frac{1}{n} = 0,$$

$$\lim_{n \to \infty} \frac{(-1)^n}{n^2} = 0,\ \lim_{n \to \infty} (0.9)^n = 0,\ \lim_{n \to \infty} \frac{(-1)^n}{2^n} = 0.$$

注 4　在上面定义中，什么叫无限增大，什么叫无限接近是模糊的.这样的定义无法讨论极限的更深入的性质，因此，极限的定义有必要加以严密论述，但这种描述比较抽象，本书将在本章第九节介绍这种精确的描述.

三、数列收敛的充分条件与性质

定理 1(夹逼准则)　如果数列$\{x_n\}$，$\{y_n\}$，$\{z_n\}$满足下列条件：

(1) $y_n \leqslant x_n \leqslant z_n (n=1,2,\cdots)$；

(2) $\lim\limits_{n\to\infty}y_n=a$，$\lim\limits_{n\to\infty}z_n=a$，

那么数列$\{x_n\}$的极限存在，且$\lim\limits_{n\to\infty}x_n=a$.

证明参见本章第九节.

例 3　证明$\lim\limits_{n\to\infty}2^{(-1)^n}\dfrac{1}{n}=0$.

证　$x_n=2^{(-1)^n}\dfrac{1}{n}$满足

$$\frac{1}{2n}\leqslant x_n\leqslant\frac{2}{n}.$$

由极限的定义可以看出，$\lim\limits_{n\to\infty}\dfrac{1}{2n}=0$，$\lim\limits_{n\to\infty}\dfrac{2}{n}=0$，利用夹逼准则即得

$$\lim_{n\to\infty}2^{(-1)^n}\frac{1}{n}=0.$$

注 5　使用夹逼准则时要注意，若$\lim\limits_{n\to\infty}y_n=a$，$\lim\limits_{n\to\infty}z_n=b\neq a$，则不能保证$\lim\limits_{n\to\infty}x_n=a$.

如数列(2)，$-1=y_n\leqslant x_n\leqslant z_n=1$，$\lim\limits_{n\to\infty}y_n=-1$，$\lim\limits_{n\to\infty}z_n=1$，$\lim\limits_{n\to\infty}x_n$ 不存在.

定理 2(数列极限存在的准则)　单调增加有上界的数列必有极限；单调减少有下界的数列必有极限.简言之，单调有界数列必有极限.

该准则的几何意义比较明显.在数轴上，单调数列$\{x_n\}$是向一个方向运动的，因此只有两种可能：或者点沿数轴趋向无穷远；或者点 x_n 无限接近某一点 a.由于数列$\{x_n\}$有界，因此前一种情形不会发生，而后者说明$\{x_n\}$以 a 为极限.但定理的证明要涉及较多的基础理论，此处略去.

例如，数列(4)单调减少且有下界 $x_n\geqslant1$，$\lim\limits_{n\to\infty}x_n=1$.在例 1 和例 2 中我们看到，由例 1 确定的数列是单调有界数列，因此，该数列的极限存在.

在计算复利问题(参见本章第七节)、研究细菌(生命细胞)的繁殖、放射性元素的衰变过程等都会涉及非常重要的一个数列，即 $x_n=\left(1+\dfrac{1}{n}\right)^n$ $(n=1,2,\cdots)$的极限.

首先观察 $x_n=\left(1+\dfrac{1}{n}\right)^n$ 的变化情况.从表 1-2 可以看出，该数列是随着 n 变化而单调增大的，并且 $x_n\leqslant3$.

表 1-2　$x_n=\left(1+\dfrac{1}{n}\right)^n$ $(n=1,2,\cdots)$随着 n 变化而变化的情况

n	1	2	3	10	100	1 000	10 000	…
x_n	2.000 000	2.250 000	2.370 370	2.593 742	2.704 813	2.716 923	2.718 145	…

事实上，由牛顿二项式公式得到

$$x_n=1+\frac{n}{1!}\cdot\frac{1}{n}+\frac{n(n-1)}{2!}\cdot\frac{1}{n^2}+\frac{n(n-1)(n-2)}{3!}\cdot\frac{1}{n^3}+\cdots+\frac{n(n-1)\cdots(n-n+1)}{n!}\cdot\frac{1}{n^n}$$

$$=1+1+\frac{1}{2!}\left(1-\frac{1}{n}\right)+\frac{1}{3!}\left(1-\frac{1}{n}\right)\left(1-\frac{2}{n}\right)+\cdots+\frac{1}{n!}\left(1-\frac{1}{n}\right)\left(1-\frac{2}{n}\right)\cdots\left(1-\frac{n-1}{n}\right).$$

类似地，

$$x_{n+1}=1+1+\frac{1}{2!}\left(1-\frac{1}{n+1}\right)+\frac{1}{3!}\left(1-\frac{1}{n+1}\right)\left(1-\frac{2}{n+1}\right)+\cdots+\frac{1}{n!}\left(1-\frac{1}{n+1}\right)\left(1-\frac{2}{n+1}\right)\cdots\left(1-\frac{n-1}{n+1}\right)+\frac{1}{(n+1)!}\left(1-\frac{1}{n+1}\right)\left(1-\frac{2}{n+1}\right)\cdots\left(1-\frac{n}{n+1}\right).$$

比较 x_n 和 x_{n+1} 的展开式，可以看到除前两项外，x_n 的每一项都小于 x_{n+1} 的对应项，并且 x_{n+1} 还多了最后一项，且这一项是正的，因此，$x_n<x_{n+1}$，即 $\{x_n\}$ 是单调增加的.

如果 x_n 的展开式中各项括号内的数用较大的数 1 代替，得

$$x_n<1+1+\frac{1}{2!}+\frac{1}{3!}+\cdots+\frac{1}{n!}<1+1+\frac{1}{2}+\frac{1}{2^2}+\cdots+\frac{1}{2^{n-1}}=1+\frac{1-\frac{1}{2^n}}{1-\frac{1}{2}}=3-\frac{1}{2^{n-1}}<3.$$

因此，$\{x_n\}$ 是有上界的.

根据数列极限存在的准则，$\lim\limits_{n\to\infty}x_n$ 存在，我们用字母 e 表示其极限值，即

$$\lim_{n\to\infty}\left(1+\frac{1}{n}\right)^n=\mathrm{e}.$$

可以证明，极限值 e 是一个无理数(证明略)，它的值 e≈2.718 281 828 459 0.

定理 3(收敛数列与其子数列间的关系)　如果数列 $\{x_n\}$ 收敛于 a，那么它的任一子数列也收敛，且极限也是 a.

证明略.

由定理 3 可知，如果数列 $\{x_n\}$ 有两个子数列收敛于不同的极限，那么数列 $\{x_n\}$ 是发散的. 例如，数列(2)的子数列 $\{1\}$ 收敛于 1，而子数列 $\{-1\}$ 收敛于 -1，因此，数列(2)是发散的. 同时这个例子也说明，一个发散的数列也可能有收敛的子数列.

定理 4(收敛数列的有界性)　如果数列 $\{x_n\}$ 收敛，那么数列 $\{x_n\}$ 必定有界.

证明参见本章第九节.

由定理 4 可知，如果数列 $\{x_n\}$ 无界，那么数列 $\{x_n\}$ 一定发散. 如数列(3)是无界的，所以这个数列是发散的. 但是，如果数列 $\{x_n\}$ 有界，却不能断定数列 $\{x_n\}$ 一定收敛. 例如数列(2)有界，但该数列是发散的. 所以，数列有界是数列收敛的必要条件，但不是充分条件.

习题 1-3

1. 设 $x_1=\sqrt{3}, x_{n+1}=\sqrt{3+x_n}, n=1,2,\cdots$，证明：数列 $\{x_n\}$ 是单调有界数列.

2. 观察下列数列的变化趋势，若极限存在，写出它们的极限：

(1) $x_n=\left(-\dfrac{3}{\pi}\right)^n$；　(2) $x_n=\dfrac{n-1}{n}$；

(3) $x_n=\dfrac{n-1}{n+1}$；　(4) $x_n=2+\dfrac{(-1)^n}{n^2}$；

(5) $x_n=n(-1)^n$；　(6) $x_n=q^n, |q|\leqslant 1$.

3. 设 $x_n=\dfrac{\cos\frac{n\pi}{2}}{n}$. 用夹逼准则证明：$\lim\limits_{n\to\infty}x_n=0$.

第四节　函数的极限

一、自变量趋向无穷大时函数的极限

自变量趋向无穷大时的极限过程有三种：

(1) 极限过程 $x\to+\infty$ 表示 x 由小变大，且无限变大过程；

(2) 极限过程 $x\to-\infty$ 表示 $-x$ 由小变大，且无限变大过程；

(3) 极限过程 $x\to\infty$ 表示 $|x|$ 由小变大，且无限变大过程.

考察函数 $f(x)=\dfrac{1}{x}$，$f(x)=x^3$ 及 $f(x)=\sin x$. 这些函数的图形可参见表 1-1. 直观上我们知道，当一个正数越大时，其倒数越小. 因此，当 $|x|$ 由小变大，且无限变大时，函数 $f(x)=\dfrac{1}{x}$ 的值便由大变小，且无限变小，或无限趋近于 0；而函数 $f(x)=x^3$，当 $|x|$ 由小变大，且无限变大时，对应的函数 $f(x)=x^3$ 的绝对值无限增大；函数 $y=\sin x$，当 $|x|$ 由小变大，且无限变大时，对应的函数值没有确定的趋向.

综上可知，在极限过程 $x\to\infty$ 中，函数 $y=f(x)$ 的变化趋势一般有三种情况：

(1) 函数 $y=f(x)$ 无限接近于一个确定常数 A；

(2) 函数 $y=f(x)$ 的绝对值无限变大；

(3) 函数 $y=f(x)$ 无确定的变化趋势.

对于情形(1)，称函数 $y=f(x)$ 当 $x\to\infty$ 时，以 A 为极限；而对于情形(2)、(3)，当 $x\to\infty$ 时，函数 $y=f(x)$ 没有极限.

同样，在极限过程 $x\to+\infty$ 和 $x\to-\infty$ 中，上述函数的变化趋势有类似的状况. 现给出如下定义.

定义 1　如果函数 $f(x)$ 当 $|x|$ 充分大时是有定义的，在 $x\to\infty$ 的过程中，对应的函数值 $f(x)$ 无限接近于确定的数值 A，那么 A 叫做函数 $f(x)$ 当 $x\to\infty$ 时的极限，记作

$$\lim_{x\to\infty} f(x)=A \text{ 或 } f(x)\to A(x\to\infty).$$

如果函数 $f(x)$ 当 x 充分大时（$-x$ 充分大时）是有定义的，在 $x\to+\infty(x\to-\infty)$ 的过程中，对应的函数值 $f(x)$ 无限接近于确定的数值 A，那么 A 叫做函数 $f(x)$ 当 $x\to+\infty$ $(x\to-\infty)$ 时的极限，记作

$$\lim_{x\to+\infty} f(x)=A(\lim_{x\to-\infty} f(x)=A)$$

或
$$f(x)\to A(x\to+\infty)(f(x)\to A(x\to-\infty)).$$

如果函数 $f(x)$ 当 x 在上述变化过程中没有极限，即对应的 $f(x)$ 不能无限接近于某一个数值 A，就说函数 $f(x)$ 在这变化过程中极限不存在.

根据上述定义有

$$\lim_{x\to\infty}\frac{1}{x}=0,\ \lim_{x\to+\infty}\frac{1}{x}=0,\ \lim_{x\to-\infty}\frac{1}{x}=0.$$

由定义 1 可知，$\lim\limits_{x\to\infty} f(x)=A$ 的充分必要条件是 $\lim\limits_{x\to+\infty} f(x)=\lim\limits_{x\to-\infty} f(x)=A$. 因此，若两个极限 $\lim\limits_{x\to+\infty} f(x)$，$\lim\limits_{x\to-\infty} f(x)$ 有一个不存在，或两个极限都存在但不相等，则 $\lim\limits_{x\to\infty} f(x)$ 不存在.

类似地，可以看出：

$$\lim_{x\to+\infty}\frac{1}{\sqrt{x}}=0,\ \lim_{x\to-\infty}2^x=0,\ \lim_{x\to+\infty}\arctan x=\frac{\pi}{2},\ \lim_{x\to-\infty}\arctan x=-\frac{\pi}{2},$$

而极限 $\lim\limits_{x\to\infty}\arctan x$ 不存在.

一般地，如果 $\lim\limits_{\substack{x\to\infty\\(x\to+\infty)\\(x\to-\infty)}} f(x)=A$，则直线 $y=A$ 为函数 $y=f(x)$ 的图形的**水平渐近线**.

例如，函数 $y=\arctan x$ 有两条水平渐近线 $y=\frac{\pi}{2}$ 和 $y=-\frac{\pi}{2}$（参见表 1-1 中函数 $y=\arctan x$ 的图形）.

二、自变量趋向有限值时函数的极限

对函数 $y=f(x)$，除了研究 $x\to\infty$ 时的极限以外，还要研究 x 趋于某个常数 x_0 时的变化趋势.

极限过程 $x\to x_0^+$ 表示 x 大于 x_0 而无限接近 x_0（或无限趋于 x_0）的过程；

极限过程 $x\to x_0^-$ 表示 x 小于 x_0 而无限接近 x_0（或无限趋于 x_0）的过程；

极限过程 $x\to x_0$ 表示 x 无限接近 x_0（或无限趋于 x_0）的过程.

表 1-3 列出了当 x 充分靠近 2 或 $x\to2$ 时，函数 $y=f(x)=\frac{1}{x}$ 的变化情况.

表 1-3　$x\to2$ 时，函数 $y=\frac{1}{x}$ 的变化情况

x	1.900 0	1.950 0	1.995 0	1.999 5	…	2.000 0	…	2.000 5	2.005 0	2.050 0	2.100 0
y	0.526 3	0.512 8	0.501 2	0.500 1	…	0.500 0	…	0.499 9	0.498 8	0.487 8	0.476 2

由表 1-3 中可直观看出，当自变量 x 无限靠近 2 时，函数 $y=\frac{1}{x}$无限靠近 0.5. 当 $x\to 2^+$ 或 $x\to 2^-$ 时，函数 $y=f(x)=\frac{1}{x}$有类似的现象. 由此可以给出如下极限的直观定义.

定义 2 如果函数 $f(x)$在 x_0 的某去心邻域是有定义的，且当 x 无限接近 x_0 时，即 $x\to x_0$ 时，对应的函数值 $f(x)$无限接近于某一个数值 A，那么 A 就称为函数 $f(x)$当 x 趋向于 x_0 时的极限，记作

$$\lim_{x\to x_0} f(x)=A \text{ 或 } f(x)\to A \ (x\to x_0).$$

如果函数 $f(x)$在 x_0 的某去心右(左)邻域是有定义的，且当 x 大于(小于)x_0 而无限接近 x_0 时，即 $x\to x_0^+$ 时($x\to x_0^-$ 时)，对应的函数值 $f(x)$无限接近于某一个数值 A，那么 A 就称为函数 $f(x)$当 x 趋向于 x_0 时的右(左)极限，记作

$$\lim_{x\to x_0^+} f(x)=A\left(\lim_{x\to x_0^-} f(x)=A\right) \text{ 或 } f(x_0^+)=A \ (f(x_0^-)=A),$$

或

$$f(x)\to A \quad (x\to x_0^+) \quad (f(x)\to A(x\to x_0^+)).$$

如果函数 $f(x)$当 x 在上述变化过程中没有极限，即对应的 $f(x)$不能无限接近于某一个数值 A，就说函数 $f(x)$在这变化过程中极限不存在.

根据这个直观定义可以看出，对于函数 $y=\frac{1}{x}$来说，有

$$\lim_{x\to 2}\frac{1}{x}=\frac{1}{2},\ \lim_{x\to 2^+}\frac{1}{x}=\frac{1}{2},\ \lim_{x\to 2^-}\frac{1}{x}=\frac{1}{2}.$$

类似地，$\lim\limits_{x\to 0}x=0$，$\lim\limits_{x\to 0}x^2=0$，$\lim\limits_{x\to 0}(x-1)=-1$，$\lim\limits_{x\to 1}\sqrt{x}=1$(参见本章第九节例 6 的证明)，$\lim\limits_{x\to 0}\sqrt{4+x}=2$等.

由定义 2 可知，$\lim\limits_{x\to x_0}f(x)=A$ 的充分必要条件是 $\lim\limits_{x\to x_0^+} f(x)=\lim\limits_{x\to x_0^-} f(x)=A$. 因此，若 $f(x_0^-)$不存在或 $f(x_0^+)$不存在，或 $f(x_0^-)$和 $f(x_0^+)$都存在但不相等，则$\lim\limits_{x\to x_0} f(x)=A$ 不存在.

例 1 求$\lim\limits_{x\to 0}f(x)$，其中函数

$$f(x)=\begin{cases} x-1, & x\leqslant 0, \\ x+1, & x>0. \end{cases}$$

解 当 $x\to 0$ 时，通过观察函数的变化趋势可以看出，

$$\lim_{x\to 0^+} f(x)=\lim_{x\to 0^+}(x+1)=1,$$

$$\lim_{x\to 0^-} f(x)=\lim_{x\to 0^-}(x-1)=-1.$$

$f(0^+)\neq f(0^-)$，所以，$\lim\limits_{x\to 0}f(x)$不存在(见图 1-15).

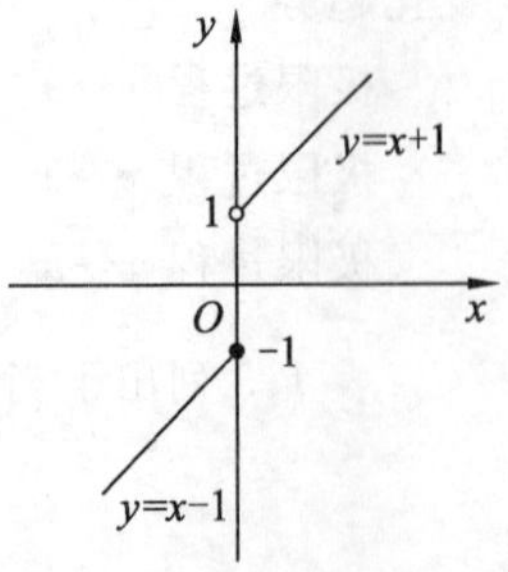

图 1-15

三、函数极限的性质

函数极限有和数列极限相类似的性质及证明方法，但函数极限的这些性质大多是函数的局部性质. 这一点和数列极限的性质有很大区别.

定理 1(局部有界性)　若 $\lim\limits_{\substack{x\to x_0\\(x\to\infty)}} f(x)=A$，则函数 $f(x)$ 在 x_0 的某一去心邻域（$|x|$ 充分大时）有界. 也就是说，存在 $\delta>0(X>0)$，使 $|f(x)|\leqslant M$ 对一切满足 $0<|x-x_0|<\delta(|x|>X)$ 的 x 都成立，这里 M 是一个确定的数.

证明参见本章第九节.

例如，函数 $y=\dfrac{1}{x}$ 当 $x\to x_0\neq0$ 或 $x\to\infty$ 时极限都存在，因此，函数 $y=\dfrac{1}{x}$ 在 $x=x_0\neq0$ 附近或 x 充分大时是有界的，但不能说函数 $y=\dfrac{1}{x}$ 在其定义域内有界或在区间 $(0,1)$ 上有界. 事实上，这个函数在 $x=0$ 的任何去心邻域内无界.

定理 2(局部保号性)　如果 $\lim\limits_{x\to x_0}f(x)=A>0$（或 $A<0$），那么存在点 x_0 的某一去心邻域，当 x 在该邻域内时，就有 $f(x)>0$（或 $f(x)<0$）.

证明参见本章第九节.

定理 2 表明，在点 x_0 的某个去心邻域内，函数值 $f(x)$ 的符号与不为零的极限值的符号相同（同为正或同为负）.

定理 3　如果在 x_0 的某一去心邻域内 $f(x)\geqslant0$（或 $f(x)\leqslant0$），而且 $\lim\limits_{x\to x_0}f(x)=A$，那么 $A\geqslant0$（或 $A\leqslant0$）.

证明参见本章第九节.

对于 $x\to\infty$ 时也有类似的定理.

定理 2′(局部保号性)　如果 $\lim\limits_{x\to\infty}f(x)=A>0$（或 $A<0$），那么当 $|x|$ 充分大时就有 $f(x)>0$（或 $f(x)<0$）.

定理 3′　如果当 $|x|$ 充分大时，$f(x)\geqslant0$（或 $f(x)\leqslant0$），而且 $\lim\limits_{x\to\infty}f(x)=A$，那么 $A\geqslant0$（或 $A\leqslant0$）.

定理 4(海涅定理)　$\lim\limits_{\substack{x\to x_0\\(x\to\infty)}} f(x)=A$ 的充分必要条件是

对任意数列 $\{x_n\}$，当 $x_n\to x_0$ 且 $x_n\neq x_0$ 时（或当 $x_n\to\infty$ 时），都有 $\lim\limits_{n\to\infty}f(x_n)=A$.

证明略.

这个定理揭示了函数极限与数列极限的关系. 根据这个定理，要证明函数极限不存在，只要找出两个不同的数列 $\{x_n\}$，$\{y_n\}$，当 $n\to\infty$ 时 $x_n\to x_0$，$y_n\to x_0$（或 $x_n\to\infty$，$y_n\to\infty$），相应地有

$$\lim_{n\to\infty}f(x_n)\neq\lim_{n\to\infty}f(y_n)$$

即可.

例 2 证明$\lim\limits_{x\to 0}\sin\dfrac{1}{x}$不存在.

证 $\left(\text{函数 } y=\sin\dfrac{1}{x}\text{的图像如图 1-16 所示}\right)$ 取不同数列

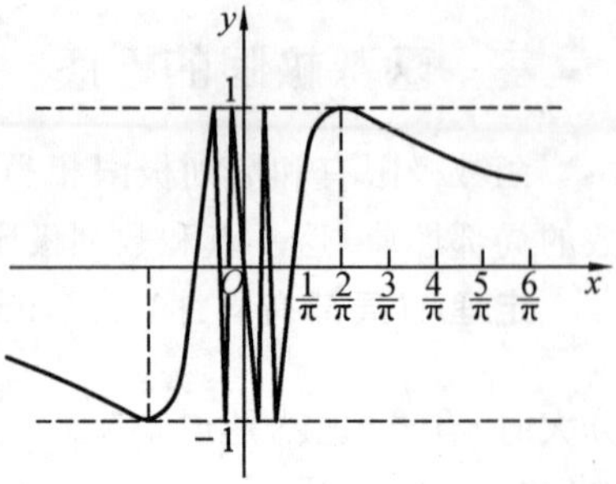

图 1-16

$$x_n=\frac{1}{2n\pi+\frac{\pi}{2}}\to 0,$$

$$f(x_n)=\sin\frac{1}{x_n}=\sin\left(2n\pi+\frac{\pi}{2}\right)\to 1,\ n\to\infty;$$

$$y_n=\frac{1}{2n\pi+\frac{3\pi}{2}}\to 0,$$

$$f(y_n)=\sin\frac{1}{y_n}=\sin\left(2n\pi+\frac{3\pi}{2}\right)\to -1,\ n\to\infty.$$

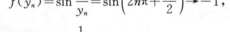

由海涅定理,$\lim\limits_{x\to 0}\sin\dfrac{1}{x}$不存在.

习题 1-4

1. 根据函数的图形观察下列函数的极限值,并写出函数图形的水平渐近线方程:

(1) $\lim\limits_{x\to-\infty}e^x$; (2) $\lim\limits_{x\to+\infty}\left(\dfrac{1}{2}\right)^x$;

(3) $\lim\limits_{x\to\infty}\left(1+\dfrac{1}{x}\right)$.

2. 观察下列函数的变化趋势,写出它们的极限:

(1) $\lim\limits_{x\to 0}(2+x^2)$; (2) $\lim\limits_{x\to 0}\dfrac{1}{1-x}$;

(3) $\lim\limits_{x\to 2}(1+2x)$; (4) $\lim\limits_{x\to+\infty}\sqrt{1+\dfrac{1}{x}}$.

3. 设 $f(x)=\begin{cases}x^2+2, & x>0,\\ x-1, & x\leqslant 0.\end{cases}$ 作出函数图形,并根据函数变化趋势,写出 $f(0^+)$,$f(0^-)$. 试问$\lim\limits_{x\to 0}f(x)$存在吗?

第五节 无穷小与无穷大

一、无穷小

如果函数 $f(x)$当 $x\to x_0$(或 $x\to\infty$)时的极限为零,那么函数 $f(x)$叫做 $x\to x_0$(或 $x\to\infty$)时的无穷小. 因此,只要在上一节函数极限的两个定义中令 $A=0$,就可得无穷义. 但由于无穷小在理论上和应用上的重要性，所以把它的定义写在下面.

定义 1　如果 $\lim\limits_{\substack{x\to x_0\\(x\to\infty)}} f(x)=0$，那么称函数 $f(x)$ 当 $x\to x_0$（或 $x\to\infty$）时为无穷小量，简称无穷小，记作

$$\lim_{x\to x_0} f(x)=0 \quad (\text{或}\lim_{x\to\infty} f(x)=0).$$

例如，$\lim\limits_{x\to 1}(x-1)=0$，所以，函数 $x-1$ 当 $x\to 1$ 时为无穷小；$\lim\limits_{x\to\infty}\dfrac{1}{x^2}=0$，所以，函数 $\dfrac{1}{x^2}$ 当 $x\to\infty$ 时为无穷小.

注 1　不要把无穷小与很小的数（例如百万分之一、千万分之一）混为一谈. 第一，无穷小是一个函数；第二，该函数在 $x\to x_0$（或 $x\to\infty$）的过程中，其绝对值能小于任意给定的正数，而很小的数如百万分之一，是不能小于任意给定的正数的. 但零是可以作为无穷小的唯一的常数函数. 今后，在略去自变量变化趋势的情况下，无穷小常用 $\alpha(x)$，$\beta(x)$ 或 α，β 来表示.

下面定理说明了无穷小与函数极限的关系.

定理 1　$\lim\limits_{x\to x_0} f(x)=A$（或 $\lim\limits_{x\to\infty} f(x)=A$）的充分必要条件是

$$f(x)=A+\alpha,$$

其中 α 为 $x\to x_0$（或 $x\to\infty$）时的无穷小.

证明参见本章第九节.

二、无穷大

在极限不存在的情况下有一种情形较有规律，就是当 $x\to x_0$（或 $x\to\infty$）时，对应的函数值的绝对值 $|f(x)|$ 无限增大. 例如，$y=f(x)=\dfrac{1}{x-1}$，当 $x\to 1$ 时，函数值的绝对值 $|f(x)|$ 无限增大（见图 1-17）. 此时称 $f(x)$ 为无穷大.

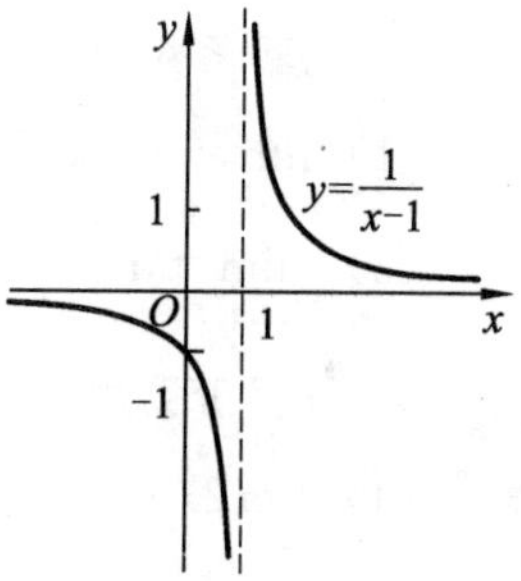

图 1-17

定义 2　当 $x\to x_0$（或 $x\to\infty$）时，如果 $|f(x)|$ 无限增大，则称函数 $f(x)$ 当 $x\to x_0$（或 $x\to\infty$）时为无穷大，记作

$$\lim_{x\to x_0} f(x)=\infty \quad (\text{或}\lim_{x\to\infty} f(x)=\infty).$$

注 2　千万不要把符号 $\lim\limits_{x\to x_0} f(x)=\infty$（或 $\lim\limits_{x\to\infty} f(x)=\infty$）当成极限存在的情形. 按函数极限定义来说，在这种情形下极限是不存在的.

注 3　无穷大不是数，不可与很大的数（如一千万、一亿等）混为一谈. 虽然近代分析的一些书中对无穷大定义了某些运算，但本书中（一般的微积分教材中）未定义无穷大的有关运算，因此，对无穷大进行运算是不允许的.

如果在无穷大的定义中，把 $|f(x)|$ 无限增大换成 $f(x)$ 无限增大，就得到 $\lim\limits_{\substack{x\to x_0\\(x\to\infty)}} f(x)=+\infty$ 的定义；把 $|f(x)|$ 无限增大换成 $-f(x)$ 无限增大，就得到 $\lim\limits_{\substack{x\to x_0\\(x\to\infty)}} f(x)=-\infty$ 的定义.

一般地,如果 $\lim\limits_{\substack{x\to x_0\\(x\to x_0^+)\\(x\to x_0^-)}} f(x)=\infty$,则直线 $x=x_0$ 为函数 $y=f(x)$ 的图形的**铅直渐近线**.

因此,直线 $x=1$ 是函数 $y=\dfrac{1}{x-1}$ 的铅直渐近线(见图 1-17).

无穷大与无穷小之间有一种简单的关系,即有如下定理.

定理 2 在自变量的同一变化过程中,如果 $f(x)$ 为无穷大,则 $\dfrac{1}{f(x)}$ 为无穷小;反之,如果 $f(x)$ 为无穷小,且 $f(x)\neq 0$,则 $\dfrac{1}{f(x)}$ 为无穷大.

证明参见本章第九节.

习题 1-5

1. 两个无穷小的商是否一定是无穷小?两个无穷大的差是否一定是无穷小?试举例说明之.

2. 观察下列函数,在给定变化趋势下,哪些是无穷大量?哪些是无穷小量?

(1) $f(x)=100x$,当 $x\to 0$ 时;　　(2) $f(x)=\dfrac{x+2}{x-1}$,当 $x\to 1$ 时;

(3) $f(x)=\lg x$,当 $x\to +\infty$ 时;　　(4) $f(x)=\lg x$,当 $x\to 1$ 时.

3. 观察函数的变化情况,写出下列极限及相应的渐近线方程:

(1) $\lim\limits_{x\to 0^+} e^{\frac{1}{x}}$;　　(2) $\lim\limits_{x\to 0^+} \ln x$;

(3) $\lim\limits_{x\to -\frac{\pi}{2}^-} \tan x$.

4. 根据函数的变化情况求下列函数极限:

(1) $\lim\limits_{x\to 0^-} 2^{\frac{1}{x}}$;　　(2) $\lim\limits_{x\to 0^+} \arctan 2^{\frac{1}{x}}$.

*5. 在区间 $(0,1]$ 上对于函数 $f(x)=\dfrac{1}{x}\sin\dfrac{1}{x}$ 找出两个数列 $\{x_n\}$,$\{y_n\}$,使一个数列 $f(x_n)$ 趋向于无穷大,另一个数列 $f(y_n)$ 趋向于无穷小,从而说明该函数在区间 $(0,1]$ 上既不是无穷大,也不是有界的.

*6. 函数 $y=x\cos x$ 在 $(-\infty,+\infty)$ 上是否有界?当 $x\to\infty$ 时,这个函数是否为无穷大?为什么?

第六节　极限运算法则

从本节开始讨论求极限的运算法则,这些运算法则都可以在本章第九节得到证明.利用这些法则,可以求出许多复杂函数的极限.在下面的讨论中,记号"lim"下没有标明自变量的变化过程,这说明下面的定理对 $x\to x_0$ 及 $x\to\infty$ 都是成立的.

定理 1　两个无穷小的和也是无穷小.

证明参见本章第九节.

定理 1 可推广为:有限个无穷小的和也是无穷小.

定理 2　有界函数与无穷小的乘积是无穷小.

证明参见本章第九节.

例 1　求极限$\lim\limits_{x\to\infty}\dfrac{\cos x^2}{x}$.

解　因为 $x\to\infty$ 时,$\dfrac{1}{x}$是无穷小,而 $\cos x^2$ 是有界函数,利用定理 2 得到,$x\to\infty$时,$\dfrac{\cos x^2}{x}$ 是无穷小,所以$\lim\limits_{x\to\infty}\dfrac{\cos x^2}{x}=0$.

推论 1　常数与无穷小的乘积是无穷小.

推论 2　有限个无穷小的乘积也是无穷小.

定理 3　如果 $\lim f(x)=A,\lim g(x)=B$,那么,

(1) $\lim[f(x)\pm g(x)]=A\pm B=\lim f(x)\pm\lim g(x)$;

(2) $\lim[f(x)\cdot g(x)]=A\cdot B=\lim f(x)\cdot\lim g(x)$;

(3) 当 $B\neq 0$ 时有 $\lim\dfrac{f(x)}{g(x)}=\dfrac{A}{B}=\dfrac{\lim f(x)}{\lim g(x)}$.

证明参见本章第九节.

推论 1　若 C 为常数,$\lim f(x)$存在,则

$$\lim Cf(x)=C\lim f(x).$$

推论 2　若 n 为正整数,$\lim f(x)$存在,则

$$\lim[f(x)]^n=[\lim f(x)]^n.$$

关于数列,也有类似的极限四则运算法则.

定理 4　设有数列$\{x_n\},\{y_n\}$,如果$\lim\limits_{n\to\infty}x_n=A,\lim\limits_{n\to\infty}y_n=B$,那么

(1) $\lim\limits_{n\to\infty}(x_n\pm y_n)=A\pm B$;

(2) $\lim\limits_{n\to\infty}x_n\cdot y_n=A\cdot B$;

(3) 当 $y_n\neq 0(n=1,2,\cdots)$且 $B\neq 0$ 时,$\lim\limits_{n\to\infty}\dfrac{x_n}{y_n}=\dfrac{A}{B}$.

例 2　求极限$\lim\limits_{x\to 2}f(x)=\lim\limits_{x\to 2}(2x^4-4x+3)$.

解　$\lim\limits_{x\to 2}(2x^4-4x+3)=2(\lim\limits_{x\to 2}x)^4-4\lim\limits_{x\to 2}x+\lim\limits_{x\to 2}3=2\times 2^4-4\times 2+3=27$.

由例 2 可看出,$f(2)=27$,在此有

$$\lim_{x\to 2}f(x)=f(2).$$

该结论对一般的 n 次多项式函数都成立,即设 $P_n(x)$为 n 次多项式函数,则有

$$\lim_{x\to x_0}P_n(x)=P_n(x_0).$$

更一般地，设 $Q_m(x)$ 是 m 次多项式函数，且 $Q_m(x_0)\neq 0$，$F(x)=\dfrac{P_n(x)}{Q_m(x)}$ 是有理函数. 应用极限的四则运算法则，有

$$\lim_{x\to x_0}F(x)=\lim_{x\to x_0}\frac{P_n(x)}{Q_m(x)}=\frac{\lim\limits_{x\to x_0}P_n(x)}{\lim\limits_{x\to x_0}Q_m(x)}=\frac{P_n(x_0)}{Q_m(x_0)}=F(x_0). \tag{1}$$

从上面例子可以看出，求多项式函数或有理函数当 $x\to x_0$ 的极限时，若分母的函数值不为零，只要用 x_0 代替函数中的 x 就行了；但是，若 $Q_m(x_0)=0$，则不能直接代入. 此时，可按如下两种情形处理：

(1) 分子的函数值不为零，则函数的倒数的极限为零，从而所求极限为无穷大.

例 3 求极限 $\lim\limits_{x\to 1}\dfrac{x^3+8x^2-1}{x^2-1}$.

解 因为
$$\lim_{x\to 2}\frac{x^2-1}{x^3+8x^2-1}=\frac{1^2-1}{2^3+8\times 2^2-1}=0.$$
利用本章第五节定理 2 的结论得到
$$\lim_{x\to 1}\frac{x^3+8x^2-1}{x^2-1}=\infty.$$

(2) 分子、分母的函数值都为零，此时应将分子、分母中含有零的因子消去，再求其极限.

例 4 求极限 $\lim\limits_{x\to 2}\dfrac{x^3-8}{x-2}$.

解 $x\to 2$ 时分子、分母的极限都是零，不能应用商的极限定理. 但 $x\to 2$ 时 $x\neq 2$，因此可将分子、分母的零因子 $(x-2)$ 消去.
$$\lim_{x\to 2}\frac{x^3-8}{x-2}=\lim_{x\to 2}\frac{(x-2)(x^2+2x+4)}{(x-2)}=\lim_{x\to 2}(x^2+2x+4)=12.$$

例 5 求极限 $\lim\limits_{x\to 4}\dfrac{\sqrt{x}-2}{x-4}$.

解 $\lim\limits_{x\to 4}\dfrac{\sqrt{x}-2}{x-4}=\lim\limits_{x\to 4}\dfrac{(\sqrt{x}-2)(\sqrt{x}+2)}{(x-4)(\sqrt{x}+2)}=\lim\limits_{x\to 4}\dfrac{1}{\sqrt{x}+2}=\dfrac{1}{4}$.

例 6 求极限 $\lim\limits_{x\to -1}\left(\dfrac{1}{x+1}-\dfrac{3}{x^3+1}\right)$.

解 当 $x\to -1$ 时，$\dfrac{1}{x+1}$ 和 $\dfrac{3}{x^3+1}$ 都是无穷大，差的运算法则不适用，将其通分有
$$\frac{1}{x+1}-\frac{3}{x^3+1}=\frac{(x+1)(x-2)}{(x+1)(x^2-x+1)}=\frac{x-2}{x^2-x+1}.$$
于是，$\lim\limits_{x\to -1}\left(\dfrac{1}{x+1}-\dfrac{3}{x^3+1}\right)=\lim\limits_{x\to -1}\dfrac{x-2}{x^2-x+}=-$

例 7 求极限 $\lim\limits_{x\to\infty}\dfrac{4x^3+2x^2-1}{3x^4+1}$.

解　将分子、分母同除以 x^4，得

$$\lim_{x\to\infty}\frac{4x^3+2x^2-1}{3x^4+1}=\lim_{x\to\infty}\frac{\frac{4}{x}+\frac{2}{x^2}-\frac{1}{x^4}}{3+\frac{1}{x^4}}=\frac{0+0-0}{3+0}=0.$$

例 8　求极限 $\lim\limits_{x\to x_0}\dfrac{2x^3+2x^2-5}{x^3-2x+1}$.

解　当 $x\to\infty$ 时，分子、分母的极限都是无穷大，不能应用商的极限运算法则. 先用 x^3 去除分子、分母，然后求极限，得

$$\lim_{x\to\infty}\frac{2x^3+2x^2-5}{x^3-2x+1}=\lim_{x\to\infty}\frac{2+\frac{2}{x}-\frac{5}{x^3}}{1-\frac{2}{x^2}+\frac{1}{x^3}}=\frac{2+0-0}{1-0+0}=2.$$

例 9　求极限 $\lim\limits_{x\to\infty}\dfrac{3x^4+1}{4x^3+2x^2-1}$.

解　应用例 7 的结果并根据本章第五节定理 2，即得

$$\lim_{x\to\infty}\frac{3x^4+1}{4x^3+2x^2-1}=\infty.$$

例 7～例 9 是下列一般情形的特例，即当 $a_0\neq0,b_0\neq0,m$ 和 n 为非负整数时，有

$$\lim_{x\to\infty}\frac{a_0x^m+a_1x^{m-1}+\cdots+a_m}{b_0x^n+b_1x^{n-1}+\cdots+b_n}=\begin{cases}\dfrac{a_0}{b_0}, & n=m,\\ 0, & n>m,\\ \infty, & n<m.\end{cases}\tag{2}$$

例 10　已知 $f(x)=\begin{cases}x-1, & x<0,\\ \dfrac{x^2-1}{x^3+1}, & x\geqslant0,\end{cases}$ 求极限 $\lim\limits_{x\to0}f(x)$，$\lim\limits_{x\to+\infty}f(x)$，$\lim\limits_{x\to-\infty}f(x)$.

解　$x=0$ 是函数 $f(x)$ 的分段点，需要分别求左、右极限以确定 $\lim\limits_{x\to0}f(x)$.

$$f(0^-)=\lim_{x\to0^-}f(x)=\lim_{x\to0^-}(x-1)=-1,$$

$$f(0^+)=\lim_{x\to0^+}f(x)=\lim_{x\to0^+}\left(\frac{x^2-1}{x^3+1}\right)=-1,$$

故

$$\lim_{x\to0}f(x)=-1.$$

$$\lim_{x\to+\infty}f(x)=\lim_{x\to+\infty}\frac{x^2-1}{x^3+1}=0;$$

$$\lim_{x\to-\infty}f(x)=\lim_{x\to-\infty}(x-1)=-\infty.$$

定理 5(复合函数的极限运算法则)　设函数 $y=f[\varphi(x)]$ 是由函数 $y=f(u)$ 与函数 $u=\varphi(x)$ 复合而成，$f[\varphi(x)]$ 在点 x_0 的某去心邻域内有定义，且存在 $\delta_0>0$，当 $x\in\mathring{U}(x_0,\delta_0)$ 时，有 $\varphi(x)\neq u_0$，若 $\lim\limits_{x\to x_0}\varphi(x)=u_0$，$\lim\limits_{u\to u_0}f(u)=A$，则

$$\lim_{x\to x_0}f[\varphi(x)]=\lim_{u\to u_0}f(u)=A.$$

定理 5 表明，如果函数 $f(u)$ 和 $\varphi(x)$ 满足该定理的条件，那么作代换 $u=\varphi(x)$ 可以把 $\lim\limits_{x\to x_0}f[\varphi(x)]$ 化为求 $\lim\limits_{u\to u_0}f(u)$，其中 $u_0=\lim\limits_{x\to x_0}\varphi(x)$.

注 对于 $x\to x_0^+$，$x\to x_0^-$，$x\to\infty$，$u\to\infty$ 或 A 为 ∞ 的情形，也有类似的定理.

例 11 求极限 $\lim\limits_{x\to 0}\dfrac{\sqrt[n]{1+x}-1}{x}$.

解 令 $u=\sqrt[n]{1+x}$，则 $x=u^n-1$，当 $x\to 0$ 时，$u\to 1$. 由定理 5，有

$$\lim_{x\to 0}\frac{\sqrt[n]{1+x}-1}{x}=\lim_{u\to 1}\frac{u-1}{u^n-1}=\lim_{u\to 1}\frac{u-1}{(u-1)(u^{n-1}+u^{n-2}+\cdots+1)}$$

$$=\lim_{u\to 1}\frac{1}{u^{n-1}+u^{n-2}+\cdots+1}=\frac{1}{n}.$$

例 12 求极限 $\lim\limits_{x\to 0^-}e^{\frac{1}{x}}$.

解 令 $u=\dfrac{1}{x}$，则 $x\to 0^-$ 时 $u\to-\infty$. 由定理 5 的注，有

$$\lim_{x\to 0^-}e^{\frac{1}{x}}=\lim_{u\to-\infty}e^u=0.$$

习题 1-6

1. 计算下列极限：

(1) $\lim\limits_{x\to 1}(2x^3-x^2+x-3)$；

(2) $\lim\limits_{x\to -1}\dfrac{x^2-1}{\sqrt{x^2+2}}$；

(3) $\lim\limits_{x\to 1}\dfrac{x^2-3x+2}{x^2-1}$；

(4) $\lim\limits_{x\to 0}\dfrac{2x^3-3x^2+x}{9x^2+2x}$；

(5) $\lim\limits_{h\to 0}\dfrac{(x+h)^3-x^3}{h}$；

(6) $\lim\limits_{x\to 0}\dfrac{\sqrt{1+x}-\sqrt{1-x}}{x}$；

(7) $\lim\limits_{x\to 0}\dfrac{x}{1-\sqrt{1+x}}$；

(8) $\lim\limits_{u\to\infty}\dfrac{\sqrt[4]{1+u^3}}{1+u}$；

(9) $\lim\limits_{x\to\infty}\dfrac{x^4-3x^2+x}{(2x-1)(3x^3+4)}$；

(10) $\lim\limits_{x\to\infty}\dfrac{(2x+1)^{10}(x+3)^5}{16x^{15}+2x^6-1}$；

(11) $\lim\limits_{x\to 1}\left(\dfrac{1}{1-x}-\dfrac{3}{1-x^3}\right)$；

(12) $\lim\limits_{n\to\infty}\left(\dfrac{1}{1\cdot 2}+\dfrac{1}{2\cdot 3}+\cdots+\dfrac{1}{(n-1)n}\right)$；

(13) $\lim\limits_{n\to\infty}\dfrac{1+2+\cdots+n}{n(n+1)}$；

(14) $\lim\limits_{n\to\infty}\left(1+\dfrac{1}{2}+\cdots+\dfrac{1}{2^n}\right)$.

2. 计算下列极限：

(1) $\lim\limits_{x\to\infty}(2x^4-4x+1)$；

(2) $\lim\limits_{x\to\infty}\dfrac{2x^3}{5x^2+2x+1}$.

3. 计算下列极限：

(1) $\lim\limits_{x\to\infty}\dfrac{\arctan(1+x^2)}{x}$；

(2) $\lim\limits_{x\to\infty}\dfrac{x-\sin^2 x}{x+\cos^2 x}$.

4. 回答下列问题:(请举反例说明或证明)

(1) 若 $\lim f(x)$ 不存在,$\lim g(x)$ 不存在,是否 $\lim[f(x)+g(x)]$ 一定不存在?

(2) 若 $\lim f(x)$ 存在,$\lim g(x)$ 不存在,是否 $\lim[f(x)+g(x)]$ 一定不存在?

(3) 若 $\lim f(x)$ 不存在,$\lim g(x)$ 不存在,是否 $\lim[f(x)\cdot g(x)]$ 一定不存在?

(4) 若 $\lim f(x)$ 存在,$\lim g(x)$ 不存在,是否 $\lim[f(x)\cdot g(x)]$ 一定不存在?

5. 若 $\lim\limits_{x\to\infty}\left(\dfrac{x^2+1}{x+1}-ax-b\right)=0$,求 a,b 的值.

第七节　两个重要极限

前面给出了计算极限的四则运算法则,但还有一些极限不能运用极限的四则运算法则求得.本节着重讨论两个重要的极限.

一、重要极限 $\lim\limits_{x\to 0}\dfrac{\sin x}{x}=1$

首先,类似于数列极限存在的夹逼准则,这里给出函数极限存在的夹逼准则.

定理　如果在点 x_0 的某去心邻域内(或 $|x|$ 充分大)有

(1) $g(x)\leqslant f(x)\leqslant h(x)$;

(2) $\lim\limits_{\substack{x\to x_0\\(x\to\infty)}} g(x)=A$, $\lim\limits_{\substack{x\to x_0\\(x\to\infty)}} h(x)=A$,

那么 $\lim\limits_{\substack{x\to x_0\\(x\to\infty)}} f(x)=A$.

证明过程与数列极限夹逼准则类似.(参见本章第九节)

其次,我们给出一个重要的不等式

$$\sin x<x<\tan x,\ 0<x<\frac{\pi}{2}. \tag{1}$$

不等式(1)的证明如下.

在图 1-18 所示的单位圆中,设圆心角 $\angle AOB=x\left(0<x<\dfrac{\pi}{2}\right)$,点 A 处的切线与线 OB 的延长线相交于 D,又 $BC\perp OA$,则

$$\sin x=BC,\ x=\overset{\frown}{AB},\ \tan x=AD.$$

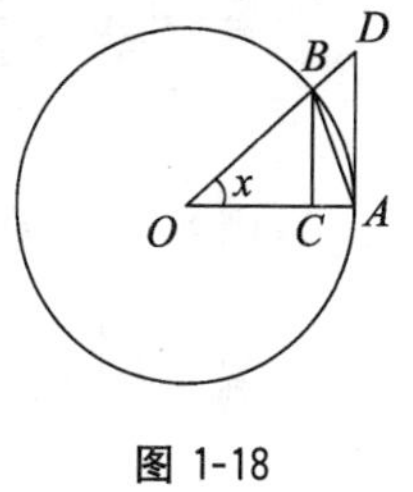

图 1-18

因为 $\triangle AOB$ 的面积 $<$ 圆扇形 AOB 的面积 $<\triangle AOD$ 的面积,所以

$$0<\frac{1}{2}\sin x<\frac{1}{2}x<\frac{1}{2}\tan x,$$

将 $\dfrac{1}{2}$ 消去即得不等式(1).

不等式(1)各边除以 $\sin x$,得到

$$1<\frac{x}{\sin x}<\frac{1}{\cos x},$$

或
$$\cos x<\frac{\sin x}{x}<1. \tag{2}$$

因为当 x 用 $-x$ 代替时，$\frac{\sin x}{x}$ 与 $\cos x$ 都不变号，所以不等式(2)对于开区间 $\left(-\frac{\pi}{2},0\right)$ 内的一切 x 也是成立的.

为了对式(2)应用夹逼准则，下面先证明 $\lim\limits_{x\to 0}\cos x=1$.

事实上，当 $0<|x|<\frac{\pi}{2}$ 时，
$$0<|\cos x-1|=2\sin^2\frac{x}{2}<2\left(\frac{x}{2}\right)^2=\frac{x^2}{2}. \tag{3}$$
当 $x\to 0$ 时，式(3)两端都趋向于零，应用夹逼准则即可得到 $\lim\limits_{x\to 0}\cos x=1$.

由于 $\lim\limits_{x\to 0}\cos x=1$，由不等式(2)及夹逼准则即得
$$\lim_{x\to 0}\frac{\sin x}{x}=1.$$

例 1 求极限 $\lim\limits_{x\to 0}\frac{\tan x}{x}$.

解 $\lim\limits_{x\to 0}\frac{\tan x}{x}=\lim\limits_{x\to 0}\frac{\sin x}{x}\cdot\frac{1}{\cos x}=\lim\limits_{x\to 0}\frac{\sin x}{x}\cdot\lim\limits_{x\to 0}\frac{1}{\cos x}=1.$

例 2 求极限 $\lim\limits_{x\to 0}\frac{\sin ax^2}{\sin^2 bx}$，$b\neq 0$.

解 设 $a\neq 0$，则 $\lim\limits_{x\to 0}\frac{\sin ax^2}{\sin^2 bx}=\lim\limits_{x\to 0}\left[\frac{\sin ax^2}{ax^2}\cdot\left(\frac{bx}{\sin bx}\right)^2\cdot\frac{a}{b^2}\right]=\frac{a}{b^2}.$

显然，当 $a=0$ 时上式也成立.

例 3 求极限 $\lim\limits_{x\to 0}\frac{1-\cos x}{x^2}$.

解 $\lim\limits_{x\to 0}\frac{1-\cos x}{x^2}=\lim\limits_{x\to 0}\frac{2\sin^2\frac{x}{2}}{x^2}=\frac{1}{2}\lim\limits_{x\to 0}\frac{\sin^2\frac{x}{2}}{\left(\frac{x}{2}\right)^2}=\frac{1}{2}\lim\limits_{x\to 0}\left[\frac{\sin\frac{x}{2}}{\frac{x}{2}}\right]^2=\frac{1}{2}\cdot 1^2=\frac{1}{2}.$

例 4 求极限 $\lim\limits_{x\to 0}\frac{\sin x-\tan x}{x^3}$.

解 $\lim\limits_{x\to 0}\frac{\sin x-\tan x}{x^3}=\lim\limits_{x\to 0}\left(-\frac{\sin x}{x}\cdot\frac{1}{\cos x}\cdot\frac{1-\cos x}{x^2}\right)=-\frac{1}{2}.$

二、重要极限 $\lim\limits_{x\to+\infty}\left(1+\frac{1}{x}\right)^x=\mathrm{e}$

在本章第三节中已经得到数列的极限 $\lim\limits_{n\to\infty}\left(1+\frac{1}{n}\right)^n=\mathrm{e}$. 实际上，将整变量 n 换成实变量 x，同样有 $\lim\limits_{x\to+\infty}\left(1+\frac{1}{x}\right)^x=\mathrm{e}$. 下面分两种情况讨论：

(1) 当变量 x 取实数 $x\to+\infty$时.

由于对任意正实数 x,总有非负整数 n,使 $n<x\leqslant n+1$,从而有

$$1+\frac{1}{n+1}\leqslant 1+\frac{1}{x}<1+\frac{1}{n},$$

$$\left(1+\frac{1}{n+1}\right)^{n}\leqslant\left(1+\frac{1}{x}\right)^{x}<\left(1+\frac{1}{n}\right)^{n+1},$$

因此可由夹逼准则证明

$$\lim_{x\to+\infty}\left(1+\frac{1}{x}\right)^{x}=\mathrm{e}.$$

(2) 当变量 x 取实数 $x\to-\infty$时.

作代换 $x=-y$,则当 $x\to-\infty$时 $y\to+\infty$. 此时,

$$\left(1+\frac{1}{x}\right)^{x}=\left(1-\frac{1}{y}\right)^{-y}=\left(1+\frac{1}{y-1}\right)^{y}$$

$$=\left(1+\frac{1}{y-1}\right)^{y-1}\cdot\left(1+\frac{1}{y-1}\right)\to\mathrm{e}\quad(y\to+\infty).$$

由上述步骤,可得到重要极限

$$\lim_{x\to\infty}\left(1+\frac{1}{x}\right)^{x}=\mathrm{e}.$$

如令 $z=\frac{1}{x}$,则当 $x\to\infty$时 $z\to0$. 于是上面极限又可写为

$$\lim_{z\to0}(1+z)^{\frac{1}{z}}=\mathrm{e}. \tag{4}$$

例 5　求极限$\lim\limits_{x\to\infty}\left(1+\frac{k}{x}\right)^{x}$.

解　$k=0$ 时,$\lim\limits_{x\to\infty}\left(1+\frac{k}{x}\right)^{x}=\lim\limits_{x\to\infty}1^{x}=1$.

$k\neq0$ 时,令 $t=\frac{1}{k}x$,则当 $x\to\infty$时 $t\to\infty$. 于是

$$\lim_{x\to\infty}\left(1+\frac{k}{x}\right)^{x}=\lim_{t\to\infty}\left[\left(1+\frac{1}{t}\right)^{t}\right]^{k}=\mathrm{e}^{k}.$$

将这两种情况合二为一得到

$$\lim_{x\to\infty}\left(1+\frac{k}{x}\right)^{x}=\mathrm{e}^{k}.$$

例如,$\lim\limits_{x\to\infty}\left(1-\frac{1}{x}\right)^{x}$ 中 $k=-1$,所以$\lim\limits_{x\to\infty}\left(1-\frac{1}{x}\right)^{x}=\mathrm{e}^{-1}$.

许多应用问题可归结为极限$\lim\limits_{n\to\infty}p_0\left(1+\frac{r}{n}\right)^{nt}$. 例如,在计算复利问题中,设本金为 p_0,年利率为 r,一年中计算复利的期数为 n(例如,以每月计算复利,则 $n=12$),则 t 年后的本利和为

$$p=p_0\left(1+\frac{r}{n}\right)^{nt}. \tag{5}$$

而在许多问题中复利的计算是时刻进行的. 此外，其他许多问题如细菌(生命细胞)的繁殖、放射性元素的衰变过程都涉及 $n\to\infty$ 时式(5)的极限问题. 利用例 5 的结果得到

$$p=\lim_{n\to\infty}p_0\left(1+\frac{r}{n}\right)^{nt}=p_0\mathrm{e}^{rt}.$$

这就是工程应用中指数(或对数)函数取 e 为底的缘故.

例 6　求极限 $\lim\limits_{x\to\infty}\left(\dfrac{2-x}{5-x}\right)^x$.

解　$$\lim_{x\to\infty}\left(\frac{2-x}{5-x}\right)^x=\lim_{x\to\infty}\left(\frac{1-\frac{2}{x}}{1-\frac{5}{x}}\right)^x=\lim_{x\to\infty}\frac{\left(1-\frac{2}{x}\right)^x}{\left(1-\frac{5}{x}\right)^x}=\mathrm{e}^3.$$

习题 1-7

1. 求下列各极限：

(1) $\lim\limits_{x\to0}\dfrac{\tan\pi x}{x}$；　　(2) $\lim\limits_{x\to0}x\cot x$；

(3) $\lim\limits_{x\to0}\dfrac{\tan 3x}{\sin 2x}$；　　(4) $\lim\limits_{n\to0}2^n\sin\left(\sin\dfrac{x}{2^n}\right)$；

(5) $\lim\limits_{x\to-2}\dfrac{\tan\pi x}{x+2}$；　　(6) $\lim\limits_{x\to1}\dfrac{\sin(x^2-1)}{x-1}$；

(7) $\lim\limits_{x\to\infty}\left(\dfrac{x}{1+x}\right)^x$；　　(8) $\lim\limits_{x\to0}\left(\dfrac{1+2x}{1-2x}\right)^{\frac{1}{x}}$；

(9) $\lim\limits_{n\to\infty}\left(1-\dfrac{x}{n}\right)^n$；　　(10) $\lim\limits_{x\to+\infty}\left(1-\dfrac{1}{x}\right)^{\sqrt{x}}$；

(11) $\lim\limits_{x\to1}x^{\frac{1}{1-x}}$；　　(12) $\lim\limits_{x\to0}(1+\tan x)^{\cot x}$.

2. 设 $f(x)=\begin{cases}\dfrac{\sin 2x}{x}, & x>0,\\ 3x^2-x+k, & x\leqslant0,\end{cases}$ 问当 k 为何值时，$\lim\limits_{x\to0}f(x)$ 存在？

第八节　无穷小的比较

有限个无穷小的和、差、积都是无穷小，那么两个无穷小之间相比又会出现什么样的情形呢？如当 $x\to0$ 时，$x,\sin x,2x,x^2$ 等都是无穷小，但是，它们趋向于零的速度不同，相比于 x，x^2 趋于零的速度就要快得多. 我们可以用两个无穷小的比值比较它们趋于零的速度的快慢.

定义　设 α,β 都是在自变量的同一个变化过程中的无穷小，且 $\lim\dfrac{\beta}{\alpha}=A$.

如果 $A=0$，就说 β 是比 α **高阶的无穷小**，记作 $\beta=o(\alpha)$；

如果 $A\neq 0$，就说 β 与 α 是**同阶无穷小**；

如果 $A=1$，就说 β 与 α 是**等价无穷小**，记作 $\alpha\sim\beta$.

显然，等价无穷小是同阶无穷小的特殊情形，即 $A=1$ 的情形.

下面举一些例子：

因为 $\lim\limits_{x\to 0}\frac{x^2}{x}=0$，所以当 $x\to 0$ 时，x^2 是比 x 高阶的无穷小，即 $x^2=o(x)(x\to 0)$.

因为 $\lim\limits_{x\to 0}\frac{1-\cos x}{x^2}=\frac{1}{2}$，所以当 $x\to 0$ 时，$1-\cos x$ 与 x^2 是同阶无穷小.

因为 $\lim\limits_{x\to 0}\frac{\sin x}{x}=1$，所以当 $x\to 0$ 时，$\sin x$ 与 x 是等价无穷小，即 $x\to 0$ 时 $\sin x\sim x$.

容易证明，等价无穷小具有传递性，即若 $\alpha\sim\beta,\beta\sim\gamma$，则 $\alpha\sim\gamma$.

根据前面一些例子，$x\to 0$ 时常见的等价无穷小有

$$x\sim\sin x\sim\tan x,\ 1-\cos x\sim\frac{1}{2}x^2.$$

定理　若 $\alpha\sim\alpha',\beta\sim\beta'$，且 $\lim\frac{\beta'}{\alpha'}$ 存在，则 $\lim\frac{\beta}{\alpha}=\lim\frac{\beta'}{\alpha'}$.

证　这是因为

$$\lim\frac{\beta}{\alpha}=\lim\frac{\beta}{\beta'}\cdot\frac{\beta'}{\alpha'}\cdot\frac{\alpha'}{\alpha}=\lim\frac{\beta}{\beta'}\cdot\lim\frac{\beta'}{\alpha'}\cdot\lim\frac{\alpha'}{\alpha}=\lim\frac{\beta'}{\alpha'}.$$

这个性质表明，求两个无穷小之比的极限时，分子及分母都可用等价无穷小来代替.因此，如果用来代替的无穷小选择得当，可以简化计算.

例 1　求极限 $\lim\limits_{x\to 0}\frac{\sin mx}{\sin nx}\ (n\neq 0)$.

解　当 $x\to 0$ 时，$\sin mx\sim mx,\sin nx\sim nx$，所以

$$\lim_{x\to 0}\frac{\sin mx}{\sin nx}=\lim_{x\to 0}\frac{mx}{nx}=\lim_{x\to 0}\frac{m}{n}=\frac{m}{n}.$$

例 2　求极限 $\lim\limits_{x\to 0}\frac{1-\cos x}{\sin^2\pi x}$.

解　当 $x\to 0$ 时，$\sin^2\pi x\sim(\pi x)^2$，$1-\cos x\sim\frac{1}{2}x^2$，所以

$$\lim_{x\to 0}\frac{1-\cos x}{\sin^2\pi x}=\lim_{x\to 0}\frac{\frac{1}{2}x^2}{\pi^2x^2}=\frac{1}{2\pi^2}.$$

习题 1-8

1. 当 $x\to 0$ 时，$2x-\sin^2 x$ 与 x^2-x^3 相比，哪一个是高阶无穷小？

2. 当 $x\to 1$ 时，无穷小 $1-x$ 与 $1-x^3$，$\frac{1}{2}(1-x^2)$ 是否同阶？是否等价？

3. 证明当 $x\to 0$ 时，下列各对无穷小是等价的：

(1) $\arctan x \sim x$；　　　　(2) $\sqrt[5]{1+x}-1 \sim \frac{x}{5}$.

4. 利用等价无穷小的方法，求下列极限：

(1) $\lim\limits_{x\to 0}\frac{\tan x-\sin x}{\sin^2 x\ln(1+x)}$；　　　　(2) $\lim\limits_{n\to\infty}\{n[\ln(n+2)-\ln n]\}$；

(3) $\lim\limits_{x\to 0}\frac{x-\sin 2x}{x+\sin 3x}$.

5. 设 $x\to 0$，讨论下列无穷小关于 x 的阶：

(1) $x\sin\sqrt{x(x+1)}$；　　　　(2) $\sin^2 x-\tan^2 x$.

*第九节　极限的精确定义

前面对极限的定义只作了直观的描述，在这样的定义下无法讨论更深入的极限性质. 本节的任务是给出各种极限定义的精确描述，并证明极限的有关定理，以加深对极限理论的理解.

一、数列极限的精确定义

我们知道，数列的一般项 x_n 与数 a 的接近程度可用两个数的距离 $|x_n-a|$ 来度量. 所谓 n 无限增大时 x_n 与数 a 无限接近是指 n 无限增大时 $|x_n-a|$ 可任意小，或可以小于任意给定的正数 ε. 但这种可任意小的特性是和 n 可任意增大相联系的. 下面以数列 $x_n=\frac{n+1}{n}(n=1,2,\cdots)$ 的极限是 1 为例进一步说明这一点.

由 $|x_n-1|=\left|\frac{n+1}{n}-1\right|=\frac{1}{n}$ 知，当 n 无限增大时，x_n 无限接近于 1，相当于 $|x_n-1|$ 或 $\frac{1}{n}$ 当 n 无限增大时可任意小. 如要使

$$|x_n-1|<0.1,$$

只要 $n>10$，即从第 11 项开始的所有 x_n，上面不等式都成立；要使

$$|x_n-1|<0.0001,$$

只要从第 10 001 项开始的所有 x_n，上面不等式都成立.

由此看到，不论给定的正数 ε 多么小，总存在一个正整数 N，使得对于 $n>N$ 时的一切 x_n，不等式

$$|x_n-1|<\varepsilon$$

都成立. 这就是数列 $\{x_n\}$ 当 $n\to\infty$ 时无限接近于 1 的本质.

一般地，对于数列，有下列极限的严格定义.

定义 1　如果对于任意给定的正数 ε(不论多么小)，总存在正整数 N，使得对于 $n>N$ 时的一切 x_n，不等式

$$|x_n-a|<\varepsilon$$

都成立，那么就称常数 a 是数列 $\{x_n\}$ 当 $n\to\infty$ 时的极限，或称数列 $\{x_n\}$ 当 $n\to\infty$ 时收敛于 a.

数列极限 $\lim\limits_{n\to\infty}x_n=a$ 的几何解释：

在数轴上，将常数 a 及数列 $x_1,x_2,\cdots,x_n,\cdots$ 用它们的对应点表示出来，再在数轴上作点 a 的 ε 邻域，即开区间 $(a-\varepsilon,a+\varepsilon)$（见图 1-19）.

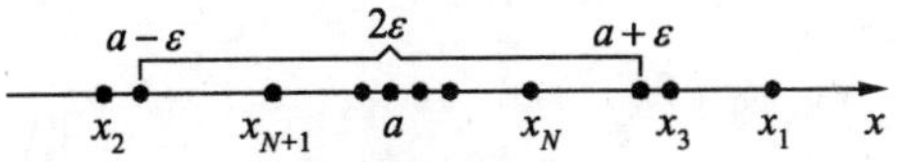

图 1-19

因不等式 $|x_n-a|<\varepsilon$ 与不等式

$$a-\varepsilon<x_n<a+\varepsilon$$

等价，所以当 $n>N$ 时，所有的点 x_n，即无限多个点

$$x_{N+1},x_{N+2},x_{N+3},\cdots$$

都落在开区间 $(a-\varepsilon,a+\varepsilon)$ 内，而只有有限个点（至多只有 N 个）在这区间以外.

注 1　上面定义中正数 ε 可以任意给定是很重要的，因为只有这样，不等式 $|x_n-a|<\varepsilon$ 才能表达出 x_n 与 a 无限接近的含义.

注 2　定义中的正整数 N 是与任意给定的正数 ε 有关的，它随着 ε 的给定而选定. 容易看出，这样的正整数 N 如果存在，它就不是唯一的. 按照极限概念，没有必要求出最小的 N. 如果知道 $|x_n-a|$ 小于某个量（这个量与 n 有关系），那么当这个量小于 ε 时，$|x_n-a|<\varepsilon$ 当然也成立. 用这种方法常常可以方便地定出正整数 N.

例 1　证明

$$\lim_{n\to\infty}\frac{n+1}{n}=1.$$

证　由于
$$|x_n-1|=\left|\frac{n+1}{n}-1\right|=\frac{1}{n},$$

对于任意给定的正数 $\varepsilon>0$，要使 $|x_n-1|<\varepsilon$，只要 $n>\dfrac{1}{\varepsilon}$. 因此，取正整数 $N=\left[\dfrac{1}{\varepsilon}\right]$，则当 $n>N$ 时，就有

$$\left|\frac{n+1}{n}-1\right|<\varepsilon$$

成立，即 $\lim\limits_{n\to\infty}\dfrac{n+1}{n}=1$.

例 2　证明

$$\lim_{n\to\infty}\left(-\frac{1}{\sqrt{2}}\right)^n=0.$$

证　由于
$$|x_n-0|=\frac{1}{(\sqrt{2})^n},$$

对于任意给定的正数 $\varepsilon>0$（设 $\varepsilon<1$），要使 $|x_n-0|<\varepsilon$，只要 $\dfrac{1}{(\sqrt{2})^n}<\varepsilon$. 两端取自然对

数，得

$$n\ln\frac{1}{\sqrt{2}}<\ln\varepsilon,$$

这相当于 $n>-\frac{2\ln\varepsilon}{\ln 2}$. 因此取正整数 $N=\left[-\frac{2\ln\varepsilon}{\ln 2}\right]$，则当 $n>N$ 时，就有

$$\left|\left(-\frac{1}{\sqrt{2}}\right)^n-0\right|<\varepsilon$$

成立，即 $\lim\limits_{n\to\infty}\left(-\frac{1}{\sqrt{2}}\right)^n=0$.

同样地，可以证明当 $|q|<1$ 时，$\lim\limits_{n\to\infty}q^n=0$.

二、函数极限的精确定义

数列极限定义的思想方法可推广到函数各种极限的定义，区别在于自变量的变化有下列不同的情况.

1. $x\to\infty$，$x\to+\infty$，$x\to-\infty$ 时函数的极限定义

定义 2 如果对于任意给定的正数 ε（不论多么小），总存在着正数 X，使得对于适合不等式 $|x|>X$ 的一切 x，所对应的函数值 $f(x)$ 都满足不等式

$$|f(x)-A|<\varepsilon,$$

那么 A 叫做函数 $f(x)$ 当 $x\to\infty$ 时的极限.

如果 $x>0$ 且无限增大，那么只要把上述定义中的 $|x|>X$ 改为 $x>X$ 就可以得到 $\lim\limits_{x\to+\infty}f(x)=A$ 的定义. 同样，$x<0$ 而 $|x|$ 无限增大，那么只要把上述定义中的 $|x|>X$ 改为 $x<-X$ 就可以得到 $\lim\limits_{x\to-\infty}f(x)=A$ 的定义.

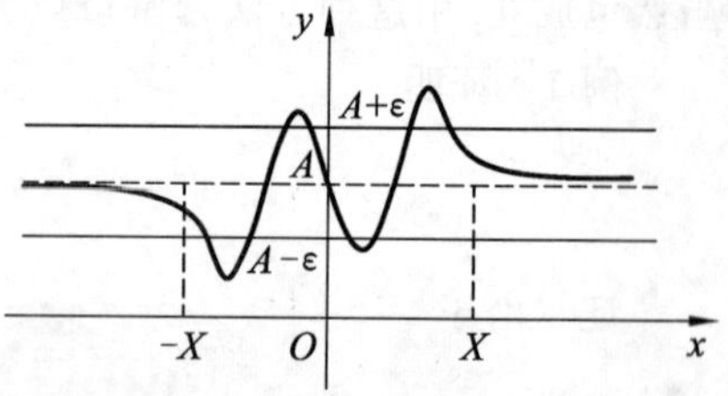

图 1-20

从几何上分析，$\lim\limits_{x\to\infty}\frac{1}{x}=0$ 的意义是：作直线 $y=A-\varepsilon$ 和 $y=A+\varepsilon$（见图 1-20），则总有一个正数 X 存在，使得当 $x<-X$ 或 $x>X$ 时，函数 $y=f(x)$ 的图形位于这两条直线之间.

例 3 证明

$$\lim_{x\to\infty}\frac{1}{x}=0.$$

证 设 ε 是任意的正数，要证存在正数 X，当 $|x|>X$ 时，不等式

$$\left|\frac{1}{x}-0\right|<\varepsilon$$

成立. 因这个不等式相当于

$$\frac{1}{|x|}<\varepsilon \quad 或 \quad |x|>\frac{1}{\varepsilon}.$$

由此可知，如果取 $X=\frac{1}{\varepsilon}$，那么对于适合 $|x|>X=\frac{1}{\varepsilon}$ 的一切 x，不等式 $\left|\frac{1}{x}-0\right|<\varepsilon$ 成立，这就证明了

$$\lim_{x\to\infty}\frac{1}{x}=0.$$

2. $x\to x_0$，$x\to x_0^+$，$x\to x_0^-$ 时函数的极限

首先，如数列极限那样，$f(x)\to A$ 可以用 $|f(x)-A|<\varepsilon$ 来表达，其中 ε 为任意给定的正数. 因为函数值 $f(x)$ 与数 A 无限接近是在 $x\to x_0$ 的过程中实现的，所以对于任意给定的正数 ε，只要求充分接近 x_0 的 x 所对应的函数值 $f(x)$ 满足不等式 $|f(x)-A|<\varepsilon$；而充分接近 x_0 的 x 可以表达为 $|x-x_0|<\delta$，其中 δ 是某个正数，其作用相当于数列极限中的 N. 由于 $x\to x_0$ 时 x 并不等于 x_0，且讨论 $x\to x_0$ 时函数 $f(x)$ 的变化趋势和 $x=x_0$ 时函数的取值无关，所以讨论 $x\to x_0$ 时函数 $f(x)$ 的极限可规定 $x\neq x_0$ 或 $|x-x_0|>0$.

通过以上分析，我们可以给出 $x\to x_0$ 时函数极限的严格定义.

定义 3　如果对于任意给定的正数 ε（不论多么小），总存在正数 δ，使得对于适合不等式 $0<|x-x_0|<\delta$ 的一切 x，对应的函数值 $f(x)$ 都满足不等式

$$|f(x)-A|<\varepsilon,$$

那么常数 A 就叫做函数 $f(x)$ 当 $x\to x_0$ 时的极限.

对于 $x\to x_0^-$ 的情形，x 在 x_0 的左侧，$x<x_0$. 在上述定义中，把 $0<|x-x_0|<\delta$ 改为 $x_0-\delta<x<x_0$，就可得到当 $x\to x_0^-$ 时左极限的定义；同样对于 $x\to x_0^+$ 的情形，x 在 x_0 的右侧，即 $x>x_0$. 在上述定义中把 $0<|x-x_0|<\delta$ 改为 $x_0<x<x_0+\delta$，就可得到当 $x\to x_0^+$ 时右极限的定义.

例 4　证明

$$\lim_{x\to 2}(3x-2)=4.$$

证　设 $f(x)=3x-2$. 对于任意给定的 $\varepsilon>0$，要使

$$|f(x)-4|=|(3x-2)-4|=|3x-6|=3|x-2|<\varepsilon,$$

只要取 $|x-2|<\frac{1}{3}\varepsilon$ 即可. 因此，取

$$\delta=\frac{1}{3}\varepsilon,$$

则当 $0<|x-2|<\delta$ 时，

$$|f(x)-4|<\varepsilon$$

恒成立，所以 $\lim\limits_{x\to 2}(3x-2)=4$.

例 5　证明

$$\lim_{x\to x_0}x=x_0.$$

证　设 $f(x)=x$. 对于任意给定的 $\varepsilon>0$，要使

$$|f(x)-x_0|=|x-x_0|<\varepsilon,$$

只要取 $\delta=\varepsilon$ 即可. 因此，对于任意给定的 $\varepsilon>0$，取

$$\delta=\varepsilon,$$

当 $0<|x-x_0|<\delta$ 时，

$$|f(x)-x_0|<\varepsilon$$

恒成立，所以 $\lim\limits_{x\to x_0}x=x_0$.

例 6 证明

$$\lim_{x\to 1}\sqrt{x}=1.$$

证 在讨论中为了使函数有定义，不妨将 x 限制在范围 $|x-1|<1$，即 $0<x<2$ 内（因为 x 充分靠近 1，这是合理的）.

由于 $$|f(x)-1|=|\sqrt{x}-1|=\left|\frac{x-1}{\sqrt{x}+1}\right|<|x-1|,$$

为了使 $|f(x)-1|<\varepsilon$，只要

$$|x-1|<\varepsilon.$$

所以，对于任意给定一正数 ε，可取

$$\delta=\min\{1,\varepsilon\}\text{（该式表示 }\delta\text{ 是两个数 1 和 }\varepsilon\text{ 中的较小者）},$$

当 x 适合不等式 $0<|x-1|<\delta$ 时，能使得不等式

$$|f(x)-1|<\varepsilon$$

成立，从而 $\lim\limits_{x\to 1}\sqrt{x}=1$.

类似地，可以证明 $\lim\limits_{x\to x_0}\sqrt{x}=x_0$，$x_0>0$.

三、无穷小与无穷大的精确定义

定义 4 如果对于任意给定的正数 ε（不论它多么小），总存在正数 δ（或正数 X），使得对于适合不等式 $0<|x-x_0|<\delta$（或 $|x|>X$）的一切 x，对应的函数值 $f(x)$ 都满足不等式

$$|f(x)|<\varepsilon,$$

那么称函数 $f(x)$ 当 $x\to x_0$（或 $x\to\infty$）时为无穷小.

定义 5 如果对于任意给定的正数 M（不论它多么大），总存在正数 δ（或正数 X），使得对于适合不等式 $0<|x-x_0|<\delta$（或 $|x|>X$）的一切 x，对应的函数值 $f(x)$ 都满足不等式

$$|f(x)|>M,$$

则称函数 $f(x)$ 当 $x\to x_0$（或 $x\to\infty$）时为无穷大，记作 $\lim\limits_{x\to x_0}f(x)=\infty$（或 $\lim\limits_{x\to\infty}f(x)=\infty$）.

如果在无穷大的定义中，把 $|f(x)|>M$ 换成 $f(x)>M$（或 $f(x)<-M$）就得到正无穷大 $\lim\limits_{\substack{x\to x_0\\(x\to\infty)}}f(x)=+\infty$（或负无穷大 $\lim\limits_{\substack{x\to x_0\\(x\to\infty)}}f(x)=-\infty$）的定义.

类似地，可以给出数列是无穷小和无穷大的定义（定义略）.

例 7　证明

$$\lim_{x\to 1}\frac{1}{x-1}=\infty.$$

证　任意给定正数 M，要使 $\left|\frac{1}{x-1}\right|>M$，只要

$$|x-1|<\frac{1}{M}.$$

所以取 $\delta=\frac{1}{M}$，则对于适合不等式 $0<|x-x_0|<\delta=\frac{1}{M}$ 的一切 x，就有

$$\left|\frac{1}{x-1}\right|>M.$$

这就证明了 $\lim\limits_{x\to 1}\frac{1}{x-1}=\infty$.

四、本章有关极限的部分基本定理的证明

1. 夹逼准则

第三节定理 1　如果数列 $\{x_n\}$，$\{y_n\}$，$\{z_n\}$ 满足下列条件：

(1) $y_n\leqslant x_n\leqslant z_n\quad(n=1,2,\cdots)$；

(2) $\lim\limits_{n\to\infty}y_n=a$，$\lim\limits_{n\to\infty}z_n=a$，

那么数列 $\{x_n\}$ 的极限存在，且 $\lim\limits_{n\to\infty}x_n=a$.

证　因 $n\to\infty$ 时 $y_n\to a$，$z_n\to a$，所以根据数列极限的定义，对于任意给定的正数 ε，存在正整数 N_1，当 $n>N_1$ 时，有

$$|y_n-a|<\varepsilon;$$

又存在正整数 N_2，当 $n>N_2$ 时，有

$$|z_n-a|<\varepsilon.$$

现取 $N=\max\{N_1,N_2\}$，则当 $n>N$ 时，

$$|y_n-a|<\varepsilon,\ |z_n-a|<\varepsilon$$

同时成立，即

$$a-\varepsilon<y_n<a+\varepsilon,\ a-\varepsilon<z_n<a+\varepsilon$$

同时成立. 又因 x_n 介于 y_n 和 z_n 之间，所以当 $n>N$ 时，有

$$a-\varepsilon<y_n\leqslant x_n\leqslant z_n<a+\varepsilon,$$

即

$$|x_n-a|<\varepsilon$$

成立. 这就是说，$\lim\limits_{n\to\infty}x_n=a$.

函数极限的夹逼准则的证明与此类似.

2. 收敛数列的有界性

第三节定理 4　如果数列 $\{x_n\}$ 收敛，那么数列 $\{x_n\}$ 必定有界.

证 因为数列$\{x_n\}$收敛，不妨设$\lim\limits_{n\to\infty}x_n=a$. 根据数列极限的定义，对于$\varepsilon=1$，存在正整数$N$，使得对于$n>N$时的一切$x_n$，不等式

$$|x_n-a|<1$$

都成立. 于是，当$n>N$时，

$$|x_n|=|x_n-a+a|\leqslant|x_n-a|+|a|<1+|a|.$$

取$M=\max\{|x_1|,|x_2|,\cdots,|x_N|,1+|a|\}$，那么数列$x_n$中的一切$x_n$都满足不等式

$$|x_n|\leqslant M.$$

这就证明了数列x_n是有界的.

函数极限存在的局部有界性定理的证明类似.

3. 局部保号性

第四节定理 2 如果$\lim\limits_{x\to x_0}f(x)=A>0$（或$A<0$），那么存在点$x_0$的某一去心邻域，当$x$在该邻域内时，就有$f(x)>0$（或$f(x)<0$）.

证 设$A>0$，任取正数$\varepsilon<A$，根据$\lim\limits_{x\to x_0}f(x)=A$的定义，对于这个取定的正数$\varepsilon$，必存在正数$\delta$，当$0<|x-x_0|<\delta$时，不等式

$$|f(x)-A|<\varepsilon$$

或

$$A-\varepsilon<f(x)<A+\varepsilon$$

成立. 因$A-\varepsilon>0$，故在x_0的去心邻域$\mathring{U}(a,\delta)$中$f(x)>0$.

类似地，可以证明$A<0$的情形.

第四节定理 3 如果在x_0的某一去心邻域内$f(x)\geqslant0$（或$f(x)\leqslant0$），而且$\lim\limits_{x\to x_0}f(x)=A$，那么$A\geqslant0$(或$A\leqslant0$).

证 设$f(x)\geqslant0$. 假设上述论断不成立，即设$A<0$，那么由局部保号性定理，就有x_0的某一去心邻域，当x在该邻域内时，$f(x)<0$. 这与$f(x)\geqslant0$的假定矛盾. 所以$A\geqslant0$.

类似地，可证明$f(x)\leqslant0$的情形.

$x\to\infty$时这两个定理的证明类似.

4. 无穷小与函数极限的关系

第五节定理 1 $\lim\limits_{x\to x_0}f(x)=A$(或$\lim\limits_{x\to\infty}f(x)=A$)的充分必要条件是

$$f(x)=A+\alpha,$$

其中α为$x\to x_0$(或$x\to\infty$)时的无穷小.

证 设$\lim\limits_{x\to x_0}f(x)=A$，则对于任意给定的正数$\varepsilon$，存在着正数$\delta$，当$0<|x-x_0|<\delta$时，有

$$|f(x)-A|<\varepsilon.$$

令$\alpha=f(x)-A$，则α是$x\to x_0$时的无穷小，且$f(x)=A+\alpha$.

反之，设$f(x)=A+\alpha$，其中A是常数，α是$x\to x_0$时的无穷小，于是

$$|f(x)-A|=|\alpha|.$$

因 α 是 $x\to x_0$ 时的无穷小，所以对于任意给定的正数 ε，存在正数 δ，当 $0<|x-x_0|<\delta$ 时，有 $|\alpha|<\varepsilon$，即

$$|f(x)-A|<\varepsilon,$$

所以 $\lim\limits_{x\to x_0}f(x)=A$.

类似地，可证明 $x\to\infty$ 时的情形.

5. 无穷大与无穷小的关系

第五节定理 2　在自变量的同一变化过程中，如果 $f(x)$ 为无穷大，则 $\dfrac{1}{f(x)}$ 为无穷小；反之，如果 $f(x)$ 为无穷小，且 $f(x)\neq 0$，则 $\dfrac{1}{f(x)}$ 为无穷大.

证　设 $\lim\limits_{x\to x_0}f(x)=\infty$. 任意给定正数 ε，根据无穷大的定义，对于 $M=\dfrac{1}{\varepsilon}$，存在正数 δ，当 $0<|x-x_0|<\delta$ 时，有

$$|f(x)|>M=\frac{1}{\varepsilon},$$

即

$$\left|\frac{1}{f(x)}\right|<\varepsilon,$$

所以，$\dfrac{1}{f(x)}$ 当 $x\to x_0$ 时为无穷小.

反之，设 $\lim\limits_{x\to x_0}f(x)=0$，根据无穷小的定义，任意给定 $M>0$，对于 $\varepsilon=\dfrac{1}{M}$，存在正数 δ，当 $0<|x-x_0|<\delta$ 时，有

$$|f(x)|<\varepsilon=\frac{1}{M}.$$

由于 $f(x)\neq 0$，从而 $\left|\dfrac{1}{f(x)}\right|>M$，所以，$\dfrac{1}{f(x)}$ 当 $x\to x_0$ 时为无穷大.

类似地，可以证明 $x\to\infty$ 时的情形.

6. 极限四则运算法则

第六节定理 1　两个无穷小的和也是无穷小.

证　设 α,β 是当 $x\to x_0$ 时的两个无穷小，而 $\gamma=\alpha+\beta$.

任意给定 $\varepsilon>0$，因 α 是当 $x\to x_0$ 时的无穷小，对于 $\dfrac{\varepsilon}{2}>0$，存在 $\delta_1>0$，当 $0<|x-x_0|<\delta_1$ 时，不等式

$$|\alpha|<\frac{\varepsilon}{2}$$

成立. 又因 β 是当 $x\to x_0$ 时的无穷小，对于 $\dfrac{\varepsilon}{2}>0$，存在 $\delta_2>0$，当 $0<|x-x_0|<\delta_2$ 时，不等式

$$|\beta|<\frac{\varepsilon}{2}$$

成立. 取 $\delta=\min\{\delta_1,\delta_2\}$，则当 $0<|x-x_0|<\delta$ 时，

$$|\alpha|<\frac{\varepsilon}{2},\ |\beta|<\frac{\varepsilon}{2}$$

同时成立，从而

$$|\gamma|=|\alpha+\beta|\leqslant|\alpha|+|\beta|<\frac{\varepsilon}{2}+\frac{\varepsilon}{2}=\varepsilon.$$

这就证明了 γ 也是当 $x\to x_0$ 时的无穷小.

第六节定理 2 有界函数与无穷小的乘积是无穷小.

证 设函数 $u=u(x)$ 在 x_0 的某一邻域 $U(x_0,\delta_1)$ 内是有界的，即存在正数 M，使 $|u|\leqslant M$ 对一切 $x\in U(x_0,\delta_1)$ 成立. 又设 α 是当 $x\to x_0$ 时的无穷小，即对于任意给定的正数 ε，存在着 $\delta_2>0$，当 $0<|x-x_0|<\delta_2$ 时，有不等式

$$|\alpha|<\frac{\varepsilon}{M}.$$

取 $\delta=\min\{\delta_1,\delta_2\}$，则当 $0<|x-x_0|<\delta$ 时，$|\alpha|<\frac{\varepsilon}{M}$ 及 $|u|\leqslant M$ 同时成立. 从而

$$|u\alpha|=|u||\alpha|<M\frac{\varepsilon}{M}=\varepsilon.$$

这就证明了 $u\alpha$ 是当 $x\to x_0$ 时的无穷小.

第六节定理 3 如果 $\lim f(x)=A$，$\lim g(x)=B$，那么，

(1) $\lim[f(x)\pm g(x)]=A\pm B=\lim f(x)\pm\lim g(x)$；

(2) $\lim[f(x)\cdot g(x)]=A\cdot B=\lim f(x)\cdot\lim g(x)$；

(3) 当 $B\neq 0$ 时有 $\lim\frac{f(x)}{g(x)}=\frac{A}{B}=\frac{\lim f(x)}{\lim g(x)}$.

证 这里仅证(2)、(3)，而把(1)的证明留给读者.

因 $\lim f(x)=A$，$\lim g(x)=B$，由第五节定理 1 有

$$f(x)=A+\alpha,\ g(x)=B+\beta,$$

其中，α,β 是无穷小. 于是

$$f(x)\cdot g(x)=(A+\alpha)(B+\beta)==AB+B\alpha+A\beta+\alpha\beta,$$

由第六节定理 1 及定理 2 的两个推论知，$B\alpha+A\beta+\alpha\beta$ 是无穷小，所以

$$\lim[f(x)\cdot g(x)]=AB.$$

(3)的证明只需证 $\gamma=\frac{f(x)}{g(x)}-\frac{A}{B}$ 是无穷小即可. 为此，

$$\gamma=\frac{A+\alpha}{B+\beta}-\frac{A}{B}=\frac{1}{B(B+\beta)}(B\alpha-A\beta).$$

显然 $(B\alpha-A\beta)$ 是无穷小，下证 $\frac{1}{B(B+\beta)}$ 在点 x_0 的某邻域内有界.

由于β是无穷小，又$B\neq 0$，因此对于正数$\frac{B}{2}$，存在$\delta>0$，当$0<|x-x_0|<\delta$时，有不等式

$$|\beta|<\frac{|B|}{2}.$$

于是
$$|B+\beta|>|B|-|\beta|>\frac{|B|}{2},$$

从而
$$|B(B+\beta)|=|B||B+\beta|>\frac{B^2}{2},$$

所以
$$\left|\frac{1}{B(B+\beta)}\right|<\frac{2}{B^2}.$$

这就证明了$\frac{1}{B(B+\beta)}$是有界的，因此，γ是无穷小.

*习题 1-9

1. 根据数列极限定义证明：

(1) $\lim\limits_{n\to\infty}\frac{1+(-1)^n}{n^2}=0$；　　(2) $\lim\limits_{n\to\infty}\frac{3n+1}{n+1}=3$.

2. 若$\lim\limits_{n\to\infty}u_n=a$，证明$\lim\limits_{n\to\infty}|u_n|=|a|$. 并举例说明反过来未必成立.

3. 根据函数极限的定义证明：

(1) $\lim\limits_{x\to 2}(2x+1)=5$；　　(2) $\lim\limits_{x\to -2}\frac{x^2-4}{x+2}=-4$；

(3) $\lim\limits_{x\to\infty}\frac{2+x^2}{3x^2}=\frac{1}{3}$；　　(4) $\lim\limits_{x\to 0}|x|=0$；

(5) $\lim\limits_{x\to 0}(8x^2-3)=-3$；　　(6) $\lim\limits_{x\to +\infty}\frac{\sin x}{\sqrt{x}}=0$.

4. 根据定义证明：

(1) $y=x\sin\frac{1}{x}$当$x\to 0$时为无穷小；　　(2) $y=\frac{x}{x-3}$当$x\to 3$时为无穷大.

5. 当$x\to 2$时有$x^2\to 4$. 问δ等于多少，使当$|x-2|<\delta$时，$|x^2-4|<0.001$.

第十节　函数的连续性

自然界中许多现象的变化是“渐变”的. 例如，气温、水位随时间的变化而连续变化，生物随时间的变化而连续生长等. 这种变化过程反映在数量关系上就是所谓的连续性. 本节借助于极限方法讨论函数的连续性这一重要特性.

一、函数连续的定义

定义 1　设变量x从x_0变化到x_1，称x_1-x_0为变量x的增量，用符号Δx表示，即

增量 $\Delta x=x_1-x_0$.

注 增量可正可负，当 $x_1>x_0$ 时，增量 Δx 为正，$x_1<x_0$ 时增量为负.

当函数的自变量在点 x_0 从 x_0 变化到 x_1，或变量从 x_0 变化到 $x_0+\Delta x$ 时，相应的函数从 $y_0=f(x_0)$ 变化到

$$y_1=f(x_1)=f(x_0+\Delta x).$$

按增量的定义，函数的增量 Δy 为

$$\Delta y=f(x_0+\Delta x)-f(x_0). \tag{1}$$

现在假定 $f(x)$ 在点 x_0 的某邻域有定义，并保持 x_0 不变而让 Δx 变动，一般说来，函数 y 的增量也将随之变化. 图 1-21 描绘了一条连续变化的曲线在 x_0 附近增量 Δy 与 Δx 的变化关系. 从图形中可以看出，如果 $\Delta x\to 0$，则相应地，$\Delta y\to 0$. 这就是连续函数本质的特性. 由此给出如下定义.

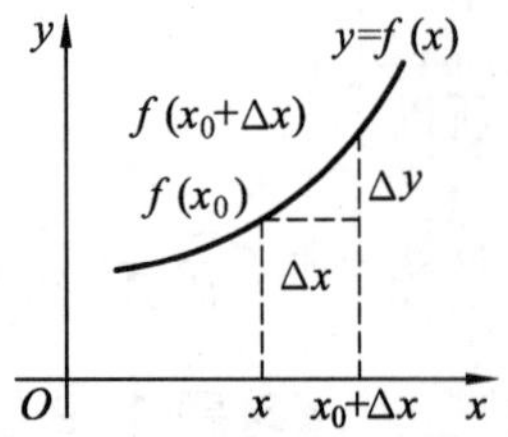

图 1-21

定义 2 设 $f(x)$ 在点 x_0 的某邻域有定义，若

$$\lim_{\Delta x\to 0}\Delta y=\lim_{\Delta x\to 0}[f(x_0+\Delta x)-f(x_0)]=0, \tag{2}$$

则称函数在点 x_0 连续，点 x_0 称为 $f(x)$ 的连续点.

为了应用方便，下面用不同的方式对定义 2 进行描述.

设 $x=x_0+\Delta x$，则 $\Delta x\to 0$ 就是 $x\to x_0$，又

$$\Delta y=f(x_0+\Delta x)-f(x_0)=f(x)-f(x_0),$$

因此，式(2)相当于 $\lim\limits_{x\to x_0}f(x)=f(x_0)$. 为此，函数连续的另一定义如下：

定义 3 设函数 $f(x)$ 在点 x_0 的某一邻域内有定义，且有

$$\lim_{x\to x_0}f(x)=f(x_0) \tag{3}$$

则称函数 $f(x)$ 在点 x_0 处连续.

函数 $f(x)$ 在点 x_0 连续还可以用"ε-δ"语言表达.

定义 4 设 $f(x)$ 在点 x_0 的某一邻域内有定义，若对任意 $\varepsilon>0$，存在 $\delta>0$，当 $|x-x_0|<\delta$ 时，恒有

$$|f(x)-f(x_0)|<\varepsilon,$$

则称函数 $f(x)$ 在点 x_0 处连续.

例 1 证明函数 $f(x)=3x-1$ 在 $x=1$ 点处连续.

证 $$|f(x)-f(1)|=|3x-1-2|=3|x-1|.$$

对于任意给定 $\varepsilon>0$，取 $\delta=\dfrac{\varepsilon}{3}$，则当 $|x-1|<\delta$ 时，

$$|f(x)-f(1)|<\varepsilon$$

一定成立，所以，函数 $f(x)=3x-1$ 在点 $x=1$ 处连续.

若函数 $f(x)$ 在开区间 (a,b) 内每一点都连续，则称函数 $f(x)$ 在开区间 (a,b) 内连续.

在某一区间上连续函数的图形是一条不间断的曲线.

由第六节极限的运算法则可知，对于多项式函数

$$f(x)=P_n(x)=a_0+a_1x+\cdots+a_nx^n$$

在任一点 $x_0\in(-\infty,+\infty)$ 有 $\lim\limits_{x\to x_0}f(x)=f(x_0)$. 因此，多项式函数在区间 $(-\infty,+\infty)$ 上是连续的.

对于有理分式 $f(x)=\dfrac{P_n(x)}{Q_n(x)}$，若 $Q(x_0)\neq 0$，则有

$$\lim_{x\to x_0}\frac{P_n(x)}{Q_n(x)}=\frac{P_n(x_0)}{Q_n(x_0)}.$$

因此，有理分式函数在分母不为零的点是连续的，或者说在定义域上是连续的.

例 2　证明 $y=\sin x$ 在 $(-\infty,+\infty)$ 内连续.

证　设 x_0 是 $(-\infty,+\infty)$ 内任意一点. 当 x 从 x_0 处取得改变量 Δx 时，函数 y 取得相应的改变量

$$\Delta y=\sin(x_0+\Delta x)-\sin x_0=2\sin\frac{\Delta x}{2}\cdot\cos\left(x_0+\frac{\Delta x}{2}\right).$$

由 $\left|\cos\left(x_0+\dfrac{\Delta x}{2}\right)\right|\leqslant 1$，$\left|\sin\dfrac{\Delta x}{2}\right|\leqslant\dfrac{|\Delta x|}{2}$，得

$$|\Delta y|\leqslant 2\cdot\frac{|\Delta x|}{2}\cdot 1=|\Delta x|.$$

因此，$\lim\limits_{\Delta x\to 0}\Delta y=0$，即 $y=\sin x$ 在点 x_0 处连续.

由 x_0 的任意性，所以 $y=\sin x$ 在 $(-\infty,+\infty)$ 内连续.

同理可证 $y=\cos x$ 在 $(-\infty,+\infty)$ 内连续.

若函数 $f(x)$ 在点 x_0 的右邻域 $[x_0,x_0+\delta)$ 满足 $\lim\limits_{x\to x_0^+}f(x)=f(x_0)$，则称函数 $f(x)$ 在点 x_0 右连续. 类似地，可定义 $f(x)$ 在点 x_0 左连续.

根据极限存在的充分必要条件可得函数 $f(x)$ 在点 x_0 连续的充分必要条件是 $f(x)$ 在点 x_0 既是右连续又是左连续的.

若函数 $f(x)$ 在开区间 (a,b) 内连续，且在左端点 $x=a$ 处右连续、右端点 $x=b$ 处左连续，则称函数 $y=f(x)$ 在闭区间 $[a,b]$ 上连续.

二、函数的间断点

与函数连续对应的概念是间断. 对于函数 $y=f(x)$，若在点 x_0 处式(3)不成立，则点 x_0 称为函数 $y=f(x)$ 的不连续点，也称为函数 $y=f(x)$ 的**间断点**.

分析式(3)可知，要使式(3)成立必须具备下列三个条件：

(1) $\lim\limits_{x\to x_0}f(x)=A$；

(2) $f(x_0)$ 有定义，即 $f(x_0)$ 存在；

(3) $A=f(x_0)$.

因此，三个条件中有一个条件不满足的点 x_0 即为 $y=f(x)$ 的间断点. 对于 $f(x)$ 的间

断点 x_0 可按下列情形进行分类.

1. 可去间断点

若$\lim\limits_{x\to x_0}f(x)=A$,但 $A\neq f(x_0)$或 $f(x_0)$无定义,则这类间断点称为可去间断点.

例 3 $f(x)=\dfrac{x^2-9}{x-3}$在 $x=3$ 处无定义,所以,$x=3$ 为间断点. 这里

$$\lim_{x\to 3}\frac{x^2-9}{x-3}=\lim_{x\to 3}(x+3)=6.$$

函数 $f(x)$在 $x=3$ 间断,只是因为 $f(x)$在 $x=3$ 处没有定义. 如果补充函数在 $x=3$ 处的定义:令 $x=3$ 时,$f(3)=6$,则函数 $f(x)$在点 $x=3$ 就成为连续的. 因此,点 $x=3$ 为函数 $f(x)$的可去间断点.

2. 跳跃间断点

若 $\lim\limits_{x\to x_0^-}f(x)$与 $\lim\limits_{x\to x_0^+}f(x)$都存在但不相等,这样的间断点就称为**跳跃间断点**.

可去间断点和跳跃间断点也称为**第一类间断点**.

例 4 函数 $f(x)=\begin{cases}2-x, & x\leqslant 1,\\ 1-x, & x>1\end{cases}$在点 $x=1$ 有

$$\lim_{x\to 1^+}f(x)=0,\ \lim_{x\to 1^-}f(x)=1,$$

故 $x=1$ 为函数 $f(x)$的跳跃间断点(见图 1-22).

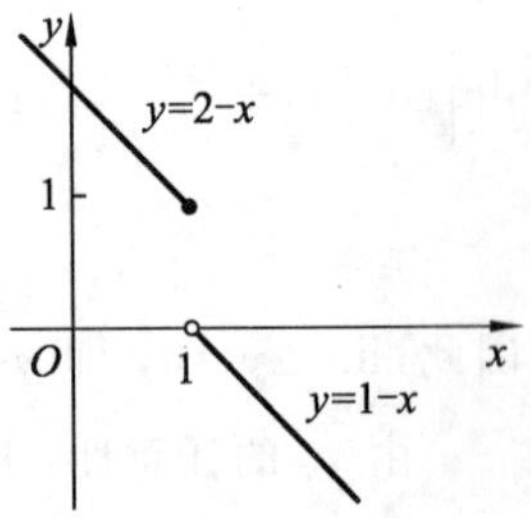

图 1-22

3. 第二类间断点

不属于第一类间断点的间断点统称为第二类间断点. 第二类间断点也可描述为:若 $\lim\limits_{x\to x_0^-}f(x)$与 $\lim\limits_{x\to x_0^+}f(x)$至少有一不存在,则点 x_0 称为**第二类间断点**.

例如,函数 $y=\dfrac{1}{x}$在 $x=0$ 处为第二类间断点.

例 5 函数 $y=\sin\dfrac{1}{x}$在点 $x=0$ 没有定义;当 $x\to 0$ 时,函数值在 -1 与 1 之间振荡无限多次(见图 1-16),左右极限不存在,所以,点 $x=0$ 为函数 $y=\sin\dfrac{1}{x}$的第二类间断点,也称为振荡间断点.

习题 1-10

1. 研究下列函数的连续性,并画出函数的图形:

(1) $f(x)=\begin{cases}x^2, & 0\leqslant x\leqslant 1,\\ 2-x, & 1<x\leqslant 2;\end{cases}$　　(2) $f(x)=\begin{cases}x, & |x|\leqslant 1,\\ 1, & |x|>1.\end{cases}$

2. 指出下列函数的间断点,并说明类型;如果是可去间断点,则补充或改变函数的定义使得函数在该点连续:

(1) $y=\frac{1}{(x-1)^2}$;　　(2) $y=\frac{x^2-1}{x^2-x-2}$;

(3) $y=\frac{x}{\tan x}$;　　(4) $f(x)=\arctan\frac{1}{x}$;

(5) $y=\frac{x+4}{|x+4|}$;　　(6) $y=\frac{2^{\frac{1}{x}}-1}{2^{\frac{1}{x}}+1}$.

3. 设函数 $f(x)=\begin{cases}a+x, & x\leqslant 1,\\ \ln x, & x>1,\end{cases}$ 应怎样选择 a,可使函数为连续函数?

4. 讨论下列函数在点 x_0 的连续性:

(1) $f(x)=\begin{cases}3x+1, & x\neq 1,\\ 2, & x>1,\end{cases}$ $x_0=1$;

(2) $f(x)=\begin{cases}\frac{\sin x}{x}, & x<0,\\ 1, & x=0,\\ x\sin\frac{1}{x}, & x>0,\end{cases}$ $x_0=0$.

5. 讨论函数 $f(x)=\lim\limits_{n\to\infty}\frac{1-x^{2n}}{1+x^{2n}}x$ 的连续性,若有间断点,判别其类型.

第十一节　连续函数的运算与初等函数的连续性

一、连续函数的和、积及商的连续性

由函数在某点连续的定义与极限的四则运算法则,立即可得出下列定理.

定理 1　有限个在某点连续的函数的和是一个在该点连续的函数.

证　考虑两个在点 x_0 连续的函数 $f(x)$,$g(x)$的和

$$F(x)=f(x)+g(x).$$

由第六节定理 3 及函数在点 x_0 连续的定义,有

$$\lim_{x\to x_0}F(x)=\lim_{x\to x_0}[f(x)+g(x)]=\lim_{x\to x_0}f(x)+\lim_{x\to x_0}g(x)=f(x_0)+g(x_0)=F(x_0).$$

这就证明了两个函数之和在点 x_0 连续.

类似地,可证两个函数的积与商的情形.

定理 2　有限个在某点连续的函数的乘积是一个在该点连续的函数.

定理 3　两个在某点连续的函数的商是一个在该点连续的函数,只要分母在该点不为零.

例 1　因 $\tan x=\frac{\sin x}{\cos x}$,$\cot x=\frac{\cos x}{\sin x}$,而 $\sin x$ 和 $\cos x$ 都在区间$(-\infty,+\infty)$内连续,故由定理 3 知 $\tan x$ 和 $\cot x$ 在其定义域内是连续的.同样地,$\sec x$,$\csc x$ 在其定义域

内也是连续的.

二、反函数与复合函数的连续性

定理 4(反函数的连续性) 若函数 $y=f(x)$ 在区间 I 上单调增加(减少)且连续,则其反函数 $y=f^{-1}(x)$ 在对应的区间 $I_1=\{y|y=f(x),x\in I\}$ 上单调增加(减少)且连续.

证明略.

例如,$y=\sin x$ 在 $\left[-\frac{\pi}{2},\frac{\pi}{2}\right]$ 上单调增加且连续,因此,其反函数 $y=\arcsin x$ 在 $[-1,1]$ 上也单调增加且连续.

定理 5 设 $y=f(u)$ 在点 b 连续,$\lim\limits_{x\to x_0}\varphi(x)=b$ ($\lim\limits_{x\to\pm\infty}\varphi(x)=b$),则

$$\lim_{x\to x_0}f[\varphi(x)]=f(b)=f[\lim_{x\to x_0}\varphi(x)]$$

$$\left(\lim_{x\to\pm\infty}f[\varphi(x)]=f(b)=f[\lim_{x\to\pm\infty}\varphi(x)]\right). \tag{1}$$

证 仅就 $x\to x_0$ 情形证明. $x\to\infty$ 时的证明是类似的.

对任意给定 $\varepsilon>0$,存在正数 δ,当 $|u-b|<\delta$ 时,

$$|f(u)-f(b)|<\varepsilon.$$

又由 $\lim\limits_{x\to x_0}\varphi(x)=b$,故对上述的 δ,存在正数 η,当 $0<|x-x_0|<\eta$ 时,

$$|\varphi(x)-b|<\delta.$$

记 $u=\varphi(x)$,即 $|u-b|<\delta$,从而有

$$|f[\varphi(x)]-f(b)|=|f(u)-f(b)|<\varepsilon.$$

式(1)得证.

定理 5 说明,在所设条件下,极限运算可以移到函数符号内部,它的一个重要特例是:若 $u=\varphi(x)$ 在 $x=x_0$ 连续,则复合函数 $f[\varphi(x)]$ 在点 x_0 也是连续的,即有如下定理.

定理 6 设函数 $u=\varphi(x)$ 在点 x_0 连续,且 $u_0=\varphi(x_0)$,而函数 $y=f(u)$ 在点 u_0 连续,那么复合函数 $y=f[\varphi(x)]$ 在点 x_0 也是连续的.

例 2 求下列极限:

(1) $\lim\limits_{x\to 0}\frac{\ln(1+x)}{x}$; (2) $\lim\limits_{x\to 0}\frac{a^x-1}{x}$ $(a>0,a\neq 1)$.

解 (1)
$$\lim_{x\to 0}\frac{\ln(1+x)}{x}=\lim_{x\to 0}\ln(1+x)^{\frac{1}{x}}.$$

利用定理 5 得

$$\lim_{x\to 0}\frac{\ln(1+x)}{x}=\ln\lim_{x\to 0}(1+x)^{\frac{1}{x}}=\ln \mathrm{e}=1.$$

$\left(\text{也可直接写为}\lim\limits_{x\to 0}\frac{\ln(1+x)}{x}=\lim\limits_{x\to 0}\ln(1+x)^{\frac{1}{x}}=\ln \mathrm{e}=1.\right)$

(2) 令 $y=a^x-1\to 0\ (x\to 0)$,则

$$x=\log_a(1+y)=\frac{1}{\ln a}\ln(1+y),$$

而

$$\lim_{x\to0}\frac{a^x-1}{x}=\lim_{y\to0}\frac{y\ln a}{\ln(1+y)}=\lim_{y\to0}\frac{\ln a}{\ln(1+y)^{\frac{1}{y}}}=\frac{\ln a}{\ln\lim\limits_{y\to0}(1+y)^{\frac{1}{y}}}=\ln a.$$

由例 2 可得到两个常用的等价无穷小：

$$\ln(1+x)\sim x,\ e^x-1\sim x.$$

三、初等函数的连续性

可以证明指数函数 $y=a^x(a\neq1,a>0)$ 在 $(-\infty,+\infty)$ 内连续且单调(证明略去). 根据定理 4 还可得到其反函数——对数函数 $y=\log_a x$ 在定义域内单调并且连续.

由于幂函数 $y=x^\alpha=e^{\alpha\ln x}$，因此，由指数函数、对数函数及复合函数的连续性可得幂函数在 $(0,+\infty)$ 上是连续的.

根据定理 1～定理 6 及相关讨论，结合初等函数的定义，可以得到如下定理.

定理 7　基本初等函数在定义域内是连续的.

定理 8　一切初等函数在其定义区间内是连续的. 所谓定义区间，就是包含在定义域内的区间.

由式(1)及定理 8 的结论知，求初等函数在定义区间内某点的极限时，只要求该点的函数值即可.

例 3　求 $\lim\limits_{x\to1}\ln\dfrac{1+\sin\pi x}{\sqrt{x^3+2}}$.

解　设 $f(x)=\ln\dfrac{1+\sin\pi x}{\sqrt{x^3+2}}$，则 $\lim\limits_{x\to1}\ln\dfrac{1+\sin\pi x}{\sqrt{x^3+2}}=f(1)=-\dfrac{1}{2}\ln 3$.

习题 1-11

1. 求下列极限：

(1) $\lim\limits_{x\to1}\dfrac{\ln(2+x^2)}{(3-x)^2+\cos\pi x}$；　(2) $\lim\limits_{x\to+\infty}(\sqrt{x+1}-\sqrt{x})$；

(3) $\lim\limits_{x\to0}\ln\dfrac{(\arcsin 2x)^2}{1-\cos x}$；　(4) $\lim\limits_{x\to+\infty}\arccos\dfrac{1-x}{1+x}$；

(5) $\lim\limits_{x\to0}\dfrac{\ln(1+ax)}{x}$，其中 a 为大于零的常数；(6) $\lim\limits_{x\to0}\left(\dfrac{1-\cos x}{x^2}\right)^{\sqrt{2}}$.

2. 证明 $x\to0$ 时，$e^x-1\sim x$.

3. 求下列极限：

(1) $\lim\limits_{x\to0}\dfrac{\sin\tan 2x}{\tan\sin 3x}$；　(2) $\lim\limits_{x\to0}\dfrac{e^{x^3}-1}{x^2\sin x}$；

(3) $\lim\limits_{x\to0}\dfrac{\arctan^2(\sqrt{1+x^2}-1)}{\sin x\ln(1+x^3)}$.

第十二节 闭区间上连续函数的性质

本段简单介绍闭区间上连续函数的几个定理.这些定理的证明均超出本书的范围,但借助于几何图形可以帮助理解.

一、最大值和最小值定理

设函数 $f(x)$在区间 I 上有定义,如果有 $x_0\in I$,使得对于任一 $x\in I$ 都有

$$f(x_0)\leqslant f(x)\ (f(x_0)\geqslant f(x)),$$

则称 $f(x_0)$是函数 $f(x)$在区间 I 上的最小值(最大值).

定理 1(最大值和最小值定理) 在闭区间上连续的函数一定有最大值和最小值.

这就是说,如果函数 $f(x)$在闭区间$[a,b]$上连续,那么至少存在一点 $\xi_1\in[a,b]$,使 $f(\xi_1)$是 $f(x)$在$[a,b]$上的最大值;至少存在一点 $\xi_2\in[a,b]$,使 $f(\xi_2)$是 $f(x)$在$[a,b]$上的最小值(见图 1-23).

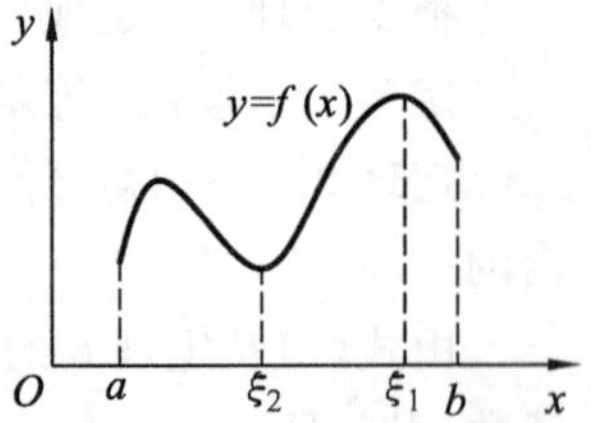

图 1-23

定理中“函数在闭区间上连续”这一条件是很重要的.若将此条件改为“在开区间连续”或“函数在闭区间上有间断点”,那么定理结论就不一定成立.例如,函数 $f(x)=x$ 在闭区间$[0,1]$上有最大值 $f(1)=1$ 和最小值 $f(0)=0$,但在开区间$(0,1)$内既无最大值又无最小值.又如函数 $f(x)=x-[x]$在闭区间$[0,1]$上没有最大值,因为它在点 $x=1$ 不连续.

由定理 1 可得下面定理.

定理 2(有界性定理) 在闭区间上连续的函数一定在该区间上有界.

这是因为由定理 1,$f(x)$在闭区间$[a,b]$上有最大值 M 及最小值 m,使$[a,b]$上任一 x 满足 $m\leqslant f(x)\leqslant M$.取 $K=\max\{|M|,|m|\}$,则任一 $x\in[a,b]$都满足

$$|f(x)|\leqslant K,$$

因此,函数 $f(x)$在$[a,b]$上有界.

二、介值定理

定理 3(介值定理) 设函数 $f(x)$在闭区间$[a,b]$上连续,且在该区间的端点取不同的函数值 $f(a)=A$ 及 $f(b)=B$,那么,对于 A 与 B 之间的任意一个数 C,在开区间(a,b)内至少有一点 ξ(见图 1-24),使得

$$f(\xi)=C\ (a<\xi<b).$$

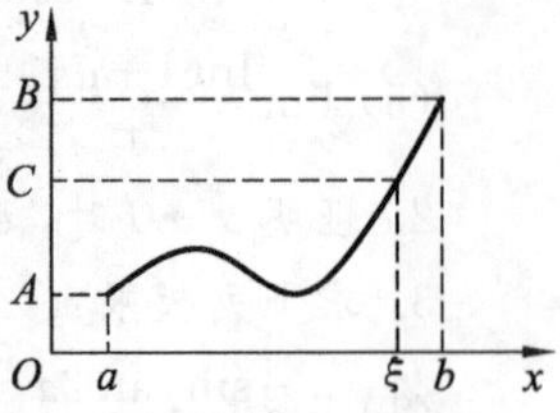

图 1-24

如果存在 x_0 使得 $f(x_0)=0$,则称 x_0 为函数 $f(x)$的零点.作为介值定理的一个特殊情况$(C=0)$,可以得到一个非常有用的零点定理.

定理 4(零点定理)　设函数 $f(x)$ 在闭区间 $[a,b]$ 上连续，且 $f(a)$ 与 $f(b)$ 异号(即 $f(a)\cdot f(b)<0$)，那么在开区间 (a,b) 内至少有函数 $f(x)$ 的一个零点，即至少有一点 $\xi(a<\xi<b)$ 使

$$f(\xi)=0.$$

从几何上看，定理 4 表示：如果连续曲线弧 $y=f(x)$ 的两个端点位于 x 轴的不同侧，那么这段曲线弧与 x 轴至少有一个交点(见图 1-25).

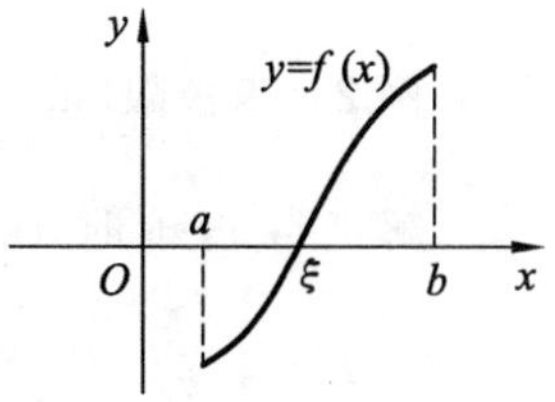

图 1-25

例 1　证明方程 $x^5-2x-1=0$ 在开区间 $(0,2)$ 内至少有一个实根.

证　函数 $f(x)=x^5-2x-1$ 在闭区间 $[0,2]$ 上连续，又

$$f(0)=-1<0,\ f(2)=27>0,$$

根据零点定理，在开区间 $(0,2)$ 内至少有一点 ξ，使

$$f(\xi)=0,\ 即\ \xi^5-2\xi-1=0\ (0<\xi<2).$$

因此，方程 $x^5-2x-1=0$ 在开区间 $(0,2)$ 内至少有一个实根 ξ.

习题 1-12

1. 证明方程 $x^5-3x=1$ 在 1 与 2 之间至少有一实根.
2. 设 $f(x)=e^x-2$，证明：至少有一点 $\xi\in(0,2)$，使得 $e^\xi-2=\xi$.
3. 证明方程 $x=a\sin x+b$ 至少有一个正根，且不超过 $a+b$，其中 $a>0,b>0$.
4. 设 $f(x)$ 在区间 $[a,b]$ 上连续，且 $f(a)<a,f(b)>b$，证明：在 (a,b) 内至少有一点 ξ，使得 $f(\xi)=\xi$.

*第十三节　综合例题

例 1　设 $f(x)=\begin{cases}e^x, & x<1,\\ x, & x\geqslant 1,\end{cases}$ $\varphi(x)=\begin{cases}x+2, & x<0,\\ x^2-1, & x\geqslant 0,\end{cases}$ 求 $f[\varphi(x)]$.

解

$$f[\varphi(x)]=\begin{cases}e^{\varphi(x)}, & \varphi(x)<1\\ \varphi(x), & \varphi(x)\geqslant 1.\end{cases}$$

下面分别讨论 $\varphi(x)<1$ 和 $\varphi(x)\geqslant 1$ 时 x 的取值范围.

(1) 当 $\varphi(x)<1$ 时：若 $x<0$，则 $\varphi(x)=x+2<1$，推得 $x<-1$；

若 $x\geqslant 0$，则 $\varphi(x)=x^2-1<1$，推得 $0\leqslant x\leqslant\sqrt{2}$.

(2) 当 $\varphi(x)\geqslant 1$ 时：若 $x<0$ 则 $\varphi(x)=x+2\geqslant 1$，推得 $-1\leqslant x<0$；

若 $x\geqslant 0$ 则 $\varphi(x)=x^2-1\geqslant 1$，推得 $x\geqslant\sqrt{2}$.

所以

$$f[\varphi(x)]=\begin{cases}e^{x+2}, & x<-1,\\ x+2, & -1\leqslant x<0,\\ e^{x^2-1}, & 0\leqslant x<\sqrt{2}\\ x^2-1, & x\geqslant\sqrt{2}.\end{cases}$$

例 2 求极限$\lim\limits_{x\to 0}\dfrac{\ln\cos x^2}{(e^{x^2}-1)\sin^2 x}$.

解 当 $x\to 0$ 时，$\cos x^2\to 1$，即 $\cos x^2-1\to 0$，所以

$$\ln\cos x^2=\ln(1+\cos x^2-1)\sim\cos x^2-1\sim-\frac{1}{2}x^4.$$

而

$$(e^{x^2}-1)\sin^2 x\sim x^2\cdot x^2\sim x^4,$$

故

$$\lim_{x\to 0}\frac{\ln\cos x^2}{(e^{x^2}-1)\sin^2 x}=-\frac{1}{2}.$$

例 3(购房按揭贷款分期偿还问题) 设按揭贷款总额为 x_0，月利率为 l，每月偿还额为 B(常数)，x_n 表示第 n 个月的欠款额.

(1) 给出第 n 个月的欠款额 x_n 的递推公式；

(2) 求极限$\lim\limits_{n\to\infty}x_n$；

(3) 求出每月偿付额 B，使在 m 个月后正好还清全部按揭贷款本息.

解 (1) 依题意，第一个月的欠款额为

$$x_1=(1+l)x_0-B;$$

第二个月的欠款额为

$$x_2=(1+l)x_1-B;$$

一般地，第 n 个月的欠款额为

$$x_n=(1+l)x_{n-1}-B,\ n=1,2,\cdots.$$

(2) 由欠款额的公式得

$$x_2=(1+l)x_1-B=(1+l)[(1+l)x_0-B]-B=(1+l)^2\left(x_0-\frac{B}{l}\right)+\frac{B}{l}.$$

由此可递推导出

$$x_n=(1+l)^n\left(x_0-\frac{B}{l}\right)+\frac{B}{l},\ n=1,2,\cdots.$$

注意到 $l>0$，有

$$\lim_{n\to\infty}x_n=\begin{cases}+\infty, & B<lx_0,\\ -\infty, & B>lx_0,\\ \dfrac{B}{l}, & B=lx_0.\end{cases}$$

(3) 根据(2)的结果，若每月偿还额 $B<lx_0$，则欠款额将越来越大，在此情形下贷款永远还不清. 若 $B=lx_0$，则欠款恒为常数 x_0，仍然是还不清的. 只有当 $B>lx_0$ 时，由于

$\lim\limits_{n\to\infty}x_n=-\infty$，必存在 $k\in\mathbf{N}^+$，使 $x_k\leqslant 0$，即在 k 个月后可还清贷款本息.

令 $x_k=0$，从

$$(1+l)^k\left(x_0-\frac{B}{l}\right)+\frac{B}{l}=0$$

可解得

$$B=\frac{lx_0(1+l)^k}{(1+l)^k-1}.$$

上式即为目前银行购房按揭贷款的分期还款公式.

例 4　已知 $f(x)$是多项式，且$\lim\limits_{x\to\infty}\dfrac{f(x)-2x^3}{x^2}=2$，$\lim\limits_{x\to 0}\dfrac{f(x)}{x}=3$，求 $f(x)$.

解　利用前一极限式可令 $f(x)=2x^3+2x^2+ax+b$. 再利用后一极限式，得

$$3=\lim_{x\to 0}\frac{f(x)}{x}=\lim_{x\to 0}\left(a+\frac{b}{x}\right).$$

于是有 $a=3$，$b=0$. 故

$$f(x)=2x^3+2x^2+3x.$$

例 5　设 $f(x)=\begin{cases}\dfrac{Ax+B}{\sqrt{3x+1}-\sqrt{x+3}}, & x\neq 1,\\ 4, & x=1\end{cases}$ 在 $x=1$ 处连续，试确定参数 A,B 的值.

解　因为 $f(x)$在 $x=1$ 处连续，所以$\lim\limits_{x\to 1}f(x)=4$. 而 $x\to 1$ 时 $f(x)$的分母趋于零，所以

$$\lim_{x\to 1}(Ax+B)=0,$$

即 $A+B=0$. 于是

$$\lim_{x\to 1}f(x)=\lim_{x\to 1}\frac{Ax+B}{\sqrt{3x+1}-\sqrt{x+3}}=\lim_{x\to 1}\frac{Ax-A}{\sqrt{3x+1}-\sqrt{x+3}}\cdot\frac{\sqrt{3x+1}+\sqrt{x+3}}{\sqrt{3x+1}+\sqrt{x+3}}=2A.$$

故 $2A=4$，于是得到

$$A=2,\ B=-2.$$

例 6　求极限$\lim\limits_{n\to\infty}\sqrt[n]{1^n+4^n+6^n+9^n}$.

解　由

$$9^n<1+4^n+6^n+9^n<4\cdot 9^n$$

得

$$9<\sqrt[n]{1^n+4^n+6^n+9^n}<4^{\frac{1}{n}}\cdot 9.$$

当 $n\to\infty$时，上式两端都趋于 9. 由夹逼准则知

$$\lim_{n\to\infty}\sqrt[n]{1^n+4^n+6^n+9^n}=9.$$

例 7　求极限$\lim\limits_{n\to\infty}\left(\dfrac{1}{n^2+n-1}+\dfrac{2}{n^2+n-2}+\cdots+\dfrac{n}{n^2+n-n}\right)$.

解　$$\frac{1+2+\cdots+n}{n^2+n-1}<\frac{1}{n^2+n-1}+\frac{2}{n^2+n-2}+\cdots+\frac{n}{n^2+n-n}<\frac{1+2+\cdots+n}{n^2+n-n}.$$

由于
$$1+2+\cdots+n=\frac{n(n+1)}{2},$$

当 $n\to\infty$ 时上式两端都趋于 $\frac{1}{2}$. 由夹逼准则知

$$\lim_{n\to\infty}\left(\frac{1}{n^2+n-1}+\frac{2}{n^2+n-2}+\cdots+\frac{n}{n^2+n-n}\right)=\frac{1}{2}.$$

例 8 设 $x_1=\sqrt{2}, x_2=\sqrt{2+x_1}=\sqrt{2+\sqrt{2}},\cdots,x_{n+1}=\sqrt{2+x_n}=\underbrace{\sqrt{2+\sqrt{2+\cdots\sqrt{2}}}}_{n+1个}$.

证明极限 $\lim\limits_{n\to\infty}x_n$ 存在,并求之.

解 由第三节的例 1 和例 2,对一切自然数 n,数列 $\{x_n\}$ 是单调增加且有界的,所以数列 $\{x_n\}$ 收敛.

设 $\lim\limits_{n\to\infty}x_n=a$,在数列 $\{x_n\}$ 的递推公式两端取极限,得方程

$$a=\sqrt{2+a},$$

解得 $a=2$,故 $\lim\limits_{n\to\infty}x_n=2$.

例 9 设 $a>0$, $a_1>0$, $a_{n+1}=\frac{1}{2}\left(a_n+\frac{a}{a_n}\right)$, $n=1, 2, 3,\cdots$,求极限 $\lim\limits_{n\to\infty}a_n$.

解 先证明数列 $\{a_n\}$ 收敛,然后再求出极限.

(1) 证明 $\{a_n\}$ 有下界.

$$a_{n+1}=\frac{1}{2}\left(a_n+\frac{a}{a_n}\right)\geqslant\sqrt{a_n\cdot\frac{a}{a_n}}=\sqrt{a}>0,$$

即 $\{a_n\}$ 有下界.

(2) 证明 $\{a_n\}$ 单调减少.

$$a_{n+1}-a_n=\frac{a-a_n^2}{2a_n},$$

由(1)知 $a_n^2\geqslant a$,所以 $\{a_n\}$ 单调减少.

由(1)和(2)知,$\lim\limits_{n\to\infty}a_n$ 存在. 设 $\lim\limits_{n\to\infty}a_n=A$, 则

$$\lim_{n\to\infty}a_{n+1}=\lim_{n\to\infty}\frac{1}{2}\left(a_n+\frac{a}{a_n}\right),$$

即 $A=\frac{1}{2}\left(A+\frac{a}{A}\right)$. 所以 $A=\sqrt{a}$, 即

$$\lim_{n\to\infty}a_n=\sqrt{a}.$$

例 10 设 $f(x)=\frac{1}{x-1}+\frac{2}{x-2}+\frac{6}{x-3}$,证明方程 $f(x)=0$ 在区间(1,2)和(2,3)上至少有一实根.

证 由 $\lim\limits_{x\to1^+}f(x)=+\infty$ 知,存在 $1<x_1<\frac{3}{2}$,使得 $f(x_1)>0$,具体有 $f(1.1)>0$.

由 $\lim\limits_{x\to 2^-} f(x)=-\infty$ 知，存在 $\frac{3}{2}<x_2<2$，使得 $f(x_2)<0$，具体有 $f(1.9)<0$.

因为 $f(x)$ 是初等函数，它在定义区域内连续，所以 $f(x)$ 在区间 $[1.1,1.9]\subset(1,2)$ 上连续．由零点定理，方程 $f(x)=0$ 在区间 $[1.1,1.9]\subset(1,2)$ 上至少有一实根．类似地，可证明方程 $f(x)=0$ 在区间 $(2,3)$ 上至少有一实根．

注　对于 $f(x)=\frac{1}{x-\lambda_1}+\frac{2}{x-\lambda_2}+\frac{5}{x-\lambda_3}$，其中 $\lambda_1<\lambda_2<\lambda_3$，可同样证明方程 $f(x)=0$ 在区间 (λ_1,λ_2) 和 (λ_2,λ_3) 上至少有一实根．

例 11　设 $f(x)$ 在 $[0,1]$ 上连续，$f(0)=f(1)$，证明：存在 $c\in\left[0,\frac{1}{2}\right]$，使得 $f(c)=f\left(c+\frac{1}{2}\right)$.

证　令 $F(x)=f(x)-f\left(x+\frac{1}{2}\right)$，则 $F(x)$ 在 $\left[0,\frac{1}{2}\right]$ 上连续，且

$$F(0)=f(0)-f\left(\frac{1}{2}\right),$$

$$F\left(\frac{1}{2}\right)=f\left(\frac{1}{2}\right)-f(1).$$

由 $f(0)=f(1)$ 知，若 $f(0)=f\left(\frac{1}{2}\right)$，则取 $c=0$ 或 $c=\frac{1}{2}$，命题得证；若 $f(0)\neq f\left(\frac{1}{2}\right)$，则

$$F(0)F\left(\frac{1}{2}\right)<0,$$

由零点定理，存在 $c\in\left(0,\frac{1}{2}\right)$，使得 $F(c)=0$，即

$$f(c)=f\left(c+\frac{1}{2}\right).$$

故命题得证．

复习题一

一、选择题

1. 若 $\varphi(x)=\begin{cases}1, & |x|\leqslant 1,\\ 0, & |x|>1,\end{cases}$ 那么 $\varphi[\varphi(x)]=($　　$)$.

(A) $\varphi(x)$，$x\in(-\infty,+\infty)$　　(B) 1，$x\in(-\infty,+\infty)$

(C) 0，$x\in(-\infty,+\infty)$　　(D) 不存在

2. 函数 $y=\sqrt{3-x}+\lg(x+1)$ 的定义域是(　　).

(A) $(-1,3)$　　(B) $[-1,3)$　　(C) $(-1,3]$　　(D) $(3,+\infty)$

3. 设函数 $f(x)$ 是奇函数，且 $F(x)=f(x)\left(\frac{1}{2^x+1}-\frac{1}{2}\right)$，则函数 $F(x)$ 是(　　).

(A) 偶函数　　(B) 奇函数　　(C) 非奇非偶函数　　(D) 不能确定

4. 设 $f(x)$ 是周期为 1 的周期函数，那么 $F(x)=f(2x+1)$ 也是周期函数，它的周期是(　　).

(A) 1　　(B) 2　　(C) $\frac{1}{2}$　　(D) -1.

5. 下列数列极限不存在的有(　　).

(A) 10, 10, 10, …, 10, …　　(B) $\frac{3}{2}, \frac{2}{3}, \frac{5}{4}, \frac{4}{5}, \cdots$

(C) $f(n)=\begin{cases}\frac{n}{1+n}, & n\text{为奇数}\\ \frac{n}{1-n}, & n\text{为偶数}\end{cases}$　　(D) $f(n)=\begin{cases}1+\frac{1}{n}, & n\text{为奇数}\\ (-1)^n, & n\text{为偶数}\end{cases}$

6. 下列极限存在的有(　　).

(A) $\lim\limits_{x\to\infty}\frac{x(x+1)}{x^2}$　　(B) $\lim\limits_{x\to 0}\frac{1}{2^x-1}$

(C) $\lim\limits_{x\to 0}e^{\frac{1}{x}}$　　(D) $\lim\limits_{x\to+\infty}\sqrt{\frac{x^2+1}{x}}$

7. 若 $\lim\limits_{x\to a}f(x)=\infty$, $\lim\limits_{x\to a}g(x)=\infty$，则必有(　　).

(A) $\lim\limits_{x\to a}[f(x)+g(x)]$　　(B) $\lim\limits_{x\to a}[f(x)-g(x)]$

(C) $\lim\limits_{x\to a}\frac{1}{f(x)+g(x)}=0$　　(D) $\lim\limits_{x\to a}kf(x)=\infty$（$k$ 为非零常数）

8. 下列变量在给定变化过程中是无穷小量的有(　　).

(A) $2^{-\frac{1}{x}}(x\to 0)$　　(B) $\frac{\sin x}{x}(x\to 0)$

(C) $\frac{x^2}{\sqrt{x^3-2x+1}}(x\to+\infty)$　　(D) $\frac{x^2}{x+1}\left(3-\sin\frac{1}{x}\right)(x\to 0)$

9. 当 $x\to 0$ 时，与 x 是等价无穷小量的有(　　).

(A) $\frac{\sin x}{\sqrt{x}}$　　(B) $\ln(1+x)$

(C) $\sqrt{1+x}-1$　　(D) $x^2(x+1)$

10. 当 $x\to\infty$ 时，若 $\frac{1}{ax^2+bx+c}\sim\frac{1}{x+1}$，则 a,b,c 之值一定为(　　).

(A) $a=0$, $b=1$, $c=1$　　(B) $a=0$, $b=1$, c 为任意常数

(C) $a=0$, b,c 为任意常数　　(D) a,b,c 均为任意常数

11. 当 $x\to\infty$ 时，若 $\frac{1}{ax^2+bx+c}=o\left(\frac{1}{x+1}\right)$，则 a,b,c 之值一定为(　　).

(A) $a=0,b=1,c=1$　　(B) $a\neq 0,b=1,c$ 为任意常数

(C) $a\neq 0,b,c$ 为任意常数　　(D) a,b,c 均为任意常数

12. 若 $x\to 0$ 时，$f(x)$ 为无穷小，且 $f(x)$ 是 x^2 高阶的无穷小，则 $\lim\limits_{x\to 0}\dfrac{f(x)}{\sin^2 x}$ 为(　　).

(A) 0　　(B) 1　　(C) ∞　　(D) $\dfrac{1}{2}$

13. 如果函数 $f(x)=\begin{cases}\dfrac{1}{x}\sin x, & x<0,\\ a, & x=0,\\ x\sin\dfrac{1}{x}+b, & x>0\end{cases}$ 在 $x=0$ 处连续，则 a,b 的值为(　　).

(A) $a=0,b=0$　　(B) $a=1,b=1$

(C) $a=1,b=0$　　(D) $a=0,b=1$

14. 设 $f(x)=\dfrac{1-2e^{\frac{1}{x}}}{1+e^{\frac{1}{x}}}\operatorname{arccot}\dfrac{1}{x}$，则 $x=0$ 是 $f(x)$ 的(　　).

(A) 可去间断点　　(B) 跳跃间断点

(C) 无穷间断点　　(D) 振荡间断点

15. 设 $f(x)$ 在 $[a,b]$ 上连续，且 $f(a)>0$，$f(b)>0$，而 $f(x)$ 在 $[a,b]$ 上的最小值为负，则方程 $f(x)=0$ 在 (a,b) 上至少有(　　).

(A) 一个实根　　(B) 两个实根

(C) 三个实根　　(D) 四个实根

二、综合练习 A

1. 求下列极限：

(1) $\lim\limits_{n\to\infty}(\sqrt{n+1}-\sqrt{n})$；　　(2) $\lim\limits_{x\to\infty}x(\sqrt{x^2+1}-x)$；

(3) $\lim\limits_{n\to\infty}\dfrac{2^n+3^{n+1}}{2^{n+1}+3^n}$；　　(4) $\lim\limits_{x\to 0}\dfrac{\sqrt{1+\tan x}-\sqrt{1+\sin x}}{x\sqrt{1+\sin^2 x}-x}$.

2. 证明：$\sqrt{x}+\sin x\sim\sqrt{x}\ (x\to 0^+)$.

3. 设 $f(x)=\sqrt{x}$，求 $\lim\limits_{h\to 0}\dfrac{f(x+h)-f(x)}{h}$.

4. 若 $\lim\limits_{x\to 3}\dfrac{x^2-2x+k}{x-3}=4$，求 k 的值.

5. 设 $f(x)$ 在 $x=2$ 处连续，且 $f(2)=3$，求 $\lim\limits_{x\to 2}f(x)\left(\dfrac{1}{x-2}-\dfrac{4}{x^2-4}\right)$.

三、综合练习 B

1. 已知 $f(x)=\dfrac{px^2-2}{x^2+1}+3qx+5$，当 $x\to\infty$ 时，p,q 取何值 $f(x)$ 为无穷小量？p,q 取何值 $f(x)$ 为无穷大量？

2. 讨论函数 $f(x)=\lim\limits_{n\to\infty}\dfrac{\ln(e^n+x^n)}{n}\ (x>0)$ 在定义域内是否连续.

3. 确定 a,b 的值,使 $f(x)=\dfrac{e^x-b}{(x-a)(x-1)}$ 有无穷间断点 $x=0$ 及可去间断点 $x=1$.

4. 设 $f(x)$ 在 $[0,2a]$ 上连续,且 $f(0)=f(2a)$,证明:在 $[0,a]$ 上至少存在一个 ξ,使得 $f(\xi)=f(\xi+a)$.

5. 证明:极限 $\lim\limits_{n\to\infty}\left(\dfrac{1}{\sqrt{n^2+1}}+\dfrac{1}{\sqrt{n^2+2}}+\cdots+\dfrac{1}{\sqrt{n^2+n}}\right)$ 存在并求极限值.

6. 设 $x_n=\sqrt{6+\sqrt{6+\cdots+\sqrt{6}}}$ (n 个根号),证明:数列 $\{x_n\}$ 收敛并求 $\lim\limits_{n\to\infty}x_n$.

7. 设 $0<x_0<\pi$, $x_{n+1}=\sin x_n$, $n=0,1,\cdots$,证明:数列 $\{x_n\}$ 收敛并求 $\lim\limits_{n\to\infty}x_n$.

8. 求下列极限:

(1) $\lim\limits_{x\to 0}\dfrac{\sin x(\sin\sin x-\tan\sin x)}{x^4}$;

(2) $\lim\limits_{n\to\infty}(\sin\sqrt{n+1}-\sin\sqrt{n})$;

(3) $\lim\limits_{n\to\infty}\sin(2\sqrt{n^2+1}\pi)$.

第二章　导数与微分

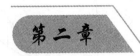

大学数学中研究导数、微分及其应用的部分称为微分学，研究不定积分、定积分及其应用的部分称为积分学，微分学与积分学统称为微积分学.

微积分学是大学数学最基本、最重要的内容. 微积分学在近代科学技术与工程应用中发挥了巨大的作用，正如恩格斯指出的："在一切理论成就中，未必再有什么像17世纪下半叶微积分的发明那样被看作人类精神的最高胜利了."本章就来介绍导数与微分这两个微积分学中的基本概念.

第一节　导数的概念

一、引例

在自然科学、工程技术等许多领域中，不仅需要了解变量之间的变化规律，还需进一步了解其变化的快慢程度，也就是变化率问题. 例如，气象预报中台风的速度、天文学中星体的运动速度、化学或医学中液体或血液的沉降速度、人口及生物种群数量增长的快慢等都是关于瞬时变化率的问题. 下面先给出几个常见的例子.

1. 变速直线运动的瞬时速度

设质点做变速直线运动，在时刻 t 其在数轴上的坐标 $s=s(t)$ 已知，$s(t)$ 也称为位移函数. 我们要根据位移函数，求质点在任一时刻的速度. 这是物理学中一个重要的基本问题. 解决这个问题的方法是利用极限思想：先求出从 $t=t_0$ 到 $t=t_0+\Delta t$ 时间间隔内质点运动的平均速度，即

$$\bar{v}(t_0)=\frac{\Delta s}{\Delta t}=\frac{s(t)-s(t_0)}{t-t_0}.$$

当 t 越接近 t_0，即时间增量 Δt 趋向于零时，则该质点运动的平均速度 $\bar{v}(t)$ 就越接近时刻 t_0 的速度 $v(t_0)$. 所以，若极限 $\lim\limits_{t\to t_0}\bar{v}(t)$ 存在，则称该极限就是时刻 t_0 的速度 $v(t_0)$. 由此，该质点在时刻 t_0 的速度（也称瞬时速度）可以表示为

$$v(t_0)=\lim_{t\to t_0}\bar{v}(t)=\lim_{\Delta t\to 0}\frac{\Delta s}{\Delta t}=\lim_{t\to t_0}\frac{s(t)-s(t_0)}{t-t_0}=\lim_{\Delta t\to 0}\frac{s(t_0+\Delta t)-s(t_0)}{\Delta t}.$$

2. 平面曲线的切线

关于曲线的切线，法国数学家费马早在1629年就提出了如下定义：设有曲线 L 及 L 上一点 P_0，在 L 上另取一点 P，作割线 P_0P. 当点 P 沿曲线 L 趋向于点 P_0 时，如果割线

P_0P 绕点 P_0 旋转且趋向某一极限位置 P_0T，那么直线 P_0T 就称为曲线 L 在点 P_0 处的切线(见图 2-1).

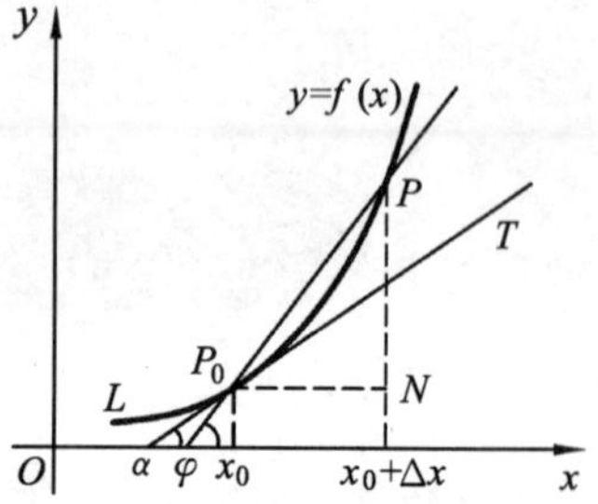

图 2-1

由平面解析几何知识可知，平面上直线由一点 $P_0(x_0,y_0)$ 及直线的斜率 $k=\tan\alpha$ 确定. 现要求曲线 $y=f(x_0)$ 在 $P_0(x_0,y_0)$ 处的切线，关键是找出切线的斜率 $k=\tan\alpha$.

设曲线 L 的方程为 $y=f(x)$，$P_0(x_0,y_0)$ 为 L 上的点，则 $y_0=f(x_0)$. 在 L 上点 P_0 的邻近任取点 $P(x,y)$，这里 $x=x_0+\Delta x$，$y=f(x_0+\Delta x)$，则割线 P_0P 的斜率为

$$\tan\varphi=\frac{y-y_0}{x-x_0}=\frac{f(x_0+\Delta x)-f(x_0)}{\Delta x}=\frac{\Delta y}{\Delta x},$$

其中，φ 为割线 P_0P 的倾角. 当点 P 沿曲线 L 无限趋近点 P_0，即 $\Delta x\to 0$ 时，如果割线 P_0P 的极限位置 P_0T 的倾角为 α，则切线 P_0T 的斜率为

$$\tan\alpha=\lim_{p\to p_0}\tan\varphi=\lim_{\Delta x\to 0}\frac{\Delta y}{\Delta x}=\lim_{\Delta x\to 0}\frac{f(x_0+\Delta x)-f(x_0)}{\Delta x}.$$

二、导数的定义及导数的几何意义

以上两个引例分别属于运动学和几何学，但从数学的角度看，在数量关系上它们都是求某一函数关于自变量在一点处函数增量与自变量增量的比值的极限. 在自然科学和工程技术领域中还有许多类似的问题，我们从这些问题中，可抽象出函数的导数概念.

定义 1 设函数 $y=f(x)$ 在 x_0 的某个邻域 $U(x_0,\delta)$ 内有定义，当自变量 x 在 x_0 处取得增量 Δx(点 $x+\Delta x$ 仍在该邻域内)时，相应地，函数 y 有增量

$$\Delta y=f(x_0+\Delta x)-f(x_0).$$

如果当 $\Delta x\to 0$ 时，增量比 $\frac{\Delta y}{\Delta x}$ 的极限存在，则称函数 $y=f(x)$ 在 x_0 处可导，并称此极限为函数 y 在 x_0 处的导数，记作 $f'(x_0)$，即

$$f'(x_0)=\lim_{\Delta x\to 0}\frac{\Delta y}{\Delta x}=\lim_{\Delta x\to 0}\frac{f(x_0+\Delta x)-f(x_0)}{\Delta x}. \tag{1}$$

导数的符号还可用其他形式表示，如 $y'\Big|_{x=x_0}$，$\frac{\mathrm{d}y}{\mathrm{d}x}\Big|_{x=x_0}$，$\frac{\mathrm{d}f(x)}{\mathrm{d}x}\Big|_{x=x_0}$ 等. 在定义 1 中，若记 $x=x_0+\Delta x$，则式(1)还可写成

$$f'(x_0)=\lim_{x\to x_0}\frac{f(x)-f(x_0)}{x-x_0}. \tag{2}$$

当极限(1)或(2)不存在时，则称函数 $f(x)$ 在 x_0 处不可导.

函数的导数是通常所说的实际问题中的变化率的精确表述. 由定义 1 知，前面两个实例的结果可分别表示如下：

(1) 变速直线运动在时刻 t_0 的瞬时速度 $v(t_0)=s'(t_0)$；

(2) 曲线 $y=f(x)$在点 P_0 处切线的斜率 $k=f'(x_0)$.

定义 2　如果

$$\lim_{\Delta x\to 0^+}\frac{\Delta y}{\Delta x}=\lim_{\Delta x\to 0^+}\frac{f(x_0+\Delta x)-f(x_0)}{\Delta x}$$

存在，则称函数 $y=f(x)$在点 x_0 处右可导. 此极限值为函数 $f(x)$在 x_0 处的右导数，并记为 $f'_+(x_0)$，即

$$f'_+(x_0)=\lim_{\Delta x\to 0^+}\frac{f(x_0+\Delta x)-f(x_0)}{\Delta x}.$$

类似地，若

$$\lim_{\Delta x\to 0^-}\frac{\Delta y}{\Delta x}=\lim_{\Delta x\to 0^-}\frac{f(x_0+\Delta x)-f(x_0)}{\Delta x}$$

存在，则定义函数 $f(x)$在 x_0 处的左导数为

$$f'_-(x_0)=\lim_{\Delta x\to 0^-}\frac{f(x_0+\Delta x)-f(x_0)}{\Delta x}.$$

由第一章极限的知识可知，函数 $y=f(x)$在 x_0 处可导的充要条件为 $f(x)$在 x_0 处的左右导数均存在且相等，即

$$f'_+(x_0)=f'_-(x_0).$$

如果函数 $y=f(x)$在开区间 I 内的每一点都可导，则称该函数在 I 内可导. 这时，对任意 $x\in I$，都有一个确定的导数值与之对应，这样便得到 I 内的一个新的函数，称为函数 $y=f(x)$的导函数(也简称导数)，记作 y', $f'(x)$, $\frac{\mathrm{d}y}{\mathrm{d}x}$或$\frac{\mathrm{d}f(x)}{\mathrm{d}x}$.

在式(1)中将 x_0 替换成 x，便得到

$$f'(x)=\lim_{\Delta x\to 0}\frac{f(x+\Delta x)-f(x)}{\Delta x}. \tag{3}$$

必须指出，式(3)中 x 尽管可以取区间 I 内的任何数值，但作为极限运算而言，Δx 才是求极限时的变量，我们常称之为极限变量，而 x 是在 I 内任意取定的一个数值，求极限时应看作常数.

由式(1)和式(3)可见，函数 $f(x)$在 x_0 处的导数 $f'(x_0)$就是导函数 $f'(x)$在$x=x_0$ 处的函数值，即

$$f'(x_0)=f'(x)\Big|_{x=x_0}.$$

中学里我们已经知道$(x^n)'=nx^{n-1}(x\in\mathbf{R},n\in\mathbf{N}^+)$，下面通过例题具体说明如何利用导数的定义求导数.

例 1　求函数 $f(x)=C$(常数)的导数.

解　对任意 $x\in\mathbf{R}$，给出增量 Δx.

(1) 求函数的增量　$\Delta f=f(x+\Delta x)-f(x)=C-C=0$；

(2) 计算增量的比值 $\dfrac{\Delta f}{\Delta x}=0$；

(3) 取极限 $f'(x)=\lim\limits_{\Delta x\to 0}\dfrac{\Delta f}{\Delta x}=0$.

因此，对任意 $x\in\mathbf{R}$，有

$$C'=0.$$

例 2 求函数 $y=\sin x$ 的导函数，并求 $y'\left(\dfrac{\pi}{6}\right)$.

解 对任意 $x\in\mathbf{R}$，给出增量 Δx.

(1) 求函数的增量 $\Delta y=\sin(x+\Delta x)-\sin x=2\sin\dfrac{\Delta x}{2}\cos\left(x+\dfrac{\Delta x}{2}\right)$；

(2) 计算增量的比值 $\dfrac{\Delta y}{\Delta x}=\dfrac{\sin\dfrac{\Delta x}{2}}{\dfrac{\Delta x}{2}}\cos\left(x+\dfrac{\Delta x}{2}\right)$；

(3) 取极限 $\lim\limits_{\Delta x\to 0}\dfrac{\Delta y}{\Delta x}=\cos x$.

因此，对任意 $x\in\mathbf{R}$，有

$$(\sin x)'=\cos x.$$

而

$$(\sin x)'\Big|_{x=\frac{\pi}{6}}=\cos\frac{\pi}{6}=\frac{\sqrt{3}}{2}.$$

类似地，可求得

$$(\cos x)'=-\sin x.$$

利用导数的定义求导数时，都可按例 1、例 2 的三个步骤进行. 熟练以后，这三个步骤可以合在一起写.

例 3 求函数 $y=\ln x$ 的导数.

解 $(\ln x)'=\lim\limits_{\Delta x\to 0}\dfrac{\ln(x+\Delta x)-\ln x}{\Delta x}=\lim\limits_{\Delta x\to 0}\dfrac{\ln\left(1+\dfrac{\Delta x}{x}\right)}{\Delta x}=\lim\limits_{\Delta x\to 0}\dfrac{\dfrac{\Delta x}{x}}{\Delta x}=\dfrac{1}{x}$,

即

$$(\ln x)'=\frac{1}{x}\ (x>0).$$

例 4 讨论函数 $f(x)=\begin{cases}\dfrac{e^{x^2}-1}{x}, & x\neq 0,\\ 0, & x=0\end{cases}$ 在 $x=0$ 处的可导性.

解 因为

$$\lim_{x\to 0}\frac{f(x)-f(0)}{x-0}=\lim_{x\to 0}\frac{\dfrac{e^{x^2}-1}{x}-0}{x}=\lim_{x\to 0}\frac{e^{x^2}-1}{x^2}=1,$$

所以，$f(x)$在 $x=0$ 处可导，且 $f'(0)=1$.

例 5　讨论函数 $f(x)=|x|$在 $x=0$ 处的可导性.

解　由于

$$f'_+(0)=\lim_{\Delta x\to 0^+}\frac{|0+\Delta x|-|0|}{\Delta x}=\lim_{\Delta x\to 0^+}\frac{\Delta x}{\Delta x}=1,$$

$$f'_-(0)=\lim_{\Delta x\to 0^-}\frac{|0+\Delta x|-|0|}{\Delta x}=\lim_{\Delta x\to 0^-}\frac{-\Delta x}{\Delta x}=-1,$$

$$f'_+(x_0)\neq f'_-(x_0),$$

故函数 $f(x)=|x|$在 $x=0$ 处不可导.

例 6　证明函数 $y=x^{\frac{1}{3}}$在 $x=0$ 处不可导.

证　因为在 $x=0$ 处

$$\lim_{\Delta x\to 0}\frac{\Delta y}{\Delta x}=\lim_{\Delta x\to 0}\frac{(\Delta x)^{\frac{1}{3}}-0}{\Delta x}=\lim_{\Delta x\to 0}\frac{1}{(\Delta x)^{\frac{2}{3}}}=\infty,$$

故函数 $y=x^{\frac{1}{3}}$在 $x=0$ 处不可导.

由例 4、例 5 可知，在讨论分段函数分段点处的导数时，如果分段函数在分段点处两侧邻近的函数表达式相同（如例 4），则可直接利用导数定义 1 求导数

$$f'(x_0)=\lim_{x\to x_0}\frac{f(x)-f(x_0)}{x-x_0};$$

如果分段函数在分段点处两侧邻近的函数表达式不同（如例 5），则不能直接求导数，而要先计算其左右导数，再根据导数存在的充要条件讨论其可导性.

由前面的切线定义和导数定义可知，如果 $f(x)$在点 x_0 可导，则它在点 x_0 的导数 $f'(x_0)$就表示曲线 $y=f(x)$在点$(x_0, f(x_0))$处的切线斜率（见图 2-1）. 这就是导数的几何意义. 据此，曲线 $y=f(x)$在点 $P_0(x_0, f(x_0))$处的切线方程为

$$y-f(x_0)=f'(x_0)(x-x_0). \tag{4}$$

当 $f'(x_0)\neq 0$ 时，法线方程为

$$y-f(x_0)=\frac{-1}{f'(x_0)}(x-x_0). \tag{5}$$

当 $f'(x_0)=0$ 时，法线方程为

$$x=x_0. \tag{6}$$

例 7　求曲线 $y=\cos x$ 在点$\left(\frac{\pi}{6},\frac{\sqrt{3}}{2}\right)$处的切线和法线方程.

解　由$(\cos x)'=-\sin x$，知

$$(\cos x)'\Big|_{x=\frac{\pi}{6}}=-\sin\frac{\pi}{6}=-\frac{1}{2}.$$

由式(4)知，所求的切线方程为

$$y-\frac{\sqrt{3}}{2}=-\frac{1}{2}\left(x-\frac{\pi}{6}\right);$$

由式(5)知，法线方程为

$$y-\frac{\sqrt{3}}{2}=2\left(x-\frac{\pi}{6}\right).$$

例 8 求曲线 $y=\ln x$ 平行于直线 $y=2x+3$ 的切线方程.

解 设切点为 $P_0(x_0,y_0)$，则曲线在点 P_0 处的切线斜率为 $y'(x_0)$. 由例 3 知，

$$y'(x_0)=(\ln x)'\Big|_{x=x_0}=\frac{1}{x_0}.$$

因为切线平行于直线 $y=2x+3$，由两者斜率相等得

$$\frac{1}{x_0}=2,\ x_0=\frac{1}{2},\ y_0=-\ln 2,$$

则所求的切线方程为

$$y+\ln 2=2\left(x-\frac{1}{2}\right).$$

但应该注意，如果连续函数 $y=f(x)$ 在 x_0 处不可导，那么曲线 $y=f(x)$ 在点 $M_0(x_0,f(x_0))$ 处没有切线，或有垂直于 x 轴的切线.

如例 5 中的函数 $y=|x|$ 在 $x=0$ 处不可导，曲线 $y=|x|$ 在点(0,0)处没有切线，例 6 中的函数 $y=x^{\frac{1}{3}}$ 的图形如图 2-2 所示，它在点 O 处有垂直于 x 轴的切线. 但函数 $y=x^{\frac{1}{3}}$ 在 $x=0$ 处不可导.

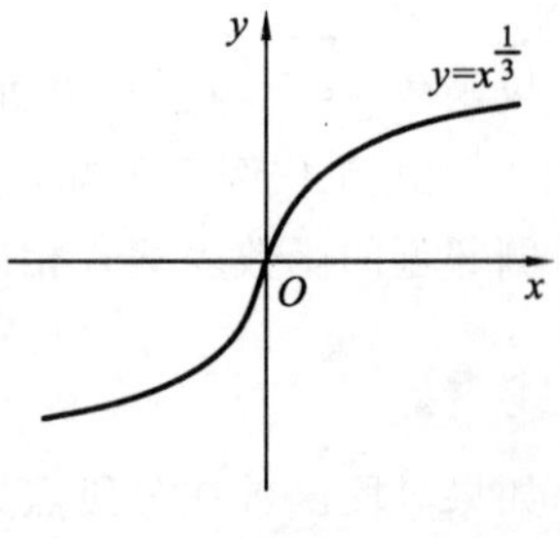

图 2-2

三、函数的可导性与连续性的关系

函数的连续性与可导性是函数的两个重要性质. 由例 5 和例 6 可知，初等函数 $y=|x|$，$y=x^{\frac{1}{3}}$ 都在 $x=0$ 处连续，但不可导. 那么连续性与可导性之间是否存在一定的关系呢?

定理 如果函数 $y=f(x)$ 在 x_0 处可导，则它必在 x_0 处连续.

证 由于 $y=f(x)$ 在 x_0 处可导，即极限 $\lim\limits_{\Delta x\to 0}\frac{\Delta y}{\Delta x}$ 存在，因此

$$\lim_{\Delta x\to 0}\Delta y=\lim_{\Delta x\to 0}\left(\frac{\Delta y}{\Delta x}\cdot\Delta x\right)=\left(\lim_{\Delta x\to 0}\frac{\Delta y}{\Delta x}\right)(\lim_{\Delta x\to 0}\Delta x)=0.$$

从而函数 $y=f(x)$ 在 x_0 处连续.

由定理 1 及例 5 和例 6 可得，函数连续是可导的必要条件，而不是充分条件. 如果函数 $y=f(x)$ 在 x_0 处不连续，则它在 x_0 处不可导. 可利用这一结论证明某些函数 $y=f(x)$ 在 x_0 处不可导.

例 9 设函数

$$f(x)=\begin{cases}x^2, & x\geqslant 0,\\ x+1, & x<0,\end{cases}$$

讨论函数 $f(x)$ 在 $x=0$ 处的连续性与可导性.

解　因为

$$\lim_{x\to 0^-} f(x)=\lim_{x\to 0^-}(x+1)=1\neq f(0),$$

所以函数 $f(x)$ 在 $x=0$ 处不连续，从而在 $x=0$ 处不可导.

例 10　设函数

$$f(x)=\begin{cases} x\sin\dfrac{1}{x}, & x\neq 0, \\ 0, & x=0, \end{cases}$$

讨论函数 $f(x)$ 在 $x=0$ 处的连续性与可导性.

解　因为

$$\lim_{x\to 0} f(x)=\lim_{x\to 0} x\sin\frac{1}{x}=0=f(0),$$

所以函数 $f(x)$ 在 $x=0$ 处连续.

又因为

$$\lim_{\Delta x\to 0}\frac{f(0+\Delta x)-f(0)}{\Delta x}=\lim_{\Delta x\to 0}\frac{(\Delta x)\sin\dfrac{1}{\Delta x}-0}{\Delta x}=\lim_{\Delta x\to 0}\sin\frac{1}{\Delta x}$$

不存在，所以函数 $f(x)$ 在 $x=0$ 处不可导.

例 11　设函数

$$f(x)=\begin{cases} x, & x<0, \\ \sin x, & x\geqslant 0, \end{cases}$$

讨论函数 $f(x)$ 在 $x=0$ 处的连续性与可导性.

解　因为

$$\lim_{x\to 0^+} f(x)=\lim_{x\to 0^+}\sin x=0=f(0),$$

$$\lim_{x\to 0^-} f(x)=\lim_{x\to 0^-} x=0=f(0),$$

所以函数 $f(x)$ 在 $x=0$ 处连续.

又因为

$$f'_+(0)=\lim_{\Delta x\to 0^+}\frac{f(0+\Delta x)-f(0)}{\Delta x}=\lim_{\Delta x\to 0^+}\frac{\sin(\Delta x)-0}{\Delta x}=1,$$

$$f'_-(0)=\lim_{\Delta x\to 0^-}\frac{f(0+\Delta x)-f(0)}{\Delta x}=\lim_{\Delta x\to 0^-}\frac{\Delta x-0}{\Delta x}=1,$$

$$f'_+(0)=f'_-(0)=1,$$

所以函数 $f(x)$ 在处 $x=0$ 处可导，且 $f'(0)=1$.

由例 10、例 11 可知，当分段函数在分段点处两侧邻近的函数表达式相同时，要用连续与导数的定义分别讨论其连续性与可导性；当分段函数在分段点处两侧邻近的函数表达式不一样时，则要先讨论其在分段点处左右两侧的连续性与可导性，再利用连续与可导的充要条件分别确定其连续性与可导性.

利用函数的导数还可以解决一类特殊的函数极限问题.

例 12 设 $f'(x_0)=2$，求 $\lim\limits_{h\to 0}\dfrac{f(x_0-2h)-f(x_0)}{h}$.

解 由题设可知

$$f'(x_0)=\lim_{\Delta x\to 0}\frac{f(x_0+\Delta x)-f(x_0)}{\Delta x}=2,$$

所以

$$\lim_{h\to 0}\frac{f(x_0-2h)-f(x_0)}{h}=\lim_{h\to 0}\left[(-2)\cdot\frac{f(x_0-2h)-f(x_0)}{-2h}\right]$$
$$=-2f'(x_0)=-4.$$

习题 2-1

1. 设有一根细棒位于 x 轴上的闭区间 $[0,l]$ 上，对棒上任意一点 x，细棒分布在区间 $[0,x]$ 上的质量为 $m(x)$，用导数表示细棒在 $x_0(x_0\in(0,l))$ 处的线密度(对于均匀细棒，单位长细棒的质量称为该棒的线密度).

2. 质量为 1 g 的某种金属从 0 ℃ 加热到 T(℃)所吸收的热量为 $Q=f(T)$，它从 T(℃)升温到 $(T+\Delta T)$(℃)所需的热量为 ΔQ，$\dfrac{\Delta Q}{\Delta T}$ 称为这种金属从 T(℃)到 $(T+\Delta T)$(℃)的平均比热，用导数表示该金属在 T(℃)时的比热.

3. 根据导数的定义求下列函数的导数：

(1) 设 $f(x)=1-2x^2$，求 $f'(-1)$；

(2) 设 $f(x)=\sqrt{x}$，求 $f'(4)$.

4. 一物体的运动方程为 $s=t^3$，求该物体在 $t=3$ 时的瞬时速度和加速度.

5. 如果 $f(x)$ 在 x_0 处可导，按照导数定义确定下列 A 值：

(1) $\lim\limits_{\Delta x\to 0}\dfrac{f(x_0-\Delta x)-f(x_0)}{\Delta x}=A$；

(2) $\lim\limits_{\Delta x\to 0}\dfrac{f(x_0)-f(x_0-\Delta x)}{\Delta x}=A$；

(3) $\lim\limits_{h\to 0}\dfrac{f(x_0+h)-f(x_0-h)}{h}=A$；

(4) $\lim\limits_{x\to x_0}\dfrac{f(x)-f(x_0)}{x^2-x_0^2}=A\ (x_0\neq 0)$.

6. 求下列曲线满足给定条件的切线和法线方程：

(1) $y=\ln x$ 在点 $(\mathrm{e},1)$；

(2) $y=\cos x(0<x<\pi)$的切线垂直于直线$\sqrt{2}x-y=1$.

7. 设函数 $f(x)=\begin{cases}x^3, & x<0,\\ x^2, & x\geqslant 0,\end{cases}$ 求导函数 $f'(x)$.

8. 讨论下列函数在指定点处的连续性与可导性：

(1) $f(x)=\begin{cases}-x, & x<0,\\ x^2, & x\geqslant 0\end{cases}$ 在 $x=0$ 处；

(2) $g(x)=\begin{cases}x^2\sin\dfrac{1}{x}, & x\neq 0,\\ 0, & x=0\end{cases}$ 在 $x=0$ 处；

(3) $h(x)=\begin{cases}\dfrac{\sin(x-1)}{x-1}, & x\neq 1,\\ 0, & x=1\end{cases}$ 在 $x=1$ 处.

9. 设 $f(x)$在 $x=0$ 连续，且$\lim\limits_{x\to 0}\dfrac{f(x)}{x}$存在，证明：$f(x)$在 $x=0$ 处可导.

第二节　导数公式与函数的和、差、积、商的导数

上节利用导数的定义求得几个简单函数的导数. 对一般的函数，直接用定义求导数是困难的. 本节和后两节将建立一系列求导法则和方法，以使一般初等函数的求导公式化、简单化.

一、常数和基本初等函数的导数公式

常数和 5 类基本初等函数的导数公式归纳如下：

(1) $C'=0$(C为常数)；　(2) $(x^\mu)'=\mu x^{\mu-1}$($\mu\in\mathbf{R}$)；

(3) $(\sin x)'=\cos x$；　(4) $(\cos x)'=-\sin x$；

(5) $(\tan x)'=\sec^2 x$；　(6) $(\cot x)'=-\csc^2 x$；

(7) $(\sec x)'=\sec x\tan x$；　(8) $(\csc x)'=-\csc x\cot x$；

(9) $(\arcsin x)'=\dfrac{1}{\sqrt{1-x^2}}$；　(10) $(\arccos x)'=\dfrac{-1}{\sqrt{1-x^2}}$；

(11) $(\arctan x)'=\dfrac{1}{1+x^2}$；　(12) $(\operatorname{arccot} x)'=\dfrac{-1}{1+x^2}$；

(13) $(\ln x)'=\dfrac{1}{x}$；　(14) $(\log_a x)'=\dfrac{1}{x\ln a}(a>0,a\neq 1)$；

(15) $(e^x)'=e^x$；　(16) $(a^x)'=a^x\ln a(a>0,a\neq 1)$.

其中，导数公式(1)、(3)、(4)、(13)已在上一节中证明；其他公式将在第二、第三节中给出证明.

二、函数的和、差、积、商的导数

求导法则Ⅰ　设函数 $u=u(x)$，$v=v(x)$ 都在 x 处可导，则 $u\pm v$ 在 x 处也可导，且

$$(u\pm v)'=u'\pm v'. \tag{1}$$

求导法则Ⅱ　设函数 $u=u(x)$，$v=v(x)$ 都在 x 处可导，则 $u\cdot v$ 在 x 处也可导，且

$$(u\cdot v)'=u'\cdot v+u\cdot v'. \tag{2}$$

求导法则Ⅲ　设函数 $u=u(x)$，$v=v(x)$ 都在 x 处可导且 $v(x)\neq 0$，则 $\frac{u}{v}$ 在 x 处也可导，且

$$\left(\frac{u}{v}\right)'=\frac{u'v-uv'}{v^2}. \tag{3}$$

可用导数的定义和极限运算法则证明以上三个求导法则.

(1) 设 $f(x)=u(x)+v(x)$，则由导数定义，

$$\begin{aligned}f'(x)&=\lim_{h\to 0}\frac{f(x+h)-f(x)}{h}\\&=\lim_{h\to 0}\frac{[u(x+h)+v(x+h)]-[u(x)+v(x)]}{h}\\&=\lim_{h\to 0}\left[\frac{u(x+h)-u(x)}{h}-\frac{v(x+h)-v(x)}{h}\right]\\&=u'(x)+v'(x).\end{aligned}$$

函数的和的求导法则得证. 类似可以证明差的求导法则.

(2) 设 $f(x)=u(x)v(x)$，由条件 $u(x)$ 和 $v(x)$ 均在 x 处连续，得

$$\begin{aligned}f'(x)=(uv)'&=\lim_{h\to 0}\frac{f(x+h)-f(x)}{h}\\&=\lim_{h\to 0}\frac{u(x+h)v(x+h)-u(x)v(x)}{h}\\&=\lim_{h\to 0}\frac{1}{h}[u(x+h)v(x+h)-u(x)v(x+h)+u(x)v(x+h)-u(x)v(x)]\\&=\lim_{h\to 0}\left[\frac{u(x+h)-u(x)}{h}\cdot v(x+h)+\frac{v(x+h)-v(x)}{h}\cdot u(x)\right]\\&=u'(x)v(x)+u(x)v'(x).\end{aligned}$$

乘积求导法则得证.

(3) 设 $f(x)=\frac{u(x)}{v(x)}$，则

$$\begin{aligned}f'(x)&=\lim_{h\to 0}\frac{f(x+h)-f(x)}{h}=\lim_{h\to 0}\frac{\frac{u(x+h)}{v(x+h)}-\frac{u(x)}{v(x)}}{h}\\&=\lim_{h\to 0}\frac{u(x+h)v(x)-u(x)v(x+h)}{v(x+h)v(x)h}\\&=\lim_{h\to 0}\frac{u(x+h)v(x)-u(x)v(x)+u(x)v(x)-u(x)v(x+h)}{v(x+h)v(x)h}\end{aligned}$$

$$=\frac{1}{v^2(x)}\lim_{h\to 0}\left[\frac{u(x+h)-u(x)}{h}v(x)-\frac{v(x+h)-v(x)}{h}u(x)\right]$$

$$=\frac{u'(x)v(x)-u(x)v'(x)}{v^2(x)}.$$

商的求导法则得证.

特别地,有

$$\left(\frac{1}{u}\right)'=-\frac{u'}{u^2}\ (u\neq 0).$$

由于常数的导数为零,因此由法则Ⅱ得以下推论.

推论 1　函数 $u=u(x)$ 在点 x 处可导,C 为常数,则

$$(C\cdot u)'=Cu'. \tag{4}$$

法则Ⅰ和法则Ⅱ都可以推广到有限个可导函数的和(差)、积的情形.

推论 2　设函数 $u=u(x)$,$v=v(x)$,$\omega=\omega(x)$ 都在 x 处可导,则 $u+v+\omega$ 和 $uv\omega$ 均在 x 处可导,且

$$(u+v+\omega)'=u'+v'+\omega', \tag{5}$$

$$(uv\omega)'=u'v\omega+uv'\omega+uv\omega'. \tag{6}$$

由求导法则Ⅲ有

$$(\tan x)'=\left(\frac{\sin x}{\cos x}\right)'=\frac{(\sin x)'\cos x-\sin x(\cos x)'}{\cos^2 x}=\frac{\cos^2 x+\sin^2 x}{\cos^2 x}=\sec^2 x,$$

即

$$(\tan x)'=\sec^2 x.$$

这就是导数公式(5).

同理可得导数公式(6)、(7)、(8)和(14).

例 1　设 $f(x)=2x^2-3x+\cos\frac{\pi}{7}+\ln 3$,求 $f'(x)$,$f'(1)$.

解　注意到 $\cos\frac{\pi}{7}$,$\ln 3$ 都是常数,由式(1)、式(4)和导数公式得

$$\begin{aligned} f'(x)&=\left(2x^2-3x+\cos\frac{\pi}{7}+\ln 3\right)' \\ &=(2x^2)'-(3x)'+\left(\cos\frac{\pi}{7}\right)'+(\ln 3)' \\ &=2(x^2)'-3(x)'+0+0 \\ &=4x-3, \end{aligned}$$

$$f'(1)=4\times 1-3=1.$$

例 2　设 $f(x)=2x^4-4\tan x+5^x$,求 $f'(x)$.

解　
$$\begin{aligned} f'(x)&=(2x^4-4\tan x+5^x)' \\ &=(2x^4)'-(4\tan x)'+(5^x)' \\ &=8x^3-4\sec^2 x+5^x\ln 5. \end{aligned}$$

例 3 设 $y=\dfrac{1+\tan x}{\tan x}-2\log_2 x+x\sqrt{x}$,求$\dfrac{\mathrm{d}y}{\mathrm{d}x}$.

解 由于和、差的导数比积、商的导数容易求,故先将函数化为便于求导的和式

$$y=\cot x+1-2\log_2 x+x^{\frac{3}{2}},$$

因此

$$\frac{\mathrm{d}y}{\mathrm{d}x}=-\csc^2 x-\frac{2}{x\ln 2}+\frac{3}{2}\sqrt{x}.$$

例 4 设 $g(x)=\dfrac{(x^2-1)^2}{x^2}$,求 $g'(x)$.

解 先将原函数化为幂函数的代数和的形式

$$g(x)=x^2-2+x^{-2},$$

因此

$$g'(x)=2x-2x^{-3}=\frac{2}{x^3}(x^4-1).$$

例 5 设 $y=\dfrac{\sec x}{1+\tan x}$,求$\dfrac{\mathrm{d}y}{\mathrm{d}x}$.

解 由求导法则及导数公式,有

$$\begin{aligned}\frac{\mathrm{d}y}{\mathrm{d}x}&=\frac{(\sec x)'(1+\tan x)-\sec x(1+\tan x)'}{(1+\tan x)^2}\\&=\frac{\sec x\tan x(1+\tan x)-\sec x\cdot\sec^2 x}{(1+\tan x)^2}\\&=\frac{\sec x(\tan x+\tan x^2-\sec^2 x)}{(1+\tan x)^2}=\frac{\sec x(\tan x-1)}{(1+\tan x)^2}.\end{aligned}$$

例 6 求曲线 $y=x^3-2x$ 垂直于直线 $x+y+2=0$ 的切线方程.

解 直线 $x+y+2=0$ 的斜率为 -1,故所求切线的斜率为 1. 设切点为 (x_0,y_0),由于 $k=y'=3x^2-2$,则有

$$3x_0^2-2=1,$$

解得

$$x_0=\pm 1.$$

当 $x_0=1$ 时,$y_0=-1$;当 $x_0=-1$ 时,$y_0=1$. 故所求的切线方程为

$$y+1=x-1 \quad 和 \quad y-1=x+1,$$

即

$$y=x-2 \quad 和 \quad y=x+2.$$

习题 2-2

1. 求下列函数的导数：

(1) $y=4x-\dfrac{2}{x^2}+\sin 1$；

(2) $y=\sqrt{x\sqrt{x\sqrt{x}}}$；

(3) $y=x^3\cos x$；

(4) $y=\tan x\sec x$；

(5) $y=e^x\ln x$；

(6) $y=(2e)^x+xe^{-x}$；

(7) $y=\dfrac{x-1}{x+1}$；

(8) $s=\dfrac{1-\cos t}{1+\sin t}$；

(9) $\rho=\theta\cdot e^{\theta}\cot\theta$；

(10) $y=x\arcsin x$；

(11) $y=2\sqrt{2}(x^3-x+1)$；

(12) $y=3\cos x\ln x$；

(13) $y=\sqrt{x}\ln x$；

(14) $y=(x^2-3x+1)\ln x$；

(15) $y=\sin x\cos x$；

(16) $\rho=\tan\theta\cdot\log_2\theta$；

(17) $y=\dfrac{\ln x}{x^2}$；

(18) $y=\dfrac{\cot x}{1+\sqrt{x}}$.

2. 在括号内填入适当的函数：

(1) $(\quad)'=6x^2$；

(2) $(\quad)'=\dfrac{-2}{1+x^2}$；

(3) $(\quad)'=\dfrac{\sin x}{\cos^2 x}$；

(4) $(\quad)'=\dfrac{1}{x\ln 3}$；

(5) $(\quad)'=\sqrt{x}-\dfrac{1}{x}$；

(6) $(\quad)'=2^x\ln 8$.

3. (1) 设 $y=\dfrac{\cos x}{x}$，求 $y'\left(\dfrac{\pi}{2}\right)$；

(2) 设 $y=(1+x^3)(5-x^{-2})$，求 $y'(1)$，$[y(1)]'$.

4. 求下列函数的导数(设 f 可导)：

(1) $y=\dfrac{x^2}{f(x)}$；

(2) $y=\dfrac{1+xf(x)}{\sqrt{x}}$.

5. 求曲线 $y=x^2+x-2$ 的切线方程，使该切线平行于直线 $x+y+1=0$.

6. 设以初速度 v_0 上抛的物体，其上升的高度 h(m)与时间 t(s)的关系为 $h(t)=v_0t-\dfrac{1}{2}gt^2$. 求：

(1) 上抛物体的速度 $v(t)\left(t\in\left(0,\dfrac{v_0}{g}\right)\right)$；

(2) 经过多少时间它的速度为零.

7. 求曲线 $y=2^x$ 上的一点 M，使曲线在该点处的切线与直线 $y=(2\ln 2)x+3$ 平行.

8. 设函数 $f(x)=\begin{cases}\sin x, & x\geqslant 0,\\ \cos x, & x<0,\end{cases}$ 求导函数 $f'(x)$.

9. 确定 a,b,c,d 的值，使曲线 $y=ax^4+bx^3+cx^2+d$ 与直线 $y=11x-5$ 在点(1,6)处相切，经过点(−1,8)并在点(0,3)处有一水平切线.

第三节　反函数和复合函数的导数

一、反函数的求导法则

求导法则Ⅳ　设单调连续函数 $x=\varphi(y)$ 在某区间 I_y 可导且 $\varphi'(y)\neq 0$，则 $x=\varphi(y)$ 的反函数 $y=f(x)$ 在对应的区间 I_x 处可导，且

$$f'(x)=\frac{1}{\varphi'(y)} \text{ 或 } \frac{dy}{dx}=\frac{1}{\frac{dx}{dy}}.$$

证　设反函数 $y=f(x)$ 的自变量 x 的增量为 Δx，它的相应函数 $x=\varphi(y)$ 的增量为 Δy. 由反函数的连续性可知，$y=f(x)$ 在对应的 x 处单调、连续，即当 $\Delta x\to 0$ 时，$\Delta y\to 0$. 且当 $\Delta x\neq 0$ 时，$\Delta y\neq 0$. 对于任意给定的 x，设 $\Delta x\neq 0$，则 $\Delta y\neq 0$，故有

$$f'(x)=\lim_{\Delta x\to 0}\frac{\Delta y}{\Delta x}=\lim_{\Delta x\to 0}\frac{1}{\frac{\Delta x}{\Delta y}}=\frac{1}{\lim\limits_{\Delta y\to 0}\frac{\Delta x}{\Delta y}}=\frac{1}{\varphi'(y)}.$$

例 1　证明导数公式(9)：$|x|<1$ 时，$(\arcsin x)'=\frac{1}{\sqrt{1-x^2}}$.

证　$|x|<1$ 时，$y=\arcsin x$ 的反函数 $x=\sin y$ 在 $\left(-\frac{\pi}{2},\frac{\pi}{2}\right)$ 内单调连续，对于任意 $x\in(-1,1)$，相应的 $y=\arcsin x\in\left(-\frac{\pi}{2},\frac{\pi}{2}\right)$，且 $\frac{dx}{dy}=\cos y>0$. 由求导法则Ⅳ得

$$(\arcsin x)'=y'=\frac{1}{\frac{dx}{dy}}=\frac{1}{\cos y}=\frac{1}{\sqrt{1-\sin^2 y}}=\frac{1}{\sqrt{1-x^2}},$$

即

$$(\arcsin x)'=\frac{1}{\sqrt{1-x^2}},\ x\in(-1,1).$$

类似例 1 的证法，可求得导数公式(10)～(12).

例 2　对于函数 $y=a^x(a>0,a\neq 1)$，证明导数公式(16)：$(a^x)'=a^x\ln a$.

证　$y=a^x(a>0,a\neq 1)$ 的反函数为

$$x=\log_a y=\frac{\ln y}{\ln a},$$

在 $(0,\infty)$ 内单调连续. 对于任意的 $x\in(-\infty,\infty)$，相应的 $y=a^x\in(0,+\infty)$，且

$$\frac{dx}{dy}=\frac{1}{\ln a\cdot y}\neq 0.$$

由求导法则Ⅳ得

$$(a^x)'=y'=\frac{1}{\frac{\mathrm{d}x}{\mathrm{d}y}}=y\ln a=a^x\ln a,$$

即

$$(a^x)'=a^x\ln a.$$

特别地，当 $a=\mathrm{e}$ 时，得导数公式(15)

$$(\mathrm{e}^x)'=\mathrm{e}^x.$$

二、复合函数的求导法则

对于形如 $\ln(\cot x)$，a^{x^5}，$\sin\sqrt{2}x$ 等函数的求导，可借助于复合函数求导法则.

求导法则Ⅴ　设函数 $u=\varphi(x)$ 在 x 处可导，函数 $y=f(u)$ 在相应的点 u 处可导，则复合函数 $y=f[\varphi(x)]$ 在 x 处也可导，且

$$\{f[\varphi(x)]\}'=f'(u)\varphi'(x)\quad 或\quad \frac{\mathrm{d}y}{\mathrm{d}x}=\frac{\mathrm{d}y}{\mathrm{d}u}\cdot\frac{\mathrm{d}u}{\mathrm{d}x}.$$

证　由于 $y=f(u)$ 在 u 处可导，则

$$\lim_{\Delta u\to 0}\frac{\Delta y}{\Delta u}=f'(u).$$

由函数的极限与无穷小的关系，得

$$\frac{\Delta y}{\Delta u}=f'(u)+\alpha, \tag{1}$$

其中 α 是 $\Delta u\to 0$ 时的无穷小. 上式中 $\Delta u\neq 0$，则由式(1)得

$$\Delta y=f'(u)\Delta u+\alpha\Delta u. \tag{2}$$

设函数 $y=f[\varphi(x)]$ 的自变量在 x 处有增量 Δx，变量 $u=\varphi(x)$ 有相应的增量 Δu，进而函数 $y=f(u)$ 又有相应的增量 Δy. 这里的中间变量 u 的增量 Δu 有可能为零，但这时 $\Delta y=0$，只要取 $\alpha(0)=0$，式(2)也成立. 在式(2)两端同除以 Δx，并令 $\Delta x\to 0$，由于 $u=\varphi(x)$ 在 x 处可导，从而 $u=\varphi(x)$ 在 x 处连续，即有 $\Delta u\to 0$，于是

$$\{f[\varphi(x)]\}'=\lim_{\Delta x\to 0}\frac{\Delta y}{\Delta x}=f'(u)\lim_{\Delta x\to 0}\frac{\Delta u}{\Delta x}+\lim_{\Delta u\to 0}\alpha\cdot\lim_{\Delta x\to 0}\frac{\Delta u}{\Delta x}=f'(u)\varphi'(x),$$

即

$$\frac{\mathrm{d}y}{\mathrm{d}x}=\frac{\mathrm{d}y}{\mathrm{d}u}\cdot\frac{\mathrm{d}u}{\mathrm{d}x}.$$

这里必须注意，$\{f[\varphi(x)]\}'$ 表示复合函数 $f[\varphi(x)]$ 对自变量 x 的导数，而 $f'[\varphi(x)]$ 表示复合函数 y 对中间变量 u 的导数.

由于两个函数的复合仍是一个函数，因此求导法则Ⅴ可以推广到有限个函数复合的情形.

推论　设函数 $y=f(u)$，$u=\varphi(v)$，$v=\psi(x)$ 复合成函数 $y=f\{\varphi[\psi(x)]\}$，若 $f(u)$，$\varphi(v)$，$\psi(x)$ 均可导，则复合函数 $f\{\varphi[\psi(x)]\}$ 也可导，且有

$$\frac{dy}{dx}=\frac{dy}{du}\cdot\frac{du}{dv}\cdot\frac{dv}{dx}. \tag{3}$$

上式右端的求导,按 $y—u—v—x$ 的顺序,就像一条链子一样,因此通常将复合函数的求导法则Ⅴ及推论称为链式法则.

例 3 函数 $y=\sin\sqrt{2}x$,求 y'.

解 函数 $y=\sin\sqrt{2}x$ 不是基本初等函数,不能直接用基本初等函数的导数公式求导.而 $y=\sin\sqrt{2}x$ 是由 $y=\sin u$ 及 $u=\sqrt{2}x$ 复合而成的函数,由复合函数的链式法则得到

$$y'=(\sin u)'(\sqrt{2}x)'=\cos u\cdot\sqrt{2}=\sqrt{2}\cos\sqrt{2}x.$$

例 4 函数 $y=(2x-\tan x)^2$,求 y'.

解 由于函数 $y=(2x-\tan x)^2$ 是 $y=u^2,u=2x-\tan x$ 的复合函数,由链式法则得

$$y'=2u(2x-\tan x)'=2(2x-\tan x)(2-\sec^2 x).$$

例 5 函数 $y=e^{\sin\frac{1}{x}}$,求 y'.

解 先将 $\sin\frac{1}{x}$ 看作中间变量,有

$$y'=(e^{\sin\frac{1}{x}})'=e^{\sin\frac{1}{x}}\left(\sin\frac{1}{x}\right)'.$$

求 $\left(\sin\frac{1}{x}\right)'$ 时,再将 $\frac{1}{x}$ 看作中间变量,于是

$$y'=e^{\sin\frac{1}{x}}\cos\frac{1}{x}\left(\frac{1}{x}\right)'=-\frac{1}{x^2}e^{\sin\frac{1}{x}}\cos\frac{1}{x}.$$

例 5 中的函数 $y=e^{\sin\frac{1}{x}}$ 实际上是 $y=e^u,u=\sin v,v=\frac{1}{x}$ 的复合,但求导数时,为了简单明了,并不写出以上的两步复合过程,而是对 $y=e^u,u=\sin\frac{1}{x}$ 按链式法则求导,使求导部分 $(e^{\sin\frac{1}{x}})'$ 转化成了较简单的 $\left(\sin\frac{1}{x}\right)'$,然后对 $\left(\sin\frac{1}{x}\right)'$ 再用一次链式法则将它转化成更简单的 $\left(\frac{1}{x}\right)'$.这种求导方法对多次复合的函数特别简便有效.

求复合函数的导数熟练后,可不写出中间变量的导数形式而直接写出结果.

例 6 证明导数公式(2):$(x^\mu)'=\mu x^{\mu-1}$, $\mu\in\mathbf{R}$.

证 因为 $x^\mu=e^{\mu\ln x}$,所以

$$(x^\mu)'=(e^{\mu\ln x})'=e^{\mu\ln x}(\mu\ln x)'=\mu x^{\mu-1}.$$

至此,对上一节给出的 16 个导数公式全部给出了证明.

例 7 设函数 $y=\ln|x|$,求 y'.

解 因为

$$\ln|x|=\begin{cases}\ln x, & x>0,\\ \ln(-x), & x<0,\end{cases}$$

所以，当 $x>0$ 时，

$$[\ln|x|]'=(\ln x)'=\frac{1}{x};$$

当 $x<0$ 时，

$$(\ln|x|)'=[\ln(-x)]'=\frac{1}{-x}(-1)=\frac{1}{x}.$$

综合以上结果，得到

$$[\ln|x|]'=\frac{1}{x}. \tag{4}$$

式(4)也是一个常用的导数公式.

例 8　函数 $y=\sin nx\cdot\sin^n x\,(n\in\mathbf{R})$，求 y'.

解　$y'=\cos nx\cdot n\cdot\sin^n x+\sin nx\cdot n\sin^{n-1}x\cdot\cos x$

$=n\sin^{n-1}x(\sin x\cos nx+\cos x\sin nx)$

$=n\sin^{n-1}x\cdot\sin(n+1)x.$

例 9　设 $f(u)$ 是可导函数，$y=\ln|f(x)|$，求 y'.

解　由式(4)可得

$$y'=[\ln|f(x)|]'=\frac{1}{f(x)}f'(x).$$

例 10　设 $f(u)$ 是可导函数，且 $f^2(x)+f(x^2)\neq 0$，求函数 $y=\sqrt{f^2(x)+f(x^2)}$ 的导数.

解　由题设可得

$$y'=\frac{1}{2\sqrt{f^2(x)+f(x^2)}}[2f(x)\cdot f'(x)+f'(x^2)\cdot 2x]$$

$$=\frac{f(x)f'(x)+xf'(x^2)}{\sqrt{f^2(x)+f(x^2)}}.$$

习题 2-3

1. 在以下括号内填入适当的函数：

(1) $(\sin^2 x)'=2\sin x(\quad)'=(\quad)$；

(2) $[(2x+3)^n]'=n(2x+3)^{n-1}(\quad)'=(\quad)$；

(3) $(\mathrm{e}^{-\cos x})'=\mathrm{e}^{-\cos x}(\quad)'=(\quad)$；

(4) $[\ln(\tan x)]'=\cot x(\quad)'=(\quad)$.

2. 求下列函数的导数：

(1) $y=5\tan\frac{x}{5}+\tan\frac{\pi}{8}$；　　(2) $y=\sqrt{1-x^2}$；

(3) $y=\mathrm{e}^{-x}\tan 3x$；　　(4) $y=\ln(1+2^x)$；

(5) $y=\sin^2(2x-1)$；　　(6) $y=\arccos\frac{1}{x}$；

(7) $y=A\sin(\omega t+\varphi)$($A,\omega,\varphi$ 为常数)；

(8) $y=\ln\sqrt{\dfrac{x}{1+x^2}}$；

(9) $y=x\sec^2 x-\tan x$；

(10) $y=\dfrac{x}{\sqrt{x^2-1}}$；

(11) $y=\sqrt[3]{1+\cos 2x}$；

(12) $y=(\ln x^2)^3$；

(13) $y=\arctan\sqrt{x^2-1}$；

(14) $y=\dfrac{\sin x^2}{\sin^2 x}$；

(15) $y=\ln(\ln x)$；

(16) $y=\ln\left|\tan\dfrac{x}{2}\right|$；

(17) $y=\dfrac{e^x-e^{-x}}{e^x+e^{-x}}$；

(18) $y=3^{\sin x}$；

(19) $y=e^{\tan\frac{1}{x}}$；

(20) $y=\arctan\dfrac{x+1}{x-1}$；

(21) $y=\sqrt{1+\ln^2 x}$；

(22) $y=\sin^2(3x)\cdot\cos^3 x$.

3. 求下列函数在指定点处的导数：

(1) $y=\cos 2x+x\tan 3x$，在 $x=\dfrac{\pi}{4}$ 处；

(2) $y=\cot\sqrt{1+x^2}$，在 $x=0$ 处；

(3) $y=\ln\dfrac{\sqrt{x+1}-1}{\sqrt{x+1}+1}$，在 $x=1$ 处；

(4) $y=\dfrac{1}{\sqrt{2\pi}\sigma}e^{-\frac{(x-\mu)^2}{2\sigma^2}}$（$\mu,\sigma$ 是常数，$\sigma>0$），在 $x=\mu$ 处.

4. 设 $f(x)$ 是可导函数，$f(x)>0$，求下列导数：

(1) $y=\ln f(2x)$；

(2) $y=f^2(e^x)$；

(3) $y=f(\sin 2x)$；

(4) $y=f(e^x)\cdot e^{f(x)}$.

5. 在曲线 $y=\ln(e+x^2)$ 上求一点，使通过该点的切线平行于 x 轴.

6. 已知 $f\left(\dfrac{1}{x}\right)=\dfrac{x}{1+x}$，求 $f'(x)$.

第四节　隐函数和参数方程确定的函数的导数、相关变化率

前面讨论的函数表达方式的特点是，因变量在等式的左边，而等式的右边是一个关于自变量的式子. 这种函数称为显函数. 但函数的表达方式是多样的，隐函数、由参数方程确定的函数等也是函数的重要表现形式. 下面着重讨论这些函数的导数及相关变化率的问题.

一、隐函数的导数

1. 隐函数求导法

一般地，如果方程 $F(x,y)=0$ 在一定条件下，当 x 在某区间内任取一值时，相应地总有满足这个方程的唯一的 y 值存在，那么，就称方程 $F(x,y)=0$ 在该区间上确定了一个隐函数 $y=y(x)$. 把一个隐函数化为显函数，称为隐函数的显化. 例如，方程 $x^3+y^3=4$ 确定的函数可显化为 $y=\sqrt[3]{4-x^3}$. 但隐函数的显化有时是困难的，甚至是不可能的. 在实际问题中，有时需要计算隐函数的导数，此时，只要将方程 $F(x,y)=0$ 中的 y 看成是 x 的函数，方程两端分别对 x 求导，就可得到一个关于 $\frac{\mathrm{d}y}{\mathrm{d}x}$ 的方程，再解出 $\frac{\mathrm{d}y}{\mathrm{d}x}$ 即可.

例 1　求由方程 $\mathrm{e}^x=\frac{y}{2}+\sin(xy)$ 确定的隐函数 $y=y(x)$ 的导数 y' 及 $y'\Big|_{(0,2)}$.

解　方程两边分别对 x 求导（注意 y 是 x 的函数），得

$$\mathrm{e}^x=\frac{1}{2}y'+\cos(xy)(y+xy'),$$

解得

$$y'=\frac{2[\mathrm{e}^x-y\cos(xy)]}{1+2x\cos(xy)}.$$

将 $x=0,y=2$ 代入上式，得到 $y'=-2$，即

$$y'\Big|_{(0,2)}=-2.$$

例 2　求曲线 $4x^2-xy+y^2=6$ 在点 $(1,-1)$ 处的切线方程.

解　方程两端分别对 x 求导，得

$$8x-y-xy'+2yy'=0,$$

将 $x=1,y=-1$ 代入上式，得 $y'\Big|_{(1,-1)}=3$.

故所求切线方程为

$$y+1=3(x-1).$$

2. 取对数求导法

对幂指函数 $u(x)^{v(x)}$ $(u(x)>0)$ 或由几个含有变量的式子的乘、除、乘方、开方运算构成的函数求导时，运用隐函数求导的思想，再通过取对数求导法，可以求出它们的导数.

设函数 $y=f(x)$ 是适用取对数求导法的函数，在 $y=f(x)$ 的两端取绝对值后再取对数，得到方程

$$\ln|y|=\ln|f(x)|.$$

对等式的右端用对数的性质进行化简，然后用隐函数求导法求 $\frac{\mathrm{d}y}{\mathrm{d}x}$.

例 3　设 $y=(2x-1)^2\sqrt{\frac{x-2}{x-3}}$，求 y'.

解 在等式两边取绝对值后再取对数，有

$$\ln|y|=2\ln|2x-1|+\frac{1}{2}\ln|x-2|-\frac{1}{2}\ln|x-3|.$$

两边分别对 x 求导，有

$$\frac{y'}{y}=2\cdot\frac{2}{2x-1}+\frac{1}{2}\cdot\frac{1}{x-2}-\frac{1}{2}\cdot\frac{1}{x-3},$$

所以

$$y'=(2x-1)^2\sqrt{\frac{x-2}{x-3}}\left[\frac{4}{2x-1}+\frac{1}{2(x-2)}-\frac{1}{2(x-3)}\right].$$

容易验证，在例 3 的解法中省略取绝对值的一步，所得的结果不变. 因此使用对数求导法时，习惯上常略去取绝对值的步骤.

例 4 设 $y=x^{\sin x}(x>0)$，求 y'.

解 等式两端取对数，有

$$\ln y=\sin x\cdot\ln x,$$

两端对 x 求导，得

$$\frac{y'}{y}=\cos x\cdot\ln x+\frac{\sin x}{x}.$$

由此，得

$$y'=x^{\sin x}\left(\frac{\sin x}{x}+\cos x\cdot\ln x\right).$$

二、参数方程确定的函数的导数

设由参数方程 $\begin{cases}x=\varphi(t),\\ y=\psi(t)\end{cases}$ $(t\in(\alpha,\beta))$ 确定了函数 $y=f(x)$，其中函数 $\varphi(t)$，$\psi(t)$ 可导且 $\varphi'(t)\neq0$，则反函数 $t=\varphi^{-1}(x)$ 存在，从而 $y=\psi(t)=\psi[\varphi^{-1}(x)]$ 可视作以 t 为中间变量的复合函数. 利用复合函数求导法则可得：

求导法则Ⅵ 由参数方程 $\begin{cases}x=\varphi(t),\\ y=\psi(t)\end{cases}$ $(t\in(\alpha,\beta))$ 确定的函数 $y=f(x)$ 的求导公式为

$$\frac{\mathrm{d}y}{\mathrm{d}x}=\frac{\mathrm{d}y}{\mathrm{d}t}\frac{\mathrm{d}t}{\mathrm{d}x}=\frac{\mathrm{d}y}{\mathrm{d}t}\frac{1}{\frac{\mathrm{d}x}{\mathrm{d}t}}=\frac{\psi'(t)}{\varphi'(t)}\quad(t\in(\alpha,\beta)).$$

例 5 求摆线 $\begin{cases}x=a(t-\sin t),\\ y=a(1-\cos t)\end{cases}$ (a 为常数)在 $t=\frac{\pi}{2}$ 时的切线方程.

解 摆线上 $t=\frac{\pi}{2}$ 时对应的点为 $M_0\left(\frac{(\pi-2)a}{2},a\right)$，又

$$\frac{\mathrm{d}y}{\mathrm{d}x}=\frac{[a(1-\cos t)]'}{[a(t-\sin t)]'}=\frac{\sin t}{1-\cos t}=\cot\frac{t}{2},$$

故摆线在 M_0 处切线斜率 $y'\Big|_{t=\frac{\pi}{2}}=1$. 所求的切线方程为

$$y-a=x-\frac{(\pi-2)a}{2},$$

即

$$x-y+\frac{(4-\pi)a}{2}=0.$$

例 6　设炮弹从地平线上某点射出时，初速的大小为 v_0，方向与地平线成 α 角.（不计空气阻力）

(1) 求炮弹在时刻 t 的速度；

(2) 如果中弹点 A 也在地平线上，求炮弹的射程.

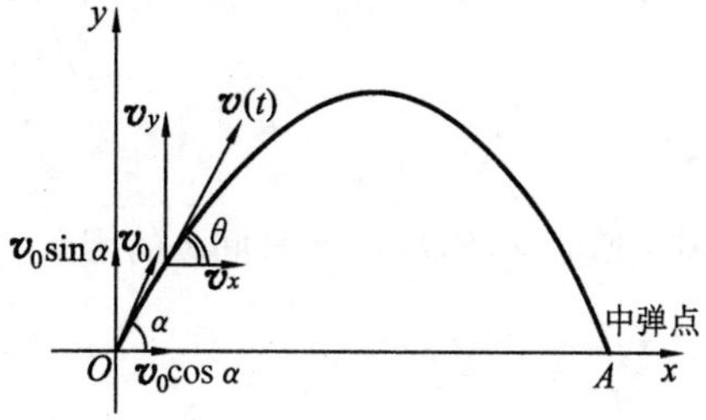

图 2-3

解　以发射点为原点 O，地平线为 x 轴，如图 2-3 建立坐标系，设时刻 t 炮弹所在位置为 $(x(t),y(t))$，则

$$\begin{cases}x(t)=v_0t\cos\alpha,\\ y(t)=v_0t\sin\alpha-\dfrac{1}{2}gt^2.\end{cases}$$

(1) 炮弹的运动是变速的曲线运动，它在时刻 t 的速度可由水平分速度 $v_x(t)$ 和垂直分速度 $v_y(t)$ 表示. 而

$$v_x(t)=x'(t)=v_0\cos\alpha,$$
$$v_y(t)=y'(t)=v_0\sin\alpha-gt,$$

因此，炮弹在时刻 t 的速度大小

$$|v|=\sqrt{v_x^2+v_y^2}=\sqrt{v_0^2-2v_0(\sin\alpha)gt+g^2t^2}.$$

速度的方向（与 x 轴的夹角记为 θ）满足

$$\tan\theta=\frac{\mathrm{d}y}{\mathrm{d}x}=\frac{y'(t)}{x'(t)}=\frac{v_0\sin\alpha-gt}{v_0\cos\alpha}.$$

(2) 中弹点 A 在 x 轴上，所以 $y=0$，即

$$v_0t\sin\alpha-\frac{1}{2}gt^2=0.$$

解此方程得中弹点 A 对应的时刻 $t_0=\dfrac{2v_0\sin\alpha}{g}$，射程 $x(t_0)=\dfrac{v_0^2}{g}\sin 2\alpha$.

三、相关变化率

设函数 $x=\varphi(t)$，$y=\psi(t)$ 都可导，如果在某个实际问题中变量 x 与 y 间又存在某种函数关系，从而变化率也存在某种关系. 这两个相互依赖的变化率称为相关变化率. 求相关变化率的一般步骤如下：首先根据题意确立 x 与 y 的函数关系式；然后在该关系式的两端分别对变量 t 求导(注意 x,y 都是 t 的函数)，由此得到$\frac{\mathrm{d}x}{\mathrm{d}t}$与$\frac{\mathrm{d}y}{\mathrm{d}t}$之间的关系式；最后利用已知条件根据已知的变化率即可解出所求的未知变化率.

例 7 设有一个球体，其半径以 0.02 m/s 的速度增加，求当其半径为 2 m 时，体积及表面积的增加率各为多少?

解 设球的半径为 R，则其体积及表面积分别为

$$V=\frac{4}{3}\pi R^3,$$

$$S=4\pi R^2,$$

其中，变量 V,S,R 都是时间 t 的函数. 上面两式分别对 t 求导，得

$$\frac{\mathrm{d}V}{\mathrm{d}t}=4\pi R^2\cdot R'(t),$$

$$\frac{\mathrm{d}S}{\mathrm{d}t}=8\pi R\cdot R'(t).$$

将 $R'(t)=0.02\ \mathrm{m/s}$，$R(t)=2\ \mathrm{m}$ 代入上面两式，得

$$\frac{\mathrm{d}V}{\mathrm{d}t}=4\pi\times 2^2\times 0.02=0.32\pi\ \mathrm{m^3/s},$$

即为所求体积的增加率；

$$\frac{\mathrm{d}S}{\mathrm{d}t}=8\pi\times 2\times 0.02=0.32\pi\ \mathrm{m^2/s},$$

即为所求表面积的增加率.

例 8 一台摄影机安装在距离热气球起飞平台 200 m 处，假设当热气球起飞后铅直升空到距地面 150 m 时，其速度达到 4.2 m/s. 求：

(1) 此时热气球与摄影机之间距离的增加率是多少?

(2) 如果摄影机镜头始终对准热气球，那么此时摄影机仰角的增加率是多少?

解 设热气球升空 t(s)时，其高度为 h(m)，热气球与摄影机间的距离为S(m)，摄影机的仰角为 α(rad)，则热气球与摄影机间的距离为

$$S=\sqrt{200^2+h^2}.$$

(1) 上式两端对 t 求导，得

$$\frac{\mathrm{d}S}{\mathrm{d}t}=\frac{h}{\sqrt{200^2+h^2}}\cdot\frac{\mathrm{d}h}{\mathrm{d}t}.$$

设当 $t=t_0$ 时，热气球升空的高度达到 150 m，据题意，有

$$\left.\frac{\mathrm{d}h}{\mathrm{d}t}\right|_{t=t_0}=4.2\ \mathrm{m/s},$$

从而

$$\left.\frac{\mathrm{d}S}{\mathrm{d}t}\right|_{t=t_0}=\frac{150}{\sqrt{200^2+150^2}}\times 4.2=2.52\ \mathrm{m/s}.$$

(2) 摄影机仰角满足

$$\tan\alpha=\frac{h}{200},$$

上式两端对 t 求导，得

$$\sec^2\alpha\cdot\frac{\mathrm{d}\alpha}{\mathrm{d}t}=\frac{1}{200}\cdot\frac{\mathrm{d}h}{\mathrm{d}t}.$$

当 $h=150\ \mathrm{m}$ 时，$\sec^2\alpha=1+\tan^2\alpha=\frac{25}{16}$，$\frac{\mathrm{d}h}{\mathrm{d}t}=4.2\ \mathrm{m/s}$，从而

$$\left.\frac{\mathrm{d}\alpha}{\mathrm{d}t}\right|_{t=t_0}=\frac{1}{200}\times\frac{16}{25}\times4.2\approx0.013\ \mathrm{rad/s}.$$

习题 2-4

1. 求由下列方程确定的隐函数的导数 y' 或在指定点的导数：

(1) $\sqrt{x}+\sqrt{y}=\sqrt{a}\ (a>0)$；　　(2) $xy=x+\ln y$；

(3) $\cos(xy)=y$；　　(4) $x^2+2xy-y^2=2x$，在点 $(2,0)$ 处；

(5) $y=2+\mathrm{e}^{xy}$；　　(6) $y\sin x-\cos(x-y)=0$，在点 $\left(0,\frac{\pi}{2}\right)$ 处；

(7) $\arctan\frac{y}{x}=\ln\sqrt{x^2+y^2}$；　　(8) $2^x+2y=2^{x+y}$.

2. 求曲线 $x^3+y^5+2xy=0$ 在点 $(-1,-1)$ 处的切线方程.

3. 用对数求导法求下列函数的导数：

(1) $y=(1+\cos x)^{\frac{1}{x}}$；　　(2) $y=(x-1)\sqrt[3]{\frac{(x-2)^2}{x-3}}$；

(3) $y=(\sin x)^{\cos x}\left(x\in\left(0,\frac{\pi}{2}\right)\right)$；　　(4) $y=\frac{\mathrm{e}^{2x}(x+3)}{\sqrt{(x-4)(x+5)}}$.

4. 求下列参数式函数的导数 $\frac{\mathrm{d}y}{\mathrm{d}x}$ 或在指定点的导数：

(1) $\begin{cases}x=t\cos t,\\ y=t\sin t;\end{cases}$　　(2) $\begin{cases}x=1+\mathrm{e}^{a\varphi},\\ y=a\varphi+\mathrm{e}^{-a\varphi},\end{cases}$ $\left.\frac{\mathrm{d}y}{\mathrm{d}x}\right|_{\varphi=1}$；

(3) $\begin{cases}x=2t-t^2,\\ y=3t-t^3;\end{cases}$　　(4) $\begin{cases}x=t-\arctan t,\\ y=\ln(1+t^2),\end{cases}$ $\left.\frac{\mathrm{d}y}{\mathrm{d}x}\right|_{t=1}$.

5. 求下列各曲线上在给定的参数对应的点处的切线与法线方程：

(1) $\begin{cases}x=1+2\mathrm{e}^t,\\ y=\mathrm{e}^{-t}-1,\end{cases}$ $t=0$；

(2) $\begin{cases}x=2\cos t,\\ y=\sqrt{3}\sin t,\end{cases}$ $t=\frac{\pi}{3}$.

6. 已知曲线$\begin{cases}x=t^2+at+b,\\ y=ce^t-e\end{cases}$在 $t=1$ 时过原点，且曲线在原点的切线平行于直线 $2x-y+1=0$，求 a,b,c.

7. 一个气球的体积以 40 m^3/s 的速度增加，当球半径为10 m时，求球半径的增长率为多少？

8. 溶液从深为 18 cm、顶直径为 12 cm 的圆锥形漏斗中漏入直径为 10 cm 的圆柱形筒中(见图 2-4). 当溶液在漏斗中深为 12 cm 时，液面下降的速度为 1 cm/min，问此时筒中液面上升的速度是多少？

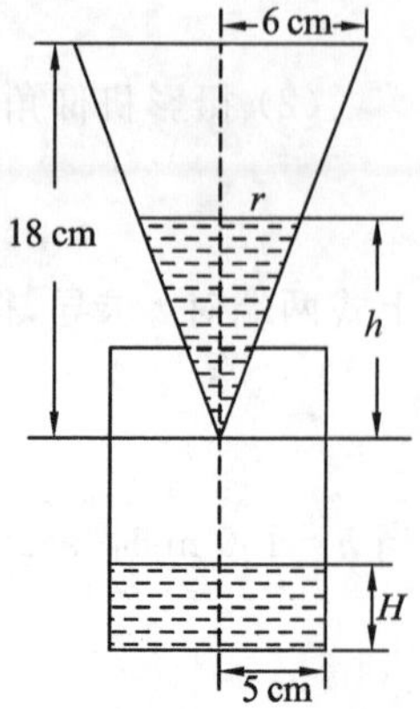

图 2-4

第五节　高阶导数

一、函数的高阶导数

我们已经知道速度函数 $v(t)$是位置函数 $s(t)$对时间 t 的导数，即

$$v(t)=\frac{ds}{dt} \text{ 或 } v(t)=s'(t).$$

经同样的分析可以知道，加速度函数 $a(t)$是速度函数 $v(t)$对时间 t 的导数，即

$$a(t)=\frac{dv}{dt}=\frac{d}{dt}\left(\frac{ds}{dt}\right) \text{ 或 } a(t)=v'(t)=[s'(t)]'.$$

因此加速度函数 $a(t)$是位置函数 $s(t)$对时间 t 的导数的导数.

一般地，函数 $y=f(x)$的导函数 $y'=f'(x)$仍是 x 的函数. 若导函数 $y'=f'(x)$的导数存在，则称导函数 $y'=f'(x)$的导数$(y')'$为函数 $y=f(x)$的二阶导数，记作 y''或$f''(x)$或$\frac{d^2y}{dx^2}$，即

$$y''=(y')' \text{ 或 } \frac{d^2y}{dx^2}=\frac{d}{dx}\left(\frac{dy}{dx}\right).$$

由导数定义可知

$$f''(x)=\lim_{\Delta x\to 0}\frac{f'(x+\Delta x)-f'(x)}{\Delta x}.$$

相应地，把函数 $y=f(x)$的导数 $y'=f'(x)$称为函数 $y=f(x)$的一阶导数.

一般地，若函数 $f(x)$的 $n-1$ 阶导数的导数存在，称这个导数为函数 $f(x)$的 n 阶导数，并记作 $y^{(n)}$，$f^{(n)}(x)$或$\frac{d^ny}{dx^n}$.

显然有

$$f^{(n)}(x)=\lim_{\Delta x\to 0}\frac{f^{(n-1)}(x+\Delta x)-f^{(n-1)}(x)}{\Delta x}.$$

若函数 $y=f(x)$ 具有 n 阶导数，也常称函数 $y=f(x)$ n 阶可导. 由导数的定义可知，如果 $f(x)$ 在 x 处有 n 阶导数，则 $f(x)$ 在点 x 的某一邻域内具有所有低于 n 阶的导数.

二阶及二阶以上的导数统称为高阶导数.

在研究实际问题的过程中，以及在讨论函数的特性时，高阶导数有重要的应用，下一章将讨论这方面的内容.

由高阶导数的定义可知，求高阶导数就是对函数进行连续多次通常意义上的求导运算，因此仍可用前面学过的求导方法计算高阶导数.

例 1　求函数 $y=\ln(x+\sqrt{a^2+x^2})$ 的二阶导数 y''.

解　$y'=\dfrac{1}{x+\sqrt{a^2+x^2}}\cdot\left(1+\dfrac{2x}{2\sqrt{a^2+x^2}}\right)=\dfrac{1}{\sqrt{a^2+x^2}}$,

$$y''=[(a^2+x^2)^{-\frac{1}{2}}]'=-\frac{1}{2}(a^2+x^2)^{-\frac{3}{2}}(a^2+x^2)'$$

$$=\frac{-x}{(a^2+x^2)\sqrt{a^2+x^2}}.$$

例 2　设 $f(x)$ 二阶可导，且 $y=f(e^x)$，求 $\dfrac{d^2y}{dx^2}$.

解　因为 $\dfrac{dy}{dx}=e^xf'(e^x)$，所以

$$\frac{d^2y}{dx^2}=\frac{d}{dx}(e^xf'(e^x))=e^xf'(e^x)+e^xf''(e^x)\cdot e^x=e^xf'(e^x)+e^{2x}f''(e^x).$$

例 3　求 $y=x^n(n\in\mathbf{N}^+)$ 的 m 阶导数.

解　当 $m\leqslant n$ 时，$y^{(m)}=n(n-1)\cdots(n-m+1)x^{n-m}$；

当 $m>n$ 时，$y^{(m)}=0$.

例 4　设 $y=\sin x$，求 $y^{(n)}$.

解　$y'=\cos x=\sin\left(x+\dfrac{\pi}{2}\right)$,

$$y''=\left[\cos\left(x+\frac{\pi}{2}\right)\right]\cdot\left(x+\frac{\pi}{2}\right)'=\sin\left(x+2\cdot\frac{\pi}{2}\right),$$

$$y'''=\cos\left(x+2\cdot\frac{\pi}{2}\right)=\sin\left(x+3\cdot\frac{\pi}{2}\right),$$

一般地，$y^{(n)}=\sin\left(x+n\cdot\dfrac{\pi}{2}\right)$，即

$$(\sin x)^{(n)}=\sin\left(x+n\cdot\frac{\pi}{2}\right).$$

类似可得

$$(\cos x)^{(n)}=\cos\left(x+n\cdot\frac{\pi}{2}\right).$$

例 5 设函数 $y=(1+x)^{\mu}(\mu\in\mathbf{R})$,求 $y^{(n)}$.

解 (1) 当 $\mu\notin\mathbf{N}^{+}$ 时,

$$y'=\mu(1+x)^{\mu-1},$$
$$y''=\mu(\mu-1)(1+x)^{\mu-2},$$

一般地,

$$y^{(n)}=\mu(\mu-1)\cdots(\mu-n+1)(1+x)^{\mu-n}.$$

(2) 当 $\mu\in\mathbf{N}^{+}$ 时,若 $n\leqslant\mu$,则

$$y^{(n)}=\mu(\mu-1)\cdots(\mu-n+1)(1+x)^{\mu-n};$$

若 $n>\mu$,则

$$y^{(n)}=0.$$

例 6 设函数 $y=\ln(1+x)$,求 $y^{(n)}$.

解
$$y'=\frac{1}{1+x}=(1+x)^{-1}.$$

由例 5,得

$$\begin{aligned}y^{(n)}&=[(1+x)^{-1}]^{(n-1)}=(-1)(-2)\cdots[-1-(n-1)+1](1+x)^{-1-(n-1)}\\&=(-1)^{n-1}\frac{(n-1)!}{(1+x)^{n}}.\end{aligned}$$

设 $u=u(x)$,$v=v(x)$都是 n 阶可导,显然有

$$(u\pm v)^{(n)}=u^{(n)}\pm v^{(n)}.$$

乘积的 n 阶导数的求导法则比较复杂,如果规定 $u^{(0)}=u$,$v^{(0)}=v$,则

$$(uv)^{(1)}=(uv)'=u'v+uv'=u^{(1)}v^{(0)}+u^{(0)}v^{(1)};$$
$$(uv)^{(2)}=(uv)''=u''v+2u'v'+uv''=u^{(2)}v^{(0)}+2u^{(1)}v^{(1)}+u^{(0)}v^{(2)};$$
$$\vdots$$

一般地,

$$(uv)^{(n)}=\sum_{k=0}^{n}\mathrm{C}_n^k u^{(n-k)}v^{(k)}=u^{(n)}v+\mathrm{C}_n^1u^{(n-1)}v'+\cdots+\mathrm{C}_n^k u^{(n-k)}v^{(k)}+\cdots+uv^{(n)}.$$

这一求导法则称为莱布尼茨公式.

例 7 设函数 $y=\dfrac{1}{x^2+x}$,求 $y^{(20)}$.

解
$$y=\frac{1}{x^2+x}=\frac{1}{x(1+x)}=\frac{1}{x}-\frac{1}{1+x},$$
$$\begin{aligned}y^{(20)}&=\left(\frac{1}{x}-\frac{1}{1+x}\right)^{(20)}=\left(\frac{1}{x}\right)^{(20)}-\left(\frac{1}{1+x}\right)^{(20)}\\&=\frac{(-1)^{20}20!}{x^{21}}-\frac{(-1)^{20}20!}{(1+x)^{21}}\\&=20!\left[\frac{1}{x^{21}}-\frac{1}{(1+x)^{21}}\right].\end{aligned}$$

例 8　设函数 $y=xe^x$，求 $y^{(n)}$.

解　因为 $(e^x)^{(n)}=e^x$，$(x)^{(n)}=\begin{cases}1, & n=1,\\ 0, & n\geqslant 2,\end{cases}$ 代入莱布尼茨公式，得

$$\begin{aligned} y^{(n)}&=(xe^x)^n=(e^x)^{(n)}x+n(e^x)^{(n-1)}x' \\ &=xe^x+ne^x=(x+n)e^x. \end{aligned}$$

二、隐函数的二阶导数

求隐函数的二阶导数 $\frac{d^2y}{dx^2}$ 时，只要将 y 看作是 x 的函数，对含有一阶导数的式子再对 x 求导，就可得到一个含有隐函数的二阶导数的方程；再将已知的 $\frac{dy}{dx}$ 代入二阶导数方程，并从中解出 $\frac{d^2y}{dx^2}$.

例 9　设由方程 $y=1+xe^y$ 确定函数 $y=y(x)$，求 $\frac{d^2y}{dx^2}$.

解　方程两端对 x 求导，得

$$y'=e^y+xe^yy',$$

由此解得

$$y'=\frac{e^y}{1-xe^y}=\frac{e^y}{2-y}.$$

上式再对 x 求导，得

$$y''=\left(\frac{e^y}{2-y}\right)'=\frac{e^yy'(2-y)+e^yy'}{(2-y)^2}\xlongequal{y'=\frac{e^y}{2-y}}\frac{(3-y)e^{2y}}{(2-y)^3}.$$

三、参数方程确定的函数的二阶导数

设参数方程 $\begin{cases}x=\varphi(t),\\ y=\psi(t)\end{cases}$ 确定了函数 $y=y(x)$，则利用参数方程求导法则Ⅵ得

$$y''(x)=\frac{d}{dx}\left(\frac{dy}{dx}\right)=\frac{d}{dt}\left(\frac{\psi'(t)}{\varphi'(t)}\right)\frac{dt}{dx}. \tag{1}$$

如果将式(1)的求导结果写出，则有

$$y''(x)=\frac{\psi''(t)\varphi'(t)-\psi'(t)\varphi''(t)}{[\varphi'(t)]^2}\cdot\frac{1}{\varphi'(t)}=\frac{\psi''(t)\varphi'(t)-\psi'(t)\varphi''(t)}{[\varphi'(t)]^3}. \tag{2}$$

通常用式(1)而不用式(2)求参数方程确定的函数的高阶导数.

例 10　设 $\begin{cases}x=t\sin t,\\ y=\cos t,\end{cases}$ 求 $\left.\frac{d^2y}{dx^2}\right|_{t=\frac{\pi}{2}}$.

解　$\frac{dy}{dx}=\frac{-\sin t}{\sin t+t\cos t}$,

$$\frac{d^2y}{dx^2}=\frac{d}{dt}\left(\frac{-\sin t}{\sin t+t\cos t}\right)\cdot\frac{dt}{dx}=\frac{\sin t\cos t-t}{(\sin t+t\cos t)^2}\cdot\frac{1}{(\sin t+t\cos t)}$$
$$=\frac{\sin t\cos t-t}{(\sin t+t\cos t)^3},$$

故

$$\left.\frac{d^2y}{dx^2}\right|_{t=\frac{\pi}{2}}=-\frac{\pi}{2}.$$

例 11 求由参数方程 $\begin{cases}x=2\ln(\cot t),\\ y=\tan t\end{cases}$ 确定的函数 $y=y(x)$ 的二阶导数 $\frac{d^2y}{dx^2}$.

解 $$\frac{dy}{dx}=\frac{y'(t)}{x'(t)}=\frac{\sec^2 t}{\frac{-2\csc^2 t}{\cos t}}=-\frac{\sin t}{2\cos t}=-\frac{1}{2}\tan t,$$

$$\frac{d^2y}{dx^2}=\frac{\left(-\frac{1}{2}\tan t\right)'}{[2\ln(\cot t)]'}=-\frac{1}{2}\sec^2 t\cdot\left(-\frac{1}{2}\sin t\cos t\right)=\frac{1}{4}\tan t.$$

习题 2-5

1. 求下列函数的二阶导数：

(1) $y=x^2+2^x$；

(2) $y=\sqrt{a^2-x^2}$（a 是常数）；

(3) $y=(1+x^2)\arctan x$；

(4) $y=\ln(x+\sqrt{1+x^2})$；

(5) $y=e^{-t}\cos 2t$；

(6) $y=xe^{x^2}$；

(7) $y=\ln\sqrt{1-x^2}$；

(8) $y=(\arccos x)^2$.

2. 求下列函数在指定点的二阶导数：

(1) $y=\ln(\ln x), x=e^2$；

(2) $y=\tan\frac{x}{2}, x=\frac{2\pi}{3}$.

3. 求下列函数的 n 阶导数：

(1) $y=\frac{1-x}{1+x}$；

(2) $y=x\ln x$；

(3) $y=\frac{5}{x^2-3x-4}$；

(4) $y=x\sin 2x$.

4. 设 $f(x)=x^2e^{-x}$，求 $f^{(10)}(x)$.

5. 求下列隐函数与参数式函数的二阶导数：

(1) $y^3-x^2y=2$；

(2) $y=x+\arctan y$；

(3) $\frac{x^2}{a^2}+\frac{y^2}{b^2}=1$；

(4) $\begin{cases}x=a\cos^3 t,\\ y=a\sin^3 t\end{cases}$（$a$ 为常数）；

(5) $\begin{cases}x=\ln(1+t^2),\\ y=t-\arctan t\end{cases}$；

(6) $\begin{cases}x=at\cos t,\\ y=at\sin t\end{cases}$（$a$ 为常数）.

第六节　微分及其应用

前几节讨论了函数的导数概念及基本初等函数的导数公式与求导法则. 本节将讨论微分学中另一个基本概念——微分. 实际问题中,有时需要研究自变量发生微小改变量所引起的函数增量的大小,微分提供了表达这种函数增量的一种简便方法.

一、微分的概念

先考察一个实例.

例 1　一块正方形金属薄片,因环境温度的变化,其边长由 x_0 变化为 $x_0+\Delta x$,此时薄片的面积改变了多少?

解　设金属薄片的边长为 x,则薄片的面积 $A=x^2$,当边长在 x_0 处改变了 Δx 时,对应面积的改变量为

$$\Delta A=(x_0+\Delta x)^2-x_0^2=2x_0\Delta x+(\Delta x)^2.$$

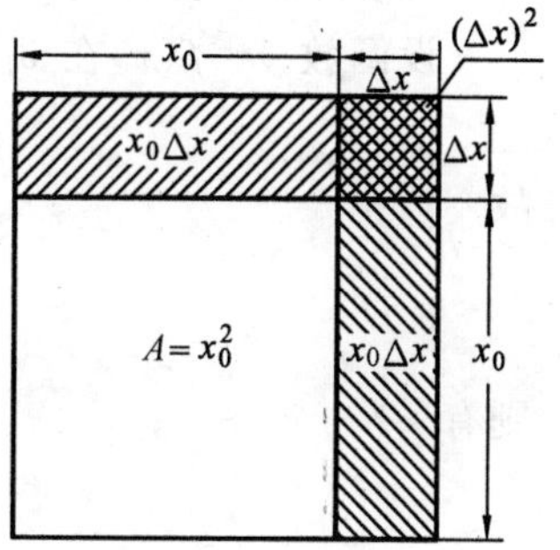

图 2-5

从上式可知,ΔA 由两部分组成,一部分是 Δx 的线性函数 $2x_0\Delta x$,即图 2-5 中带有斜阴影线的两个矩形面积之和;另一个是$(\Delta x)^2$,即图 2-5 中带有交叉斜线的小正方形的面积. 当$|\Delta x|$很小时,$2x_0\Delta x$ 是 ΔA 的主要部分,特别当 $\Delta x\to 0$ 时,$(\Delta x)^2$ 是比 Δx 高阶的无穷小. 可见,用 $2x_0\Delta x$ 作为 ΔA 的近似值时其误差为$o(\Delta x)$,即

$$\Delta A\approx 2x_0\Delta x.$$

由此给出如下函数的微分的定义.

定义　设 $y=f(x)$在 x_0 的某邻域 $U(x_0,\delta)$内有定义,Δx 为自变量 x 的增量,且$x_0+\Delta x\in U(x_0,\delta)$,若相应的函数增量 $\Delta y=f(x_0+\Delta x)-f(x_0)$可表示为

$$\Delta y=A\Delta x+o(\Delta x), \tag{1}$$

其中 A 是与 Δx 无关的常量,则称函数 $y=f(x)$在点 x_0 可微,$A\Delta x$ 是函数 $y=f(x)$在 x_0 处相应于自变量增量 Δx 的微分,记作 $\mathrm{d}y|_{x=x_0}$,即

$$\mathrm{d}y|_{x=x_0}=A(x_0)\Delta x.$$

当 $A\neq 0$ 时,$A\Delta x$ 是 Δy 的主要部分($\Delta x\to 0$),由于 $A\Delta x$ 是关于 Δx 的线性表示式,因此微分 $\mathrm{d}y=A\Delta x$ 称为 Δy 的线性主部($\Delta x\to 0$),且当$|\Delta x|$很小时,有$\Delta y\approx \mathrm{d}y$.

关于函数在某点可微的等价条件和 A 的简便计算方法,有下面的定理.

定理 1　函数 $y=f(x)$在 x_0 处可微的充要条件是 $y=f(x)$在 x_0 处可导且

$$\mathrm{d}y|_{x=x_0}=f'(x_0)\Delta x.$$

证　(1) 先证充分性.

设函数 $y=f(x)$在点 x_0 处可导,即

$$\lim_{\Delta x \to 0} \frac{f(x_0+\Delta x)-f(x_0)}{\Delta x}=f'(x_0),$$

则

$$\frac{f(x_0+\Delta x)-f(x_0)}{\Delta x}=f'(x_0)+\alpha(\Delta x)\ (\lim_{\Delta x \to 0} \alpha(\Delta x)=0),$$

因此

$$\Delta y=f(x_0+\Delta x)-f(x_0)=f'(x_0)\Delta x+\Delta x \cdot \alpha(\Delta x).$$

上式中 $f'(x_0)$ 与 Δx 无关，且 $\Delta x \cdot \alpha(\Delta x)=o(\Delta x)$，故 $y=f(x)$ 在点 x_0 处可微，且

$$\mathrm{d}y|_{x=x_0}=f'(x_0)\Delta x.$$

(2) 再证必要性.

设函数 $y=f(x)$ 在 x_0 点可微，则由微分定义得

$$\Delta y=A\Delta x+o(\Delta x).$$

故

$$\frac{\Delta y}{\Delta x}=A+\frac{o(\Delta x)}{\Delta x},$$

则有

$$\lim_{\Delta x \to 0} \frac{\Delta y}{\Delta x}=A,$$

即 $y=f(x)$ 在点 x_0 处可导，且 $f'(x_0)=A$.

对于函数 $y=x$，由于 $y'=1$，则其微分为 $\mathrm{d}x=\Delta x$，因此，常把 $\mathrm{d}x$ 称为自变量 x 的微分，由此函数 $y=f(x)$ 在 x 处的微分公式常写为

$$\mathrm{d}y=f'(x)\mathrm{d}x. \tag{2}$$

例如，函数 $y=\tan x$ 在 x 处的微分为

$$\mathrm{d}y=\sec^2 x\mathrm{d}x.$$

在微分公式(2)中，$\mathrm{d}y$，$f'(x)$，$\mathrm{d}x$ 是三个具有独立意义的量，由微分公式(2)可得

$$f'(x)=\frac{\mathrm{d}y}{\mathrm{d}x}.$$

这就表示可以将导数 $f'(x)$ 看作是微分 $\mathrm{d}y$ 与 $\mathrm{d}x$ 的商，所以导数也称为微商. 由此可以体会到导数与微分内在的、本质的联系.

设 $y=f(x)$ 在 x 的集合 I 中每一点都可微，利用微分与导数的关系，只要把导数基本公式与求导法则稍加变换，就可得到求微分的基本公式(见表 2-1)与运算法则. 由微分公式及基本初等函数的导数公式，便可得基本初等函数的微分公式. 为了便于对照，列表如下：

表 2-1　基本初等函数的导数公式与微分公式

导数公式	微分公式
$(x^\mu)'=\mu x^{\mu-1}$	$d(x^\mu)=\mu x^{\mu-1}dx$
$(\sin x)'=\cos x$	$d(\sin x)=\cos x dx$
$(\cos x)'=-\sin x$	$d(\cos x)=-\sin x dx$
$(\tan x)'=\sec^2 x$	$d(\tan x)=\sec^2 x dx$
$(\cot x)'=-\csc^2 x$	$d(\cot x)=-\csc^2 x dx$
$(\sec x)'=\sec x\tan x$	$d(\sec x)=\sec x\tan x dx$
$(\csc x)'=-\csc x\cot x$	$d(\csc x)=-\csc x\cot x dx$
$(a^x)'=a^x\ln a$	$d(a^x)=a^x\ln a dx$
$(e^x)'=e^x$	$d(e^x)=e^x dx$
$(\log_a x)'=\frac{1}{x\ln a}$	$d(\log_a x)=\frac{1}{x\ln a}dx$
$(\ln x)'=\frac{1}{x}$	$d(\ln x)=\frac{1}{x}dx$
$(\arcsin x)'=\frac{1}{\sqrt{1-x^2}}$	$d(\arcsin x)=\frac{1}{\sqrt{1-x^2}}dx$
$(\arccos x)'=-\frac{1}{\sqrt{1-x^2}}$	$d(\arccos x)=\frac{1}{\sqrt{1-x^2}}dx$
$(\arctan x)'=\frac{1}{1+x^2}$	$d(\arctan x)=\frac{1}{1+x^2}dx$
$(\text{arccot}\, x)'=-\frac{1}{1+x^2}$	$d(\text{arccot}\, x)=-\frac{1}{1+x^2}dx$

例 2　求 $y=x^3$ 当 $x=2,\Delta x=0.02$ 时的微分.

解　$y'=3x^2, dy=3x^2\cdot\Delta x$. 将 $x=2,\Delta x=0.02$ 代入上式得

$$dy\Big|_{\substack{x=2\\ \Delta x=0.02}}=3\times 2^2\times 0.02=0.24.$$

例 3　求函数 $y=\ln(\cos\sqrt{x})$的微分.

解　因为

$$y'=\frac{-\sin\sqrt{x}}{\cos\sqrt{x}}\cdot\frac{1}{2\sqrt{x}}=-\frac{\tan\sqrt{x}}{2\sqrt{x}},$$

所以

$$dy=-\frac{\tan\sqrt{x}}{2\sqrt{x}}dx.$$

例 4　将单摆的摆长 l 由 100 cm 增长 1 cm,求单摆的周期 T 的增量与微分.

解　因为周期 T 与摆长 l 的函数关系是

$$T=2\pi\sqrt{\frac{l}{g}},\ \frac{\mathrm{d}T}{\mathrm{d}l}=\frac{\pi}{\sqrt{gl}},$$

于是

$$\Delta T=2\pi\sqrt{\frac{101}{g}}-2\pi\sqrt{\frac{100}{g}}\approx 0.010\,010,$$

$$\mathrm{d}T=T'(100)\Delta l=\frac{\pi}{10\sqrt{g}}\approx 0.010\,035.$$

由上面的计算可知 ΔT 与 $\mathrm{d}T$ 很接近，但 $\mathrm{d}T$ 的计算比 ΔT 简便得多.

二、微分的几何意义

在曲线 $y=f(x)$ 上取相邻两点 $M_0(x_0,y_0)$，$N(x_0+\Delta x,y_0+\Delta y)$，如图 2-6 所示，则 $M_0Q=\Delta x$，$QN=\Delta y$. 过点 M_0 作曲线的切线 M_0T 交 QN 于点 P，设切线 M_0T 的倾角为 α，则在 $M_0(x_0,y_0)$ 处有 $\tan\alpha=f'(x_0)$. 因此，

$$QP=M_0Q\cdot\tan\alpha=\Delta x\cdot\tan\alpha=f'(x_0)\Delta x,$$

即

$$QP=\mathrm{d}y.$$

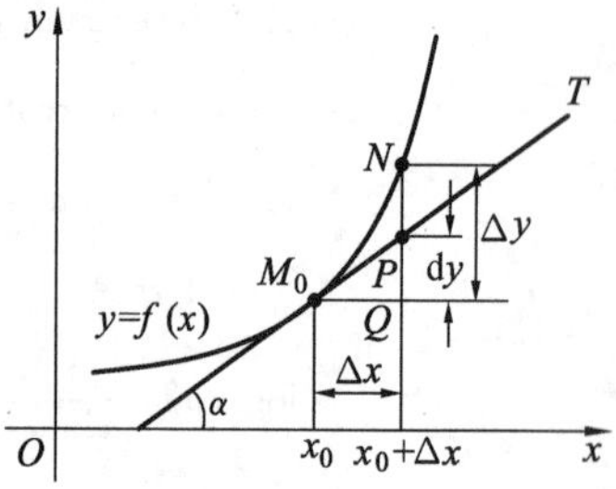

图 2-6

从图 2-6 中可知，微分的几何意义是，微分 $\mathrm{d}y$ 表示曲线 $y=f(x)$ 在点 M_0 处的切线上点的纵坐标相应于 Δx 的增量.

对于可微函数 $y=f(x)$，Δy 是曲线上纵坐标的增量，$\mathrm{d}y$ 是切线上纵坐标的增量，当 $|\Delta x|$ 很小时，$|\Delta y-\mathrm{d}y|$ 也很小，则 $\Delta y\approx\mathrm{d}y$，即 $QN\approx QP$. 因此，微分的意义为：在 M_0 点邻近，可用切线段上纵坐标的增量近似代替曲线段上纵坐标的增量，简单地说就是用切线段来近似代替曲线段，即曲线可局部线性化.

三、微分的运算法则

虽然微分可以通过导数计算，但在微分的应用中，特别是在积分计算中，需要用到微分的运算法则.

1. 函数的和、差、积、商的微分法则

由函数的和、差、积、商的求导法则及导数与微分的关系，便得函数的和、差、积、商的微分法则.

定理 2 设函数 $u(x)$，$v(x)$ 均可微，则

(1) $\mathrm{d}(u\pm v)=\mathrm{d}u\pm\mathrm{d}v$;

(2) $\mathrm{d}(uv)=v\cdot\mathrm{d}u+u\cdot\mathrm{d}v$，$\mathrm{d}(Cu)=C\cdot\mathrm{d}u$ (C 为常数)；

(3) $\mathrm{d}\left(\frac{u}{v}\right)=\frac{v\mathrm{d}u-u\mathrm{d}v}{v^2}$ $(v\neq 0)$.

下面以法则(2)为例加以证明，其他由读者自证.

证 由定理 1 知 $u(x)$，$v(x)$ 可微必可导，则乘积函数 $u(x)\cdot v(x)$ 也可导，且

$$(u \cdot v)' = u' \cdot v + u \cdot v',$$

则

$$\begin{aligned} \mathrm{d}(u \cdot v) &= (u' \cdot v + u \cdot v')\mathrm{d}x \\ &= v \cdot (u' \cdot \mathrm{d}x) + u \cdot (v' \cdot \mathrm{d}x) \\ &= v \cdot \mathrm{d}u + u \cdot \mathrm{d}v. \end{aligned}$$

故结论成立.

2. 复合函数的微分法则

定理 3　设函数 $y=f(u)$ 可导，无论 u 是自变量还是另一个变量的可导函数，微分 $\mathrm{d}y=f'(u)\mathrm{d}u$ 总成立.

证　设函数 $u=\varphi(x)$ 可导，所以 $y=f(u)$ 与 $u=\varphi(x)$ 的复合函数 $y=f[\varphi(x)]$ 也可导，且

$$\begin{aligned} \mathrm{d}y &= \{f[\varphi(x)]\}'\mathrm{d}x = f'[\varphi(x)]\varphi'(x)\mathrm{d}x \\ &= f'[\varphi(x)]\mathrm{d}[\varphi(x)] = f'(u)\mathrm{d}u. \end{aligned}$$

复合函数的这个性质称为一阶微分形式不变性.

由一阶微分形式不变性可知，当前面微分公式中的 x 换成任何可微函数 $\varphi(x)$ 时，这些公式仍成立，如

$$\mathrm{d}[\sin\varphi(x)] = \cos\varphi(x)\mathrm{d}\varphi(x) = [\cos\varphi(x)]\varphi'(x)\mathrm{d}x.$$

例 5　函数 $y=\cos^2 2x$，求 $\mathrm{d}y$.

解法一　把 $\cos 2x$ 看成中间变量，由微分形式不变性得

$$\mathrm{d}y = \mathrm{d}(\cos^2 2x) = 2\cos 2x\,\mathrm{d}(\cos 2x).$$

求 $\mathrm{d}(\cos 2x)$ 时，再把 $2x$ 看成中间变量，有

$$\mathrm{d}y = 2\cos 2x(-\sin 2x) \cdot \mathrm{d}(2x) = -2\sin 4x\,\mathrm{d}x.$$

解法二　由于 $(\cos^2 2x)' = 2\cos 2x(-\sin 2x) \cdot 2 = -2\sin 4x$，从而

$$\mathrm{d}y = -2\sin 4x\,\mathrm{d}x.$$

四、微分的应用

利用微分可以求当自变量有微小变化时，函数对应增量的近似值或函数的近似值.

1. 用于求当自变量有微小变化时函数对应的增量的近似值

当 $f'(x_0) \neq 0$，$|\Delta x|$ 很小时，$\Delta y \approx \mathrm{d}y$，即

$$\Delta y \approx f'(x_0)\Delta x. \tag{3}$$

例 6　求当 x 由 $45°$ 变到 $45°10'$ 时，函数 $y=\tan x$ 的增量的近似值.

解　设 $x_0 = 45° = \frac{\pi}{4}$，$\Delta x = 10' = \frac{10}{60} \times \frac{\pi}{180} = \frac{\pi}{1\,080}$，由于

$$\Delta y \approx f'(x_0)\Delta x = \sec^2 x_0 \Delta x.$$

将 $x_0 = \frac{\pi}{4}$，$\Delta x = \frac{\pi}{1\,080}$ 代入上式得

$$\Delta y\approx(\sqrt{2})^2\times\frac{\pi}{1\,080}=\frac{\pi}{540}\approx0.005\,8.$$

2. 用于求当自变量有微小变化时函数对应的近似值

若函数 $y=f(x)$ 在 x_0 处可微且 $f'(x_0)\neq0$，则

$$\Delta y=f(x_0+\Delta x)-f(x_0)\approx f'(x_0)\Delta x. \tag{4}$$

记 $x_0+\Delta x=x$，由式(4)可得

$$f(x)\approx f(x_0)+f'(x_0)(x-x_0). \tag{5}$$

例 7 计算 $\sqrt[6]{67}$ 的近似值.

解 因为用近似公式(5)，要求 $|x-x_0|$ 较小，所以先作恒等变形再用公式(5). 由

$$\sqrt[6]{67}=\sqrt[6]{2^6+3}=2\cdot\sqrt[6]{1+\frac{3}{64}},$$

取 $f(x)=\sqrt[6]{1+x}$，$x_0=0$，$x=\dfrac{3}{64}$，则

$$f'(x)=\frac{1}{6}(1+x)^{-\frac{5}{6}},\quad f'(0)=\frac{1}{6}.$$

利用式(5)，

$$f(x)\approx f(0)+f'(0)x=1+\frac{1}{6}\times\frac{3}{64}=\frac{129}{128},$$

所以

$$\sqrt[6]{67}=2\cdot f(x)=2.016.$$

式(5)表示了用微分近似计算函数值的公式. 在式(5)中令 $x_0=0$，得

$$f(x)\approx f(0)+f'(0)\cdot x. \tag{6}$$

应用式(6)可得工程上常用的几个近似公式：当 $|x|$ 很小时，有

① $\sqrt[n]{1+x}\approx1+\dfrac{x}{n}$； ② $\sin x\approx x$（x 以弧度为单位）；

③ $e^x\approx1+x$； ④ $\tan x\approx x$（x 以弧度为单位）；

⑤ $\ln(1+x)\approx x$.

习题 2-6

1. 设函数 $y=x^3$，计算在 $x=2$ 处，Δx 分别等于 -0.1 和 0.01 时的增量 Δy 及微分 dy.

2. 求下列函数的微分 dy：

(1) $y=\dfrac{x}{1-x}$； (2) $y=\ln\left(\sin\dfrac{x}{2}\right)$；

(3) $y=2\ln^2x+x$； (4) $y=\tan^2(1+2x)$；

(5) $y=(x^2+2x)(x-4)$； (6) $y=\dfrac{\sin x}{x}$；

(7) $y=\arcsin\sqrt{1-x^2}$；　　(8) $y=e^{-x}\cos(3-x)$；

(9) $y^2+\ln y=x^4$；　　(10) $y=\sin^2 u, u=\ln(3x+1)$；

(11) $y=x^{\sin x}(x>0)$；　　(12) $y^2\cos x=a^2\sin 3x$.

3. 将适当的函数填入括号内使等式成立：

(1) $x\mathrm{d}x=\mathrm{d}(\quad)$；　　(2) $\dfrac{\mathrm{d}x}{1+x}=\mathrm{d}(\quad)$；

(3) $\sin 2x\mathrm{d}x=\mathrm{d}(\quad)$；　　(4) $e^{-3x}\mathrm{d}x=\mathrm{d}(\quad)$；

(5) $\mathrm{d}(\arctan e^{2x})=(\quad)\mathrm{d}(e^{2x})=(\quad)\mathrm{d}x$；

(6) $\mathrm{d}[\sin(\cos x)]=(\quad)\mathrm{d}(\cos x)=(\quad)\mathrm{d}x$.

4. 用微分求由方程 $x+y=\arctan(x-y)$ 确定的函数 $y=y(x)$ 的微分与导数.

5. 用微分求由参数方程 $x=t-\arctan t, y=\ln(1+t^2)$ 确定的函数 $y=y(x)$ 的导数.

6. 利用微分求下列近似值：

(1) $\tan 46°$；　　(2) $e^{1.01}$；

(3) $\sqrt[3]{996}$；　　(4) $\ln 1.001$.

7. 证明：当 $|x|$ 很小时，有

(1) $\sin x\approx x$ (x 以弧度为单位)；　　(2) $e^x\approx 1+x$；

(3) $\tan x\approx x$ (x 以弧度为单位)；　　(4) $\ln(1+x)\approx x$.

8. 已知单摆的振动周期 $T=2\pi\sqrt{\dfrac{l}{g}}$，其中 $g=980\ \mathrm{cm/s^2}$，l 为摆长(单位为 cm). 设原摆长为 20 cm，为使周期 T 增大 0.05 s，摆长约需加长多少？

9. 一平面圆环，其内半径为 10 cm，宽为 0.1 cm，求其面积的精确值与近似值.

10. 设扇形的圆心角 $\alpha=60°$，半径 $R=100$ cm. 如果 R 不变，α 减少 $30'$，问扇形面积大约改变多少？又如果 α 不变，R 增加 1 cm，问扇形的面积大约改变多少？

△第七节　微　元

在工程应用中人们常常会忽略数学的严密性，而抓住问题的一些本质特征去研究问题. 微积分的诞生与发展就是应用了这种直觉思维的方式才使得微积分取得了辉煌的成就. 这当中微元方法起着重要作用，本节将介绍这种直观的方法.

设函数 $y=f(x)$ 在区间 I 上具有连续导数，我们把自变量 x 的一个无穷小变化单元 $\mathrm{d}x(\mathrm{d}x\to 0)$ 称为自变量 x 的**微元**，区间 $[x,x+\mathrm{d}x]$ 称为**微元区间**.

从直观上理解，微元区间与实轴上区间概念不同. 由于 $\mathrm{d}x\to 0$，因此，微元区间 $[x,x+\mathrm{d}x]$ 上只有一个实数点 x. 由于微元区间 $[x,x+\mathrm{d}x]$ 在实数 x 轴上退化为一个点 x，故又将 $\mathrm{d}x$ 称为从点 x 取出的微元. 为便于形象思维，常把微元 $\mathrm{d}x$ 分离画出.

在 $f(x)$ 可导的条件下，根据极限与无穷小的关系(参见第一章第五节定理 1)，有

$$\frac{f(x+\Delta x)-f(x)}{\Delta x}=f'(x)+\alpha,$$

且当 $\Delta x\to 0$ 时，$\alpha\to 0$. 于是

$$f(x+\Delta x)-f(x)=f'(x)\mathrm{d}x+o(\Delta x). \tag{1}$$

略去高阶无穷小 $o(\Delta x)$，则

$$f(x+\Delta x)-f(x)\approx f'(x)\Delta x.$$

Δx 越小，这种近似越精确. 将 Δx 改为 $\mathrm{d}x$，可记

$$f(x+\mathrm{d}x)-f(x)=f'(x)\mathrm{d}x. \tag{2}$$

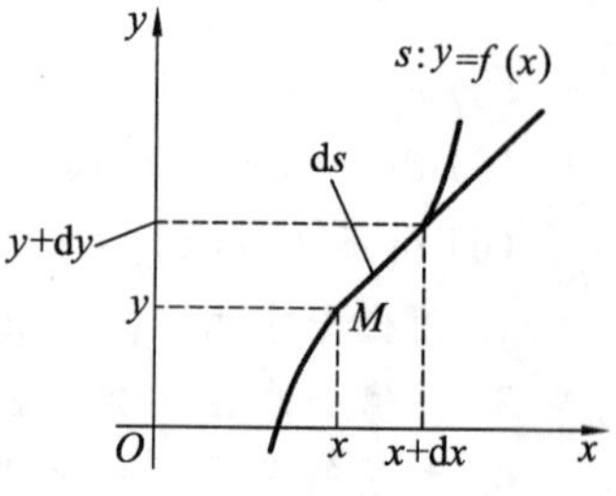

图 2-7

在微元区间 $[x,x+\mathrm{d}x]$ 上成立的式(2)表明：函数 $y=f(x)$ 在 $[x,x+\mathrm{d}x]$ 上是均匀变化的或线性变化的.

从几何上来看，如图 2-7 所示，在 $[x,x+\mathrm{d}x]$ 上对应的曲线 $y=f(x)$ 与曲线在点 x 的切线密不可分.

我们把 $f'(x)\mathrm{d}x$ 称为因变量 y 的微元(y 的无穷小变化单位)，用记号 $\mathrm{d}y$ 表示，即

$$\mathrm{d}y=f'(x)\mathrm{d}x. \tag{3}$$

式(3)表示：当函数的自变量 x 变化一个微元 $\mathrm{d}x$ 时，因变量 y 也变化一个微元 $\mathrm{d}y$. 这称为函数的微元变化模式. $f(x)$ 的变化率为

$$f'(x)=\frac{\mathrm{d}y(\text{因变量的微元})}{\mathrm{d}x(\text{自变量的微元})}. \tag{4}$$

显然，式(4)与中学数学、物理中的均匀变化率相同. 例如，如果知道质点在时间微元 $\mathrm{d}t$ 内发生位移微元 $\mathrm{d}s$ 时，

$$\text{速率 } v(t)=\frac{\text{位移微元 } \mathrm{d}s}{\text{时间微元 } \mathrm{d}t},$$

即质点的变速运动，在时间微元区间 $[t,t+\mathrm{d}t]$ 内向匀速运动转化，其速率即为 t 时刻的速率 $v(t)$.

在工程学中存在的大量非均匀(非线性)变化问题，由于在微元区间上均还原为均匀(线性)变化，因此，有了微元概念之后，我们便可直观地利用微元去发现新的知识.

下面举例说明如何写出函数的微元.

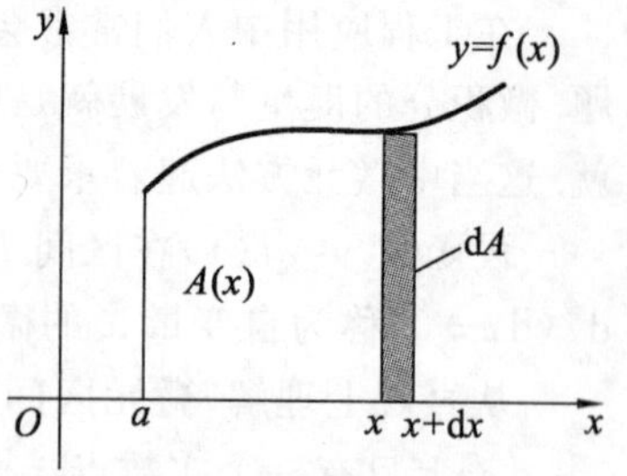

图 2-8

例 1 已知函数 $y=f(x)>0$ 的曲线(见图 2-8). 在区间 $[a,x]$ 上，曲线 $y=f(x)$ 和 x 轴间的平面图形称为曲边梯形. 初等数学解决了梯形面积的计算，而对曲边梯形的面积却束手无策. 但该曲边梯形的面积显然是 x 的函数，记为 $A(x)$. 求函数 $A(x)$ 的微元.

解 当 x 变化一个微元 $\mathrm{d}x$ 时，$A(x)$ 也变化一个微元 $\mathrm{d}A$. $\mathrm{d}A$ 又称为在 $\mathrm{d}x$ 上增加的面积微元. $A(x)$ 对 x 的变化是非均匀的(即 x 的变化与 $A(x)$ 的变化不成比例)，$\mathrm{d}A$ 对 $\mathrm{d}x$ 的变化是均匀的，即 $\mathrm{d}A$ 是 $\mathrm{d}x$ 的线性函数. 如图 2-8 所示，$\mathrm{d}A$ 是无穷小矩形的面积，矩形的高为 $f(x)$，宽为 $\mathrm{d}x$，因此，$\mathrm{d}A=\text{长}\times\text{宽}=f(x)\mathrm{d}x$.

注 1　微元 dA 也可用无穷小梯形面积表示，此时

$$dA=\frac{1}{2}[f(x)+f(x+dx)]dx.$$

当 $f(x)$ 连续时，根据极限与无穷小的关系，有

$$f(x+dx)=f(x)+\alpha,$$

其中 α 满足当 $dx\to0$ 时，$\alpha\to0$，因此，

$$dA=\frac{1}{2}[f(x)+f(x)+\alpha]dx=f(x)dx+\frac{1}{2}\alpha dx.$$

可见，在忽略高阶无穷小后，有 $dA=f(x)dx$.

例 2　质点在变力的作用下沿直线(x 轴)做功. 设在 x 轴上对质点的作用力是位移 x 的函数 $F(x)$，则力 F 将物体从点 $x=a$ 沿 x 轴移动到点 $x=x$ 所做的功是 x 的函数 $W(x)$. 求函数 $W(x)$ 的微元.

解　当 x 变化一个微元 dx 时，W 也变化一个微元 dW. $W(x)$ 对 x 的变化是非均匀的，即 $W\neq F(x)(x-a)$.

dW 对 dx 的变化是均匀的，利用物理公式得到功的微元

$$dW=力\times位移=F(x)dx.$$

注 2　微分和微元的表达式相同，但两者意义各不相同. 第一，微分只要求 $f'(x)$ 存在，即导数存在必可微，但在工程实际问题中的函数微元 dy 要求 $f'(x)$ 存在且连续；第二，微分在数学上可以是一个非零常量，但微元一定是数学上的无穷小.

需要指出的是，在应用问题中，微元代表一个有实际意义的微小单元. 在用微元法分析问题时，为便于直观理解，常将有关对象的微元分离画出，再根据相关知识写出相应函数的微元关系式. 在数学上，通常还需要验证函数的微元在表达上舍去的是高阶无穷小，但在应用上，人们往往通过直观的方式得到微元表达式即可，虽然过程不够严密，但应用简便，且常常能用这种方法发现自然界中许多新的规律和关系. 因此，工程技术人员应掌握这种方法的思想与原理. 第六章还要进一步介绍这种方法.

*第八节　综合例题

例 1　设函数 $f(x)$ 在 $x=0$ 处连续，则下列结论错误的是(　　).

(A) 若 $\lim\limits_{x\to0}\frac{f(x)}{x}$ 存在，则 $f(0)=0$

(B) 若 $\lim\limits_{x\to0}\frac{f(x)+f(-x)}{x}$ 存在，则 $f(0)=0$

(C) 若 $\lim\limits_{x\to0}\frac{f(x)}{x}$ 存在，则 $f'(0)$ 存在

(D) 若 $\lim\limits_{x\to0}\frac{f(x)-f(-x)}{x}$ 存在，则 $f'(0)$ 存在

解 由函数 $f(x)$ 在 $x=0$ 处连续和 $\lim\limits_{x\to 0}\dfrac{f(x)}{x}$ 存在得

$$f(0)=\lim_{x\to 0}f(x)=\lim_{x\to 0}\frac{f(x)}{x}x=\lim_{x\to 0}\frac{f(x)}{x}\cdot\lim_{x\to 0}x=0.$$

所以选项(A)是对的. 同样,

$$f'(0)=\lim_{x\to 0}\frac{f(x)-f(0)}{x}=\lim_{x\to 0}\frac{f(x)}{x}$$

存在,所以选项(C)是对的.

此外,由 $\lim\limits_{x\to 0}\dfrac{f(x)+f(-x)}{x}$ 存在知

$$\lim_{x\to 0}[f(x)+f(-x)]=0.$$

由函数 $f(x)$ 在 $x=0$ 处连续得 $\lim\limits_{x\to 0}2f(x)=0$,所以选项(B)是对的.

选项(D)不成立. 例如,对于函数 $f(x)=|x|$, $\lim\limits_{x\to 0}\dfrac{f(x)-f(-x)}{x}=0$,但 $f'(0)$ 不存在.

例 2 设 $f(x)=(e^x-1)(e^{2x}-2)\cdots(e^{nx}-n)$,其中 n 为正整数,求 $f'(0)$.

解法一 利用导数的定义,得

$$f'(0)=\lim_{x\to 0}\frac{f(x)-f(0)}{x}=\lim_{x\to 0}\frac{(e^x-1)(e^{2x}-2)\cdots(e^{nx}-n)}{x}=(-1)^{n-1}(n-1)!.$$

解法二 设 $g(x)=(e^{2x}-2)\cdots(e^{nx}-n)$,则

$$f(x)=(e^x-1)g(x),$$

$$f'(0)=[e^x g(x)+(e^x-1)g'(x)]|_{x=0}=g(0)=(-1)^{n-1}(n-1)!.$$

例 3 设 $f(x)=\max\{x,x^2\}$, $0<x<2$,求 $f'(x)$.

解 由题意得

$$f(x)=\begin{cases}x, & 0<x\leqslant 1,\\ x^2, & 1<x<2.\end{cases}$$

$x\neq 1$ 时,有

$$f'(x)=\begin{cases}1, & 0<x<1,\\ 2x, & 1<x<2.\end{cases}$$

$x=1$ 是分段函数 $f(x)$ 的分段点,在分段点的导数要用导数的定义讨论.

$$f'_+(1)=\lim_{\Delta x\to 0^+}\frac{(1+\Delta x)^2-1}{\Delta x}=\lim_{\Delta x\to 0^+}(2+\Delta x)=2,$$

$$f'_-(1)=\lim_{\Delta x\to 0^-}\frac{(1+\Delta x)-1}{\Delta x}=1.$$

因 $f'_+(1)\neq f'_-(1)$,故 $f'(1)$ 不存在.

例 4 设 $f(x)=\begin{cases}x^2\sin\dfrac{1}{x}, & x>0,\\ 0, & x\leqslant 0,\end{cases}$ 求 $f'_+(0)$, $f'_-(0)$ 及 $f'(0^+)$, $f'(0^-)$,问函数 $f(x)$ 在 $x=0$ 处是否可导? 在 $x=0$ 处导函数是否连续?

解　利用定义容易求得 $f'_-(0)=0$，而 $x<0$ 时，$f'(x)=0$，所以

$$f'(0^-)=\lim_{x\to 0^-}f'(x)=0.$$

$$f'_+(0)=\lim_{\Delta x\to 0^+}\frac{f(\Delta x)-f(0)}{\Delta x}=\lim_{\Delta x\to 0^+}\frac{(\Delta x)^2\sin\dfrac{1}{\Delta x}-0}{\Delta x}=\lim_{\Delta x\to 0^+}\Delta x\sin\frac{1}{\Delta x}=0.$$

由于 $f'_-(0)=f'_+(0)$，所以 $f(x)$ 在 $x=0$ 处可导.

$x>0$ 时，

$$f'(x)=2x\sin\frac{1}{x}-\cos\frac{1}{x},$$

由于 $\lim\limits_{x\to 0^+}x\sin\dfrac{1}{x}=0$，而 $\lim\limits_{x\to 0^+}\cos\dfrac{1}{x}$ 不存在，故 $f'(0^+)$ 不存在. 所以，在 $x=0$ 处 $f(x)$ 的导函数不连续.

例 5　设函数 $f(x)$ 在 $x=1$ 处连续，且 $\lim\limits_{x\to 1}\dfrac{f(x)}{2(x-1)}=3$，求 $f'(1)$.

解　$\lim\limits_{x\to 1}f(x)=\lim\limits_{x\to 1}\left[\dfrac{f(x)}{2(x-1)}\cdot 2(x-1)\right]=\lim\limits_{x\to 1}\dfrac{f(x)}{2(x-1)}\cdot\lim\limits_{x\to 1}2(x-1)=0.$

由于 $f(x)$ 在 $x=1$ 处连续，因此

$$f(1)=\lim_{x\to 1}f(x)=0,$$

从而

$$f'(1)=\lim_{x\to 1}\frac{f(x)-f(1)}{x-1}=\lim_{x\to 1}\frac{f(x)}{x-1}=6.$$

例 6　设 $y=f(x)$ 是可导的偶函数，证明 $f'(0)=0$.

证法一　对任意 $x\in\mathbf{R}$，$f(-x)=f(x)$. 两边求导，有

$$f'(x)=[f(-x)]'=-f'(-x).$$

令 $x=0$，得

$$f'(0)=-f'(0),$$

从而

$$f'(0)=0.$$

证法二　用定义证.

$$f'(0)=\lim_{x\to 0}\frac{f(x)-f(0)}{x}=\lim_{x\to 0}\frac{f(-x)-f(0)}{x}=-\lim_{x\to 0}\frac{f(-x)-f(0)}{-x}$$
$$=-f'(0),$$

从而

$$f'(0)=0.$$

如果给出的条件是 $y=f(x)$ 仅在 $x=0$ 处可导，则仅能用第二种方法.

复习题二

一、选择题

1. 设 $f(x)$ 可导且下列各极限均存在，则不成立的式子有(　　).

(A) $\lim\limits_{x\to 0}\dfrac{f(x)-f(0)}{x}=f'(0)$

(B) $\lim\limits_{h\to 0}\dfrac{f(a+2h)-f(a)}{h}=f'(a)$

(C) $\lim\limits_{\Delta x\to 0}\dfrac{f(x_0)-f(x_0-\Delta x)}{\Delta x}=f'(x_0)$

(D) $\lim\limits_{\Delta x\to 0}\dfrac{f(x_0+\Delta x)-f(x_0-\Delta x)}{2\Delta x}=f'(x_0)$

2. 若 $f'(a)=-3$，则 $\lim\limits_{h\to 0}\dfrac{f(a+h)-f(a-3h)}{h}$ 为(　　).

(A) -3　　(B) -6　　(C) -9　　(D) -12.

3. 设对于任意的 x，都有 $f(-x)=-f(x)$，$f'(-x_0)=-k\neq 0$，则 $f'(x_0)=$(　　).

(A) k　　(B) $-k$　　(C) $\dfrac{1}{k}$　　(D) $-\dfrac{1}{k}$

4. 若 $f(x)$ 为可微函数，当 $\Delta x\to 0$ 时，则在点 x 处，$\Delta y-\mathrm{d}y$ 是关于 Δx 的(　　).

(A) 高阶无穷小　　(B) 等价无穷小

(C) 低阶无穷小　　(D) 同阶不等价无穷小

5. 若 $f(u)$ 可导，且 $y=f(\mathrm{e}^x)$，则有(　　).

(A) $\mathrm{d}y=f'(\mathrm{e}^x)\mathrm{d}x$　　(B) $\mathrm{d}y=f'(\mathrm{e}^x)\mathrm{d}\mathrm{e}^x$

(C) $\mathrm{d}y=[f(\mathrm{e}^x)]'\mathrm{d}\mathrm{e}^x$　　(D) $\mathrm{d}y=f'(\mathrm{e}^x)\mathrm{e}^x\mathrm{d}\mathrm{e}^x$

6. 若抛物线 $y=ax^2$ 与曲线 $y=\ln x$ 相切，则 a 为(　　).

(A) 1　　(B) $\dfrac{1}{2}$　　(C) $\dfrac{1}{2\mathrm{e}}$　　(D) $2\mathrm{e}$

7. $y=\arctan \mathrm{e}^x$，若 $\mathrm{d}y=f(x)\mathrm{d}x$，则 $f(x)$ 为(　　).

(A) $\dfrac{1}{1+\mathrm{e}^{2x}}$　　(B) $\dfrac{\mathrm{e}^x}{1+\mathrm{e}^{2x}}$　　(C) $\dfrac{1}{\sqrt{1+\mathrm{e}^{2x}}}$　　(D) $\dfrac{\mathrm{e}^x}{\sqrt{1+\mathrm{e}^{2x}}}$

8. 若函数 $y=f(x)$，有 $f'(x_0)=\dfrac{1}{2}$，则当 $\Delta x\to 0$ 时，该函数在 $x=x_0$ 处的微分 $\mathrm{d}y$ 是(　　).

(A) 与 Δx 等价的无穷小　　(B) 与 Δx 同阶的无穷小

(C) 比 Δx 低阶的无穷小　　(D) 比 Δx 高阶的无穷小

9. $y=|x-1|$ 在 $x=1$ 处(　　).

(A) 可导　　(B) 连续

(C) 不连续　　(D) 连续且可导

10. $f(x)=x|x|$，则 $f'(0)$ 为(　　).

(A) 0　　(B) 1　　(C) -1　　(D) 不存在

11. 已知 $y=\mathrm{e}^{f(x)}$ 则 $y''=$(　　).

(A) $\mathrm{e}^{f(x)}$　　(B) $\mathrm{e}^{f(x)}f''(x)$

(C) $\mathrm{e}^{f(x)}[f'(x)+f''(x)]$　　(D) $\mathrm{e}^{f(x)}\{[f'(x)]^2+f''(x)\}$

12. 已知，$y=x\ln x$ 则 $y^{(10)}=($　　$)$.

(A) $-\frac{1}{x^9}$　　(B) $\frac{1}{x^9}$

(C) $\frac{8!}{x^9}$　　(D) $-\frac{8!}{x^9}$

13. 已知 $y=\sin x$，则 $y^{(10)}=($　　$)$.

(A) $\sin x$　　(B) $\cos x$

(C) $-\sin x$　　(D) $-\cos x$

二、综合练习 A

1. $f(x)=x^2|x|$，求 $f'(x)$.

2. $y=\arcsin\frac{1-x^2}{1+x^2}$，求 dy.

3. $y=2^{\cos^2\frac{1}{x}}$，求 y'.

4. $y=\ln[\sin(u^2+v)]$，其中 u,v 为 x 的函数，求 dy.

5. $f(x)=x\sqrt{\frac{1-x}{1+x}}$，求 $f'(0)$.

6. $f(x)=\ln(1+x)$，$y=f[f(x)]$，求 y'.

7. $y=(1+x^2)^{\sin x}$，求 y'.

8. $y=\frac{2x}{1+2x}$，求 $y^{(n)}$.

9. $e^{xy}+\tan(xy)=y$，求 $y'(0)$.

10. 若 $f''(x)$ 存在，求下列函数的二阶导数 $\frac{d^2y}{dx^2}$：

(1) $y=[f(x)]^2$；　　(2) $y=f(x^2+b^2)$；

(3) $y=\ln f(x)$.

11. 由恒等式 $1+x+x^2+\cdots+x^n=\frac{1-x^{n+1}}{1-x}(x\neq 1)$，求 $1+2x+3x^2+\cdots+nx^{n-1}$.

12. 试证曲线 $x^{\frac{1}{2}}+y^{\frac{1}{2}}=a^{\frac{1}{2}}$ 上任一点的切线所截两坐标轴的截距之和等于 a.

三、综合练习 B

1. 设 $g(x)$ 在 $x=a$ 点连续但不可导，$f(x)=(x-a)g(x)$，求 $f'(a)$.

2. 设 $f(a)=0$，$f'(a)=1$，求极限 $\lim\limits_{n\to\infty}nf\left(a-\frac{1}{n}\right)$.

3. 设函数 $f(x)$ 在 $x=1$ 处连续且 $\lim\limits_{x\to 1}\frac{f(x)}{(x^2-1)}=3$，求 $f'(1)$.

4. 设函数 $g(x)=\begin{cases}x^2(x-1), & x\geq 1,\\ x-1, & x<1,\end{cases}$ 求导函数 $g'(x)$.

5. 求 a,b 的值，使 $f(x)=\begin{cases}\sin a(x-1), & x\leq 1,\\ \ln x+b, & x>1\end{cases}$ 在 $x=1$ 处可导，并求 $f'(1)$.

6. 设函数 $f(x)=\begin{cases}x^2, & x\leqslant 1,\\ ax+b, & x>1,\end{cases}$ 为使函数 $f(x)$ 在 $x=1$ 处连续且可导，a,b 应取什么值？

7. (1) 设函数 $\varphi(t)=f(x_0+at)$，$f'(x_0)=a$，求 $\varphi'(0)$.

(2) 设 $f'(a)$ 存在，且 $f(a)\neq 0$，求 $\lim\limits_{n\to\infty}\left[\dfrac{f\left(a+\dfrac{1}{n}\right)}{f(a)}\right]^n$.

8. 设 $f(x)=\begin{cases}x^c\sin\dfrac{1}{x}, & x>0,\\ 0, & x\leqslant 0.\end{cases}$

(1) c 为何值时，$f(x)$ 在 $x=0$ 处连续？

(2) c 为何值时，$f(x)$ 在 $x=0$ 处可导？

(3) c 为何值时，$f(x)$ 在 $x=0$ 处的导函数是连续的？

9. 试从 $\dfrac{\mathrm{d}x}{\mathrm{d}y}=\dfrac{1}{y'}$ 导出 $\dfrac{\mathrm{d}^3x}{\mathrm{d}y^3}=\dfrac{3(y'')^2-y'y'''}{(y')^5}$.

第三章　中值定理与导数的应用

第二章介绍了导数与微分的概念和计算方法. 本章将阐述导数的几个重要定理并应用这些定理来研究函数的特征和曲线的某些性态. 可以看到,导数在解决许多数学问题如复杂的极限运算、不等式的证明、方程求根及许多应用问题中起到了重要作用.

第一节　中值定理

一、费马引理

在讨论中值定理前,先定义函数的极值概念,然后证明一个定理——费马(Fermat)引理.

定义　设函数 $f(x)$ 在点 x_0 的某邻域内有定义,如果对该邻域内的任意点 $x(x \neq x_0)$,均有

$$f(x) < f(x_0)\text{(或 } f(x) > f(x_0)\text{)}, \tag{1}$$

则称 $f(x_0)$ 是 $f(x)$ 的极大值(或极小值),称 x_0 是 $f(x)$ 的极大值点(或极小值点).

函数的极大值与极小值统称为函数的极值,极大值点与极小值点统称为极值点. 曲线上对应的取极大值的点也称为曲线的峰,取极小值的点也称为曲线的谷. 如果仔细观察曲线的峰或谷,就可以发现,曲线在光滑的峰或谷的点处,其切线必定是水平的. 如图 3-1 所示,函数 $y=f(x)$ 在点 x_1 和 x_2 处分别取极大值和极小值,曲线上对应的是峰和谷. 在这两点,曲线的切线是水平的. 这一现象具有普遍规律,我们给出下面的引理及推论.

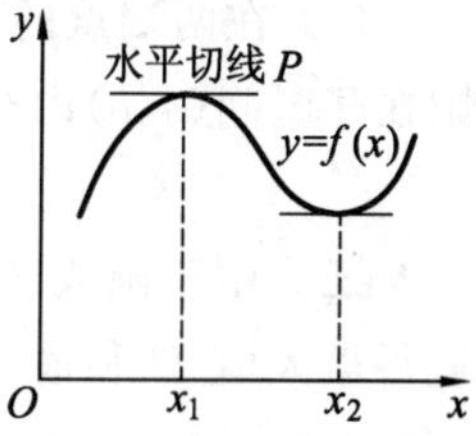

图 3-1

定理 1(费马引理)　设函数 $f(x)$ 在点 x_0 的某邻域 $U(x_0)$ 有定义,且在 x_0 可导,如果对任意的 $x \in U(x_0)$ 有 $f(x) \leqslant f(x_0)$(或 $f(x) \geqslant f(x_0)$),则必有 $f'(x_0)=0$.

证　不妨设 $x \in U(x_0)$ 时,$f(x) \leqslant f(x_0)$($f(x) \geqslant f(x_0)$ 可类似证明). 设 $x_0+\Delta x \in U(x_0)$,则 $f(x_0+\Delta x)-f(x_0) \leqslant 0$. 于是,

$$\frac{\Delta y}{\Delta x}=\frac{f(x_0+\Delta x)-f(x_0)}{\Delta x} \leqslant 0,\ \Delta x>0;$$

$$\frac{\Delta y}{\Delta x}=\frac{f(x_0+\Delta x)-f(x_0)}{\Delta x} \geqslant 0,\ \Delta x<0.$$

因此,

$$f'_+(x_0)=\lim_{\Delta x\to 0^+}\frac{\Delta y}{\Delta x}\leqslant 0,$$

$$f'_-(x_0)=\lim_{\Delta x\to 0^-}\frac{\Delta y}{\Delta x}\geqslant 0.$$

而由 $f(x)$在点 x_0 可导,即得 $f'(x_0)=0$. 证毕.

推论 若函数 $f(x)$在点 x_0 取极大值或极小值,且在 x_0 可导,则必有

$$f'(x_0)=0.$$

称满足 $f'(x_0)=0$ 的点 x_0 为函数 $f(x)$的驻点. 根据这个推论，对于可导函数,函数的极值点必定在驻点处取得.

下面将利用费马引理给出一个基本的定理——罗尔(Rolle)定理.

二、罗尔定理

我们可以先做一个简单的实验:在相同高度的两点,试着用光滑的曲线(不是直线)连接. 可以观察到,不论怎样连接,总会产生峰或谷的点,或总会产生使得曲线的切线是水平的点(见图 3-2). 这一现象首先由数学家罗尔在理论上给出证明.

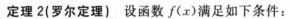

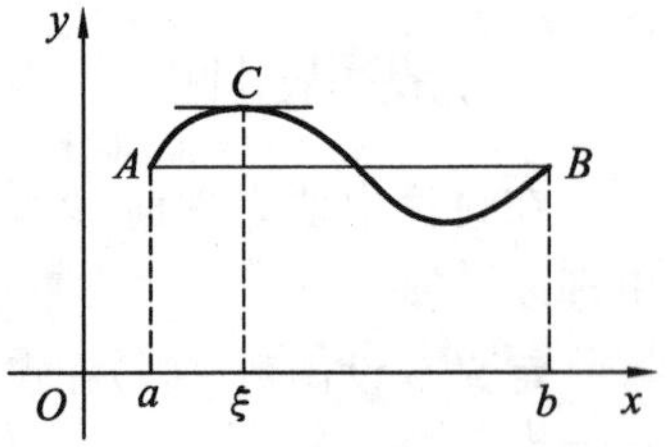

图 3-2

定理 2(罗尔定理) 设函数 $f(x)$满足如下条件:

(1) 在闭区间$[a,b]$上连续;

(2) 在开区间(a,b)内可导;

(3) 在两端点的函数值相等,即 $f(a)=f(b)$,

则在开区间(a,b)内至少存在一点 ξ,使得

$$f'(\xi)=0. \tag{2}$$

证 由于函数 $f(x)$在闭区间$[a,b]$上连续,故由连续函数性质可知,$f(x)$在$[a,b]$上取得最大值 M 和最小值 m. 若 $M=m$,则在开区间(a,b)内，恒有 $f(x)=M=m$,于是 $f'(x)=0,x\in(a,b)$. 这表明(a,b)内的每一点都可取为 ξ,使式(2)成立. 故当 $M=m$ 时,定理的结论成立. 下面证 $M>m$ 时,定理结论也成立.

由 $M>m$ 和 $f(a)=f(b)$可知,最大值 M 和最小值 m 至少有一个在开区间(a,b)内部取得,不妨设最大值 M 在点 $\xi\in(a,b)$取得,由条件(2)及费马定理即得结论.

在几何上,罗尔定理和我们观察的现象相同,但更深刻. 罗尔定理的几何描述如下:如果连续曲线弧 AB 上每一点都有不垂直于 x 轴的切线,并且两端点处纵坐标相等,则在弧 AB 上至少有一条切线与 x 轴平行. 如图 3-2 中有两条切线与 x 轴平行.

罗尔定理的条件不能随意变动. 读者可根据罗尔定理的几何意义举例说明：如将定理中任何一个条件去掉或将闭区间连续改为开区间连续,则结论可能不成立.

注 罗尔定理中使得 $f'(\xi)=0$ 的点 ξ 一定是位于开区间(a,b)内,这一点很重要. 虽然罗尔定理并未告诉我们 ξ 位于(a,b)内的具体位置,但这并不影响罗尔定理的应用.

例 1　试证明方程 $x^7+3x-1=0$ 至多有一个实根.

证　用反证法.假设方程有两个不同的实根 α 和 β,且 $\alpha<\beta$,则函数 $f(x)=x^7+3x-1$ 在闭区间$[\alpha,\beta]$上满足罗尔定理的全部条件.于是,在(α,β)内至少存在一点 ξ,使得$f'(\xi)=7\xi^6+3=0$,这显然是不可能的.由此可见,方程 $x^7+3x-1=0$ 至多有一个实根.

利用罗尔定理可以得到重要的拉格朗日(Lagrange)中值定理.

三、拉格朗日中值定理

定理 3(拉格朗日中值定理)　设函数 $f(x)$在闭区间$[a,b]$上连续,在开区间(a,b)内可导,则在开区间(a,b)内至少存在一点 ξ,使得

$$f'(\xi)=\frac{f(b)-f(a)}{b-a},\ \xi\in(a,b). \tag{3}$$

拉格朗日中值定理的几何意义:如果连续曲线弧 AB 上每一点都有不垂直于 x 轴的切线,则至少有一条切线平行于弦 AB,如图 3-3 所示.

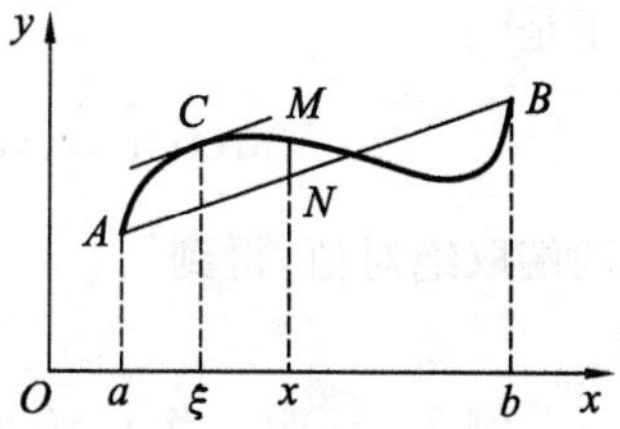

图 3-3

我们从图 3-3 还可以看出,如果把弦 AB 旋转到平行与 x 轴的位置,则拉格朗日中值定理的结论和罗尔定理完全一致.这就是证明拉格朗日中值定理的思路.

证　引入辅助函数

$$F(x)=f(x)-\frac{f(b)-f(a)}{b-a}x,$$

则 $F(x)$在$[a,b]$上连续,在(a,b)内可导,且有

$$F(a)=F(b)=\frac{f(a)b-f(b)a}{b-a}.$$

于是,由罗尔定理可知,至少存在一点 $\xi\in(a,b)$,使得

$$F'(\xi)=f'(\xi)-\frac{f(b)-f(a)}{b-a}=0,$$

即

$$f'(\xi)=\frac{f(b)-f(a)}{b-a},\ \xi\in(a,b).$$

式(3)常写成如下等价形式:

$$f(b)-f(a)=(b-a)f'(\xi),\ \xi\text{在}a,b\text{之间}. \tag{4}$$

若取 $x_0=a,x=b$,则有

$$f(x)=f(x_0)+(x-x_0)f'(\xi),\ \xi\text{在}x_0,x\text{之间}. \tag{5}$$

若取 $x_0+\Delta x=x,\xi=x_0+\theta\Delta x,0<\theta<1$,则有

$$f(x+\Delta x)=f(x)+\Delta x f'(x_0+\theta\Delta x),\ 0<\theta<1. \tag{6}$$

公式(6)也称为有限增量公式.

拉格朗日中值定理是微分学中一个非常重要的定理.作为该定理的应用,下面给出

一个推论.

推论 如果函数 $f(x)$ 在开区间 (a,b) 内 $f'(x)\equiv 0$,则 $f(x)$ 在 (a,b) 内恒为常数.

证 在 (a,b) 内任意取定两点 $x_1,x_2(x_1<x_2)$,则 $f(x)$ 在 $[x_1,x_2]$ 内满足拉格朗日中值定理的条件,故由式(4),存在 $\xi\in(x_1,x_2)$,使得

$$f(x_2)-f(x_1)=(x_2-x_1)f'(\xi)=0,$$

即

$$f(x_2)=f(x_1).$$

由 x_1,x_2 的任意性可知,$f(x)$ 在 (a,b) 内恒为常数.

例 2 试证明对任何实数 x_1 和 x_2,有

$$|\arctan x_1-\arctan x_2|\leqslant|x_1-x_2|.$$

证 显然,在任何有限区间上,函数 $f(x)=\arctan x$ 满足拉格朗日中值定理的条件.于是

$$\arctan x_1-\arctan x_2=\frac{1}{1+\xi^2}(x_1-x_2),\xi \text{ 在 } x_1 \text{ 与 } x_2 \text{ 之间}.$$

两端取绝对值,得到

$$|\arctan x_1-\arctan x_2|\leqslant|x_1-x_2|.$$

例 3 证明:当 $x>0$ 时,

$$\frac{x}{1+x}<\ln(1+x)<x.$$

证 设 $f(x)=\ln(1+x)$,显然,$f(x)$ 在区间 $[0,x]$ 上满足拉格朗日中值定理的条件,于是,

$$f(x)-f(0)=f'(\xi)(x-0),\ 0<\xi<x.$$

由于 $f(0)=0$,$f'(x)=\frac{1}{1+x}$,因此,上式为

$$\ln(1+x)=\frac{x}{1+\xi}.$$

又由 $0<\xi<x$,有

$$\frac{x}{1+x}<\frac{x}{1+\xi}<x,$$

即

$$\frac{x}{1+x}<\ln(1+x)<x.$$

习题 3-1

1. 验证罗尔定理对函数 $y=\ln\sin x$ 在 $\left[\frac{\pi}{6},\frac{5\pi}{6}\right]$ 上的正确性.

2. 验证拉格朗日中值定理对函数 $y=4x^3-5x^2+x-2$ 在区间 $[0,1]$ 上的正确性.

3. 试举例说明:

(1) 若将罗尔定理中函数的连续条件去掉,则结论不成立;

(2) 若将罗尔定理中函数的可导性条件去掉，则结论不成立；

(3) 若将罗尔定理中函数在闭区间连续改为在开区间连续、可导，则结论不成立.

4. 不用求出函数 $f(x)=1+(x-2)(x-3)(x-4)$ 的导数，说明方程 $f'(x)=0$ 有几个实根，指出它们所在的区间，并进一步说明方程 $f''(x)=0$ 有几个实根.

5. 证明恒等式：$\arcsin x+\arccos x=\dfrac{\pi}{2}(-1\leqslant x\leqslant 1)$.

6. 证明下列不等式：

(1) $|\sin x_1-\sin x_2|\leqslant|x_1-x_2|$；

(2) 当 $b>a>0,n>1$ 时，$na^{n-1}(b-a)<b^n-a^n<nb^{n-1}(b-a)$；

(3) 当 $a>b>0$ 时，$\dfrac{a-b}{a}<\ln\dfrac{a}{b}<\dfrac{a-b}{b}$.

7. 证明方程 $x^{2n+1}+x-1=0$ 只有一个根，其中 n 为自然数.

第二节　洛必达法则

如果当 $x\to a$(或 $x\to\infty$)时，两个函数 $f(x)$，$g(x)$ 都趋于零或都趋于无穷大，此时极限 $\lim\limits_{\substack{x\to a\\(x\to\infty)}}\dfrac{f(x)}{g(x)}$ 可能存在，也可能不存在. 通常称这样的极限 $\lim\limits_{\substack{x\to a\\(x\to\infty)}}\dfrac{f(x)}{g(x)}$ 为 $\dfrac{0}{0}$ 型或 $\dfrac{\infty}{\infty}$ 型的未定式. 例如：$\lim\limits_{x\to 0}\dfrac{\sin x}{x}$ 是 $\dfrac{0}{0}$ 型，$\lim\limits_{x\to+\infty}\dfrac{\ln x}{x}$ 是 $\dfrac{\infty}{\infty}$ 型. 但这两种未定式的极限都不能直接用商的极限运算法则求. 本节以柯西(Cauchy)定理为基础，推出一种利用导数求这类极限的简便方法.

一、柯西定理

定理 1(柯西定理)　若函数 $f(x)$ 和 $F(x)$ 在闭区间 $[a,b]$ 上连续，在开区间 (a,b) 内可导，且 $F'(x)$ 在 (a,b) 内处处不为零，则至少有一点 $\xi\in(a,b)$ 使

$$\frac{f(b)-f(a)}{F(b)-F(a)}=\frac{f'(\xi)}{F'(\xi)}.$$

证　作辅助函数

$$\varphi(x)=[f(b)-f(a)]F(x)-[F(b)-F(a)]f(x),$$

则 $\varphi(x)$ 在 $[a,b]$ 上连续，在 (a,b) 内可导，且

$$\varphi(a)=\varphi(b)=F(a)f(b)-F(b)f(a).$$

由罗尔定理，存在 $\xi\in(a,b)$，使得 $\varphi'(\xi)=0$，即

$$[f(b)-f(a)]F'(\xi)-[F(b)-F(a)]f'(\xi)=0.$$

注意到 $F'(x)$ 在 (a,b) 内处处不为零，所以 $F(b)-F(a)\neq 0$，从而

$$\frac{f(b)-f(a)}{F(b)-F(a)}=\frac{f'(\xi)}{F'(\xi)}.$$

柯西定理与罗尔定理、拉格朗日中值定理有类似的几何意义. 以 x 为参数，方程

$$\begin{cases} X=F(x), \\ Y=f(x) \end{cases} \quad (a\leqslant x\leqslant b)$$

表示的曲线是 Oxy 面上的曲线弧 $\overset{\frown}{AB}$，如图3-4所示，比值 $\dfrac{f(b)-f(a)}{F(b)-F(a)}$ 是弦 AB 的斜率，而 $\dfrac{f'(\xi)}{F'(\xi)}=\left.\dfrac{\mathrm{d}Y}{\mathrm{d}x}\right|_{x=\xi}$，即 $\dfrac{f'(\xi)}{F'(\xi)}$ 是曲线弧 $\overset{\frown}{AB}$ 上的一点 $C(F(\xi), f(\xi))$ 处切线的斜率，所以柯西定理的几何意义是参数方程 $X=F(x)$，$Y=f(x)$ $(a\leqslant x\leqslant b)$ 表示的曲线弧 $\overset{\frown}{AB}$ 上至少有一点 C，曲线在点 C 处的切线平行于弦 AB.

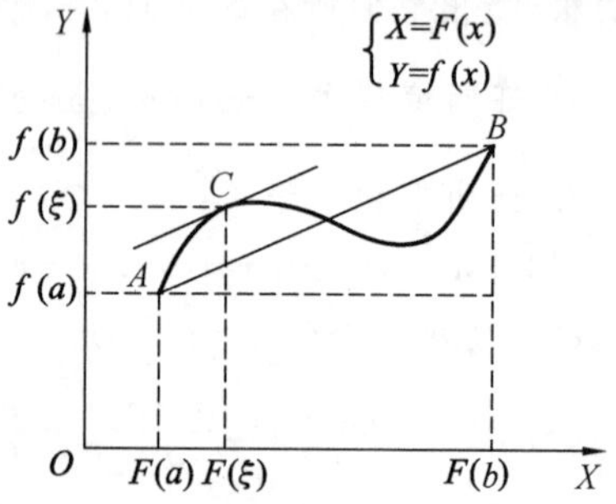

图 3-4

罗尔定理、拉格朗日中值定理、柯西定理都涉及函数在开区间 (a,b) 内一点 ξ 的导数值，因此这三个定理都称为微分中值定理.

柯西定理把两个函数的增量的比转化成两个函数的导数值的比，由此可得有重要应用的洛必达(L'Hospital)法则.

二、洛必达法则

本节着重讨论 $x\to x_0$ 时未定式 $\dfrac{0}{0}$ 型的情形. 在此情形下有如下定理.

定理 2 设 (1) $\lim\limits_{x\to x_0} f(x)=\lim\limits_{x\to x_0} F(x)=0$；

(2) 在 x_0 的某个去心邻域内，$f'(x)$，$F'(x)$ 存在且 $F'(x)\neq 0$；

(3) $\lim\limits_{x\to x_0}\dfrac{f'(x)}{F'(x)}=A$ (A 为有限数或无穷大)，

则

$$\lim_{x\to x_0}\frac{f(x)}{F(x)}=\lim_{x\to x_0}\frac{f'(x)}{F'(x)}=A.$$

证 因为求极限 $\lim\limits_{x\to x_0}\dfrac{f(x)}{F(x)}$ 时，与函数 $f(x)$，$F(x)$ 在 $x=x_0$ 时的状态无关，所以不妨设 $f(x_0)=F(x_0)=0$.

设 x 是 x_0 的去心邻域内的任一点，由条件(1)，(2)，函数 $f(x)$，$F(x)$ 在以 x_0，x 为端点的闭区间上满足柯西定理的条件，因此有

$$\frac{f(x)}{F(x)}=\frac{f(x)-f(x_0)}{F(x)-F(x_0)}=\frac{f'(\xi)}{F'(\xi)}\ (\xi \text{ 在 } x_0 \text{ 与 } x \text{ 之间}).$$

由于 $x\to x_0$ 时，$\xi\to x_0$. 对上式求 $x\to x_0$ 时的极限，由条件(3)即得要证明的结论.

如果 $\dfrac{f'(x)}{f'(x)}$ 当 $x\to x_0$ 时仍属于 $\dfrac{0}{0}$ 型，且 $f'(x)$，$F'(x)$ 满足定理中 $f(x)$，$F(x)$ 所要

满足的条件，那么可以继续使用洛必达法则.

例 1 求极限$\lim\limits_{x\to\pi}\dfrac{\sin 5x}{\sin 3x}$.

解 所求极限为"$\dfrac{0}{0}$"型未定式，运用洛必达法则，有

$$\lim_{x\to\pi}\frac{\sin 5x}{\sin 3x}=\lim_{x\to\pi}\frac{(\sin 5x)'}{(\sin 3x)'}=\lim_{x\to\pi}\frac{5\cos 5x}{3\cos 3x}=\frac{5}{3}\frac{\cos 5\pi}{\cos 3\pi}=\frac{5}{3}.$$

例 2 求极限$\lim\limits_{x\to 0}\dfrac{x-\sin x}{x^3}$.

解 $\lim\limits_{x\to 0}\dfrac{x-\sin x}{x^3}\overset{\left(\frac{0}{0}\right)}{=}\lim\limits_{x\to 0}\dfrac{1-\cos x}{3x^2}\overset{\left(\frac{0}{0}\right)}{=}\lim\limits_{x\to 0}\dfrac{\sin x}{6x}=\dfrac{1}{6}$.

注 不是未定式的极限决不能用洛必达法则. 如上式中的$\lim\limits_{x\to\pi}\dfrac{5\cos 5x}{3\cos 3x}$不是未定式，若用洛必达法则将出现错误.

定理 2 对于 $x\to\infty$时的未定式$\dfrac{0}{0}$型或 $x\to x_0$，$x\to\infty$时的未定式$\dfrac{\infty}{\infty}$型仍然成立.

例 3 求极限$\lim\limits_{x\to 0^+}\dfrac{\ln(\tan 3x)}{\ln(\tan 2x)}$.

解
$$\lim_{x\to 0^+}\frac{\ln(\tan 3x)}{\ln(\tan 2x)}\overset{\left(\frac{\infty}{\infty}\right)}{=}\lim_{x\to 0^+}\frac{\tan 2x\cdot 3\sec^2 3x}{\tan 3x\cdot 2\sec^2 2x}$$
$$=\frac{3}{2}\lim_{x\to 0^+}\frac{\tan 2x}{\tan 3x}=\frac{3}{2}\lim_{x\to 0^+}\frac{2x}{3x}=1.$$

例 3 中解的第一步使用洛必达法则后，由于$\lim\limits_{x\to 0^+}\sec^2 3x=1\neq 0$，$\lim\limits_{x\to 0^+}\sec^2 2x=1\neq 0$，所以这里必须利用极限的运算性质将它们先求出，然后再做下一步的计算.

例 4 求极限$\lim\limits_{x\to+\infty}\dfrac{\ln x}{x^\alpha}$（常数 $\alpha>0$）.

解 $\lim\limits_{x\to+\infty}\dfrac{\ln x}{x^\alpha}\overset{\left(\frac{\infty}{\infty}\right)}{=}\lim\limits_{x\to+\infty}\dfrac{1}{\alpha x^\alpha}=0$.

例 5 求极限$\lim\limits_{x\to+\infty}\dfrac{x^n}{e^{\lambda x}}$（$n\in\mathbf{N}$，常数 $\lambda>0$）.

解 $\lim\limits_{x\to+\infty}\dfrac{x^n}{e^{\lambda x}}\overset{\left(\frac{\infty}{\infty}\right)}{=}\lim\limits_{x\to+\infty}\dfrac{nx^{n-1}}{\lambda e^{\lambda x}}\overset{\left(\frac{\infty}{\infty}\right)}{=}\lim\limits_{x\to+\infty}\dfrac{n(n-1)x^{n-2}}{\lambda^2 e^{\lambda x}}=\cdots=\lim\limits_{x\to+\infty}\dfrac{n!}{\lambda^n e^{\lambda x}}=0$.

由例 4、例 5 可见，$x\to+\infty$时，对数函数 $\ln x$、幂函数 $x^\alpha(\alpha>0)$、指数函数 $e^{\lambda x}(\lambda>0)$都是无穷大，但 x^α 增大快于 $\ln x$，而 $e^{\lambda x}$ 增大的速度快于 $x^\alpha(\alpha>0,\lambda>0)$.

例 6 求极限$\lim\limits_{n\to\infty}n^2e^{-n}$.

解 这是数列极限的未定式，将 n 换成连续变量 x，$n\to\infty$换成 $x\to+\infty$，再用洛必达法则. 由例 5 可知

$$\lim_{x\to+\infty} x^2 e^{-x}=\lim_{x\to+\infty}\frac{x^2}{e^x}=\lim_{x\to+\infty}\frac{2x}{e^x}=\lim_{x\to+\infty}\frac{2}{e^x}=0,$$

故$\lim\limits_{n\to\infty} n^2 e^{-n}=0$.

注 ① 在连续使用洛必达法则时,必须首先检查分子、分母是否含有非零因子,若有则先求出非零因子.

② 洛必达法则的条件是充分而不必要的,若$\lim\limits_{x\to x_0}\dfrac{f'(x)}{F'(x)}$不存在时,不能断定$\lim\limits_{x\to x_0}\dfrac{f(x)}{F(x)}$不存在,这时应使用其他方法求解.

例如,计算$\lim\limits_{x\to\infty}\dfrac{x+\cos x}{x}$. 由于$\lim\limits_{x\to\infty}\dfrac{(x+\cos x)'}{x'}=\lim\limits_{x\to\infty}(1-\sin x)$ 不存在,不满足洛必达法则的条件(3),所以不能用洛必达法则求此极限. 我们可用下面方法计算:

$$\lim_{x\to\infty}\frac{x+\cos x}{x}=\lim_{x\to\infty}\left(1+\frac{1}{x}\cos x\right)=1+0=1.$$

注 未定式的极限除了基本情形"$\frac{0}{0}$""$\frac{\infty}{\infty}$"型外,还有"$0\cdot\infty$""$\infty-\infty$""1^∞""∞^0""0^0"型等非基本情形. 它们可以通过恒等变形化为基本情形,再用洛必达法则求极限.

例 7 求极限$\lim\limits_{x\to0^+} x\ln x$.

解 这是$0\cdot\infty$型未定式,注意到 $x\ln x=\dfrac{\ln x}{\frac{1}{x}}$,当 $x\to0^+$时,上式右端未定式是$\dfrac{\infty}{\infty}$型. 应用洛必达法则,得

$$\lim_{x\to0^+} x\ln x=\lim_{x\to0^+}\frac{\ln x}{\frac{1}{x}}=\lim_{x\to0^+}\frac{\frac{1}{x}}{-\frac{1}{x^2}}=-\lim_{x\to0^+} x=0.$$

例 8 求极限$\lim\limits_{x\to1^+}\left(\dfrac{x}{x-1}-\dfrac{1}{\ln x}\right)$.

解 这是$\infty-\infty$型未定式,常常先通分,化为"$\frac{0}{0}$"或"$\frac{\infty}{\infty}$"型未定式,再用洛必达法则求极限.

$$\lim_{x\to1^+}\left(\frac{x}{x-1}-\frac{1}{\ln x}\right)=\lim_{x\to1^+}\left[\frac{x\ln x-x+1}{(x-1)\ln x}\right]\overset{\left(\frac{0}{0}\right)}{=}\lim_{x\to1^+}\frac{\ln x}{\ln x+\frac{x-1}{x}}$$

$$\overset{\left(\frac{0}{0}\right)}{=}\lim_{x\to1^+}\frac{\frac{1}{x}}{\frac{1}{x}+\frac{1}{x^2}}=\frac{1}{2}.$$

例 9 求极限$\lim\limits_{x\to0^+}(\cot x)^{\frac{1}{\ln x}}$.

解　这是“∞^0”型幂指函数形式的未定式，可以用对数恒等式将它的底变为常数，再用洛必达法则.

由于

$$(\cot x)^{\frac{1}{\ln x}}=\mathrm{e}^{\frac{\ln(\cot x)}{\ln x}},$$

而

$$\lim_{x\to0^+}\frac{\ln(\cot x)}{\ln x}\overset{\left(\frac{\infty}{\infty}\right)}{=}\lim_{x\to0^+}\frac{-x\csc^2 x}{\cot x}=-\lim_{x\to0^+}\frac{x}{\cos x\sin x}=-1,$$

因此

$$\lim_{x\to0^+}(\cot x)^{\frac{1}{\ln x}}=\mathrm{e}^{-1}.$$

为了运算简捷，应用洛必达法则求极限时，通常与其他求极限方法结合起来，如用无穷小代换.

例 10　求极限 $\lim\limits_{x\to0}\dfrac{1-x^2-\mathrm{e}^{-x^2}}{x\ln(1+x^3)}$.

解　$$\lim_{x\to0}\frac{1-x^2-\mathrm{e}^{-x^2}}{x\ln(1+x^3)}=\lim_{x\to0}\frac{1-x^2-\mathrm{e}^{-x^2}}{x^4}=\lim_{x\to0}\frac{-2x+2x\mathrm{e}^{-x^2}}{4x^3}=\frac{1}{2}\lim_{x\to0}\frac{\mathrm{e}^{-x^2}-1}{x^2}=-\frac{1}{2}.$$

习题 3-2

1. 求下列极限：

(1) $\lim\limits_{x\to\pi}\dfrac{\sin 3x}{\tan 5x}$；

(2) $\lim\limits_{x\to a}\dfrac{\sin x-\sin a}{x^2-a^2}$ $(a\neq0)$；

(3) $\lim\limits_{x\to0}\dfrac{\mathrm{e}^x-2^x}{x}$；

(4) $\lim\limits_{x\to0}\dfrac{\cos\alpha x-\cos\beta x}{x^2}$ $(\alpha\beta\neq0)$；

(5) $\lim\limits_{x\to a}\dfrac{x^m-a^m}{x^n-a^n}$ $(a\neq0,n\neq0)$；

(6) $\lim\limits_{x\to1}(1-x)\tan\dfrac{\pi x}{2}$；

(7) $\lim\limits_{x\to+\infty}\dfrac{\ln\left(1+\dfrac{1}{x}\right)}{\operatorname{arccot} x}$；

(8) $\lim\limits_{x\to0}\dfrac{x-\tan x}{\sin x^3}$；

(9) $\lim\limits_{x\to\frac{\pi}{2}}\dfrac{\ln(\sin x)}{(\pi-2x)^2}$；

(10) $\lim\limits_{x\to0}\left[\dfrac{1}{\ln(1+x)}-\dfrac{1}{x}\right]$；

(11) $\lim\limits_{x\to0}\left(\dfrac{1}{x\sin x}-\dfrac{1}{x^2}\right)$；

(12) $\lim\limits_{x\to\infty}\left[x-x^2\ln\left(1+\dfrac{1}{x}\right)\right]$；

(13) $\lim\limits_{x\to0^+}x^{\frac{3}{3+4\ln x}}$；

(14) $\lim\limits_{x\to1}x^{\frac{1}{1-x}}$；

(15) $\lim\limits_{n\to\infty}n^{\tan\frac{1}{n}}$；

(16) $\lim\limits_{x\to+\infty}\left[x^3\cdot\left(\sin\dfrac{1}{x}-\dfrac{1}{2}\sin\dfrac{2}{x}\right)\right]$.

2. 说明下面用洛必达法则的运算错在哪里，给出正确的解法.

$$\lim_{x\to\infty}\frac{x-\sin x}{x+\sin x}=\lim_{x\to\infty}\frac{1-\cos x}{1+\cos x}=\lim_{x\to\infty}\frac{\sin x}{-\sin x}=-1.$$

3. 证明：$\lim\limits_{x\to+\infty}\dfrac{e^x-e^{-x}}{e^x+e^{-x}}=1$，说明求此极限为什么不能用洛必达法则.

第三节 泰勒定理

第二章第六节曾经用微分作近似计算. 当函数 $f(x)$ 在 x_0 处可导，$f'(x_0)\neq 0$，$|x-x_0|$ 很小时，有

$$f(x)\approx f(x_0)+f'(x_0)(x-x_0). \tag{1}$$

式(1)右端是一个 x 的一次函数，记作 $P_1(x)$. 显然 $P_1(x)$ 满足：$P_1(x_0)=f(x_0)$，$P_1'(x_0)=f'(x_0)$ 且 $f(x)-P_1(x)=o(x-x_0)$.

从几何上看，式(1)表示函数 $y=f(x)$ 的图形在点 $M_0(x_0, f(x_0))$ 的邻近，可用 M_0 处的切线代替.

式(1)这样的近似有两点不足：其一，精度不高，只要 $|x-x_0|$ 不是很小，由式(1)算得的近似值，误差会比较大；其二，无法估计误差. 这使得在实际应用中受到很大的限制. 现在我们希望有一个 $n(n\geqslant 2)$ 次多项式函数

$$P_n(x)=a_0+a_1(x-x_0)+a_2(x-x_0)^2+\cdots+a_n(x-x_0)^n \tag{2}$$

满足

$$P_n(x_0)=f(x_0),\ P_n^{(k)}(x_0)=f^{(k)}(x_0)\ (k=1,2,\cdots,n) \tag{3}$$

且

$$f(x)-P_n(x)=o((x-x_0)^n).$$

从几何上看，函数 $y=P_n(x)$ 的图形与曲线 $y=f(x)$ 不仅有公共点 M_0，且在 M_0 处有相同的切线、凹凸方向、曲率等. 这样的 $P_n(x)$ 逼近 $f(x)$ 的效果比 $P_1(x)$ 要好得多.

下面首先分析满足条件(3)的 $P_n(x)$ 是否存在. 如果存在，其系数 $a_k(k=0,1,2,\cdots,n)$ 如何确定.

对式(2)两端分别求一阶、二阶、…、n 阶导数，有

$$P_n'(x)=a_1+2a_2(x-x_0)+\cdots+na_n(x-x_0)^{n-1}, \tag{4.1}$$

$$P_n''(x)=2!a_2+3\cdot 2a_3(x-x_0)+\cdots+n(n-1)a_n(x-x_0)^{n-2}, \tag{4.2}$$

…………

$$P_n^{(n)}(x)=n!a_n. \tag{4.n}$$

在式(2)，式(4.1)，式(4.2)，…，式(4.n)中分别令 $x=x_0$，得

$$P_n(x_0)=a_0, P_n'(x_0)=a_1, P_n''(x_0)=2!a_2,\cdots, P_n^{(n)}(x_0)=n!a_n.$$

再由式(3)可得

$$a_0=f(x_0),\ a_1=f'(x_0),\ a_2=\frac{1}{2!}f''(x_0),\cdots,\ a_n=\frac{1}{n!}f^{(n)}(x_0). \tag{5}$$

由以上分析可见，当函数 $f(x)$ 在 x_0 处有 n 阶导数时，存在满足条件(3)的 n 次多项式 $P_n(x)$ 具有形式

$$P_n(x)=f(x_0)+f'(x_0)(x-x_0)+\frac{f''(x_0)}{2!}(x-x_0)^2+\cdots+\frac{f^{(n)}(x_0)}{n!}(x-x_0)^n. \quad (6)$$

形如式(6)的 n 次多项式 $P_n(x)$ 称为函数 $f(x)$ 在 x_0 处的 n 阶泰勒(Taylor)多项式，容易证明函数 $f(x)$ 的泰勒多项式 $P_n(x)$ 是唯一存在的.

当 n 足够大时，用 $P_n(x)$ 表达 $f(x)$ 可以达到预想的精度，因此常用泰勒多项式 $P_n(x)$ 近似表达 $f(x)$，其数学思想就是函数的多项式逼近. 即

$$f(x)=f(x_0)+f'(x_0)(x-x_0)+\frac{f''(x_0)}{2!}(x-x_0)^2+\cdots+\frac{f^{(n)}(x_0)}{n!}(x-x_0)^n+R_n(x), \quad (7)$$

即

$$R_n(x)=f(x)-P_n(x).$$

式(7)称为函数 $f(x)$ 按 $x-x_0$ 的幂展开的 n 阶泰勒公式，其中的 $R_n(x)$ 称为余项.

下面讨论函数的泰勒公式的性质.

定理 1　若函数 $f(x)$ 在 x_0 处有 n 阶导数，则

$$f(x)=f(x_0)+f'(x_0)(x-x_0)+\frac{f''(x_0)}{2!}(x-x_0)^2+\cdots+\frac{f^{(n)}(x_0)}{n!}(x-x_0)^n+o((x-x_0)^n). \quad (8)$$

式(8)称为函数 $f(x)$ 在 x_0 处带佩亚诺(Peano)型余项的 n 阶泰勒公式.

当 $x_0=0$ 时，由式(8)得

$$f(x)=f(0)+f'(0)x+\frac{f''(0)}{2!}x^2+\cdots+\frac{f^{(n)}(0)}{n!}x^n+o(x^n). \quad (9)$$

式(9)称为函数 $f(x)$ 带佩亚诺型余项的 n 阶麦克劳林(Maclaurin)公式.

证明从略.

定理 1 给出的带佩亚诺型余项的泰勒公式是函数 $f(x)$ 在 x_0 邻近用 n 次多项式函数 $P_n(x)$ 逼近的一种方式，产生的误差 $|R_n(x)|=o((x-x_0)^n)$ 是定性的，而要估计误差的范围，可用下面带拉格朗日型余项的泰勒公式.

定理 2(泰勒定理)　若函数 $f(x)$ 在含有 x_0 的某区间 (a,b) 内具有 $n+1$ 阶导数，则对于任意 $x\in(a,b)$，有

$$f(x)=f(x_0)+f'(x_0)(x-x_0)+\frac{f''(x_0)}{2!}(x-x_0)^2+\cdots+\frac{f^{(n)}(x_0)}{n!}(x-x_0)^n+\frac{f^{(n+1)}(\xi)}{(n+1)!}(x-x_0)^{n+1}, \quad (10)$$

其中，ξ 在 x_0 与 x 之间.

证明从略.

式(10)即式(7)中的余项 $R_n(x)=\dfrac{f^{(n+1)}(\xi)}{(n+1)!}(x-x_0)^{n+1}$ 的情形. 这种形式的余项称为拉格朗日型余项. 式(10)称为函数 $f(x)$ 在 x_0 处带拉格朗日型余项的 n 阶泰勒公式.

式(10)中若 $x_0=0$,这时 ξ 在 0 与 x 之间,可记为 $\theta x(0<\theta<1)$,有

$$f(x)=f(0)+f'(0)x+\cdots+\frac{f^{(n)}(0)}{n!}x^n+\frac{f^{(n+1)}(\theta x)}{(n+1)!}x^{n+1}\quad(0<\theta<1). \tag{11}$$

式(11)称为带拉格朗日型余项的 n 阶麦克劳林公式.

在式(10)中取 $n=0$,得到拉格朗日定理的表示形式

$$f(x)=f(x_0)+f'(\xi)(x-x_0).$$

因此,泰勒定理是拉格朗日定理的推广,也称为微分中值定理.

定理 2 给出的带拉格朗日型余项的泰勒公式,是在整个区间(a,b)内用 n 次多项式函数 $P_n(x)$ 逼近 $f(x)$,产生的误差是 $|R_n(x)|$,如果对取定的 n,任意 $x\in(a,b)$ 都有 $|f^{(n+1)}(x)|\leqslant M$(正常数),则有误差估计式

$$|R_n(x)|\leqslant\frac{M}{(n+1)!}|x-x_0|^{n+1}.$$

带佩亚诺型余项的 n 阶麦克劳林公式在 $x\to0$ 时,讨论无穷小关于 x 的阶、$\dfrac{0}{0}$型的极限计算等方面有重要应用;带拉格朗日型余项的泰勒公式在预给精度的函数近似值的计算等方面有重要应用.

例 1 写出函数 $f(x)=\mathrm{e}^x$ 带拉格朗日型余项的 n 阶麦克劳林公式,计算 e 的近似值,精确到 10^{-6}.

解 因为 $f(x)=f^{(k)}(x)=\mathrm{e}^x(k=1,2,\cdots,n+1)$,所以

$$f(0)=f'(0)=\cdots=f^{(n)}(0)=1.$$

代入式(11),得 e^x 带拉格朗日型余项的麦克劳林公式

$$\mathrm{e}^x=1+x+\frac{x^2}{2!}+\cdots+\frac{x^n}{n!}+\frac{\mathrm{e}^{\theta x}}{(n+1)!}x^{n+1}\quad(0<\theta<1).$$

令 $x=1$,得

$$\mathrm{e}=1+1+\frac{1}{2!}+\cdots+\frac{1}{n!}+\frac{\mathrm{e}^{\theta}}{(n+1)!}\quad(0<\theta<1),$$

$$|R_n|=\frac{\mathrm{e}^{\theta}}{(n+1)!}<\frac{\mathrm{e}}{(n+1)!}.$$

要使 $|R_n|<10^{-6}$,由于

$$n=8\text{ 时,得 }|R_8|=\frac{\mathrm{e}^{\theta}}{9!}>\frac{1}{9!}>10^{-6};$$

$$n=9\text{ 时,得 }|R_9|=\frac{\mathrm{e}^{\theta}}{10!}<\frac{3}{10!}<10^{-6}.$$

因此取 $n=9$，$e\approx1+1+\frac{1}{2!}+\cdots+\frac{1}{9!}\approx2.718\,282$.

可用类似例 1 的方法，求一些函数的麦克劳林公式. 下面列出几个常用函数的麦克劳林公式$(0<\theta<1)$：

(1) $e^x=1+x+\frac{x^2}{2!}+\cdots+\frac{x^n}{n!}+R_n(x)$，

$$R_n(x)=\frac{e^{\theta x}}{(n+1)!}x^{n+1}\quad(x\in\mathbf{R});$$

(2) $\sin x=x-\frac{x^3}{3!}+\cdots+(-1)^{n-1}\frac{x^{2n-1}}{(2n-1)!}+R_{2n}(x)$，

$$R_{2n}(x)=\frac{\sin\left[\theta x+(2n+1)\cdot\frac{\pi}{2}\right]}{(2n+1)!}x^{2n+1}\quad(x\in\mathbf{R});$$

(3) $\cos x=1-\frac{x^2}{2!}+\cdots+(-1)^n\frac{x^{2n}}{(2n)!}+R_{2n+1}(x)$，

$$R_{2n+1}(x)=\frac{\cos\left[\theta x+(2n+2)\cdot\frac{\pi}{2}\right]}{(2n+2)!}x^{2n+2}\quad(x\in\mathbf{R});$$

(4) $\ln(1+x)=x-\frac{x^2}{2}+\cdots+(-1)^{n-1}\frac{x^n}{n}+R_n(x)$，

$$R_n(x)=\frac{(-1)^n}{(n+1)(1+\theta x)^{n+1}}x^{n+1}\quad(x\in(-1,1]);$$

(5) $(1+x)^\alpha=1+\alpha x+\frac{\alpha(\alpha-1)}{2!}x^2+\cdots+\frac{\alpha(\alpha-1)\cdots(\alpha-n+1)}{n!}x^n+R_n(x)\quad(\alpha\in\mathbf{R})$，

$$R_n(x)=\frac{\alpha(\alpha-1)\cdots(\alpha-n)(1+\theta x)^{\alpha-n-1}}{(n+1)!}x^{n+1}\quad(x\in(-1,1)).$$

例 2　$x\to0$ 时，确定无穷小 $x-\sin x$ 关于 x 的阶.

解　要确定 $x-\sin x$ 在 $x\to0$ 时关于 x 的阶，在用 $\sin x$ 带佩亚诺型余项的麦克劳林公式时，只要保留到与 x 不同的第一项，取

$$\sin x=x-\frac{x^3}{3!}+o(x^3),$$

因此

$$x-\sin x=\frac{x^3}{6}+o(x^3).$$

故 $x\to0$ 时，$x-\sin x$ 是关于 x 的 3 阶无穷小.

例 3　求极限 $\lim\limits_{x\to0}\frac{x\cos x-\sin x}{x^2\sin x}$.

解　由于分式的分母 $x^2\sin x\sim x^3(x\to0)$，故只需分别将分子中的 $\cos x$，$\sin x$ 展成带佩亚诺余项的 2，3 阶麦克劳林展式，即

$$\sin x=x-\frac{x^3}{3!}+o(x^3),$$

$$\cos x=1-\frac{x^2}{2!}+o(x^2).$$

于是

$$x\cos x-\sin x=\left[x-\frac{x^3}{2!}+o(x^3)\right]-\left[x-\frac{x^3}{3!}+o(x^3)\right]=-\frac{1}{3}x^3+o(x^3).$$

此处运算时两个 $o(x^3)$ 的运算仍记作 $o(x^3)$，故

$$\lim_{x\to 0}\frac{x\cos x-\sin x}{x^2\sin x}=\lim_{x\to 0}\frac{-\frac{1}{3}x^3+o(x^3)}{x^3}=-\frac{1}{3}.$$

习题 3-3

1. 将下列函数在指定点展开为 n 阶泰勒公式：

(1) $f(x)=x^5-2x^2+3x-5$，$x_0=1$；

(2) $f(x)=\sqrt{x}$，$x_0=1$；

(3) $f(x)=e^{-x}$，$x_0=5$；

(4) $f(x)=\ln(1-x)$，$x_0=\frac{1}{2}$.

2. 求下列函数的指定阶的麦克劳林公式(带佩亚诺余项)：

(1) $f(x)=\ln(1-x^2)$，$n=2$ 阶；

(2) $f(x)=xe^{-x}$，n 阶.

3. 将函数 $f(x)=x^2\ln x$ 在 $x_0=2$ 点展开成 3 阶带拉格朗日余项的泰勒公式.

4. $x\to 0$ 时，求无穷小 $\sin x^2+\ln(1-x^2)$ 关于 x 的阶数.

5. 用 $\sin x\approx x-\frac{x^3}{6}$ 计算 $\sin 18°$ 的近似值，并估计其误差(提示：用弧度制).

6. 求 $\sqrt[3]{30}$ 的近似值，要求误差不超过 10^{-4}.

7. 利用泰勒公式求极限：

(1) $\lim\limits_{x\to 0}\frac{x-\sin x}{x^2(e^x-1)}$；

(2) $\lim\limits_{x\to 0}\frac{\cos x-e^{-\frac{x^2}{2}}}{x^2\cdot[x+\ln(1-x)]}$.

第四节　函数单调性判别法

用导数作为工具，可以比较容易判别函数的单调特性. 这可从图 3-5、图 3-6 看出函数 $y=f(x)$ 的单调增减性和函数导数的关系.

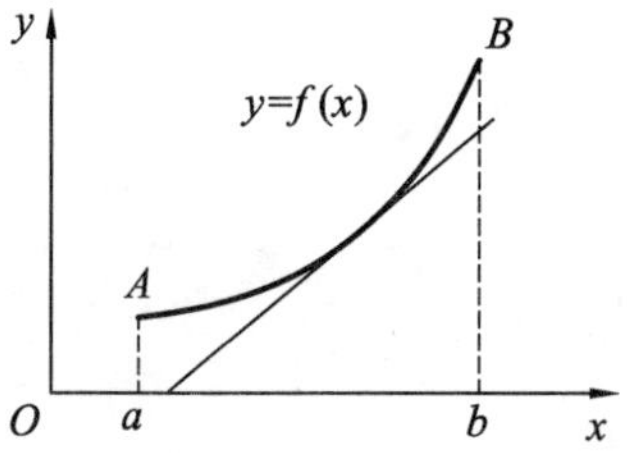

图 3-5

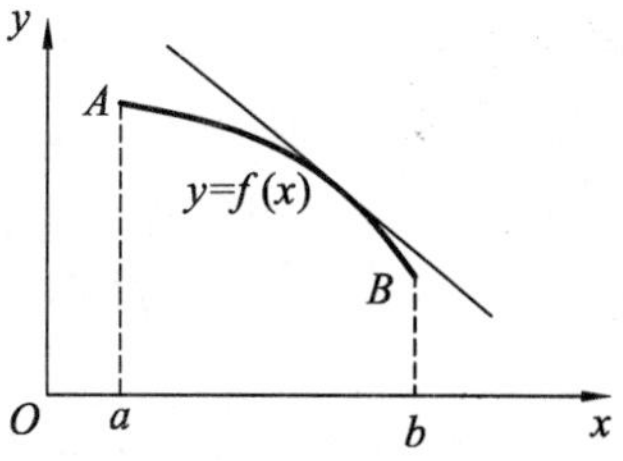

图 3-6

在图 3-5 中,函数 $y=f(x)$ 的图形为上升曲线,曲线上各点处切线的斜率为正;在图 3-6中,函数 $y=f(x)$ 的图形为下降曲线,曲线上各点处切线斜率为负.由此可见,函数的单调性与其导数的符号判别有着密切的联系,即有如下定理.

定理(函数单调性判别定理)　设函数 $y=f(x)$ 在 $[a,b]$ 上连续,在 (a,b) 内可导.

(1) 如果在 (a,b) 内恒有 $f'(x)>0$,那么 $f(x)$ 在 $[a,b]$ 上单调增加;

(2) 如果在 (a,b) 内恒有 $f'(x)<0$,那么 $f(x)$ 在 $[a,b]$ 上单调减少.

证　在 $[a,b]$ 上任取两点 x_1 和 x_2,且 $x_1<x_2$.显然,函数 $f(x)$ 在 $[x_1,x_2]$ 上满足拉格朗日中值定理的条件.于是,至少存在一点 $\xi\in(x_1,x_2)$,使得

$$f(x_2)-f(x_1)=f'(\xi)(x_2-x_1),\quad x_1<\xi<x_2.$$

由于 $x_2-x_1>0$,由定理条件(1)可知,$f'(\xi)>0$,因此,$f(x_2)>f(x_1)$.再由 x_1 和 x_2 的任意性可知,$f(x)$ 在 $[a,b]$ 上单调增加.

同理可证(2).

如果将定理中的闭区间换成其他各种区间(包括无穷区间),定理结论仍成立.一般地,函数在其定义域内并非是单调增加(或减少)的,此时,可将定义域分成若干区间,使得函数在这些区间上是单调增加(或减少)的.这些区间称为函数的单调区间.

例 1　确定函数 $f(x)=2x^3+3x^2-12x$ 的单调区间.

解　函数 $f(x)$ 在 $(-\infty,+\infty)$ 上连续,

$$f'(x)=6x^2+6x-12=6(x-1)(x+2).$$

令 $f'(x)=0$,得 $x_1=-2$ 和 $x_2=1$.以 x_1,x_2 为分点,将函数的定义域 $(-\infty,+\infty)$ 分为三个子区间:$(-\infty,-2]$,$[-2,1]$,$[1,+\infty)$.

在 $(-\infty,-2)$ 内,$f'(x)>0$,因此,$f(x)$ 在 $(-\infty,-2]$ 内单调增加;在区间 $(-2,1]$ 内 $f'(x)<0$,因此,$f(x)$ 在 $[-2,1]$ 上单调减少;在区间 $(1,+\infty)$ 内 $f'(x)>0$,因此,函数 $f(x)$ 在 $[1,+\infty)$ 内单调增加.

例 2　讨论函数 $y=x-\sin x$ 在 $[0,\pi]$ 上的单调性.

解　函数 $y=x-\sin x$ 在 $[0,\pi]$ 上连续,在区间 $(0,\pi)$ 上 $y'=1-\cos x>0$,所以函数在 $[0,\pi]$ 上单调增加.

注　对于连续函数,如果在某点的去心邻域内,其导数保持确定的符号(在该点导数为零或不可导),则函数在该点附近的区间上仍为单调的.

由此,通过讨论,函数 $y=x-\sin x$ 在 $(-\infty,+\infty)$ 上都是单调增加的.

利用函数的单调性还可证明一类函数不等式.

例 3 试证:当 $x>0$ 时,$\ln(1+x)<x$.

证 只需证明当 $x>0$ 时,有

$$f(x)=x-\ln(1+x)>0.$$

由
$$f'(x)=1-\frac{1}{1+x}=\frac{x}{1+x}>0,\ x>0$$

可知,$x>0$ 时,$f(x)$ 单调增加,又因 $f(0)=0$,故 $x>0$ 时,$f(x)>0$,即当 $x>0$ 时,

$$\ln(1+x)<x.$$

习题 3-4

1. 判定函数 $f(x)=\arctan x-x$ 的单调性.

2. 确定下列函数的单调区间:

(1) $y=x^3-3x^2-9x+5$;　　(2) $y=x+\dfrac{4}{x}$;

(3) $y=\ln(x+\sqrt{1+x^2})$;　　(4) $y=(x-1)(x+1)^3$;

(5) 确定函数 $f(x)=\dfrac{x}{(x+1)^2}$ 的单调区间;　　(6) $y=x^2e^{-x}$;

(7) $y=2x^2-\ln x$;　　(8) $f(x)=\dfrac{3}{5}x^{\frac{5}{3}}-\dfrac{3}{2}x^{\frac{2}{3}}+1$.

3. 证明下列不等式:

(1) $e^x>1+x$;　　(2) $0<x<\dfrac{\pi}{2}$ 时,$\sin x+\tan x>2x$;

(3) $1+\dfrac{1}{2}x>\sqrt{1+x}$, $x>0$;　　(4) $x-\dfrac{1}{6}x^3<\sin x<x$, $x>0$.

4. 证明方程 $\sin x=x$ 有且仅有一个实根.

第五节　函数的极值与最值

一、函数的极值及其求法

费马引理给出了对于可导函数,其极值点只可能在驻点处取得.因此费马引理也称为可导函数取极值的必要条件.但是对于函数不可导的点,函数也可能在这些点上取极值(见图 3-7).

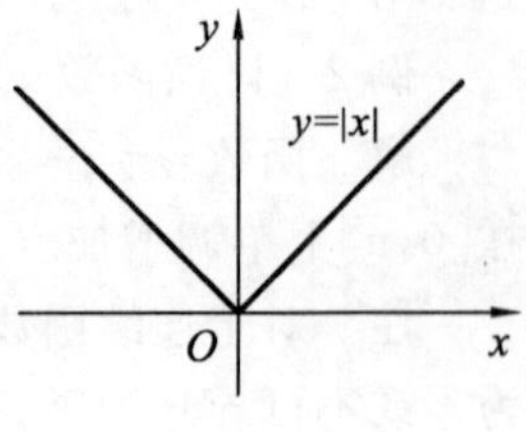

图 3-7

此外,驻点和导数不存在的点不一定都是极值点.如 $y=x^3$ 在 $x=0$ 为驻点,但 $x=0$ 不是极值点.因此,如何判定一个函数的驻点和导数不存在的点是否为极值点,还需要给出充分条件.

定理 1(第一充分条件) 设函数 $f(x)$ 在点 x_0 的某一空心邻域内可导,且在点 x_0 连续.

(1) 如果在点 x_0 的左邻域内有 $f'(x)>0$,在点 x_0 的右邻域内有 $f'(x)<0$,则 x_0 是 $f(x)$的极大值点;

(2) 如果在点 x_0 的左邻域内有 $f'(x)<0$,在点 x_0 的右邻域内有 $f'(x)>0$,则 x_0 是 $f(x)$的极小值点;

(3) 如果在点 x_0 的空心邻域内 $f'(x)$恒为正或恒为负,则 x_0 不是 $f(x)$的极值点.

证　根据函数单调性判别法,由(1)中的条件可知,函数 $f(x)$在点 x_0 的左邻域内单调增加,在点 x_0 的右邻域内单调减少,而 $f(x)$在点 x_0 处又是连续的,故由极大值的定义可知,$f(x_0)$是 $f(x)$的极大值,即 x_0 是 $f(x)$的极大值点.

同理可证定理 1 中的(2)与(3).

定理 1 也可扼要地叙述为:设 x_0 是 $f(x)$的连续点,若当 x 从 x_0 的左侧变到右侧时,$f'(x)$变号,则 x_0 为 $f(x)$的极值点;若 $f'(x)$符号保持不变,则 x_0 不是 $f(x)$的极值点.

例 1　求函数 $f(x)=(x^2-1)^3+1$ 的极值.

解　$f(x)$在$(-\infty,+\infty)$内连续且可导,由

$$f'(x)=3(x^2-1)^2\cdot 2x=6x(x^2-1)^2=0,$$

求得 $f(x)$有三个驻点

$$x_1=1,\ x_2=-1,\ x_3=0.$$

它们将$(-\infty,+\infty)$分成三个部分区间,$f'(x)$在三个部分区间上的符号见表 3-1.

表 3-1　各区间函数 $f(x)=(x^2-1)^3+1$ 及其导数的符号

x	$(-\infty,-1)$	-1	$(-1,0)$	0	$(0,1)$	1	$(1,+\infty)$
$f'(x)$	$-$	0	$-$	0	$+$	0	$+$
$f(x)$	↘	1	↘	极小	↗	1	↗

由表 3-1 可知,在 $x_3=0$ 的两侧邻近,$f'(x)$异号,且 $x<0$ 时,$f'(x)<0$,$x>0$ 时,$f'(x)>0$,故 $f(0)=0$ 是 $f(x)$的极小值;而在 $x=\pm1$ 两侧邻近,$f'(x)$不变号,故不是极值点.

例 2　求函数 $f(x)=1-(x-2)^{\frac{2}{3}}$ 的极值.

解　函数 $f(x)$在$(-\infty,+\infty)$上连续.当 $x\neq2$ 时,

$$f'(x)=-\frac{2}{3\sqrt[3]{x-2}};$$

当 $x=2$ 时,$f'(x)$不存在.

由于在 $x=2$ 左邻域,$f'(x)>0$;在 $x=2$ 右邻域,$f'(x)<0$.根据定理 1,$f(2)=1$ 是函数 $f(x)$的极大值(见图 3-8).

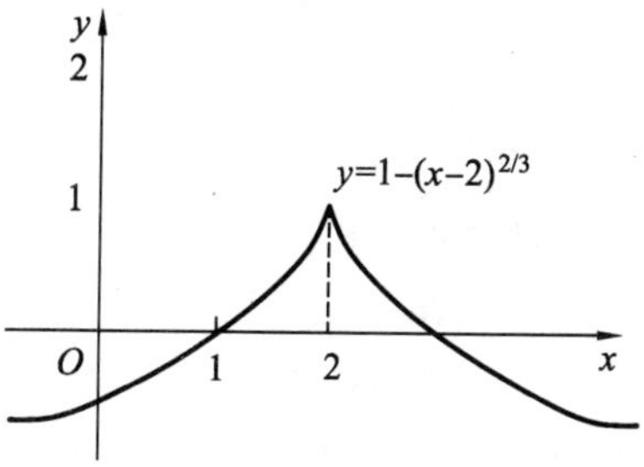

图 3-8

定理 2(第二充分条件)　设 x_0 是函数 $f(x)$的驻点,且有二阶导数 $f''(x_0)\neq0$,则

(1) 当 $f''(x_0)>0$ 时，x_0 是 $f(x)$ 的极小值点；

(2) 当 $f''(x_0)<0$ 时，x_0 是 $f(x)$ 的极大值点.

证 由 $f'(x_0)=0$ 和二阶导数定义可知

$$f''(x_0)=\lim_{x\to x_0}\frac{f'(x)-f'(x_0)}{x-x_0}=\lim_{x\to x_0}\frac{f'(x)}{x-x_0}.$$

在(1)的条件下，$f''(x_0)>0$. 由极限性质可知，在 x_0 的某空心邻域内有 $\frac{f'(x)}{x-x_0}>0$，于是，在该空心邻域，$f'(x)$ 与 $x-x_0$ 的符号相同，即在 x_0 的左邻域内，由于 $x-x_0<0$，从而有 $f'(x)<0$；在 x_0 的右邻域内，由于 $x-x_0>0$，从而有 $f'(x)>0$. 由定理 1 可知，x_0 是 $f(x)$ 的极小值点. 从而定理 2 的(1)得证.

同理可证定理 2 的(2).

例 3 求函数 $f(x)=x^3-3x$ 的极值.

解
$$f'(x)=3x^2-3=3(x+1)(x-1).$$

令 $f'(x)=0$，求得驻点

$$x_1=-1,\ x_2=1.$$

因为 $f''(x)=6x$，且 $f''(-1)=-6<0$，所以

$$f(-1)=2$$

为 $f(x)$ 的极大值；因为 $f''(1)=6>0$，所以

$$f(1)=-2$$

为 $f(x)$ 的极小值.

注 1 当 $f''(x_0)=0$ 时，定理 2 就不能应用. 事实上，当 $f'(x_0)=0$，$f''(x_0)=0$ 时，$f(x)$ 在 x_0 处可能有极值，也可能没有极值. 例如，$y=x^4$，$y=x^3$ 这两个函数在 $x=0$ 处就分别属于这两种情况. 因此，如果函数在驻点处的二阶导数为零，那么还得直接用一阶导数在驻点左右邻近的符号来判别极值.

二、函数的最值及其求法

在许多理论和应用问题中，需要求函数在某区间上的最大值和最小值(统称为最值). 一般地说，函数的最值与极值是两个不同的概念，最值是对整个区间而言的，是全局性的；极值是对极值点的某个邻域而言的，是局部性的. 一般地，函数的极大值未必是最大值，它甚至比某点的极小值还小(见图 3-9). 另外，最值可以在区间的端点取得，而极值则只能在区间内部的点取得.

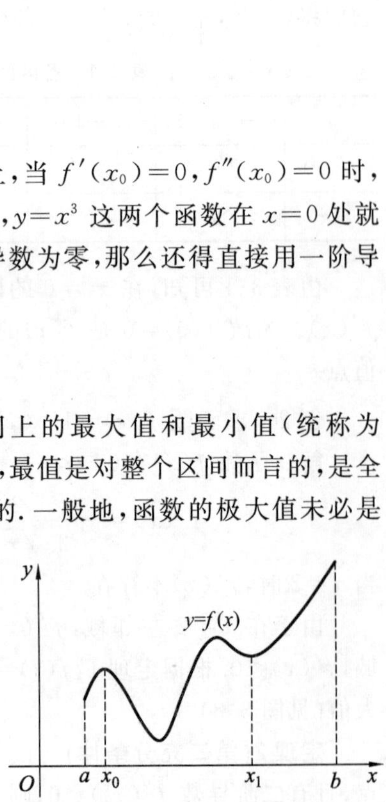

图 3-9

尽管如此，最值和极值还是有一些必然联系. 事实上，设 $f(x)$ 在 $[a,b]$ 上连续，若最大值 M 不在区间端点取得，则必在开区间 (a,b) 内某点取得，从而该点必为极大值点；同样，若最小值不在区间端点取得，则

必在(a,b)内某极小值点取得. 因此，函数的最值必在区间端点或极值点上取得. 这样，求连续函数 $f(x)$在闭区间$[a,b]$上的最值不需新的方法，只需分别计算 $f(x)$在其驻点、导数不存在点，以及端点 a 和 b 处的函数值，然后再加以比较，其中最大者为 $f(x)$在$[a,b]$上的最大值，最小者为 $f(x)$在$[a,b]$上的最小值.

例 4　求函数 $f(x)=x^3-3x+3$ 在$[-3,2]$上的最大值与最小值.

解

$$f'(x)=3x^2-3.$$

令 $f'(x)=0$，得到驻点 $x_1=-1$，$x_2=1$. 由于

$$f(-1)=5,\ f(1)=1,\ f(-3)=-15,\ f(2)=5,$$

比较可得，$f(x)$在 $x=-3$ 取得它在$[-3,2]$上的最小值 $f(-3)=-15$，在 $x=-1$ 或 $x=2$ 取得它在$[-3,2]$上的最大值 $f(-1)=f(2)=5$.

例 5　某矿拟从 A 处掘进一巷道至 C 处，设 AB 为水平方向，长为 600 m，BC 为铅直向下方向，深为 200 m(见图 3-10). 沿水平 AB 方向掘进费用每米 500 元，水平以下为坚硬岩石，掘进费用为每米 1 300 元. 问怎样掘进使费用最省，最省要用多少元？

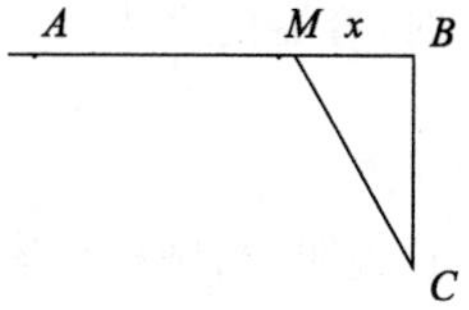

图 3-10

解　如图 3-10 所示，设掘进线路为折线 AMC，点 M 距点 B 为 x，掘进总费用为 P，则

$$P=500(600-x)+1\,300\sqrt{200^2+x^2}.$$

于是，问题归结为：求 $x\in[0,600]$，使函数 P 的值最小.

先求 P 对 x 的导数

$$P'=-500+\frac{1\,300x}{\sqrt{200^2+x^2}}.$$

令 $P'=0$ 得驻点 $x=\frac{250}{3}$ m，比较函数 $P(x)$在 $x=0$，$x=600$ 及 $x=\frac{250}{3}$三点的值知 $x=\frac{250}{3}$为函数 $P(x)$在区间$[0,600]$上最小值，即 $MB=\frac{250}{3}$ m 时总费用最小，最小值为 540 000 元.

注 2　如函数 $f(x)$在闭区间$[a,b]$上连续，在开区间(a,b)内可导，且 x_0 为 $f(x)$在开区间(a,b)内的唯一驻点时，若 x_0 为 $f(x)$的极大值点(或极小值点)，则 x_0 也就是 $f(x)$在$[a,b]$上的最大值点(或最小值点). 将闭区间改为其他形式的区间，结论仍成立.

注 3　有时根据实际问题本身的意义可以断定，函数在定义区间内部确有最大值或最小值. 这时，如果方程 $f'(x)=0$ 在定义区间内只有一个根 x_0，即可断定 $f(x_0)$是最大值或最小值. 如例 5 就可根据实际问题本身的意义断定 $x=\frac{250}{3}$ m 时费用取最小值.

例 6　要制造一个容积为 V(单位：m^3)的圆柱形密闭容器. 问容器的高和底圆半径各为多少，用料最省？

解　依题意，用料最省就是要求表面积最小. 设该容器的高为 h，底圆半径为 r，则表面积为

$$S=2\pi r^2+2\pi rh.$$

由于容积 $V=\pi r^2 h$，于是 $h=\dfrac{V}{\pi r^2}$，代入得

$$S=S(r)=2\pi r^2+2\pi r\cdot\frac{V}{\pi r^2}=2\pi r^2+\frac{2V}{r}.$$

由 $S'=4\pi r-\dfrac{2V}{r^2}=0$ 得唯一的驻点

$$r_0=\left(\frac{V}{2\pi}\right)^{\frac{1}{3}}.$$

又由 $S''=4\pi+\dfrac{4V}{r^3}>0$ 可知，r_0 为 $S(r)$ 的极小值点. 于是，r_0 也是 $S(r)$ 取最小值的点. 此时，容器的高为

$$h_0=\frac{V}{\pi r_0^2}=2r_0\left(\text{因为 } \pi r_0^3=\frac{V}{2}\right).$$

这说明，当圆柱形容器的高与底圆直径相等时，用料最省.

例 7(磁盘的最大存储量) 微型计算机把数据存储在磁盘上，磁盘是带有磁性介质的圆盘，并由操作系统将其格式化成磁道和扇区. 磁道是指不同半径所构成的同心圆轨道，扇区是指被圆心角分隔成的扇形区域. 磁道上的定长弧段可作为基本存储单元，根据其磁化与否分别记录数据 0 或 1. 这个基本单元通常被称为比特(bit). 磁盘的构造如图 3-11 所示. 为了保障磁盘的分辨率，磁道宽度必须大于 p_t，每比特所占用的磁道长度不得小于 p_b. 为了数据检索的便利，磁盘格式化时要求所有磁道要具有相同的比特数.

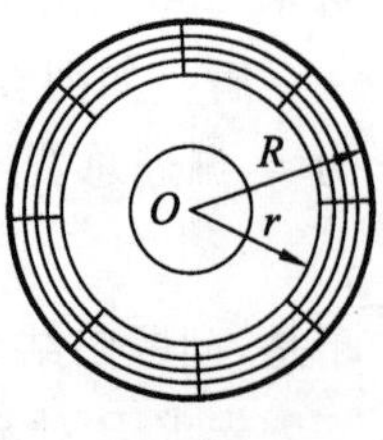

图 3-11

现有一张半径为 R 的磁道，它的存储区是半径介于 r 与 R 之间的环形区域，试确定 r，使磁盘具有最大储存量.

解 存储量=磁道数×每磁道的比特数.

设存储区的半径介于 r 与 R 之间，故磁道数量最多可达$\dfrac{R-r}{p_t}$道. 由于每条磁道上的比特数相同，为获得最大存储量，最内一条磁道必须装满，即每条磁道上的比特数可达到$\dfrac{2\pi r}{p_b}$. 所以，磁道总存储量

$$B(r)=\frac{R-r}{p_t}\cdot\frac{2\pi r}{p_b}=\frac{2\pi}{p_t p_b}r(R-r).$$

为求 $B(r)$ 的极值，计算

$$B'(r)=\frac{2\pi}{p_t p_b}(R-2r),$$

$$B''(r)=\frac{2\pi}{p_t p_b}(-2).$$

令 $B'(r)=0$,解出驻点

$$r=\frac{R}{2}.$$

由于 $B''(r)<0$,在 $r=\frac{R}{2}$处,$B(r)$取得最大值,故当 $r=\frac{R}{2}$时,磁盘具有最大存储量.此时最大存储量是

$$B_{\max}=\frac{\pi}{p_t p_b}\frac{R^2}{2}.$$

习题 3-5

1. 求下列函数的极值:

(1) $y=x^3-3x^2-9x+1$;　　(2) $y=x-\ln(1+x)$;

(3) $y=2x-\ln(4x)^2$;　　(4) $y=2e^x+e^{-x}$;

(5) $y=\frac{\ln^2 x}{x}$.

2. a 为何值时,函数 $f(x)=a\sin x+\frac{1}{3}\sin 3x$ 在 $x=\frac{\pi}{3}$处有极值?是怎样的极值?并求此极值.

3. 求下列函数在所给区间上的最值:

(1) $y=2x^3+3x^2-12x+14$, $x\in[-3,4]$;

(2) $y=\sqrt{x}\ln x$, $x\in\left[\frac{1}{2},1\right]$;

(3) $y=x^2-\frac{54}{x}$, $x\in(-\infty,0)$.

4. 求函数 $y=\left(1+x+\frac{x^2}{2!}+\cdots+\frac{x^n}{n!}\right)e^{-x}$ 的最值(n 为自然数).

5. 正方形的纸板边长为 $2a$,将其四角各剪去一个边长相等的小正方形,做成一个无盖的纸盒.问剪去的小正方形边长等于多少时,纸盒的容积最大?

6. 半径为 R 的圆形铁皮,剪去一圆心角为 α 的扇形(见图 3-12),做成一个漏斗形容器.问 α 为何值时,容器的容积最大?

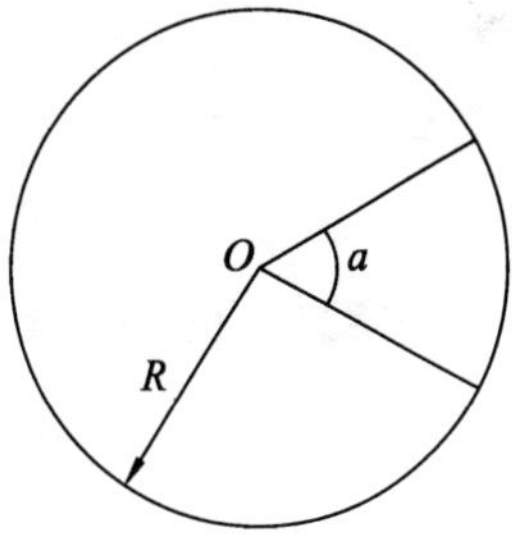

图 3-12

第六节 曲线的凹凸性与拐点

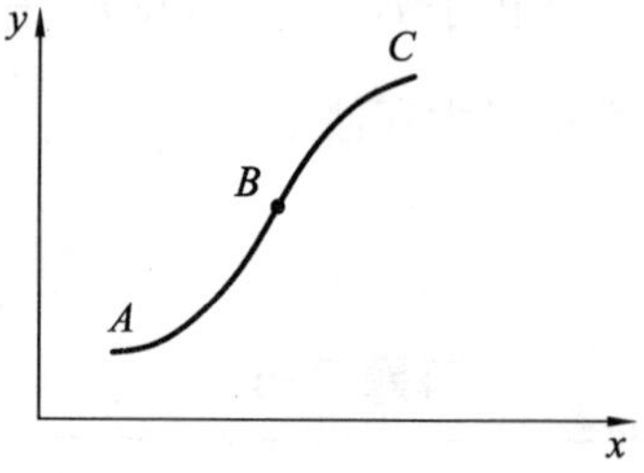

图 3-13

前面我们研究了函数 $f(x)$的单调性，可知曲线 $y=f(x)$的升降情况. 但是，仅此还不够. 如果不知道曲线的弯曲方向，仍不能全面地了解曲线变化的特点，如图 3-13 中的曲线，$\overset{\frown}{AB}$和$\overset{\frown}{BC}$两段曲线弧都是上升的，但它们的图形却有明显的差别，AB 段是向上凹的弧（也称为凹弧），而 BC 段是向上凸的弧（也称为凸弧），它们的凹凸性不同. 因此，有必要研究曲线的凹凸性及其判别法.

由图 3-13 可以看到，如果任取两点，有的曲线弧连接这两点间的弦总位于这两点间的弧段的上方（见图 3-14a)，而有的曲线弧，则正好相反（见图 3-14b). 曲线的这种性质就是曲线的凹凸性. 因此，曲线的凹凸性可以用连接曲线弧上任意两点的弦的中点与曲线弧上的相应点（即具有相同横坐标的点）的位置关系来描述. 下面给出曲线凹凸性的定义.

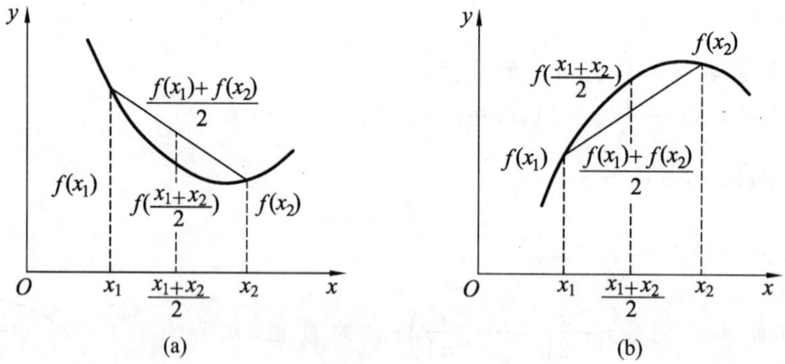

图 3-14

定义 设 $f(x)$在区间 I 上连续，如果对 I 上任意两点 x_1,x_2，恒有

$$f\left(\frac{x_1+x_2}{2}\right)<\frac{f(x_1)+f(x_2)}{2},$$

那么称 $f(x)$在区间 I 上的图形是（向上）凹的；如果恒有

$$f\left(\frac{x_1+x_2}{2}\right)>\frac{f(x_1)+f(x_2)}{2},$$

那么称 $f(x)$在区间 I 上的图形是（向上）凸的.

如果函数 $f(x)$在(a,b)内具有二阶导数，那么可以利用二阶导数的符号来判定曲线的凹凸性，这就是下面的曲线凹凸性的判定定理.

定理 1 设 $f(x)$在$[a,b]$上连续，在(a,b)内具有二阶导数，那么，

(1) 若在(a,b)内，$f''(x)>0$，则 $f(x)$在$[a,b]$上的图形是凹的；

(2) 若在(a,b)内，$f''(x)<0$，则 $f(x)$在$[a,b]$上的图形是凸的.

证 设 x_1 和 x_2 为(a,b)内任意两点，且 $x_1<x_2$. 记 $x_0=\frac{x_1+x_2}{2}$，$\frac{x_2-x_1}{2}=h$，则

$$x_1-x_0=-h,\ x_2-x_0=h.$$

由泰勒中值定理得

$$f(x_1)=f(x_0)-f'(x_0)h+\frac{f''(\xi_1)}{2}h^2,\ x_1<\xi_1<x_0,$$

$$f(x_2)=f(x_0)+f'(x_0)h+\frac{f''(\xi_2)}{2}h^2,\ x_0<\xi_2<x_2.$$

故有

$$f(x_1)+f(x_2)=2f(x_0)+\frac{f''(\xi_1)+f''(\xi_2)}{2}h^2.$$

在情形(1)中，有 $f''(\xi_1)$，$f''(\xi_2)$为正，所以，

$$f(x_1)+f(x_2)>2f(x_0),$$

即

$$\frac{f(x_1)+f(x_2)}{2}>f\left(\frac{x_1+x_2}{2}\right),$$

从而，$f(x)$在$[a,b]$上的图形是凹的.

类似地，可证明情形(2).

例 1 判断曲线 $y=x-\ln(1+x)$的凹凸性.

解 因为

$$y'=1-\frac{1}{1+x},\ y''=\frac{1}{(1+x)^2}>0,$$

所以在函数的定义域$(-1,+\infty)$内，由定理 1 可知，曲线 $y=x-\ln(1+x)$是凹的.

例 2 求曲线 $y=2x^3+3x^2+12x+14$ 的凹凸区间.

解 函数 $y=2x^3+3x^2+12x+14$ 在区间$(-\infty,+\infty)$上连续，

$$y'=6x^2+6x+12,\ y''=12x+6=6(2x+1).$$

令 $y''=0$，得 $x_0=-\frac{1}{2}$. 以 x_0 为分点，将函数的定义域$(-\infty,+\infty)$分为$\left(-\infty,-\frac{1}{2}\right)$和$\left(-\frac{1}{2},+\infty\right)$两个子区间.

在$\left(-\infty,-\frac{1}{2}\right)$内，$y''<0$，所以，曲线在区间$\left(-\infty,-\frac{1}{2}\right)$是凸的；

在$\left(-\frac{1}{2},+\infty\right)$内，$y''>0$，所以曲线在区间$\left(-\frac{1}{2},+\infty\right)$是凹的.

因此，曲线的凸区间为$\left(-\infty,-\frac{1}{2}\right)$，凹区间为$\left(-\frac{1}{2},+\infty\right)$.

一般地，连续曲线凸弧与凹弧的分界点，称为该曲线的**拐点**.

如例 2 中的曲线，其拐点为$\left(-\frac{1}{2},8\frac{1}{2}\right)$.

例 3 求曲线 $y=(x-2)^{\frac{5}{3}}-\frac{5}{9}x^2$ 的凹凸区间和拐点.

解 函数 $y=(x-2)^{\frac{5}{3}}-\frac{5}{9}x^2$ 在区间$(-\infty,+\infty)$上连续,由

$$y'=\frac{5}{3}(x-2)^{\frac{2}{3}}-\frac{10}{9}x,\ y''=\frac{10[1-(x-2)^{\frac{1}{3}}]}{9(x-2)^{\frac{1}{3}}}$$

可知,$x_1=3$ 时,$y''=0$;$x_2=2$ 时,y''不存在,列表(见表 3-2)如下:

表 3-2 曲线 $y=(x-2)^{\frac{5}{3}}-\frac{5}{9}x^2$ 的凹凸区间

x	$(-\infty,2)$	2	$(2,3)$	3	$(3,+\infty)$
y''	$-$	不存在	$+$	0	$-$
y	凸	拐点	凹	拐点	凸

由表 3-2 可知,区间$(-\infty,2]$,$[3,+\infty)$是曲线的凸区间,区间$[2,3]$是曲线的凹区间,点$\left(2,-\frac{20}{9}\right)$与$(3,-4)$是曲线的两个拐点.

习题 3-6

1. 判定曲线 $y=2\ln x$ 的凹凸性.

2. 求下列函数图形的拐点及凹凸区间:

(1) $y=3x^2-x^3$;

(2) $y=\sqrt{1+x^2}$;

(3) $y=\sqrt[3]{x}$;

(4) $y=f(x)=\frac{3}{5}x^{\frac{5}{3}}-\frac{3}{2}x^{\frac{2}{3}}+1$;

(5) $y=\ln(1+x^2)$;

(6) $y=\frac{x^3}{x^2+12}$;

(7) $y=(1+x^2)e^x$;

(8) $y=xe^{-x}$.

3. 问 a,b 为何值时,点$(1,3)$为曲线 $y=ax^3+bx^2$ 的拐点? 这时曲线的凹凸区间是什么?

4. 试决定 $y=k(x^2-3)^2$ 中 k 的值,使曲线的拐点处的法线通过原点.

5. 问 a,b 为何值时,点$(1,3)$是曲线 $y=ax^4+bx^3$ 的拐点?

第七节 函数作图

一、曲线的渐近线

在平面上,当曲线伸向无穷远时,一般很难把它画准确,但是如果曲线伸向无穷远处时能渐渐靠近一条直线,那么就可以很快作出趋于无穷远处这条曲线的走向趋势.

定义　当曲线 $y=f(x)$ 上的一动点 M 沿着曲线移向无穷远时，点 M 到一定直线 L 的距离趋向于零，那么直线 L 就称为曲线 $y=f(x)$ 的一条渐近线.

渐近线一般有以下几种类型.

1. 水平渐近线

如果函数满足

$$\lim_{x\to+\infty} f(x)=C \text{ 或 } \lim_{x\to-\infty} f(x)=C,$$

则直线 $y=C$ 为曲线 $y=f(x)$ 的水平渐近线.

例如，由于 $\lim\limits_{x\to\infty}\dfrac{1}{x}=0$，所以 $y=0$ 为曲线 $y=\dfrac{1}{x}$ 的水平渐近线.

2. 铅直渐近线

如果函数满足

$$\lim_{x\to x_0} f(x)=+\infty \text{ 或 } \lim_{x\to x_0} f(x)=-\infty,$$

则直线 $x=x_0$ 为曲线 $y=f(x)$ 的铅直渐近线.

例如，由于 $\lim\limits_{x\to0^+}\mathrm{e}^{\frac{1}{x}}=\infty$，所以 $x=0$ 为曲线 $y=\mathrm{e}^{\frac{1}{x}}$ 的铅直渐近线.

3. 斜渐近线

如果曲线 $y=f(x)$ 上一动点沿曲线无限远离原点时，无限接近某直线 $y=ax+b$，其中 a 和 b 为常数，$a\neq0$，即

$$\lim_{x\to+\infty}[f(x)-(ax+b)]=0 \text{ 或 } \lim_{x\to-\infty}[f(x)-(ax+b)]=0 \tag{1}$$

成立，则直线 $y=ax+b$ 为曲线 $y=f(x)$ 的渐近线(见图 3-15).

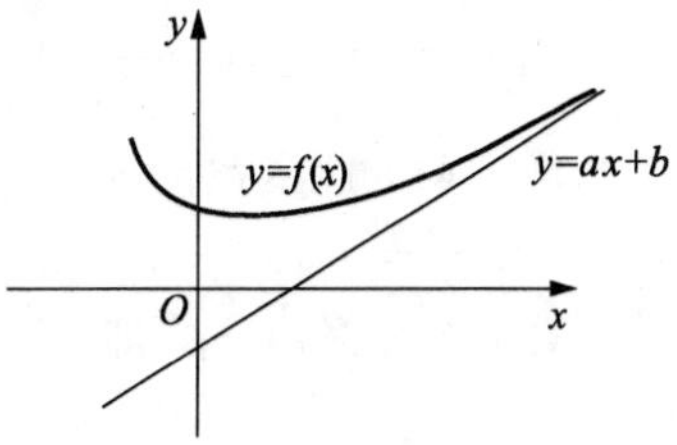

图 3-15

当式(1)成立时有

$$\lim_{x\to\pm\infty} x\left[\frac{f(x)}{x}-a-\frac{b}{x}\right]=0.$$

因为 x 为无穷大量，所以有

$$\lim_{x\to\pm\infty}\left[\frac{f(x)}{x}-a\right]=0,$$

即 $a=\lim\limits_{x\to\pm\infty}\dfrac{f(x)}{x}$. 至于 b 的求法可将求出的 a 代入 $b=\lim\limits_{x\to\pm\infty}[f(x)-ax]$，即可求出 b.

例 1　求曲线 $y=\dfrac{x^2}{2x-1}$ 的渐近线.

解　由于

$$\lim_{x\to\frac{1}{2}}\frac{x^2}{2x-1}=\infty,$$

可见该曲线有铅直渐近线 $x=\dfrac{1}{2}$，而无水平渐近线. 又由于

$$a=\lim_{x\to\infty}\frac{f(x)}{x}=\lim_{x\to\infty}\frac{x^2}{x(2x-1)}=\frac{1}{2},$$

$$b=\lim_{x\to\infty}\left[f(x)-\frac{1}{2}x\right]=\lim_{x\to\infty}\frac{x}{2(2x-1)}=\frac{1}{4}.$$

故该曲线有斜渐近线

$$y=\frac{1}{2}x+\frac{1}{4}.$$

二、函数作图方法

随着计算机的普及，在计算机上作出函数的图形是极其容易的. 但是，如果不了解函数的特性，绘图时窗口及参数的选择不当，也会使计算机绘出的图形丢失很多的信息，造成图形的失真. 如在区间[0,0.2]上作出函数 $y=\sin x$ 的图形，反映出来的图形是一个单调增加的函数，而对称性与周期性是不能反映出来的. 本节讨论的函数作图，实际上是用分析的方法了解函数的一些重要特性，这些特性主要包括：

(1) 确定函数的定义域；

(2) 确定曲线关于坐标轴的对称性及周期性；

(3) 确定曲线与坐标轴的交点(如果不易确定，不必强求)；

(4) 确定函数的增减性、极大值与极小值；

(5) 确定曲线的凹凸性和拐点；

(6) 确定曲线的渐近线.

例 2 作函数 $y=\frac{x^3}{3}-x^2+2$ 的图形.

解 (1) 此函数的定义域为$(-\infty,+\infty)$.

(2) $y'=f'(x)=x^2-2x$，$y''(x)=2x-2$.

(3) 令 $f'(x)=0$，即 $x^2-2x=0$，得

$$x_1=0,\ x_2=2.$$

因 $f''(0)=-2<0$，故 $f(0)=2$ 是极大值. 又因 $f''(2)=2>0$，故 $f(2)=\frac{2}{3}$是极小值. 由 $y''(1)=0$ 知点$\left(1,\frac{4}{3}\right)$为曲线拐点.

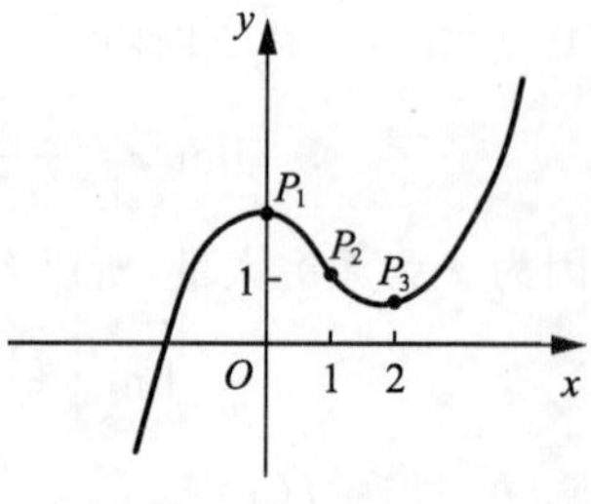

图 3-16

把上面的结果列于表 3-3，并根据表 3-3 描出所需曲线(见图 3-16).

表 3-3　曲线 $y=\frac{x^3}{3}-x^2+2$ 的区间特性

x	$(-\infty,0)$	0	$(0,1)$	1	$(1,2)$	2	$(2,+\infty)$
$f'(x)$	+	0	−		−	0	+
$f''(x)$	−	−	−	0	+	+	+
$f(x)$	增加	2	减少	$\frac{4}{3}$	减少	$\frac{2}{3}$	增加
$y=f(x)$	凸	极大	凸	拐点	凹	极小	凹

例 3　作函数 $f(x)=\frac{1}{\sqrt{2\pi}}e^{-\frac{x^2}{2}}$ 的图形.

解　(1) 函数的定义域为 $(-\infty,+\infty)$，且该函数为偶函数，其图形关于 y 轴对称. 因此，可先研究 $x>0$ 时的函数图形.

(2) $f'(x)=-\frac{x}{\sqrt{2\pi}}e^{-\frac{x^2}{2}}<0\ (x>0)$，$f''(x)=\frac{x^2-1}{\sqrt{2\pi}}e^{-\frac{x^2}{2}}$.

(3) 令 $f''(x)=0$，得 $x_0=1(x>0)$. 以 $x_0=1$ 为分点，将 $(0,+\infty)$ 划分为 $(0,1)$ 和 $(1,+\infty)$ 两个子区间，并讨论 $f'(x)$ 和 $f''(x)$ 在这两个子区间的符号. 讨论结果列于表 3-4.

表 3-4　曲线 $f(x)=\frac{1}{\sqrt{2\pi}}e^{-\frac{x^2}{2}}$ 的区间特性

x	0	$(0,1)$	1	$(1,\infty)$
$f'(x)$	0	$-$	$-$	$-$
$f''(x)$	$-$	$-$	0	$+$
$y=f(x)$	$\frac{1}{\sqrt{2\pi}}$	减少，凸	拐点	减少，凹

从表中知，曲线的拐点为 $\left(1,\frac{1}{\sqrt{2\pi e}}\right)$，$x=0$ 为函数的极大值点.

(4) 由于 $\lim\limits_{x\to\infty}f(x)=\lim\limits_{x\to\infty}\frac{1}{\sqrt{2\pi}}e^{-\frac{x^2}{2}}=0$，所以 $y=0$ 为曲线的水平渐近线.

(5) 描出点 $\left(0,\frac{1}{\sqrt{2\pi}}\right)$，$\left(1,\frac{1}{\sqrt{2\pi e}}\right)$，并画出曲线在 y 轴右侧的图形，然后按 y 轴对称，画出 y 轴左侧的图形(见图 3-17).

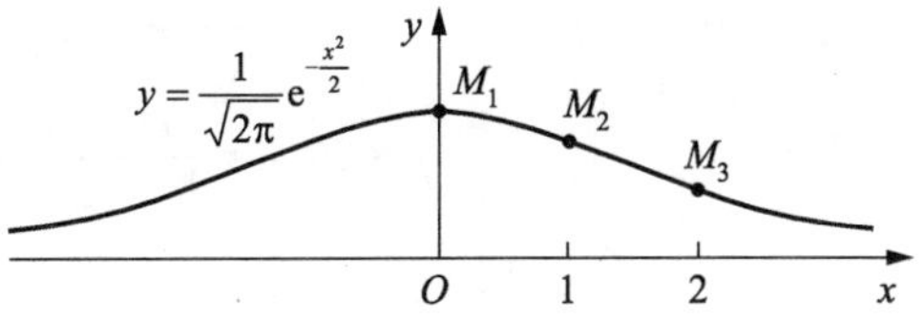

图 3-17

例 4　作函数 $y=\frac{x^2}{x-1}$ 的图形.

解　(1) 函数定义域为 $(-\infty,1)\cup(1,+\infty)$. $x=1$ 为间断点.

因为 $\lim\limits_{x\to1}\frac{x^2}{x-1}=\infty$，所以 $x=1$ 是铅直渐近线，又

$$a=\lim_{x\to\infty}\frac{f(x)}{x}=\lim_{x\to\infty}\frac{x^2}{x(x-1)}=1,$$

$$b=\lim_{x\to\infty}[f(x)-x]=\lim_{x\to\infty}\left[\frac{x^2}{(x-1)}-x\right]$$
$$=\lim_{x\to\infty}\frac{x^2-x(x-1)}{(x-1)}=1,$$

所以曲线有斜渐近线 $y=x+1$.

(2) $y'=\frac{x(x-2)}{(x-1)^2}$，$y''=\frac{2}{(x-1)^3}$.

(3) 令 $y'=0$ 得

$$x_1=0,\ x_2=2.$$

因 $y''|_{x=0}=-2<0$,故 $x=0$ 为函数极大值点，

$$y|_{x=0}=0;$$

因 $y''|_{x=2}=2>0$,故 $x=2$ 为函数极小值点，

$$y|_{x=2}=4.$$

(4) y'及y''在各区间的情况列于表 3-5 并根据表 3-5 描出曲线(见图 3-18).

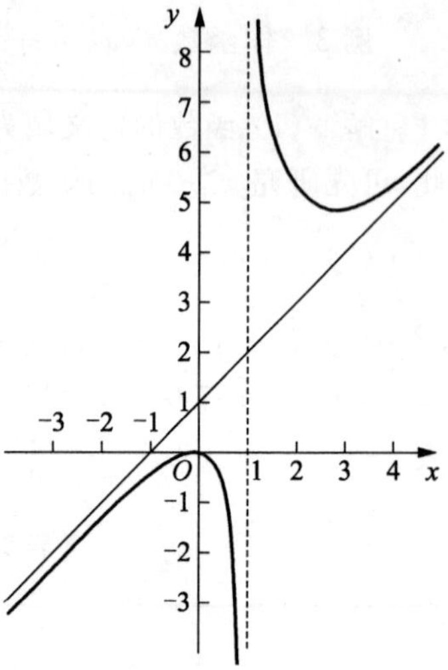

图 3-18

表 3-5 曲线 $y=\frac{x^2}{x-1}$的区间特性

x	$(-\infty,0)$	0	(0,1)	(1,2)	2	$(2,+\infty)$
y'	+	0	−	−	0	+
y''	−	−	−	+	+	+
y	单增,凸	极大	单减,凸	单减,凸	极小	单增,凸

习题 3-7

1. 求下列函数的渐近线：

(1) $y=e^{-\frac{1}{x}}$；　　(2) $y=\frac{e^x}{1+x}$；

(3) $y=e^{-x^2}$；　　(4) $y=\frac{x^3}{x^2+2x-3}$.

2. 画出下列函数的图形：

(1) $y=x^3-x^2-x+1$；

(2) $y=e^{-(x-1)^2}$；

(3) $y=\frac{x^3}{(x-1)^2}$.

△第八节　曲线的曲率

一、曲率概念

在实际问题中，有时要考虑曲线的弯曲程度问题. 例如，设计铁路、公路的弯道，以及在机械、土建工程中各种桥梁的弯曲变形等. 为了研究曲线的弯曲程度，我们引入曲率概念.

在图 3-19 中可以看到，弧段$\overset{\frown}{M_1M_2}$比较平直，当动点沿这段弧从 M_1 移动到 M_2 时，切线转过的角度(简称转角)$\Delta\alpha_1$ 不大，而弧段$\overset{\frown}{M_2M_3}$弯曲得比较厉害，转角 $\Delta\alpha_2$ 就比较大.

但是，转角的大小还不能完全反映曲线弯曲的程度. 例如，在图 3-20 中可以看到，尽管两段曲线弧$\overset{\frown}{M_1M_2}$及$\overset{\frown}{N_1N_2}$的转角 $\Delta\alpha$ 相同，然而弯曲程度并不相同，短弧段比长弧段弯曲得厉害些. 由此可见，曲线弧的弯曲程度还与弧段的长度有关.

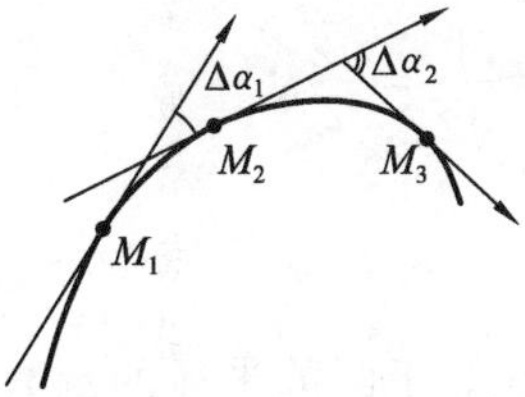

图 3-19

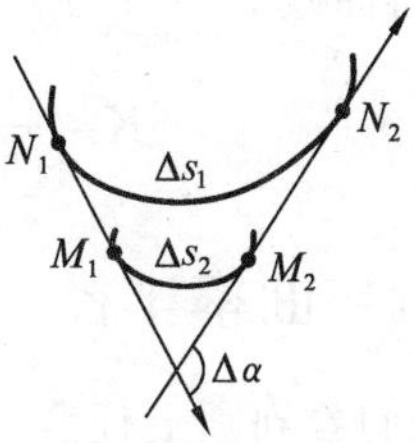

图 3-20

设曲线 $y=f(x)$上一段弧$\overset{\frown}{MN}$(见图 3-21). 通常用比值$\frac{|\Delta\alpha|}{|\Delta s|}$，即单位弧段上切线转角的大小来表示弧段$\overset{\frown}{MN}$的平均弯曲程度，称此比值为弧$\overset{\frown}{MN}$的平均曲率，记作 $\bar{k}=\frac{|\Delta\alpha|}{|\Delta s|}$.

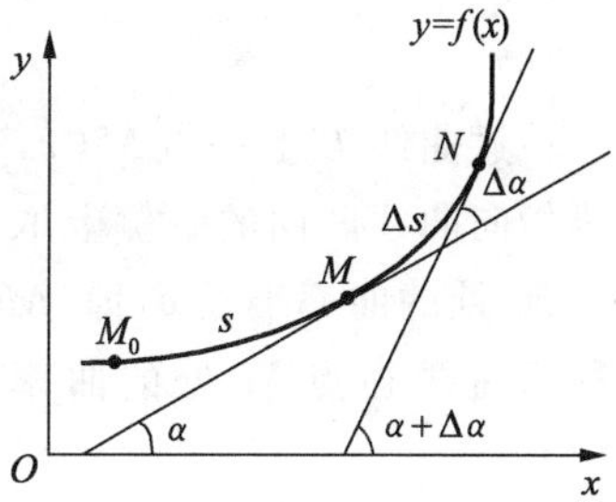

图 3-21

一般地，曲线在各点处的弯曲情况常常不一样，因此，就需要讨论每一点处的曲率. 类似于从平均速度引进瞬时速度的方法，当 $\Delta s\to 0$ 时(即 $N\to M$ 时，见图 3-21)，上述平均曲率的极限叫做曲线 $y=f(x)$在点 M 处的曲率，记作 K，即

$$K=\lim_{\Delta s\to 0}\left|\frac{\Delta\alpha}{\Delta s}\right|=\left|\frac{\mathrm{d}\alpha}{\mathrm{d}s}\right|.$$

所以曲线的曲率是切线倾角对弧长的变化率.

可以证明，若曲线的直角坐标方程是 $y=f(x)$，且 $f(x)$具有二阶导数(这时 $f'(x)$连续，从而曲线是光滑的)，则曲线上点$(x,f(x))$处的曲率为

$$K=\frac{|y''|}{(1+y'^2)^{\frac{3}{2}}}. \tag{1}$$

利用式(1)可以得到，若 $f(x)$ 为线性函数 $y=ax+b$，a,b 为常数，则 $y''=0$. 因此，直线的曲率为零. 若曲线是由方程 $(x-x_0)^2+(y-y_0)^2=R^2$ 确定的圆，则可以得到此时的曲率为常数 $K=\frac{1}{R}$. 这说明圆的曲率处处相同，而且等于圆的半径的倒数. 这个结论是符合实际的. 同一个圆的弯曲程度处处一样；不同的圆，半径大的曲率小，半径小的曲率大.

例 1　计算双曲线 $xy=1$ 在点(1,1)处的曲率.

解　由 $y=\frac{1}{x}$，得

$$y'=-\frac{1}{x^2},\ y''=\frac{2}{x^3}.$$

因此，
$$y'|_{x=1}=-1,\ y''|_{x=1}=2.$$

代入公式(1)，便得曲线 $xy=1$ 在点(1,1)处的曲率为

$$K=\frac{2}{[1+(-1)^2]^{\frac{3}{2}}}=\frac{1}{\sqrt{2}}=\frac{\sqrt{2}}{2}.$$

二、曲率圆与曲率半径

在例 1 中，我们看到圆上任意一点的曲率正好等于圆的半径的倒数. 对于一般曲线，我们把 $y=f(x)$ 上一点处的曲率 K 的倒数也叫做曲线在该点处的曲率半径，并记作 ρ，即

$$\rho=\frac{1}{K}=\left|\frac{(1+y'^2)^{\frac{3}{2}}}{y''}\right|.$$

过曲线 L 上一点 $M(x,y)$ 作曲线的法线(见图 3-22)，在法线指向曲线凹向的一侧上取一点 C，使得 MC 的长等于曲线在点 M 处的曲率半径 ρ，即 $|MC|=\rho$. 以 C 以中心，ρ 为半径的圆称为曲线在点 M 处的曲率圆，C 称为曲线在点 M 处的曲率中心.

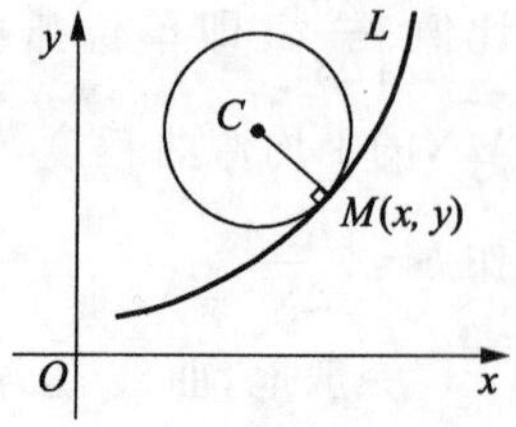

图 3-22

例 2　设工件内表面的截线为抛物线 $y=0.4x^2$. 现要用砂轮磨削其内表面，问用直径多大的砂轮比较合适？

解　利用曲率计算公式(1)，可求得抛物线 $y=0.4x^2$ 上任一点处的曲率为

$$K=\frac{0.8}{(1+0.64x^2)^{\frac{3}{2}}}.$$

于是，当 $x=0$ 时曲率最大，或 $x=0$ 时曲率半径最小，曲率半径最小值为 1.25. 因此，选用砂轮的直径应小于 2.50 个长度单位.

例 3　一飞机沿抛物线路径 $y=\frac{x^2}{4\,000}$(单位：m)做俯冲飞行，在原点 O 处的速度为

$v=400\ \mathrm{m/s}$，飞行员体重为 70 kg，求俯冲到原点时飞行员对座椅的压力(见图 3-23)．

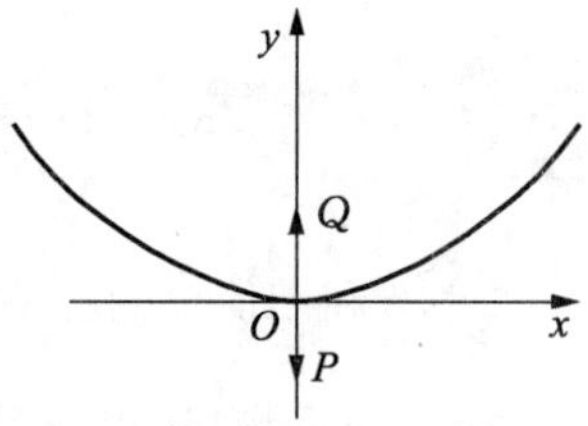

图 3-23

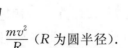

解　在点 O，飞行员受到两个力作用，即重力 P 和座椅对飞行员的反力 Q，它们的合力 $Q-P$ 为飞行员随飞机俯冲到点 O 时所需的向心力 F．于是

$$Q-P=F，即\ Q=P+F.$$

物体做匀速圆周运动时，向心力为

$$\frac{mv^2}{R}\ (R\ 为圆半径).$$

点 O 可以看成是曲线在这点的曲率圆上的点，所以在这点的向心力为

$$F=\frac{mv^2}{\rho}\ (\rho\ 为点\ O\ 的曲率半径).$$

因为

$$y'=\frac{x}{2\,000}\bigg|_{x=0}=0,\ y''=\frac{1}{2\,000},$$

故曲线在点 O 的曲率 $K=\frac{1}{2\,000}$．而 $\rho=2\,000\ \mathrm{m}$，所以

$$F=\frac{70\times400^2}{2\,000}=5\,600\ \mathrm{N},$$

从而

$$Q=70\times9.8+5\,600=6\,286\ \mathrm{N}.$$

因为飞行员对座椅的压力和座椅对飞行员的反力相等(方向相反)，故飞行员对座椅的压力为 6 286 N．

△习题 3-8

1．求下列曲线在指定点的曲率及曲率半径：

(1) $y=x^2+x$ 在原点处；

(2) $\frac{x^2}{4}+y^2=1$ 在点(0,1)处．

2．抛物线 $y=ax^2+bx+c$ 上哪一点处的曲率最大？

3．证明 $y=a\operatorname{ch}\frac{x}{a}$ 在任何一点处的曲率半径为 $\frac{y^2}{a}$．

4．求曲线 $y=\tan x$ 在点 $\left(\frac{\pi}{4},1\right)$ 处的曲率圆方程．

5．汽车连同载货共 5 t，在抛物线拱桥上行驶速度为每小时 21.6 km，桥的跨度为 10 m，拱的矢高为 0.25 m(见图 3-24)．求汽车越过桥顶时对桥的压力($g=9.8\ \mathrm{m/s^2}$)．

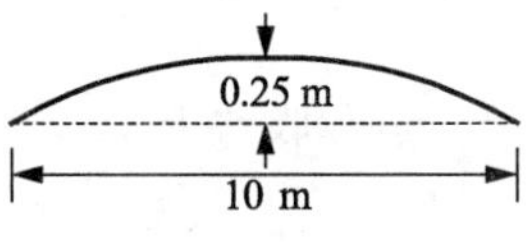

图 3-24

△第九节　变化率及相对变化率在经济中的应用

本节利用简单的经济学中的函数，介绍边际函数和函数的弹性等基本概念.

一、函数的变化率——边际函数

设函数 $y=f(x)$ 可导，导函数 $f'(x)$ 称为 $f(x)$ 的边际函数. $f(x)$ 在点 $x=x_0$ 处的导数 $f'(x_0)$ 称为 $f(x)$ 在点 $x=x_0$ 处的变化率，也称为 $f(x)$ 在点 $x=x_0$ 处的边际函数值. 它表示 $f(x)$ 在点 $x=x_0$ 处的变化速度.

$$\frac{\Delta y}{\Delta x}=\frac{f(x_0+\Delta x)-f(x_0)}{\Delta x}$$

称为 $f(x)$ 在 $(x_0,x_0+\Delta x)$ 内的平均变化率，它表示 $f(x)$ 在 $(x_0,x_0+\Delta x)$ 内的平均变化速度.

在点 $x=x_0$ 处，x 从 x_0 改变一个单位，y 相应改变的值应为 $\Delta y\Big|_{\substack{x=x_0\\ \Delta x=1}}$. 但当 x 改变的"单位"很小时，或 x 的"一个单位"与 x_0 值相对来说很小时，则有

$$\Delta y\Big|_{\substack{x=x_0\\ \Delta x=1}}\approx \mathrm{d}y\Big|_{\substack{x=x_0\\ \mathrm{d}x=1}}=f'(x)\mathrm{d}x\Big|_{\substack{x=x_0\\ \mathrm{d}x=1}}=f'(x_0).$$

这说明 $f(x)$ 在点 $x=x_0$ 处，当 x 产生一个单位的改变时，y 近似改变 $f'(x_0)$ 个单位. 在应用问题中解释边际函数值的具体意义时，我们常常略去"近似"二字.

例如，函数 $y=x^2$ 在点 $x=5$ 处的边际函数值

$$y'(5)=2x|_{x=5}=10$$

表示当 $x=5$ 时，x 改变一个单位，y(近似)改变 10 个单位.

对于成本函数 $C=C(Q)$ (C 为总成本，Q 为产量)，其变化率 $C'=C'(Q)$ 称为边际成本，$C'(Q_0)$ 称为当产量为 Q_0 时的边际成本. 类似地有边际收益、边际利润等.

例 1　设某产品的价格与销售量的关系为

$$P=10-\frac{Q}{5}.$$

(1) 求销售量为 30 时的总收益、平均收益与边际收益；

(2) 若成本函数 $C=50+2Q$，问产量为多少时总利润 L 最大？

解　(1) 总收益 $R(Q)=QP(Q)=10Q-\dfrac{Q^2}{5}$，则 $R(30)=120$.

平均收益 $\overline{R}(Q)=P(Q)=10-\dfrac{Q}{5}$，则 $\overline{R}(30)=4$.

边际收益 $R'(Q)=10-\dfrac{2}{5}Q$，则 $R'(30)=-2$.

(2) 总利润

$$L(Q)=R(Q)-C(Q)=8Q-\frac{Q^2}{5}-50,$$

$$L'(Q)=8-\frac{2}{5}Q.$$

令 $L'(Q)=0$,得 $Q=20$,又 $L''(20)<0$,所以当 $Q=20$ 时,总利润 L 最大.

例 2　某工厂生产某种产品,固定成本 20 000 元,每生产一单位产品,成本增加 100 元,已知总收益 R 是年产量 Q 的函数

$$R=R(Q)=\begin{cases}400Q-\frac{1}{2}Q^2, & 0\leqslant Q\leqslant 400,\\ 80\,000, & Q>400.\end{cases}$$

问每年生产多少产品时,总利润最大?此时总利润是多少?

解　根据题意,总成本函数为

$$C=C(Q)=20\,000+100Q,$$

从而可得总利润函数为

$$L=L(Q)=R(Q)-C(Q)=\begin{cases}300Q-\frac{Q^2}{2}-20\,000, & 0\leqslant Q\leqslant 400,\\ 60\,000-100Q, & Q>400.\end{cases}$$

容易求得分段函数 $L(Q)$ 在 $Q=400$ 时是可导的,且

$$L'(Q)=\begin{cases}300-Q, & 0\leqslant Q\leqslant 400,\\ -100, & Q>400.\end{cases}$$

令 $L'(Q)=0$,得 $Q=300$.又 $L''(300)<0$,所以 $Q=300$ 时,L 最大.此时

$$L(300)=25\,000,$$

即当年产量为 300 个单位时,总利润最大,此时总利润为 25 000 元.

二、函数的相对变化率——函数的弹性

前面讨论的函数改变量与函数变化率是绝对改变量与绝对变化率,但在应用中,仅仅研究函数的绝对改变量与绝对变化率还是不够的.例如,商品甲每单位价格 10 元,涨价 1 元;商品乙每单位价格 1 000 元,也涨价 1 元.每种商品价格的绝对改变量都是 1 元,但与其原价相比,两者涨价的百分比却有很大的不同,商品甲涨了 10%,而商品乙涨了 0.1%.因此我们还有必要研究函数的相对改变量与相对变化率.

例如,$y=x^2$,当 x 由 10 改变到 12 时,y 由 100 改变到 144,此时自变量与因变量的绝对改变量分别为 $\Delta x=2$,$\Delta y=44$.而

$$\frac{\Delta x}{x}=20\%,\ \frac{\Delta y}{y}=44\%,$$

这表示当从 $x=10$ 改变到 $x=12$ 时,x 产生了 20%的改变,y 产生了 44%的改变.这就是相对改变量.

同样地，

$$\frac{\Delta y/y}{\Delta x/x}=\frac{44\%}{20\%}=2.2,$$

这表示在(10,12)内，从 $x=10$ 开始，x 每改变 1%时，y 平均改变 2.2%，我们称之为从 $x=10$ 到 $x=12$，函数 $y=x^2$ 的平均相对变化率.

一般地，我们有如下定义.

定义 设函数 $y=f(x)$在点 $x=x_0$ 处可导，函数的相对改变量

$$\frac{\Delta y}{y}=\frac{f(x_0+\Delta x)-f(x_0)}{f(x_0)}$$

与自变量的相对改变量$\frac{\Delta x}{x_0}$之比$\frac{\Delta y/y_0}{\Delta x/x_0}$称为函数 $f(x)$从 $x=x_0$ 到 $x=x_0+\Delta x$ 两点间的相对变化率，或称为两点间的弹性. 当 $\Delta x\to 0$ 时，$\frac{\Delta y/y_0}{\Delta x/x_0}$的极限称为 $f(x)$在 $x=x_0$ 点处的相对变化率或弹性，记作

$$\left.\frac{\mathrm{E}y}{\mathrm{E}x}\right|_{x=x_0} \text{或} \frac{\mathrm{E}}{\mathrm{E}x}f(x_0),$$

即
$$\left.\frac{\mathrm{E}y}{\mathrm{E}x}\right|_{x=x_0}=\lim_{\Delta x=0}\frac{\Delta y/y_0}{\Delta x/x_0}=\lim_{\Delta x=0}\frac{\Delta y}{\Delta x}\cdot\frac{x_0}{x_0}=f'(x_0)\frac{x_0}{f(x_0)}.$$

对一般的 x，若 $f(x)$可导，则

$$\frac{\mathrm{E}y}{\mathrm{E}x}=\lim_{\Delta x=0}\frac{\Delta y/y}{\Delta x/x}=\lim_{\Delta x=0}\frac{\Delta y}{\Delta x}\cdot\frac{x}{x}=y'\frac{x}{y}$$

是 x 的函数，称为 $f(x)$的弹性函数.

函数 $f(x)$在点 x 的弹性$\frac{\mathrm{E}}{\mathrm{E}x}f(x)$反映了随着 x 的变化 $f(x)$变化幅度的大小，也就是 $f(x)$对 x 的变化反应的强烈程度或灵敏度.

$\frac{\mathrm{E}}{\mathrm{E}x}f(x_0)$表示在点 $x=x_0$ 处，当 x 产生 1%的改变时，$f(x)$近似地改变$\frac{\mathrm{E}}{\mathrm{E}x}f(x)\%$. 在应用问题中解释弹性的具体意义时，我们略去“近似”二字.

注 两点间的弹性是有方向性的，因为“相对性”是相对初始值而言的.

例 3 求函数 $y=100\mathrm{e}^{3x}$ 的弹性函数$\frac{\mathrm{E}y}{\mathrm{E}x}$及函数在点 $x=2$ 的弹性.

解
$$y'=300\mathrm{e}^{3x},$$

$$\frac{\mathrm{E}y}{\mathrm{E}x}=300\mathrm{e}^{3x}\frac{x}{100\mathrm{e}^{3x}}=3x,$$

$$\left.\frac{\mathrm{E}y}{\mathrm{E}x}\right|_{x=2}=3\times 2=6.$$

例 4 求幂函数 $y=x^a$（a 为常数）的弹性函数.

解
$$y'=ax^{a-1},$$

$$\frac{Ey}{Ex}=ax^{a-1}\frac{x}{x^a}=a.$$

可以看出，幂函数的弹性函数为常数，即在任意点处弹性不变，所以称为不变弹性函数.

例 5　设某商品需求函数为

$$Q=f(P)=12-\frac{P}{2}.$$

(1) 求需求弹性函数及 $P=6$ 时的需求弹性；

(2) 在 $P=6$ 时，若价格上涨 1%，总收益增加还是减少？将变化百分之几？

(3) P 为何值时，总收益最大？最大的总收益是多少？

解　(1)

$$\frac{EQ}{EP}=-\frac{1}{2}\times\frac{P}{12-\frac{P}{2}}=-\frac{P}{24-P},$$

$$\left.\frac{EQ}{EP}\right|_{P=6}=-\frac{6}{24-6}=-\frac{1}{3}.$$

(2)

$$R=PQ(P)=12P-\frac{P^2}{2},$$

$$\frac{ER}{EP}=\frac{P}{R}R'=\frac{P}{RP-\frac{P^2}{2}}(12-P).$$

$P=6$ 时，$\frac{ER}{EP}=\frac{2}{3}\approx 0.677>0$.

所以，$P=6$ 时，价格上涨，总收益将增加，价格上涨 1%，总收益约增加 0.67%.

(3)

$$R'=12-P.$$

令 $R'=0$，解得

$$P=12,\ R(12)=72.$$

所以，当 $P=12$ 时总收益最大，最大总收益为 72.

△习题 3-9

1. 某工厂生产甲产品，年产量为 Q(百台)，总成本为 C(万元)，其中固定成本为 2 万元，每生产 1 百台，成本增加 1 万元，市场上每年可销售此商品 4 百台，其销售收入 R 是 Q 的函数

$$R=R(Q)=\begin{cases}4Q-\frac{1}{2}Q^2, & 0\leqslant Q\leqslant 4,\\ 8, & Q>4.\end{cases}$$

问每年生产多少台，使总利润 L 最大？

2. 设某商品的总成本函数为 $C=50+2Q$，需求函数 $P=20-\frac{Q}{2}$，其中 P 为该商品单价，Q 为产量. 求总利润最大时的产量，即最大产量.

3. 某商品成本函数 $C=15Q-6Q^2+Q^3$，Q 为生产量.

(1) 生产量为多少时,可使平均成本最小?

(2) 求出边际成本,并验证当平均成本达最小时,边际成本等于平均成本.

4. 设某商品需求量 Q 对价格 P 的函数关系为 $Q=f(P)=1\,600\left(\frac{1}{4}\right)^P$. 求需求 Q 对于价格 P 的弹性函数.

5. 设某商品需求函数为 $Q=\mathrm{e}^{-\frac{P}{4}}$,求需求弹性函数及 $P=3,P=4,P=5$ 时的需求弹性.

6. 某商品的需求函数为 $Q=Q(P)=75-P^2$.

(1) 求 $P=4$ 时的边际需求,并说明其经济意义;

(2) 求 $P=4$ 时的需求弹性,并说明其经济意义;

(3) 当 $P=4$ 时,若价格 P 上涨 1%,总收益将变化百分之几? 是增加还是减少?

(4) 当 $P=6$ 时,若价格 P 上涨 1%,总收益将变化百分之几? 是增加还是减少?

(5) P 为多少时,总收益最大?

△第十节 方程的近似解

在科学技术和工程应用中,经常会遇到求解高次代数方程或其他类型方程的问题. 精确求解常常是不可能的,因此,就需要寻求方程的近似解,即求方程的实根的近似值. 最简单且容易编程计算的是二分法.

一、二分法

设函数 $f(x)$在区间$[a,b]$上连续,$f(a)\cdot f(b)<0$,利用连续函数的零点定理,函数 $f(x)$在区间(a,b)内必有零点,即方程 $f(x)=0$ 在(a,b)内存在一个实根 x^*. 为了求出这个根,我们取其中点 $x_0=\frac{1}{2}(a+b)$将区间$[a,b]$分为两半,然后检查 $f(x_0)$与 $f(b)$是否为异号. 如果确系为异号,说明所求的根 x^* 位于区间$[x_0,b]$内. 这时,令 $a_1=x_0,b_1=b$. 否则,根 x^* 位于区间$[a,x_0]$内,此时取 $a_1=a,b_1=x_0$. 这样得到新的包含根的区间(a_1,b_1),其长度仅为(a,b)的一半.

对压缩了的区间(a_1,b_1)又可施行同样的手续,即用中点 $x_1=\frac{1}{2}(a_1+b_1)$将区间(a_1,b_1)再分为两半,然后通过检查 $f(x_1)$与 $f(b_1)$的符号,又确定一个新的包含根的区间(a_2,b_2),其长度是(a_1,b_1)的一半.

如此反复二分下去,便可得到一系列包含根的区间

$$[a,b],[a_1,b_1],[a_2,b_2],\cdots,[a_k,b_k],\cdots,$$

其中,每个区间都是前一个区间长度的一半,因此,区间$[a_k,b_k]$的长度

$$b_k-a_k=\frac{1}{2^k}(b-a).$$

显然，如果二分过程无限地继续下去，这些区间最终必收缩于一点 x^*. 点 x^* 就是所求的实根，且 $|x^*-x_k|\leqslant\frac{1}{2}(b_k-a_k)$. 当然，如果该过程进行到某一步，出现 $f(x_k)=0$，则 x_k 就是方程的根. 一般情况下，只要 $\frac{1}{2}(b_k-a_k)$ 小于给定的误差限，则 x_k 就是方程 $f(x)=0$ 的一个根的近似值.

例 1　用二分法求方程

$$f(x)=x^3-x-1=0$$

在区间(1,1.5)内的实根. 使误差不超过 10^{-2}.

解　这里 $a=1,b=1.5$，且 $f(1.5)>0$. 取区间 (a,b) 的中点 $x_0=1.25$ 将区间二等分. 由于 $f(x_0)<0$，即 $f(x_0)$ 与 $f(b)$ 异号，故所求的根必位于区间[1.25,1.5]内. 这时，令 $a_1=x_0=1.25,b_1=b=1.5$，而得到新的区间 (a_1,b_1)（见表 3-6）.

对区间 (a_1,b_1) 再用中点 $x_1=1.375$ 二分，求出 $f(1.375)>0$ 与 $f(1.5)$ 同号，因此，根必位于区间[1.25,1.375]内. 如此反复二分下去，计算结果见表 3-6.

当 $k=5$ 时，$\frac{1}{2}(b_k-a_k)<0.01$，因此，所求的近似根 $x^*\approx1.32$.

表 3-6　二分法求方程 $f(x)=x^3-x-1=0$ 的实根的计算结果

k	a_k	b_k	x_k	$f(x_k)$的符号
0	1	1.5	1.25	−
1	1.25	1.5	1.375	+
2	1.25	1.375	1.313	−
3	1.313	1.375	1.344	+
4	1.313	1.344	1.328	+
5	1.313	1.328	1.320	−

二分法的优点是方法简单、计算可靠，缺点是收敛较慢. 若要大大提高收敛速度，可选择牛顿法（也称切线法）.

二、牛顿法

牛顿法，也称切线法，是求解方程 $f(x)=0$ 的一种重要的迭代法. 这种方法的基本思想是设法将非线性方程 $f(x)=0$ 逐步转化为某种线性方程来求解.

设已知方程 $f(x)=0$ 的一个近似根 x_0，则函数 $f(x)$ 在点 x_0 附近可用一阶泰勒多项式

$$p_1(x)=f(x_0)+f'(x_0)(x-x_0)$$

来近似，因此，方程 $f(x)=0$ 在点 x_0 附近可近似地表示为

$$f(x_0)+f'(x_0)(x-x_0)=0.$$

这个近似方程是线性方程,设 $f'(x_0)\neq 0$,解得

$$x_1=x_0-\frac{f(x_0)}{f'(x_0)}.$$

我们取 x_1 作为原方程的新的近似根. 其过程可继续下去,由此形成迭代方法. 这种迭代方法称牛顿法. 牛顿法的迭代公式是

$$x_{n+1}=x_n-\frac{f(x_n)}{f'(x_n)}. \tag{1}$$

牛顿法有很明显的几何解释. 方程 $f(x)=0$ 的根 x^* 在几何上表示曲线 $y=f(x)$ 与 x 轴的交点. 设 x_n 是交点 x^* 的某个近似位置,过曲线 $y=f(x)$ 上的对应点 $(x_n,f(x_n))$ 引切线,并将该切线与 x 轴的交点 x_{n+1} 作为根 x^* 新的近似位置(见图 3-25). 注意到该切线的方程为

$$y=f(x_n)+f'(x_n)(x-x_n).$$

这样得到的交点 x_{n+1} 必满足公式(1). 正是由于这个原因,牛顿法亦称切线法.

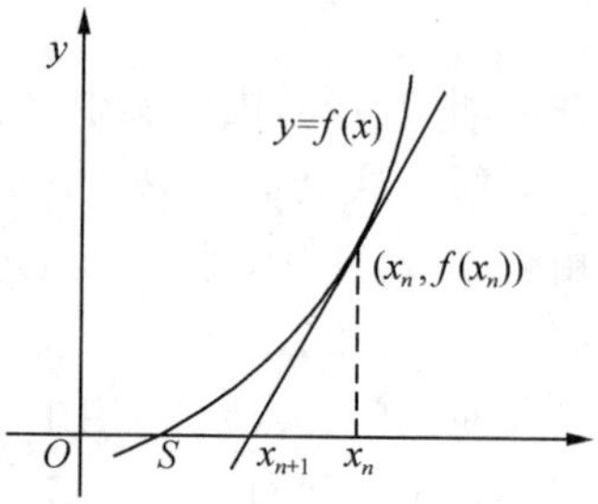

图 3-25

例 2 用牛顿法求方程 $x^3+1.1x^2+0.9x-1.4$ 的实根近似值,初值 x_0 取为 1,使误差不超过 10^{-3}.

解 连续应用公式(1)得

$$x_1=1-\frac{f(1)}{f'(1)}\approx 0.738,$$

$$x_2=0.738-\frac{f(0.738)}{f'(0.738)}\approx 0.674,$$

$$x_3=0.674-\frac{f(0.674)}{f'(0.674)}\approx 0.671,$$

$$x_4=0.671-\frac{f(0.671)}{f'(0.671)}\approx 0.671.$$

至此,计算不能再继续下去. 经比较知

$$f(0.671)>0,\ f(0.670)<0.$$

于是,方程的根 $x^*\in(0.670,0.671)$,以 0.670 或 0.671 作为根的近似值,其误差都小于 10^{-3}.

*第十一节 综合例题

例 1 求极限 $\lim\limits_{x\to 0}\dfrac{\sin x(\sin x-\sin\sin x)}{x^4}$.

解 $$\lim_{x\to 0}\frac{\sin x(\sin x-\sin\sin x)}{x^4}=\lim_{x\to 0}\frac{\sin x-\sin\sin x}{\sin^3 x}.$$

令 $t=\sin x$，则

$$\lim_{x\to 0}\frac{\sin x(\sin x-\sin\sin x)}{x^4}=\lim_{t\to 0}\frac{t-\sin t}{t^3}=\lim_{t\to 0}\frac{1-\cos t}{3t^2}=\frac{1}{6}.$$

例 2　求极限 $\lim\limits_{x\to\infty}\left(\dfrac{a^{\frac{1}{x}}+b^{\frac{1}{x}}+c^{\frac{1}{x}}}{3}\right)^{3x}(a>0,b>0,c>0)$.

解　这是 1^{∞} 型未定式. 令

$$t=\frac{1}{x},y=\left(\frac{a^{\frac{1}{x}}+b^{\frac{1}{x}}+c^{\frac{1}{x}}}{3}\right)^{3x},$$

则

$$\begin{aligned}\lim_{x\to\infty}\ln y&=3\lim_{t\to 0}\frac{\ln(a^t+b^t+c^t)-\ln 3}{t}\\&=3\lim_{t\to 0}\frac{a^t\ln a+b^t\ln b+c^t\ln c}{a^t+b^t+c^t}\\&=\ln(abc).\end{aligned}$$

故

$$\lim_{x\to\infty}\left(\frac{a^{\frac{1}{x}}+b^{\frac{1}{x}}+c^{\frac{1}{x}}}{3}\right)^{3x}=abc.$$

例 3　讨论函数

$$f(x)=\begin{cases}\left[\dfrac{(1+x)^{\frac{1}{x}}}{\mathrm{e}}\right]^{\frac{1}{x}}, & x>0\\ \mathrm{e}^{-\frac{1}{2}}, & x\leqslant 0\end{cases}$$

在 $x=0$ 处的连续性.

解　因 $\lim\limits_{x\to 0^-}f(x)=\lim\limits_{x\to 0^-}\mathrm{e}^{-\frac{1}{2}}=\mathrm{e}^{-\frac{1}{2}}=f(0)$，所以 $f(x)$ 在 $x=0$ 处左连续.

当 $x>0$ 时，

$$\ln f(x)=\frac{1}{x}\left[\frac{1}{x}\ln(1+x)-\ln\mathrm{e}\right]=\frac{\ln(1+x)-x}{x^2},$$

$$\begin{aligned}\lim_{x\to 0^+}\ln f(x)&=\lim_{x\to 0^+}\frac{\ln(1+x)-x}{x^2}=\lim_{x\to 0^+}\frac{\frac{1}{1+x}-1}{2x}\\&=\frac{1}{2}\lim_{x\to 0^+}\frac{-x}{x(1+x)}=-\frac{1}{2}\lim_{x\to 0^+}\frac{1}{1+x}=-\frac{1}{2}.\end{aligned}$$

故

$$\lim_{x\to 0^+}f(x)=\mathrm{e}^{-\frac{1}{2}}=f(0),$$

即 $f(x)$ 在 $x=0$ 处右连续.

所以函数 $f(x)$ 在 $x=0$ 处是连续的.

例 4　设 $f(0)=0,f'(0)=1,f''(0)=2$，求极限 $\lim\limits_{x\to 0}\dfrac{f(x)-x}{x^2}$.

分析　极限式中含有抽象函数 $f(x)$ 且 $f(x)$ 在 $x=0$ 处有二阶导数，从而在 $x=0$ 的某邻域内可导，因此可用洛必达法则，或用带有佩亚诺型余项的二阶麦克劳林公式求解.

解法一

$$\lim_{x\to 0}\frac{f(x)-x}{x^2}=\lim_{x\to 0}\frac{f'(x)-1}{2x}$$
$$=\frac{1}{2}\lim_{x\to 0}\frac{f'(x)-f'(0)}{x}=\frac{1}{2}f''(0)=1.$$

解法二 由 $f(0)=0, f'(0)=1, f''(0)=2$，有

$$f(x)=f(0)+f'(0)x+\frac{f''(0)}{2!}+o(x^2)=x+x^2+o(x^2).$$

因此

$$\lim_{x\to 0}\frac{f(x)-x}{x^2}=\lim_{x\to 0}\frac{x^2+o(x^2)}{x^2}=1.$$

例 5 设函数 $f(x)$ 在闭区间 $[0,1]$ 上连续，在开区间 $(0,1)$ 内可导，且 $f(1)=0$. 试证在开区间 $(0,1)$ 内至少存在一点 ξ，使得

$$f'(\xi)=-\frac{1}{\xi}f(\xi).$$

证 将待证结果改写成

$$\xi f'(\xi)+f(\xi)=[xf(x)]'\Big|_{x=\xi}=0.$$

可见，若令 $F(x)=xf(x)$，则 $F(x)$ 在 $[0,1]$ 上满足罗尔定理的全部条件. 于是，至少存在一点 $\xi\in(0,1)$，使得

$$F'(\xi)=\xi f'(\xi)+f(\xi)=0,\ \xi\in(0,1),$$

即

$$f'(\xi)=-\frac{1}{\xi}f(\xi),\ \xi\in(0,1).$$

例 6 设函数 $f(x)$ 在闭区间 $[a,b]$ 上连续，在开区间 (a,b) 内可导，证明：在 (a,b) 内至少存在一点 ξ，使得

$$\frac{bf(b)-af(a)}{b-a}=f(\xi)+\xi f'(\xi).$$

分析 由等式的左端可以看出，令 $F(x)=xf(x)$，可用拉格朗日中值定理证明.

证 令 $F(x)=xf(x)$，则函数 $F(x)$ 在区间 $[a,b]$ 上满足拉格朗日中值定理的条件，因此有 $\xi\in(a,b)$，使得

$$\frac{F(b)-F(a)}{b-a}=F'(\xi).$$

又 $F'(x)=f(x)+xf'(x)$，从而

$$\frac{bf(b)-af(a)}{b-a}=f(\xi)+\xi f'(\xi).$$

例 7 证明 $\pi^e<e^\pi$.

证 这是实数与实数的大小比较问题. 在此，我们将常数 π 改为变量 x. 显然，如果对任意的变量 $x>e$，函数的不等式 $x^e<e^x$ 成立，则 x 取特殊的值 π，不等式也同样成立.

由于对数函数是单调函数，因此，所证函数不等式相当于

$$x>e\ln x,\ x>e.$$

作 $F(x)=x-\mathrm{e}\ln x$，则

$$F(\mathrm{e})=0,\ F'(x)=1-\frac{\mathrm{e}}{x}.$$

当 $x>\mathrm{e}$ 时，$F'(x)>1-\frac{\mathrm{e}}{\mathrm{e}}=0$，故 $F(x)$ 是单调增加的. 从而，当 $x>\mathrm{e}$ 时，$F(x)>F(\mathrm{e})=0$，此为欲证不等式.

此例也可将欲证的函数不等式改写为 $x>\mathrm{e}$ 时，$\frac{\ln \mathrm{e}}{\mathrm{e}}<\frac{\ln x}{x}$. 再设 $F(x)=\frac{\ln x}{x}$，然后证明 $F(x)$ 在 $[\mathrm{e},+\infty)$ 上单调增加即可.

例 8　设函数 $y=f(x)$ 由方程 $x^3-3xy^2+2y^3=32$ 确定，试求出 $f(x)$ 的极值.

解　方程两边对 x 求导，得

$$3x^2-3y^2-6xy\cdot y'+6y^2y'=0,$$

即

$$(x-y)(x+y-2yy')=0,$$

若 $x-y=0$，即 $x=y$，将它代入原方程中，可知它不满足方程，因此 $x-y\neq 0$. 于是

$$x+y-2yy'=0.$$

解得

$$y'=\frac{x+y}{2y}.$$

令 $y'=0$ 解得 $y=-x$. 将 $y=-x$ 代入原方程中，解得

$$x=-2,\ y=2.$$

故 $x=-2$ 为函数 $y=f(x)$ 的一个驻点. 又

$$y''=\frac{y-x\cdot y'}{2y^2},$$

故 $y''\Big|_{(-2,2)}=\frac{1}{4}>0$，所以 $f(x)$ 有极小值 $f(-2)=2$，无极大值.

例 9　问 a 为何值时，方程 $\mathrm{e}^x-2x-a=0$ 有实根？

分析　本题可以利用函数的极值与最值来讨论方程的根.

解　设 $f(x)=\mathrm{e}^x-2x-a, x\in(-\infty,+\infty)$，则

$$f'(x)=\mathrm{e}^x-2,\ f''(x)=\mathrm{e}^x.$$

令 $f'(x)=0$，解得 $x=\ln 2$. 由

$$f''(\ln 2)=\mathrm{e}^{\ln 2}=2>0$$

可知，$f(\ln 2)$ 为 $f(x)$ 的极小值. 又

$$\lim_{x\to-\infty}f(x)=+\infty,\ \lim_{x\to+\infty}f(x)=+\infty,$$

所以 $f(x)$ 在区间 $(-\infty,+\infty)$ 上最小值为

$$f(\ln 2)=2-a-2\ln 2.$$

要使 $f(x)$ 有零点，必须满足 $f(\ln 2)\leqslant 0$，即 $2-a-2\ln 2\leqslant 0$，解得

$$a\geqslant 2-2\ln 2.$$

所以，当 $a>2-2\ln 2$ 时，$f(\ln 2)<0$，这时原方程有两个不同的实根；当 $a=2-2\ln 2$ 时，$f(\ln 2)=0$，这时原方程有唯一的实根.

复习题三

一、选择题

1. $\lim\limits_{x\to 0}\dfrac{\ln(1+x^2)\cos\dfrac{1}{x^2}}{\sin x}$ 的值是(　　).

(A) 1　　(B) ∞　　(C) 0　　(D) 不存在

2. 在下列函数中，在闭区间 $[-1,1]$ 上满足罗尔定理条件的是(　　).

(A) e^x　　(B) $\ln|x|$　　(C) $1-x^2$　　(D) $\dfrac{1}{1-x^2}$

3. 下列函数中，在 $[1,e]$ 上满足拉格朗日中值定理条件的是(　　).

(A) $\ln(\ln x)$　　(B) $\ln x$　　(C) $\dfrac{1}{\ln x}$　　(D) $\ln(2-x)$

4. 如果 x_1,x_2 是方程 $f(x)=0$ 的两个根，又 $f(x)$ 在闭区间 $[x_1,x_2]$ 上连续，在开区间 (x_1,x_2) 内可导，那么方程 $f'(x)=0$ 在 (x_1,x_2) 内(　　).

(A) 只有一个根　　(B) 至少有一个根

(C) 没有根　　(D) 以上结论都不对

5. 设 $f(x)$ 在 $[-1,1]$ 上连续可导，且 $|f'(x)|\leqslant M$，$f(0)=0$，则必有(　　).

(A) $|f(x)|\leqslant M$　　(B) $|f(x)|\geqslant M$

(C) $|f(x)|<M$　　(D) $|f(x)|>M$

6. $y=f(x)$ 是 (a,b) 内的可导函数，$x,x+\Delta x$ 是 (a,b) 内任意两点，则(　　).

(A) $\Delta y=f'(x)\Delta x$

(B) 在 $x,x+\Delta x$ 之间恰有一点 ξ，使 $\Delta y=f'(\xi)\Delta x$

(C) 在 $x,x+\Delta x$ 之间至少存在一点 ξ，使 $\Delta y=f'(\xi)\Delta x$

(D) 对于 $x,x+\Delta x$ 之间所有的点 ξ，均有 $\Delta y=f'(\xi)\Delta x$

7. 函数 $y=x^3+12x+1$ 在定义域内(　　).

(A) 单调增加　　(B) 单调减少

(C) 图形上凹　　(D) 图形下凹

8. 设函数 $f(x)$ 在区间 (a,b) 上恒有 $f'(x)>0$，$f''(x)<0$，则曲线 $y=f(x)$ 在 (a,b) 上(　　).

(A) 单调上升，上凹　　(B) 单调上升，上凸

(C) 单调下降，上凹　　(D) 单调下降，上凸

9. 函数 $y=\arctan x-x$ 在 $(-\infty,+\infty)$ 内是(　　).

(A) 单调上升　　(B) 单调下降

(C) 时而上升，时而下降　　(D) 以上结论都不对

10. 函数 $y=x-\ln(1+x^2)$ 的极值是(　　).

(A) $1-\ln 2$　　(B) $-1-\ln 2$

(C) 没有极值　　(D) 0

11. $y=f(x)$ 在点 $x=x_0$ 处得到极大值，则必有(　　).

(A) $f'(x_0)=0$　　(B) $f''(x_0)<0$

(C) $f'(x_0)=0$ 且 $f''(x_0)<0$　　(D) $f'(x_0)$ 或 $f'(x_0)=0$ 不存在

12. 曲线 $y=(x-1)^3$ 的拐点是(　　).

(A) $(-1,-8)$　　(B) $(1,0)$

(C) $(0,-1)$　　(D) $(0,1)$

13. 函数 $f(x)$ 在点 $x=x_0$ 的某邻域内有定义. 已知 $f'(x_0)$ 且 $f''(x_0)=0$，则在点 $x=x_0$ 处，$f(x)$(　　).

(A) 必有极值　　(B) 必有拐点

(C) 可能有极值也可能没有极值　　(D) 可能有拐点但肯定没有极值

14. 曲线 $y=\dfrac{1+e^{-x^2}}{1-e^{-x^2}}$(　　).

(A) 没有渐过线　　(B) 仅有水平渐过线

(C) 仅有铅直渐过线　　(D) 既有水平渐近线，也有铅直渐近线

二、综合练习 A

1. 证明：当 $x>1$ 时，$e^x>ex$.

2. 用函数的最值证明不等式：

$$x^\alpha\leqslant 1-\alpha+\alpha x,\ x\in(0,+\infty),\ 0<\alpha<1.$$

3. 求下列极限：

(1) $\lim\limits_{x\to+\infty}\dfrac{\ln(1+x^2)}{\ln(1+x^3)}$；　　(2) $\lim\limits_{x\to\frac{\pi}{2}+0}\dfrac{\ln\left(x-\frac{\pi}{2}\right)}{\tan x}$；

(3) $\lim\limits_{x\to 0}(1+x^2)^{\frac{1}{x}}$.

4. 求函数 $y=x+\cos x$ 的单调区间.

5. 设函数 $f(x)$ 在闭区间 $[0,A]$ 上连续，且 $f(0)=0$. 如果在 $[0,A]$ 上 $f'(x)$ 存在且为增函数，试证在 $(0,A)$ 内 $F(x)=\dfrac{1}{x}f(x)$ 也是增函数.

6. 函数的导函数为单调函数，问此函数是否也是单调函数？单调函数的导函数是否必为单调函数？试举例说明.

三、综合练习 B

1. 求下列极限：

(1) $\lim\limits_{x\to\infty}\left[x-x^2\ln\left(1+\dfrac{1}{x}\right)\right]$；　　(2) $\lim\limits_{x\to1}\dfrac{x-x^x}{1-x+\ln x}$；

(3) $\lim\limits_{x\to 0}\left(\dfrac{1}{x^2}-\cot^2 x\right)$；　　(4) $\lim\limits_{x\to 1-0}\ln x\ln(1-x)$；

(5) $\lim\limits_{x\to 0}\dfrac{e^x-e^{\sin x}}{x\sin^2 x}$；

(6) $\lim\limits_{x\to 0}\left(\dfrac{a_1^x+a_2^x+\cdots+a_n^x}{n}\right)^{\frac{1}{x}}$，其中 $a_1,a_2,\cdots,a_n$ 均为正常数.

2. 证明下列不等式：

(1) $x-\dfrac{1}{6}x^3<\sin x<x\ (x>0)$；　　(2) $x-\dfrac{1}{3}x^3<\arctan x<x\ (x>0)$；

(3) $\ln\left(1+\dfrac{1}{n}\right)>\dfrac{1}{n+1}$ (n 为自然数)；　(4) 当 $x\geqslant 0$ 时，$\ln(1+x)>\dfrac{\arctan x}{1+x}$；

(5) 当 $0<x_1<x_2<\dfrac{\pi}{2}$ 时，$\dfrac{\tan x_2}{\tan x_1}>\dfrac{x_2}{x_1}$；　(6) $\dfrac{2}{\pi}x<\sin x<x\ \left(0<x<\dfrac{\pi}{2}\right)$.

3. 若方程 $a_0x^n+a_1x^{n-1}+\cdots+a_{n-1}x=0$ 有一个正根 $x=x_0$，证明方程 $a_0nx^{n-1}+a_1(n-1)x^{n-2}+\cdots+a_{n-1}=0$ 必有一个小于 x_0 的正根.

4. 设函数 $f(x)$ 在 $[0,1]$ 上连续，在开区间 $(0,1)$ 可导，$f(0)=0$，证明：在 $(0,1)$ 内至少有一点 ξ，使得 $f(\xi)+\xi f'(\xi)=f'(\xi)$.

5. 若函数 $f(x)$ 在 $[0,1]$ 上连续，在 $(0,1)$ 内具有二阶导数，$f(0)=0$，$F(x)=(1-x)^2f(x)$，证明：在 $(0,1)$ 内至少有一点 ξ，使得 $f''(\xi)=0$.

6. 设函数 $f(x)$ 在 $[0,+\infty)$ 上连续可导，$f'(x)\geqslant k>0$，k 为正常数，$f(0)<0$，证明：在 $(0,+\infty)$ 内 $f(x)$ 有且仅有一个零点.

7. (1) 设 $0<a<b$，证明：$\dfrac{2a}{a^2+b^2}<\dfrac{\ln b-\ln a}{b-a}<\dfrac{1}{\sqrt{ab}}$；

(2) 设 $e<a<b<e^2$，证明：$\ln^2 b-\ln^2 a>\dfrac{4}{e^2}(b-a)$.

8. 设函数 $f(x)$ 在 $[0,+\infty)$ 上有界可导，证明当极限 $\lim\limits_{x\to+\infty}f'(x)$ 存在时必有 $\lim\limits_{x\to+\infty}f'(x)=0$. 举例说明，若将条件“$\lim\limits_{x\to+\infty}f'(x)$ 存在”去掉，则结论不成立.

第四章　不定积分

微分学的基本问题是已知一个函数,求它的导函数.现在我们要讨论相反的问题:已知一个函数的导数 $f(x)$,求原来的函数.这是微分的逆运算问题,也是不定积分的主要内容.

本章研究不定积分的概念、性质和基本积分方法.

第一节　不定积分的概念和性质

一、原函数与不定积分的概念

定义 1　设 $f(x)$是定义在某区间 I 上的已知函数,如果存在一个函数 $F(x)$,对于该区间上每一点都满足

$$F'(x)=f(x) \text{ 或 } \mathrm{d}F(x)=f(x)\mathrm{d}x,$$

则称函数 $F(x)$是函数 $f(x)$在该区间上的一个原函数.

例如,在区间$(-\infty,+\infty)$内,因为$(\sin x)'=\cos x$,所以 $\sin x$ 是 $\cos x$ 的一个原函数.在$[0, T]$上,因为$\left(\frac{1}{2}gt^2\right)'=gt$,所以函数 $s=\frac{1}{2}gt^2$是函数 $v=gt$ 的一个原函数.

今后提到的原函数都是指某一个区间上的原函数,对此不再一一说明.

求原函数是求导数的逆运算,要判断一个函数 $F(x)$是不是 $f(x)$的原函数,只要看它的导数 $F'(x)$是不是 $f(x)$即可.

给出函数 $F(x)$的导数 $f(x)$,它必定是唯一的,而函数 $f(x)$的原函数如果存在的话,就不止一个.如 x^2 是 $2x$ 的一个原函数,对任意的常数 C,均有$(x^2+C)'=2x$,这说明 x^2+C 均是 $2x$ 的原函数.因此,我们关心如下问题:

(1) 什么条件下能保证一个函数的原函数存在?

(2) 如果原函数存在的话,这些原函数之间有什么样的关系?

首先,我们给出原函数存在的条件,证明将在下一章给出.

定理(原函数存在定理)　如果函数 $f(x)$在区间 I 上连续,那么 $f(x)$在该区间上的原函数一定存在.

我们知道,一切初等函数在其定义区间上都是连续的,所以初等函数在其定义区间上的原函数一定存在.

其次,设 $F(x)$和 $G(x)$都是 $f(x)$的原函数,则有

$$(G(x)-F(x))'=G'(x)-F'(x)=f(x)-f(x)=0.$$

由于导数为零的函数必为常数，因此，

$$G(x)-F(x)=C,$$

C 为任意的常数，或即 $G(x)=F(x)+C$. 这就是说，函数 $f(x)$ 的任意两个原函数之间，只能相差一个常数.

下面我们引进不定积分的定义.

定义 2 函数 $f(x)$ 的原函数的一般表达形式 $F(x)+C$ 称为 $f(x)$ 的不定积分，记作 $\int f(x)\mathrm{d}x$，其中记号 $\int$ 叫做积分号，$f(x)$ 叫做被积函数，x 叫做积分变量.

如果 $F(x)$ 是 $f(x)$ 的一个原函数，那么当 C 为任意常数时，形如 $F(x)+C$ 的一族函数就是 $f(x)$ 的全体原函数，由定义知

$$\int f(x)\mathrm{d}x = F(x)+C,$$

这里任意常数 C 又叫做积分常数. 由此可见，求不定积分实际上只需求出一个原函数，再加上积分常数 C 即可.

例 1 求 $\int \cos x\mathrm{d}x$.

解 因为 $(\sin x)'=\cos x$，所以

$$\int \cos x\mathrm{d}x = \sin x + C.$$

例 2 求 $\int gt\,\mathrm{d}t$（其中 g 是常数）.

解 因为 $\left(\frac{1}{2}gt^2\right)'=gt$，所以

$$\int gt\,\mathrm{d}t = \frac{1}{2}gt^2 + C.$$

例 3 求函数 $f(x)=\frac{1}{x}$ 的不定积分.

解 当 $x>0$ 时，$(\ln x)'=\frac{1}{x}$，所以有

$$\int \frac{1}{x}\mathrm{d}x = \ln x + C,\ x>0;$$

当 $x<0$ 时，$-x>0$，$[\ln(-x)]'=\frac{1}{-x}(-1)=\frac{1}{x}$，所以有

$$\int \frac{1}{x}\mathrm{d}x = \ln(-x) + C,\ x<0.$$

合并上面两式，得到

$$\int \frac{1}{x}\mathrm{d}x = \ln|x| + C,\ x\neq 0.$$

注 为书写方便，我们常记 $\int \frac{1}{x}\mathrm{d}x=\ln x+C$，此时默认为 $x>0$. 在需要的情况下记 $\int \frac{1}{x}\mathrm{d}x=\ln|x|+C$.

例 4 求经过点(1,3)，且其切线的斜率为 $2x$ 的曲线方程.

解 设所求曲线的方程为 $y=f(x)$，按题设，曲线上任一点 (x,y) 处的切线斜率为

$$y'=2x,$$

即 $f(x)$ 是 $2x$ 的一个原函数. 因为

$$\int 2x\mathrm{d}x=x^2+C,$$

所以

$$y=f(x)=x^2+C.$$

因所求曲线通过点(1,3)，故

$$3=1+C,\text{ 即 } C=2.$$

于是所求曲线方程为

$$y=x^2+2.$$

一般地，把 $f(x)$ 的一个原函数 $F(x)$ 的图形叫做 $f(x)$ 的一条**积分曲线**，它的方程是 $y=F(x)$. 这样，不定积分 $\int f(x)\mathrm{d}x$ 在几何上就表示**积分曲线族**，它的方程是

$$y=F(x)+C,$$

其中 C 是任意常数. 显然，这些积分曲线可以由其中一条积分曲线沿着 y 轴方向平移而得到(见图 4-1).

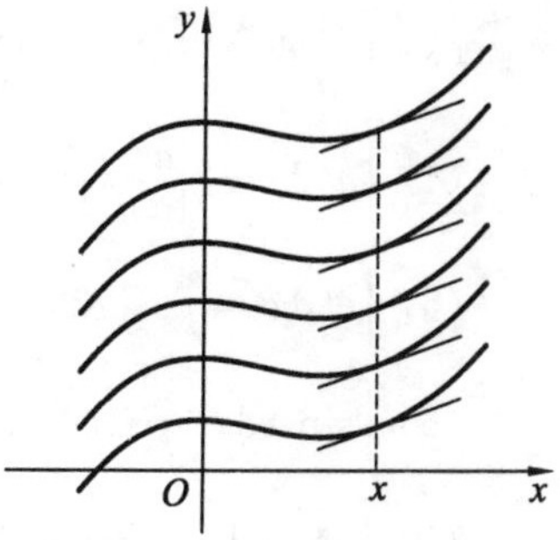

图 4-1

二、不定积分的性质

根据不定积分的定义，可以推得不定积分具有如下性质. 我们仅对性质 3 给予证明，其他证明由读者自证.

性质 1 (1) $\left[\int f(x)\mathrm{d}x\right]'=f(x)$ 或 $\mathrm{d}\left[\int f(x)\mathrm{d}x\right]=f(x)\mathrm{d}x$;

(2) $\int f'(x)\mathrm{d}x=f(x)+C$ 或 $\int \mathrm{d}f(x)=f(x)+C$.

性质 1 清楚地表明了不定积分运算与微分运算之间的互逆关系. 注意：对函数 $f(x)$ 先求不定积分，再求导数，其结果等于 $f(x)$；而对函数 $f(x)$ 先求导数，再求不定积分，其结果不再是 $f(x)$，而是 $f(x)+C$.

性质 2 如果常数 $k\neq 0$，那么不定积分中常数因子 k 可以提到积分号外面，即

$$\int kf(x)\mathrm{d}x=k\int f(x)\mathrm{d}x.$$

性质 3 $\int[f_1(x)\pm f_2(x)]\mathrm{d}x=\int f_1(x)\mathrm{d}x\pm\int f_2(x)\mathrm{d}x.$

证　将上式右端求导，得到

$$\left[\int f_1(x)\mathrm{d}x \pm \int f_2(x)\mathrm{d}x\right]' = \left[\int f_1(x)\mathrm{d}x\right]' \pm \left[\int f_2(x)\mathrm{d}x\right]' = f_1(x) \pm f_2(x).$$

这说明$\int f_1(x)\mathrm{d}x \pm \int f_2(x)\mathrm{d}x$是$f_1(x) \pm f_2(x)$的原函数，由于它涉及两个积分记号，形式上含有两个积分常数，但由于两个任意常数之和仍然是任意常数，所以这两个积分常数可合并为一个，因此，$\int f_1(x)\mathrm{d}x \pm \int f_2(x)\mathrm{d}x$是$f_1(x) \pm f_2(x)$的不定积分.

三、不定积分基本公式

由于求不定积分与求导数是互逆的运算，因此，由导数的基本公式就可以得到相应的不定积分的基本积分公式.

(1) $\int k\mathrm{d}x = kx + C$ (k是常数)；

(2) $\int x^\alpha \mathrm{d}x = \dfrac{x^{\alpha+1}}{\alpha+1} + C$ $(\alpha \neq -1)$；

(3) $\int \dfrac{1}{x}\mathrm{d}x = \ln|x| + C$；

(4) $\int a^x \mathrm{d}x = \dfrac{a^x}{\ln a} + C$ $(a > 0, a \neq 1)$；

(5) $\int \mathrm{e}^x \mathrm{d}x = \mathrm{e}^x + C$；

(6) $\int \sin x\mathrm{d}x = -\cos x + C$；

(7) $\int \cos x\mathrm{d}x = \sin x + C$；

(8) $\int \sec^2 x\mathrm{d}x = \tan x + C$；

(9) $\int \csc^2 x\mathrm{d}x = -\cot x + C$；

(10) $\int \sec x\tan x\mathrm{d}x = \sec x + C$；

(11) $\int \csc x\cot x\mathrm{d}x = -\csc x + C$；

(12) $\int \dfrac{1}{1+x^2}\mathrm{d}x = \arctan x + C$；

(13) $\int \dfrac{1}{\sqrt{1-x^2}}\mathrm{d}x = \arcsin x + C$；

△(14) $\int \mathrm{sh}\, x\mathrm{d}x = \mathrm{ch}\, x + C$；

△(15) $\int \mathrm{ch}\, x\mathrm{d}x = \mathrm{sh}\, x + C$.

以上积分公式是求不定积分的基础，必须熟记. 在应用这些公式时，有时需要对被积函数作适当的变形.

例 5　求$\int(2-\sqrt{x})x\mathrm{d}x$.

解　$$\int(2-\sqrt{x})x\mathrm{d}x=\int(2x-x^{\frac{3}{2}})\mathrm{d}x$$
$$=\int 2x\mathrm{d}x-\int x^{\frac{3}{2}}\mathrm{d}x$$
$$=x^2-\frac{1}{\frac{3}{2}+1}x^{\frac{3}{2}+1}+C=x^2-\frac{2}{5}x^{\frac{5}{2}}+C.$$

例 6　求$\int\frac{(x+2)(x^2-1)}{x^3}\mathrm{d}x$.

解　$$\int\frac{(x+2)(x^2-1)}{x^3}\mathrm{d}x=\int\left(1+\frac{2}{x}-\frac{1}{x^2}-\frac{2}{x^3}\right)\mathrm{d}x$$
$$=\int\mathrm{d}x+\int\frac{2}{x}\mathrm{d}x-\int\frac{1}{x^2}\mathrm{d}x-\int\frac{2}{x^3}\mathrm{d}x$$
$$=x+2\ln|x|+\frac{1}{x}+\frac{1}{x^2}+C.$$

例 7　求$\int\sin^2\frac{x}{2}\mathrm{d}x$.

解　$$\int\sin^2\frac{x}{2}\mathrm{d}x=\int\frac{1}{2}(1-\cos x)\mathrm{d}x=\frac{1}{2}\left(\int\mathrm{d}x-\int\cos x\mathrm{d}x\right)$$
$$=\frac{1}{2}(x-\sin x)+C.$$

例 8　求$\int(a^{\frac{2}{3}}-x^{\frac{2}{3}})^3\mathrm{d}x$.

解　$$\int(a^{\frac{2}{3}}-x^{\frac{2}{3}})^3\mathrm{d}x=\int(a^2-3a^{\frac{4}{3}}x^{\frac{2}{3}}+3a^{\frac{2}{3}}x^{\frac{4}{3}}-x^2)\mathrm{d}x$$
$$=a^2\int\mathrm{d}x-3a^{\frac{4}{3}}\int x^{\frac{2}{3}}\mathrm{d}x+3a^{\frac{2}{3}}\int x^{\frac{4}{3}}\mathrm{d}x-\int x^2\mathrm{d}x$$
$$=a^2x-\frac{9}{5}a^{\frac{4}{3}}x^{\frac{5}{3}}+\frac{9}{7}a^{\frac{2}{3}}x^{\frac{7}{3}}-\frac{1}{3}x^3+C.$$

习题 4-1

1. 求下列不定积分：

(1) $\int\frac{\mathrm{d}x}{x^3}$；　　(2) $\int x^3\sqrt{x}\mathrm{d}x$；

(3) $\int\left(3\sin x+\frac{1}{5\sqrt{x}}\right)\mathrm{d}x$；　　(4) $\int(x^2+1)^2\mathrm{d}x$；

(5) $\int(\sqrt{x}+1)(\sqrt{x^3}-1)\mathrm{d}x$；　　(6) $\int\frac{(x+1)(x-2)}{x^2}\mathrm{d}x$；

(7) $\int\frac{x^2}{1+x^2}\mathrm{d}x$；　　(8) $\int\frac{x^4}{1+x^2}\mathrm{d}x$；

(9) $\int\left(\frac{3}{1+x^2}-\frac{2}{\sqrt{1-x^2}}\right)\mathrm{d}x$；　　(10) $\int 3^x\mathrm{e}^x\mathrm{d}x$；

(11) $\int\cot^2 x\mathrm{d}x$；　　(12) $\int\sec x(\sec x-\tan x)\mathrm{d}x$；

(13) $\int\sin^2\frac{x}{2}\mathrm{d}x$；　　(14) $\int\frac{\mathrm{d}x}{1+\cos 2x}$；

(15) $\int\frac{\cos 2x}{\cos^2 x\sin^2 x}\mathrm{d}x$.

2. 一曲线通过点$(\mathrm{e}^2,3)$，且在任一点处的切线斜率等于该点横坐标的倒数，求该曲线的方程.

3. 一物体由静止开始做直线运动，经 t s 后的速度为 $3t^2$ m/s，问：

(1) 经 3 s 后物体离开出发点的距离是多少？

(2) 物体与出发点的距离为 360 m 时经过了多少时间？

第二节　换元积分法

利用不定积分的基本积分公式和性质所能计算的不定积分极其有限，有必要进一步考虑计算不定积分的方法.借助于变量代换，就可得到复合函数的积分法，我们称为换元积分法.

一、第一类换元法

我们现在讨论如何把复合函数求导法则反过来用于求不定积分.

定理 1　设 $F(u)$ 是 $f(u)$ 的一个原函数，及 $u=\varphi(x)$ 有连续的一阶导数，则有换元公式

$$\int f[\varphi(x)]\varphi'(x)\mathrm{d}x=F(u)\big|_{u=\varphi(x)}+C=\int f(u)\mathrm{d}u\Big|_{u=\varphi(x)}.\qquad(1)$$

证　因为 $F'(u)=f(u)$，所以 $\int f(u)\mathrm{d}u=F(u)+C$，由于

$$\{F[\varphi(x)]\}'=F'(u)\varphi'(x)=f(u)\varphi'(x)=f[\varphi(x)]\varphi'(x),$$

故

$$\int f[\varphi(x)]\varphi'(x)\mathrm{d}x=F[\varphi(x)]+C=F(u)\big|_{u=\varphi(x)}+C,$$

于是式(1)证毕.

式(1)又可写成

$$\int f[\varphi(x)]\varphi'(x)\mathrm{d}x=\int f[\varphi(x)]\mathrm{d}\varphi(x)=\int f(u)\mathrm{d}u\Big|_{u=\varphi(x)}.$$

对于不定积分$\int g(x)\mathrm{d}x$，如果函数 $g(x)$ 可以化为 $g(x)=f[\varphi(x)]\varphi'(x)$ 的形式，那么

$$\int g(x)\mathrm{d}x=\int f[\varphi(x)]\varphi'(x)\mathrm{d}x=\int f(u)\mathrm{d}u\Big|_{u=\varphi(x)}.$$

例 1　求$\int\sin\pi x\mathrm{d}x$.

解　被积函数中，$\sin\pi x$ 是一个复合函数. 我们作变换 $u=\pi x$，便有

$$\int\sin\pi x\mathrm{d}x=\frac{1}{\pi}\int\sin\pi x\cdot(\pi x)'\mathrm{d}x=\frac{1}{\pi}\int\sin u\mathrm{d}u=-\frac{1}{\pi}\cos u+C,$$

再以 $u=\pi x$ 代入，即得

$$\int\sin\pi x\mathrm{d}x=-\frac{1}{\pi}\cos\pi x+C.$$

例 2　求$\int\frac{\mathrm{d}x}{2x+1}$.

解

$$\begin{aligned}\int\frac{\mathrm{d}x}{2x+1}&=\frac{1}{2}\int\frac{1}{2x+1}(2x+1)'\mathrm{d}x=\frac{1}{2}\int\frac{1}{2x+1}\mathrm{d}(2x+1)\\&=\frac{1}{2}\int\frac{1}{u}\mathrm{d}u\,\Big|_{u=2x+1}=\frac{1}{2}\ln|u|+C\\&=\frac{1}{2}\ln|2x+1|+C.\end{aligned}$$

一般地，对于积分$\int f(ax+b)\mathrm{d}x$，总可作变换 $u=ax+b$，把它化为

$$\int f(ax+b)\mathrm{d}x=\int\frac{1}{a}f(ax+b)\mathrm{d}(ax+b)=\frac{1}{a}\int f(u)\mathrm{d}u\Big|_{u=ax+b}.$$

由上几例可以看出，通常一个积分需要凑上一些因子才具备$\int f[\varphi(x)]\varphi'(x)\mathrm{d}x$ 的形式. 因此，这种换元法又可称为凑微分法.

例 3　求$\int x\sqrt{x^2-3}\mathrm{d}x$.

解

$$\begin{aligned}\int x\sqrt{x^2-3}\mathrm{d}x&=\frac{1}{2}\int\sqrt{x^2-3}(x^2-3)'\mathrm{d}x=\frac{1}{2}\int\sqrt{x^2-3}\mathrm{d}(x^2-3)\\&=\frac{1}{2}\int u^{\frac{1}{2}}\mathrm{d}u=\frac{1}{2}\cdot\frac{2}{3}u^{\frac{3}{2}}+C=\frac{1}{3}(x^2-3)^{\frac{3}{2}}+C\\&=\frac{1}{3}(x^2-3)\sqrt{x^2-3}+C.\end{aligned}$$

在运算比较熟练之后可不用写出中间变量的形式. 下面再举几个例子.

例 4 求$\int \tan x\mathrm{d}x$.

解 $\int \tan x\mathrm{d}x = \int \frac{\sin x}{\cos x}\mathrm{d}x = \int -\frac{(\cos x)'}{\cos x}\mathrm{d}x = -\int \frac{\mathrm{d}(\cos x)}{\cos x}$

$= -\ln|\cos x| + C.$

例 5 求$\int \frac{\mathrm{d}x}{a^2+x^2}(a\neq 0)$.

解 $\int \frac{\mathrm{d}x}{a^2+x^2} = \frac{1}{a^2}\int \frac{\mathrm{d}x}{1+\left(\frac{x}{a}\right)^2} = \frac{1}{a}\int \frac{\mathrm{d}\left(\frac{x}{a}\right)}{1+\left(\frac{x}{a}\right)^2}$

$= \frac{1}{a}\arctan\frac{x}{a} + C.$

例 6 求$\int \sin x\cos^2 x\mathrm{d}x$.

解 $\int \sin x\cos^2 x\mathrm{d}x = \int -\cos^2 x\mathrm{d}(\cos x) = -\frac{1}{3}\cos^3 x + C.$

例 7 求$\int \cos^2 x\mathrm{d}x$.

解 $\int \cos^2 x\mathrm{d}x = \frac{1}{2}\int (1+\cos 2x)\mathrm{d}x = \frac{1}{2}\int \mathrm{d}x + \frac{1}{4}\int \cos 2x\mathrm{d}(2x)$

$= \frac{1}{2}x + \frac{1}{4}\sin 2x + C.$

例 8 求$\int \frac{1}{x^2-a^2}\mathrm{d}x(a\neq 0)$.

解

$$\frac{1}{x^2-a^2} = \frac{1}{2a}\left(\frac{1}{x-a} - \frac{1}{x+a}\right),$$

所以，

$$\begin{aligned}\int \frac{1}{x^2-a^2}\mathrm{d}x &= \frac{1}{2a}\int \left(\frac{1}{x-a} - \frac{1}{x+a}\right)\mathrm{d}x \\ &= \frac{1}{2a}\left[\int \frac{1}{x-a}\mathrm{d}(x-a) - \int \frac{1}{x+a}\mathrm{d}(x+a)\right] \\ &= \frac{1}{2a}(\ln|x-a| - \ln|x+a|) + C \\ &= \frac{1}{2a}\ln\left|\frac{x-a}{x+a}\right| + C.\end{aligned}$$

例 9 求$\int \sec x\mathrm{d}x$.

解 $\int \sec x\mathrm{d}x = \int \frac{1}{\cos x}\mathrm{d}x = \int \frac{\cos x}{\cos^2 x}\mathrm{d}x$

$= \int \frac{\mathrm{d}(\sin x)}{1-\sin^2 x} = \int \frac{\mathrm{d}u}{1-u^2}.$

由上例，$\int \frac{du}{1-u^2}=\frac{1}{2}\ln\frac{1+u}{1-u}+C$，于是

$$\begin{aligned}\int \sec x\mathrm{d}x &= \frac{1}{2}\ln\left|\frac{1+u}{1-u}\right|+C=\frac{1}{2}\ln\left|\frac{1+\sin x}{1-\sin x}\right|+C\\ &=\frac{1}{2}\ln\frac{(1+\sin x)^2}{\cos^2 x}+C=\ln\left|\frac{1+\sin x}{\cos x}\right|+C\\ &=\ln|\sec x+\tan x|+C.\end{aligned}$$

例 10　求$\int \frac{1+\ln x}{(x\ln x)^5}\mathrm{d}x$.

解　$\int \frac{1+\ln x}{(x\ln x)^5}\mathrm{d}x=\int \frac{\mathrm{d}(x\ln x)}{(x\ln x)^5}=-\frac{1}{4}(x\ln x)^{-4}+C.$

要熟练运用换元法进行积分，需要熟记一些函数的微分公式，例如

$$x\mathrm{d}x=\frac{1}{2}\mathrm{d}(x^2),\quad \frac{1}{x}\mathrm{d}x=\mathrm{d}(\ln x),\quad \frac{1}{x^2}\mathrm{d}x=-\mathrm{d}\left(\frac{1}{x}\right),$$

$$\frac{1}{\sqrt{x}}\mathrm{d}x=2\mathrm{d}(\sqrt{x}),\quad \mathrm{e}^x\mathrm{d}x=\mathrm{d}(\mathrm{e}^x),\quad \sin x\mathrm{d}x=-\mathrm{d}(\cos x).$$

还要善于根据这些微分公式，从被积表达式中拼凑出合适的微分因子.

二、第二类换元法

第一类换元法是通过变量代换 $u=\varphi(x)$，将积分

$$\int f[\varphi(x)]\varphi'(x)\mathrm{d}x \text{ 化为} \int f(u)\mathrm{d}u.$$

可是，有的不定积分要用相反的代换 $x=\psi(t)$ 将积分$\int f(x)\mathrm{d}x$ 化为$\int f[\psi(t)]\psi'(t)\mathrm{d}t$. 在求出不定积分后，再以 $x=\psi(t)$ 的反函数 $t=\bar{\psi}(x)$ 代回去. 为保证上式成立，除被积函数应存在原函数外，还应有反函数 $t=\bar{\psi}(x)$ 存在的条件.

定理 2　设 $f(x)$连续，$x=\psi(t)$是单调的，有连续的导数 $\psi'(t)$，且 $\psi'(t)\neq 0$，则有换元公式

$$\int f(x)\mathrm{d}x=\int f[\psi(t)]\psi'(t)\mathrm{d}t\bigg|_{t=\bar{\psi}(x)}. \tag{2}$$

证　因函数 $x=\psi(t)$单调，从而它的反函数 $t=\bar{\psi}(x)$存在且单值，并有

$$\frac{\mathrm{d}t}{\mathrm{d}x}=\frac{1}{\psi'(t)}.$$

因 $f(x)$，$\psi(t)$，$\psi'(t)$均连续，所以 $f[\psi(t)]\psi'(t)$连续，因而它的原函数存在，设为 $\Phi(t)$. 令 $F(x)=\Phi(\bar{\psi}(x))$，则

$$\begin{aligned}F'(x)&=\frac{\mathrm{d}}{\mathrm{d}x}\Phi[\bar{\psi}(x)]=\Phi'(t)\frac{\mathrm{d}t}{\mathrm{d}x}\\ &=f[\psi(t)]\psi'(t)\cdot\frac{1}{\psi'(t)}=f[\psi(t)]=f(x),\end{aligned}$$

即 $F(x)$ 是 $f(x)$ 的原函数，所以有

$$\int f(x)\mathrm{d}x = F(x)+C = \Phi[\bar{\psi}(x)]+C = \int f[\psi(t)]\psi'(t)\mathrm{d}t\bigg|_{t=\bar{\psi}(x)}.$$

故公式(2)成立.

下面举例说明公式(2)的应用.

例 11 求 $\int \frac{x\mathrm{d}x}{\sqrt{x-3}}$.

解 不定积分中含有根号，先作代换消去根号.

设 $t=\sqrt{x-3}$，则

$$x=t^2+3\ (t>0),$$
$$\mathrm{d}x=2t\mathrm{d}t.$$

于是

$$\int \frac{x\mathrm{d}x}{\sqrt{x-3}} = \int \frac{(t^2+3)}{t}2t\mathrm{d}t = 2\int (t^2+3)\mathrm{d}t$$
$$=2\left(\frac{t^3}{3}+3t\right)+C=\frac{2}{3}(x+6)\sqrt{x-3}+C.$$

例 12 求 $\int \sqrt{a^2-x^2}\mathrm{d}x\ (a>0)$.

解 求这个积分的困难在于有根式 $\sqrt{a^2-x^2}$，我们可利用三角公式

$$\sin^2 t+\cos^2 t=1$$

来消去根式.

设 $x=a\sin t$，并限定 $-\frac{\pi}{2}<t<\frac{\pi}{2}$，于是有单值的反函数 $t=\arcsin\frac{x}{a}$，而

$$\sqrt{a^2-x^2}=\sqrt{a^2-a^2\sin^2 t}=|a\cos t|=a\cos t,$$
$$\mathrm{d}x=a\cos t\mathrm{d}t.$$

这样，被积表达式中就不含根式了. 所求积分为

$$\int \sqrt{a^2-x^2}\mathrm{d}x = \int a\cos t\cdot a\cos t\mathrm{d}t = a^2\int \cos^2 t\mathrm{d}t$$
$$=\frac{a^2}{2}\int (1+\cos 2t)\mathrm{d}t = \frac{a^2}{2}\left(t+\frac{1}{2}\sin 2t\right)+C$$
$$=\frac{a^2}{2}(t+\sin t\cos t)+C.$$

用 $t=\arcsin\frac{x}{a}$ 代入，并由 $\sin t=\frac{x}{a}$，$\cos t=\frac{1}{a}\sqrt{a^2-x^2}$，有

$$\int \sqrt{a^2-x^2}\mathrm{d}x = \frac{a^2}{2}\arcsin\frac{x}{a}+\frac{x}{2}\sqrt{a^2-x^2}+C.$$

例 13 求 $\int \frac{\mathrm{d}x}{\sqrt{a^2+x^2}}\ (a>0)$.

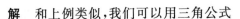

解　和上例类似，我们可以用三角公式

$$1+\tan^2 t=\sec^2 t$$

来消去根式.

设 $x=a\tan t\left(-\frac{\pi}{2}<t<\frac{\pi}{2}\right)$，则 $t=\arctan\frac{x}{a}$，而

$$\sqrt{a^2+x^2}=\sqrt{a^2+a^2\tan^2 t}=a\sec t,$$

$$dx=a\sec^2 t\,dt,$$

于是

$$\int\frac{dx}{\sqrt{a^2+x^2}}=\int\frac{a\sec^2 t\,dt}{a\sec t}=\int\sec t\,dt.$$

利用例 9 的结果，得

$$\int\frac{dx}{\sqrt{a^2+x^2}}=\ln|\sec t+\tan t|+C.$$

为了把 $\sec t$ 换成 x 的函数，我们可以根据 $\tan t=\frac{x}{a}$ 作辅助三角形(见图 4-2)，即得

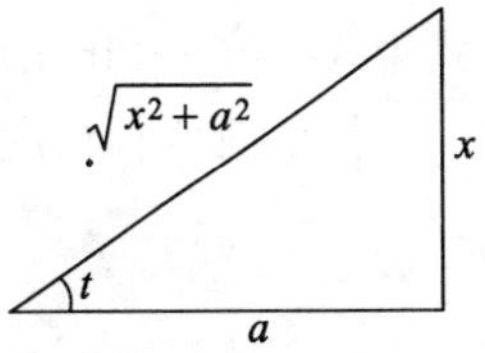

图 4-2

$$\sec t=\frac{\sqrt{a^2+x^2}}{a}.$$

且有 $\sec t+\tan t>0$，因此，

$$\int\frac{dx}{\sqrt{a^2+x^2}}=\ln\left(\frac{\sqrt{a^2+x^2}}{a}+\frac{x}{a}\right)+C=\ln(x+\sqrt{x^2+a^2})+C_1,$$

式中，$C_1=C-\ln a$.

例 14　求 $\int\frac{dx}{\sqrt{x^2-a^2}}\ (a>0)$.

解　被积函数的定义域为 $(-\infty,-a)\cup(a,+\infty)$，首先在区间 $(a,+\infty)$ 内求不定积分.

和上面两例类似，可以利用三角公式

$$\sec^2 t-1=\tan^2 t$$

来消去根式.

设 $x=a\sec t\left(0<t<\frac{\pi}{2}\right)$，则 $t=\operatorname{arcsec}\frac{x}{a}$，而

$$\sqrt{x^2-a^2}=\sqrt{a^2\sec^2 t-a^2}=a\tan t,$$

$$dx=a\sec t\tan t\,dt,$$

于是

$$\int\frac{dx}{\sqrt{x^2-a^2}}=\int\frac{a\sec t\tan t}{a\tan t}dt$$

$$=\int\sec t\,dt=\ln|\sec t+\tan t|+C.$$

为了把 $\tan t$ 换成 x 的函数，我们根据 $\sec t=\frac{x}{a}$ 作辅助三角形（见图 4-3），即有 $\tan t=\frac{\sqrt{x^2-a^2}}{a}$，从而

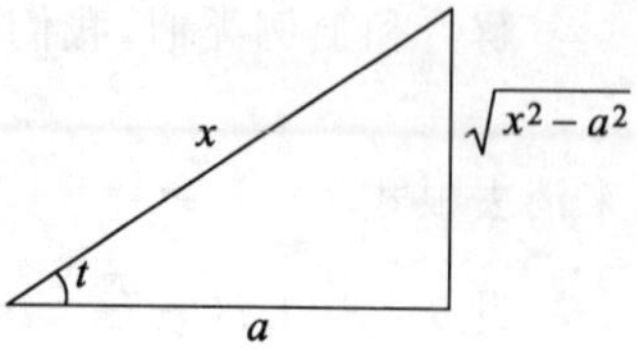

图 4-3

$$\int\frac{\mathrm{d}x}{\sqrt{x^2-a^2}}=\ln\left(\frac{x}{a}+\frac{\sqrt{x^2-a^2}}{a}\right)+C$$

$$=\ln(x+\sqrt{x^2-a^2})+C_1,$$

式中，$C_1=C-\ln a$.

在区间 $(-\infty,-a)$ 上，令 $x=-u$，则 $u>a$. 利用上面结果有

$$\int\frac{\mathrm{d}x}{\sqrt{x^2-a^2}}=-\int\frac{\mathrm{d}u}{\sqrt{u^2-a^2}}=-\ln(-x+\sqrt{x^2-a^2})+C,$$

$$=\ln(-x-\sqrt{x^2-a^2})+C_1,$$

式中，$C_1=C-2\ln a$.

把上面两种情况合起来，有

$$\int\frac{\mathrm{d}x}{\sqrt{x^2-a^2}}=\ln|x+\sqrt{x^2-a^2}|+C.$$

在本节中，部分例题对第一节的基本积分公式进行了推广. 现将这些积分公式列出，在不定积分的计算中可以直接应用它们.

(16) $\int\tan x\mathrm{d}x=-\ln|\cos x|+C$；

(17) $\int\cot x\mathrm{d}x=\ln|\sin x|+C$；

(18) $\int\sec x\mathrm{d}x=\ln|\sec x+\tan x|+C$；

(19) $\int\csc x\mathrm{d}x=\ln|\csc x-\cot x|+C$；

(20) $\int\frac{\mathrm{d}x}{a^2+x^2}=\frac{1}{a}\arctan\frac{x}{a}+C$；

(21) $\int\frac{\mathrm{d}x}{x^2-a^2}=\frac{1}{2a}\ln\left|\frac{x-a}{x+a}\right|+C$；

(22) $\int\frac{\mathrm{d}x}{\sqrt{a^2-x^2}}=\arcsin\frac{x}{a}+C\ (a>0)$；

(23) $\int\frac{\mathrm{d}x}{\sqrt{x^2+a^2}}=\ln(x+\sqrt{x^2+a^2})+C$；

(24) $\int\frac{\mathrm{d}x}{\sqrt{x^2-a^2}}=\ln|x+\sqrt{x^2-a^2}|+C$.

例 15　求$\int \frac{dx}{x^2+4x+6}$.

解
$$\int \frac{dx}{x^2+4x+6}=\int \frac{d(x+2)}{(x+2)^2+(\sqrt{2})^2},$$
利用公式(20)，便得
$$\int \frac{dx}{x^2+4x+6}=\frac{1}{\sqrt{2}}\arctan\frac{x+2}{\sqrt{2}}+C.$$

例 16　求$\int \frac{x-1}{x^2+2x+3}dx$.

解
$$\begin{aligned}\int \frac{x-1}{x^2+2x+3}dx&=\int \frac{x+1-2}{x^2+2x+3}dx\\&=\int \frac{(x+1)dx}{x^2+2x+3}-2\int \frac{dx}{x^2+2x+3}\\&=\frac{1}{2}\int \frac{d(x^2+2x+3)}{x^2+2x+3}-2\int \frac{d(x+1)}{(x+1)^2+(\sqrt{2})^2}\\&=\frac{1}{2}\ln(x^2+2x+3)-\sqrt{2}\arctan\frac{x+1}{\sqrt{2}}+C.\end{aligned}$$

例 17　求$\int \frac{dx}{\sqrt{1+x-x^2}}$.

解
$$\int \frac{dx}{\sqrt{1+x-x^2}}=\int \frac{d\left(x-\frac{1}{2}\right)}{\sqrt{\left(\frac{\sqrt{5}}{2}\right)^2-\left(x-\frac{1}{2}\right)^2}}=\arcsin\frac{2x-1}{\sqrt{5}}+C.$$

习题 4-2

1. 求下列不定积分：

(1) $\int (5-4x)^3dx$；　(2) $\int \frac{dx}{1-5x}$；

(3) $\int \frac{dx}{\sqrt[3]{2-3x}}$；　(4) $\int (\sin ax-e^{\frac{x}{b}})dx$；

(5) $\int \sqrt{\frac{a+x}{a-x}}dx\ (a>0)$；　(6) $\int \frac{\sin\sqrt{x}}{\sqrt{x}}dx$；

(7) $\int \tan^{10}x\sec^2 x dx$；　(8) $\int \frac{dx}{x\cdot\ln x\cdot\ln\ln x}$；

(9) $\int \frac{dx}{e^x+e^{-x}}$；　(10) $\int xe^{-x^2}dx$；

(11) $\int \frac{xdx}{\sqrt{2-3x^2}}$；　(12) $\int \frac{3x^3}{1-x^4}dx$；

(13) $\int \sin^3 x\cos^2 x\mathrm{d}x$；　　(14) $\int \cos^4 x\mathrm{d}x$；

(15) $\int \dfrac{1-x}{\sqrt{9-4x^2}}\mathrm{d}x$；　　(16) $\int \cos^3 x\mathrm{d}x$；

(17) $\int \dfrac{\sin x+\cos x}{\sqrt[3]{\sin x-\cos x}}\mathrm{d}x$　　(18) $\int \tan^3 x\sec x\mathrm{d}x$；

(19) $\int 10^{2\arccos x}\cdot\dfrac{\mathrm{d}x}{\sqrt{1-x^2}}$；　　(20) $\int \dfrac{\arctan\sqrt{x}}{\sqrt{x}(1+x)}\mathrm{d}x$；

(21) $\int \dfrac{\mathrm{d}x}{1+\sqrt{x}}$；　　(22) $\int \dfrac{x^2\mathrm{d}x}{\sqrt{a^2-x^2}}\ (a>0)$；

(23) $\int \dfrac{\mathrm{d}x}{\sqrt{(x^2+a^2)^3}}\ (a>0)$；　　(24) $\int \dfrac{\mathrm{d}x}{\sqrt{(x^2-a^2)^3}}\ (a>0)$.

第三节　分部积分法

分部积分法与换元积分法一样，是不定积分的基本积分方法. 它是和函数乘积的微分法相对应的一种积分方法.

定理　设函数 $u=u(x)$ 及 $v=v(x)$ 具有连续导数，则有

$$\int u\mathrm{d}v=uv-\int v\mathrm{d}u \text{ 或 } \int uv'\mathrm{d}x=uv-\int vu'\mathrm{d}x. \tag{1}$$

证　根据两个函数乘积的导数公式

$$(uv)'=u'v+uv',$$

移项得

$$uv'=(uv)'-u'v.$$

上式两边求不定积分，即得公式(1).

公式(1) 称为分部积分分式. 如果求$\int uv'\mathrm{d}x$ 有困难，而求$\int uv'\mathrm{d}x$ 比较容易时，就可利用分部积分公式求出$\int uv'\mathrm{d}x$.

例 1　求$\int x\mathrm{e}^x\mathrm{d}x$.

解　这个积分用换元积分不易得到结果，现试用分部积分法来求解. 由于被积函数 $x\mathrm{e}^x$ 是两个函数的乘积，选其中一个为 u，那么另一个即为 v'.

选取 $u=x, v'=\mathrm{e}^x$，则 $u'=1, v=\mathrm{e}^x$，代入分部积分公式(1)，得

$$\int x\mathrm{e}^x\mathrm{d}x=\int x\mathrm{d}\mathrm{e}^x=x\mathrm{e}^x-\int \mathrm{e}^x\mathrm{d}x=x\mathrm{e}^x-\mathrm{e}^x+C.$$

上述求解过程也可简化如下：

$$\int x\mathrm{e}^x\mathrm{d}x=\int x(\mathrm{e}^x)'\mathrm{d}x=x\mathrm{e}^x-\int (x)'\mathrm{e}^x\mathrm{d}x$$

$$= xe^x - \int e^x dx = xe^x - e^x + C.$$

例 2　求$\int x\cos \alpha x dx$ $(\alpha \neq 0)$.

解　$\int x\cos \alpha x dx = \frac{1}{\alpha}\int x(\sin \alpha x)' dx = \frac{1}{\alpha}\left(x\sin \alpha x - \int (x)'\sin \alpha x dx\right)$

$$= \frac{1}{\alpha}\left(x\sin \alpha x - \int \sin \alpha x dx\right) = \frac{1}{\alpha}x\sin \alpha x + \frac{1}{\alpha^2}\cos \alpha x + C.$$

例 3　求$\int \frac{x^2}{e^x}dx$.

解　$\int \frac{x^2}{e^x}dx = \int x^2 e^{-x} dx = -\int x^2 (e^{-x})' dx$

$$= -x^2 e^{-x} + \int (x^2)' e^{-x} dx = -x^2 e^{-x} + \int 2xe^{-x} dx$$

$$= -x^2 e^{-x} - 2\int x(e^{-x})' dx = -x^2 e^{-x} - 2\left(xe^{-x} - \int e^{-x} dx\right)$$

$$= -x^2 e^{-x} - 2xe^{-x} - 2e^{-x} + C.$$

例 4　求$\int \ln x dx$.

解　$\int \ln x dx = x\ln x - \int x(\ln x)' dx = x\ln x - \int dx$

$$= x\ln x - x + C.$$

例 5　求$\int \arctan x dx$.

解　$\int \arctan x dx = \int (x)'\arctan x dx = x\arctan x - \int x(\arctan x)' dx$

$$= x\arctan x - \int \frac{x}{1+x^2}dx = x\arctan x - \frac{1}{2}\ln(1+x^2) + C.$$

下面两个例子中使用的方法也是较典型的.

例 6　求$\int e^x \sin x dx$.

解　$\int e^x \sin x dx = \int \sin x (e^x)' dx = e^x \sin x - \int e^x \cos x dx.$

上式最后一个积分与原积分是同一个类型的，对它再用一次分部积分法，有

$$\int e^x \sin x dx = e^x \sin x - \int \cos x e^x dx$$

$$= e^x \sin x - \left(e^x \cos x + \int e^x \sin x dx\right)$$

$$= e^x (\sin x - \cos x) - \int e^x \sin x dx,$$

右端的积分与原积分相同，把它移到左端与原积分合并，再两端同除以 2，便得

$$\int e^x \sin x dx = \frac{1}{2}e^x(\sin x - \cos x) + C.$$

因上式右端已不包含积分项，所以必须加上任意常数 C.

例 7 求 $\int \sec^3 x dx$.

解
$$\begin{aligned}\int \sec^3 x dx &= \int \sec x \cdot \sec^2 x dx = \int \sec x d(\tan x) \\ &= \sec x \tan x - \int \tan x \cdot \sec x \tan x dx \\ &= \sec x \tan x - \int \sec x(\sec x^2 - 1) dx \\ &= \sec x \tan x - \int \sec^3 x dx + \int \sec x dx \\ &= \sec x \tan x + \ln|\sec x + \tan x| - \int \sec^3 x dx.\end{aligned}$$

移项后，两端同除以 2，便得

$$\int \sec^3 x dx = \frac{1}{2}\sec x \tan x + \frac{1}{2}\ln(\sec x + \tan x) + C.$$

在积分过程中，往往要兼用换元法与分部积分法. 下面举一个两种方法都用到的例子.

例 8 求 $\int e^{\sqrt{x}} dx$.

解 先去根号. 为此，令 $\sqrt{x} = t, x = t^2$，有

$$\int e^{\sqrt{x}} dx = \int e^t \cdot 2t dt = 2\int te^t dt.$$

再利用例 1 的结果，并用 $t = \sqrt{x}$ 代回，便得

$$\int e^{\sqrt{x}} dx = 2\int te^t dt = 2(t-1)e^t + C = 2(\sqrt{x}-1)e^{\sqrt{x}} + C.$$

习题 4-3

1. 求下列不定积分：

(1) $\int x \ln x dx$；　(2) $\int xe^{-x} dx$；

(3) $\int x \arctan x dx$；　(4) $\int \frac{\ln x}{x^n} dx (n \neq 1)$；

(5) $\int x^2 \ln x dx$；　(6) $\int x \ln(x-1) dx$；

(7) $\int \ln \frac{x}{2} dx$；　(8) $\int x \cos \frac{x}{2} dx$；

(9) $\int (\ln x)^2 dx$；　(10) $\int (x^2 - 1)\sin 2x dx$；

(11) $\int x\sin x\cos x\mathrm{d}x$；　　(12) $\int x\sec^2 x\mathrm{d}x$；

(13) $\int \arcsin x\mathrm{d}x$；　　(14) $\int \arctan\sqrt{x}\mathrm{d}x$；

(15) $\int \mathrm{e}^{\sqrt[3]{x}}\mathrm{d}x$；　　(16) $\int \mathrm{e}^{-2x}\sin\frac{x}{2}\mathrm{d}x$.

2. 设 $f'(\mathrm{e}^x)=1+x$，求 $f(x)$.

△第四节　几种特殊类型函数的积分

一、有理函数的积分

有理函数又称为有理分式，是指由两个多项式的商所表示的函数，即具有下列形式的函数：

$$\frac{P(x)}{Q(x)}=\frac{a_0x^n+a_1x^{n-1}+\cdots+a_{n-1}x+a_n}{b_0x^m+b_1x^{m-1}+\cdots+b_{m-1}x+b_m}. \tag{1}$$

式中，m 和 n 都是非负整数；$a_0,a_1,\cdots,a_n$ 及 $b_0,b_1,\cdots,b_m$ 都是实数，且 $a_0b_0\neq0$.

利用多项式的除法，我们总可以将一个假分式化成为一个多项式与一个真分式之和的形式，例如

$$\frac{x^3+2x+1}{x^2+1}=x+\frac{x+1}{x^2+1}.$$

因此，下面总是假定分子的次数低于分母的次数.

设多项式 $Q(x)$ 在实数范围内分解成一次因式和二次质因式的乘积为

$$Q(x)=b_0(x-a)^\alpha\cdots(x-b)^\beta(x^2+px+q)^\lambda\cdots(x^2+rx+s)^\mu,$$

其中，$p^2-4q<0,\cdots,r^2-4s<0$，那么真分式 $\frac{P(x)}{Q(x)}$ 可以分解成如下形式的部分分式之和：

$$\begin{aligned}\frac{P(x)}{Q(x)}=&\frac{A_1}{x-a}+\frac{A_2}{(x-a)^2}+\cdots+\frac{A_\alpha}{(x-a)^\alpha}+\cdots+\\&\frac{B_1}{x-b}+\frac{B_2}{(x-b)^2}+\cdots+\frac{B_\beta}{(x-b)^\beta}+\\&\frac{M_1x+N_1}{x^2+px+q}+\frac{M_2x+N_2}{(x^2+px+q)^2}+\cdots+\frac{M_\lambda x+N_\lambda}{(x^2+px+q)^\lambda}+\cdots+\\&\frac{R_1x+S_1}{x^2+rx+s}+\frac{R_2x+S_2}{(x^2+rx+s)^2}+\cdots+\frac{R_\mu x+S_\mu}{(x^2+rx+s)^\mu},\end{aligned} \tag{2}$$

式中，$A_i,\cdots,B_i,M_i,N_i,\cdots,R_i$ 及 S_i 是待定常数. 下面我们用例子来说明如何确定这些常数.

例 1　把 $\frac{2x+3}{x^3+x^2-2x}$ 分解为部分分式之和.

解　设
$$\frac{2x+3}{x^3+x^2-2x}=\frac{2x+3}{x(x-1)(x+2)}=\frac{A}{x}+\frac{B}{x-1}+\frac{C}{x+2},$$

式中,A,B,C为待定系数.可以用如下方法求出待定系数.

两端去分母后,得

$$2x+3=A(x-1)(x+2)+Bx(x+2)+Cx(x-1).$$

由于这是恒等式,因此,两端的多项式中同次幂的系数相等,则有

$$\begin{cases}A+B+C=0,\\A+2B-C=2,\\-2A=3,\end{cases}$$

从而解得

$$A=-\frac{3}{2},\ B=\frac{5}{3},\ C=-\frac{1}{6}.$$

于是得到

$$\frac{2x+3}{x^3+x^2-2x}=-\frac{3}{2x}+\frac{5}{3}\frac{1}{x-1}-\frac{1}{6}\frac{1}{x+2}.$$

又如真分式$\dfrac{1}{x(x-1)^2}$可先分解成

$$\frac{1}{x(x-1)^2}=\frac{A}{x}+\frac{B}{x-1}+\frac{C}{(x-1)^2}.$$

例 2 将$\dfrac{1}{(1+2x)(1+x^2)}$分解为部分分式之和.

解 设
$$\frac{1}{(1+2x)(1+x^2)}=\frac{A}{1+2x}+\frac{Bx+C}{1+x^2},$$

两端去分母,合并同类项,有

$$1=A(1+x^2)+(Bx+C)(1+2x)=(A+2B)x^2+(B+2C)x+(A+C).$$

比较两端同次幂的系数,有

$$\begin{cases}A+2B=0,\\B+2C=0,\\A+C=1.\end{cases}$$

解得
$$A=\frac{4}{5},\ B=-\frac{2}{5},\ C=\frac{1}{5}.$$

于是
$$\frac{1}{(1+2x)(1+x^2)}=\frac{1}{5}\left(\frac{4}{1+2x}+\frac{1-2x}{1+x^2}\right).$$

以上介绍的方法称为把真分式分解为部分分式的待定系数法.当我们把一个有理函数分解为一个多项式及一些部分分式之和以后,就可以简化不定积分的计算过程.

例 3 求$\displaystyle\int\frac{5x-3}{x^2-6x-7}\mathrm{d}x$.

解 设
$$\frac{5x-3}{x^2-6x-7}=\frac{5x-3}{(x-7)(x+1)}=\frac{A}{x-7}+\frac{B}{x+1},$$

用待定系数法解得

$$A=4,\ B=1.$$

因此，

$$\int\frac{5x-3}{x^2-6x-7}dx=\int\left(\frac{4}{x-7}+\frac{1}{x+1}\right)dx$$
$$=\ln[(x-7)^4|x+1|]+C.$$

例 4　求$\int\frac{2x}{x^3-x^2+x-1}dx$.

解　设

$$\frac{2x}{x^3-x^2+x-1}=\frac{A}{x-1}+\frac{Bx+C}{x^2+1},$$

用待定系数法解得

$$A=1,\ B=-1,\ C=1.$$

因此，

$$\int\frac{2x}{x^3-x^2+x-1}dx=\int\frac{dx}{x-1}+\int\frac{-x+1}{x^2+1}dx$$
$$=\ln|x-1|-\frac{1}{2}\ln(x^2+1)+\arctan x+C.$$

二、三角函数有理式的积分

三角函数有理式是指由三角函数及常数经有限次四则运算所构成的函数. 下面举例说明含三角函数有理式的不定积分的计算.

例 5　求$\int\frac{dx}{1+\sin x+\cos x}$.

解　由三角函数公式可知，$\sin x$ 与 $\cos x$ 都可以用 $\tan\frac{x}{2}$ 的有理式表示，即

$$\sin x=2\sin\frac{x}{2}\cos\frac{x}{2}=\frac{2\tan\frac{x}{2}}{\sec^2\frac{x}{2}}=\frac{2\tan\frac{x}{2}}{1+\tan^2\frac{x}{2}},$$

$$\cos x=\cos^2\frac{x}{2}-\sin^2\frac{x}{2}=\frac{1-\tan^2\frac{x}{2}}{\sec^2\frac{x}{2}}=\frac{1-\tan^2\frac{x}{2}}{1+\tan^2\frac{x}{2}}.$$

所以，如果作变换 $u=\tan\frac{x}{2}$，那么

$$\sin x=\frac{2u}{1+u^2},\ \cos x=\frac{1-u^2}{1+u^2}.$$

而 $x=2\arctan u$，从而

$$dx=\frac{2}{1+u^2}du,$$

于是

$$\int \frac{\mathrm{d}x}{1+\sin x+\cos x}=\int \frac{\frac{2\mathrm{d}u}{1+u^2}}{1+\frac{2u}{1+u^2}+\frac{1-u^2}{1+u^2}}=\int \frac{\mathrm{d}u}{1+u}$$

$$=\ln|1+u|+C=\ln\left|1+\tan\frac{x}{2}\right|+C.$$

例 6 求$\int \frac{\mathrm{d}x}{5+4\cos 2x}$.

解 令$u=\tan x$,则$\cos 2x=\frac{1-u^2}{1+u^2}$,$\mathrm{d}x=\frac{1}{1+u^2}\mathrm{d}u$. 于是

$$\int \frac{\mathrm{d}x}{5+4\cos 2x}=\int \frac{1}{5+4\frac{1-u^2}{1+u^2}}\frac{\mathrm{d}u}{1+u^2}=\int \frac{1}{u^2+9}\mathrm{d}u$$

$$=\frac{1}{3}\arctan\frac{u}{3}+C$$

$$=\frac{1}{3}\arctan\left(\frac{1}{3}\tan x\right)+C.$$

三、简单无理函数的积分举例

这里,我们只举几个被积函数中含有根式$\sqrt[n]{ax+b}$或$\sqrt[n]{\frac{ax+b}{cx+d}}$的积分的例子.

例 7 求$\int \frac{\mathrm{d}x}{\sqrt{x+1}-\sqrt[3]{x+1}}$.

解 令$t=\sqrt[6]{x+1}$,则$x=t^6-1$,$\mathrm{d}x=6t^5\mathrm{d}t$.

$$\int \frac{\mathrm{d}x}{\sqrt{x+1}-\sqrt[3]{x+1}}=\int \frac{6t^5}{t^3-t^2}\mathrm{d}t=6\int \frac{t^3}{t-1}\mathrm{d}t$$

$$=6\int\left(t^2+t+1+\frac{1}{t-1}\right)\mathrm{d}t$$

$$=6\left(\frac{1}{3}t^3+\frac{1}{2}t^2+t+\ln|t-1|\right)+C.$$

把$t=\sqrt[6]{x+1}$代入即得

$$\int \frac{\mathrm{d}x}{\sqrt{x+1}-\sqrt[3]{x+1}}=6\left(\frac{1}{3}\sqrt{x+1}+\frac{1}{2}\sqrt[3]{x+1}+\sqrt[6]{x+1}+\ln|\sqrt[6]{x+1}-1|\right)+C.$$

例 8 求$\int \frac{1}{x}\sqrt{\frac{x+1}{x}}\mathrm{d}x$.

解 令$t=\sqrt{\frac{x+1}{x}}$,则$x=\frac{1}{t^2-1}$,$\mathrm{d}x=-\frac{2t}{(t^2-1)^2}\mathrm{d}t$. 于是

$$\int \frac{1}{x}\sqrt{\frac{x+1}{x}}\mathrm{d}x = \int (t^2-1)t\left[-\frac{2t}{(t^2-1)^2}\right]\mathrm{d}t$$

$$= -2\int \frac{t^2}{t^2-1}\mathrm{d}t = -2\int\left(1+\frac{1}{t^2-1}\right)\mathrm{d}t$$

$$= -2t - \ln\left|\frac{t-1}{t+1}\right| + C$$

$$= -2\sqrt{\frac{x+1}{x}} - \ln\left|x\left(\sqrt{\frac{x+1}{x}}-1\right)^2\right| + C.$$

△习题 4-4

1. 求下列不定积分：

(1) $\int \frac{1}{(x-1)(x-2)(x-3)}\mathrm{d}x$；　　(2) $\int \frac{\mathrm{d}x}{x(x-1)^2}$；

(3) $\int \frac{3}{x^3+1}\mathrm{d}x$；　　(4) $\int \frac{x+4}{(x-1)(x^2+x+3)}\mathrm{d}x$；

(5) $\int \frac{1}{2+\sin x}\mathrm{d}x$；　　(6) $\int \frac{\sqrt{x+1}-1}{\sqrt{x+1}+1}\mathrm{d}x$.

*第五节　综合例题

例 1　求：(1) $I_1 = \int \frac{\sin x}{\sin x + \cos x}\mathrm{d}x$；(2) $I_2 = \int \frac{\cos x}{\sin x + \cos x}\mathrm{d}x$.

解　将两个积分相加得

$$I_1 + I_2 = \int \mathrm{d}x = x + C_1.$$

再将两个积分相减得

$$I_1 - I_2 = \int \frac{\sin x - \cos x}{\sin x + \cos x}\mathrm{d}x = -\int \frac{\mathrm{d}(\sin x + \cos x)}{\sin x + \cos x}$$

$$= -\ln|\sin x + \cos x| + C_2.$$

由此即可解得

$$I_1 = \frac{1}{2}(x - \ln|\sin x + \cos x|) + C,$$

$$I_2 = \frac{1}{2}(x + \ln|\sin x + \cos x|) + C.$$

例 2　求 $\int \frac{1}{x^4\sqrt{x^2+1}}\mathrm{d}x$.

解　令 $x=\frac{1}{t}$，则 $\mathrm{d}x=-\frac{1}{t^2}\mathrm{d}t$，

$$\int \frac{1}{x^4\sqrt{x^2+1}}\mathrm{d}x = \int \frac{1}{\left(\frac{1}{t}\right)^4\sqrt{\left(\frac{1}{t}\right)^2+1}}\left(-\frac{1}{t^2}\right)\mathrm{d}x$$

$$= -\int \frac{t^3}{\sqrt{1+t^2}}\mathrm{d}t = -\frac{1}{2}\int \frac{t^2}{\sqrt{1+t^2}}\mathrm{d}t^2.$$

再令 $u=t^2$，则

$$\int \frac{1}{x^4\sqrt{x^2+1}}\mathrm{d}x = -\frac{1}{2}\int \frac{u}{\sqrt{1+u}}\mathrm{d}u$$

$$= \frac{1}{2}\int\left(\frac{1}{\sqrt{1+u}} - \sqrt{1+u}\right)\mathrm{d}(1+u)$$

$$= -\frac{1}{3}(\sqrt{1+u})^3 + \sqrt{1+u} + C$$

$$= -\frac{1}{3}\left(\frac{\sqrt{1+x^2}}{x}\right)^3 + \frac{\sqrt{1+x^2}}{x} + C.$$

例 3 求 $\displaystyle\int \frac{\mathrm{d}x}{a^2\sin^2 x + b^2\cos^2 x}$.

解 必须对常数 a,b 进行讨论. 当 $a\neq 0, b\neq 0$ 时，

$$\int \frac{\mathrm{d}x}{a^2\sin^2 x + b^2\cos^2 x} = \int \frac{\mathrm{d}(\tan x)}{a^2\tan^2 x + b^2} = \frac{1}{ab}\arctan\left(\frac{a}{b}\tan x\right) + C;$$

当 $a=0, b\neq 0$ 时，

$$\int \frac{\mathrm{d}x}{b^2\cos^2 x} = \frac{1}{b^2}\tan x + C;$$

当 $a\neq 0, b=0$ 时，

$$\int \frac{\mathrm{d}x}{a^2\sin^2 x} = -\frac{1}{a^2}\cot x + C.$$

例 4 求 $\displaystyle\int \frac{6x+5}{\sqrt{4x^2-12x+10}}\mathrm{d}x$.

解
$$\int \frac{6x+5}{\sqrt{4x^2-12x+10}}\mathrm{d}x = \int\left[\frac{\frac{3}{4}\cdot 4(2x-3)}{\sqrt{4x^2-12x+10}} + \frac{14}{\sqrt{4x^2-12x+10}}\right]\mathrm{d}x$$

$$= \frac{3}{4}\int \frac{\mathrm{d}(4x^2-12x+10)}{\sqrt{4x^2-12x+10}} + \int \frac{7}{\sqrt{1+(2x-3)^2}}\mathrm{d}(2x-3)$$

$$= \frac{3}{2}\sqrt{4x^2-12x+10} + 7\ln(2x-3+$$

$$\sqrt{4x^2-12x+10}) + C.$$

例 5 求 $\displaystyle\int x(\arctan x)\ln(1+x^2)\mathrm{d}x$.

解 由

$$\int x\ln(1+x^2)\mathrm{d}x = \frac{1}{2}x^2\ln(1+x^2) - \int\frac{x^3}{1+x^2}\mathrm{d}x$$
$$= \frac{1}{2}x^2\ln(1+x^2) - \frac{x^2}{2} + \frac{1}{2}\ln(1+x^2) + C$$

得到

$$\int x(\arctan x)\ln(1+x^2)\mathrm{d}x = \int\arctan x\mathrm{d}\left[\frac{1}{2}(1+x^2)\ln(1+x^2) - \frac{1}{2}x^2\right]$$
$$= \arctan x\left[\frac{1}{2}(1+x^2)\ln(1+x^2) - \frac{1}{2}x^2\right] -$$
$$\frac{1}{2}\int\left[\ln(1+x^2) - \frac{x^2}{1+x^2}\right]\mathrm{d}x.$$

而

$$\int\ln(1+x^2)\mathrm{d}x = x\ln(1+x^2) - 2\int\frac{x^2}{1+x^2}\mathrm{d}x,$$
$$\int\frac{x^2}{1+x^2}\mathrm{d}x = x - \arctan x + C,$$

于是

$$\int x(\arctan x)\ln(1+x^2)\mathrm{d}x = \arctan x\left[\frac{1}{2}(1+x^2)\ln(1+x^2) - \frac{1}{2}x^2 - \frac{3}{2}\right] -$$
$$\frac{x}{2}\ln(1+x^2) + \frac{3}{2}x + C.$$

有时积分中含有无法积分的项，但通过分部积分，可将这种项分离抵消，从而求出积分.

例 6　求$\int\frac{1+\sin x}{1+\cos x}\mathrm{e}^x\mathrm{d}x$.

解　$$\int\frac{1+\sin x}{1+\cos x}\mathrm{e}^x\mathrm{d}x = \int\frac{1+\sin x}{2\cos^2\frac{x}{2}}\mathrm{e}^x\mathrm{d}x$$
$$= \frac{1}{2}\int\frac{1}{\cos^2\frac{x}{2}}\mathrm{e}^x\mathrm{d}x + \int\tan\frac{x}{2}\cdot\mathrm{e}^x\mathrm{d}x$$
$$= \tan\frac{x}{2}\mathrm{e}^x - \int\tan\frac{x}{2}\mathrm{e}^x\mathrm{d}x + \int\tan\frac{x}{2}\mathrm{e}^x\mathrm{d}x = \tan\frac{x}{2}\mathrm{e}^x + C.$$

例 7　设$J_n = \int\frac{\mathrm{d}x}{(x^2+a^2)^n}$，其中 n 为正整数. 证明 J_n 满足递推公式

$$J_n = \frac{1}{2a^2(n-1)}\left[\frac{x}{(x^2+a^2)^{n-1}} + (2n-3)J_{n-1}\right].$$

并由 $J_1 = \int\frac{\mathrm{d}x}{x^2+a^2} = \frac{1}{a}\arctan\frac{x}{a} + C$，求 $J_2 = \int\frac{\mathrm{d}x}{(x^2+a^2)^2}$.

解　$n>1$ 时，有

$$J_{n-1}=\int\frac{\mathrm{d}x}{(x^2+a^2)^{n-1}}=\frac{x}{(x^2+a^2)^{n-1}}+2(n-1)\int\frac{x^2}{(x^2+a^2)^n}\mathrm{d}x$$

$$=\frac{x}{(x^2+a^2)^{n-1}}+2(n-1)\int\left[\frac{1}{(x^2+a^2)^{n-1}}-\frac{a^2}{(x^2+a^2)^n}\right]\mathrm{d}x$$

$$=\frac{x}{(x^2+a^2)^{n-1}}+2(n-1)(J_{n-1}-a^2J_n).$$

将 J_{n-1} 合并，解得

$$J_n=\frac{1}{2a^2(n-1)}\left[\frac{x}{(x^2+a^2)^{n-1}}+(2n-3)J_{n-1}\right].$$

所以这个递推公式成立. 根据这个递推公式立即得到

$$J_2=\int\frac{\mathrm{d}x}{(x^2+a^2)^2}=\frac{1}{2a^2}\left[\frac{x}{x^2+a^2}+J_1\right]=\frac{1}{2a^2}\frac{x}{x^2+a^2}+\frac{1}{2a^3}\arctan\frac{x}{a}+C.$$

例 8 求 $\int|x-1|\mathrm{d}x$.

解 $x<1$ 时，

$$\int|x-1|\mathrm{d}x=\int(1-x)\mathrm{d}x=x-\frac{1}{2}x^2+C_1;$$

$x\geqslant1$ 时，

$$\int|x-1|\mathrm{d}x=\int(x-1)\mathrm{d}x=\frac{1}{2}x^2-x+C_2.$$

利用原函数在点 $x=1$ 处的连续性，应有

$$1-\frac{1}{2}+C_1=\frac{1}{2}-1+C_2.$$

于是 $C_2=1+C_1$. 所以

$$\int|x-1|\mathrm{d}x=\begin{cases}x-\frac{1}{2}x^2+C_1, & x<1,\\ \frac{1}{2}x^2-x+1+C_1, & x\geqslant1.\end{cases}$$

复习题四

一、选择题

1. 在区间 (a,b) 内，如果 $f'(x)=\varphi'(x)$，则一定有（　　）.

(A) $f(x)=\varphi(x)$　　(B) $f(x)=\varphi(x)+C$

(C) $\left[\int f(x)\mathrm{d}x\right]'=\left[\int\varphi(x)\mathrm{d}x\right]'$　　(D) $\int\mathrm{d}f(x)=\varphi(x)$

2. 函数 $2(\mathrm{e}^{2x}-\mathrm{e}^{-2x})$ 的原函数有（　　）.

(A) $2(\mathrm{e}^x-\mathrm{e}^{-x})$　　(B) $(\mathrm{e}^x-\mathrm{e}^{-x})^2$

(C) $\mathrm{e}^x+\mathrm{e}^{-x}$　　(D) $4(\mathrm{e}^{2x}+\mathrm{e}^{-2x})$

3. 设 $f(x)$ 为可导函数，则（　　）.

(A) $\int f(x)\mathrm{d}x = f(x)$ (B) $\int f'(x)\mathrm{d}x = f(x)$

(C) $\left(\int f(x)\mathrm{d}x\right)' = f(x)$ (D) $\left(\int f(x)\mathrm{d}x\right)' = f(x) + C$

4. 设 $f(x)$ 有连续的导函数，且 $a\neq 0,1$，则下列命题正确的是(　　).

(A) $\int f'(ax)\mathrm{d}x = \frac{1}{a}f(ax) + C$ (B) $\int f'(ax)\mathrm{d}x = f(ax) + C$

(C) $\left(\int f'(ax)\mathrm{d}x\right)' = af(ax)$ (D) $\int f'(ax)\mathrm{d}x = f(x) + C$

5. $\int \frac{\mathrm{e}^{\sqrt{x}}}{\sqrt{x}}\mathrm{d}x =$ (　　).

(A) $\mathrm{e}^{\sqrt{x}}+C$ (B) $\frac{1}{2}\mathrm{e}^{\sqrt{x}}+C$

(C) $2\mathrm{e}^{\sqrt{x}}+C$ (D) $2\mathrm{e}^{x}+C$

6. 若 $\int f(x)\mathrm{d}x = x^2\mathrm{e}^{2x} + C$，则 $f(x) =$ (　　).

(A) $2x\mathrm{e}^{2x}$ (B) $2x^2\mathrm{e}^{2x}$

(C) $x\mathrm{e}^{2x}$ (D) $2x\mathrm{e}^{2x}(1+x)$

7. 若 $\int f(x)\mathrm{d}x = x^2 + C$，则 $\int xf(1-x^2)\mathrm{d}x =$ (　　).

(A) $2(1-x^2)^2+C$ (B) $-2(1-x^2)^2+C$

(C) $\frac{1}{2}(1-x^2)^2+C$ (D) $-\frac{1}{2}(1-x^2)^2+C$

8. $\int f'(ax+b)\mathrm{d}x =$ (　　).

(A) $f(x)+C$ (B) $af(ax+b)+C$

(C) $f(ax+b)+C$ (D) $\frac{1}{a}f(ax+b)+C$

9. 设 e^x 是 $f(x)$ 的一个原函数，则 $\int xf(x)\mathrm{d}x =$ (　　).

(A) $\mathrm{e}^x(1-x)+C$ (B) $\mathrm{e}^x(1+x)+C$

(C) $\mathrm{e}^x(x-1)+C$ (D) $-\mathrm{e}^x(1+x)+C$

10. 设 $f(x) = \mathrm{e}^{-x}$，则 $\int \frac{f'(\ln x)}{x}\mathrm{d}x =$ (　　).

(A) $-\frac{1}{x}+C$ (B) $-\ln x+C$

(C) $\frac{1}{x}+C$ (D) $\ln x+C$

11. 已知 $f'(\ln x)=x$，其中 $1<x<+\infty$ 且 $f(0)=0$，则 $f(x)=$ (　　).

(A) e^x (B) $\mathrm{e}^x-1, 1<x<+\infty$

(C) $e^x-1, 0<x<+\infty$　　(D) $e^x, 1<x<+\infty$

12. 设 $I=\int \frac{1}{\sqrt{2ax}}dx$,则为(　　).

(A) $\sqrt{\frac{2x}{a}}+C$　　(B) $\frac{1}{\sqrt{2a}}\sqrt{x}+C$

(C) $\frac{1}{\sqrt{2}}^{x-\frac{1}{2}}+C$　　(D) $\frac{1}{2a}\sqrt{2ax}+C$

二、综合练习 A

1. 已知动点在时刻 t 的速度 $v=3t-2$,且 $t=0$ 时,$s=5$,求此动点的运动方程.

2. 计算下列不定积分:

(1) $\int \frac{dx}{x\sqrt{x^2-1}}$;　　(2) $\int \frac{2x-1}{\sqrt{1-x^2}}dx$;

(3) $\int \cos\sqrt{x}dx$;　　(4) $\int \frac{1+\ln x}{1+(x\ln x)^2}dx$;

(5) $\int x(2x+1)^{50}dx$;　　(6) $\int \frac{\sqrt{x^2-9}}{x}dx$;

(7) $\int \frac{dx}{\sqrt{(a^2-x^2)^3}}\ (a>0)$;　　(8) $\int \frac{x\arctan x}{\sqrt{1+x^2}}dx$.

3. 设 $I_n=\int \sin^n x dx$,证明:$I_n=-\frac{1}{n}\sin^{n-1}x\cos x+\frac{n-1}{n}I_{n-2}$.

4. 已知$\frac{\sin x}{x}$是 $f(x)$ 的一个原函数,求$\int xf'(x)dx$.

5. 设 $f'(e^x)=1+e^{2x}$,且 $f(0)=1$,求 $f(x)$.

三、综合练习 B

1. 计算下列积分:

(1) $\int \frac{dx}{1+\sqrt{1+x^2}}$;　　(2) $\int \frac{dx}{x+\sqrt{1-x^2}}$;

(3) $\int \cos(\ln x)dx$;　　(4) $\int \ln^2(x+\sqrt{1+x^2})dx$;

(5) $\int e^{ax}\cos bx dx$;　　(6) $\int \frac{x\cos x-\sin x}{(x-\sin x)^2}dx$;

(7) $\int e^{\sin x}\frac{x\cos^3 x-\sin x}{\cos^2 x}dx$.

2. 设 $f'(x)+xf'(-x)=x$,求 $f(x)$.

3. 设 $f(x)$的原函数 $F(x)>0$,且 $F(0)=\sqrt{\frac{\pi}{2}}$,$f(x)F(x)=\frac{1}{e^x+e^{-x}}$,求 $f(x)$.

4. 设 $f(x)=\begin{cases}\sin\frac{x}{2}, & x\leqslant 0,\\ \arctan 2x, & x>0,\end{cases}$ 求$\int f(x)dx$.

第五章　定　积　分

定积分是微积分学中的一个重要概念.定积分起源于计算图形的面积和体积等几何问题,但现在大量运用在自然科学与各个领域的生产实践中. 本章将从实例引出定积分概念,然后讨论定积分的性质及定积分与不定积分的内在联系.

第一节　定积分的概念

一、引例

1. 曲边梯形的面积

所谓**曲边梯形**是这样的平面图形,它有三条边是直线段,其中两条边垂直于另外一条边,第四边是一条曲线弧(见图 5-1a).我们并不排除这样的情形,即两条平行的边中有一条边或甚至是两条边缩成一点(见图 5-1b、图 5-1c).

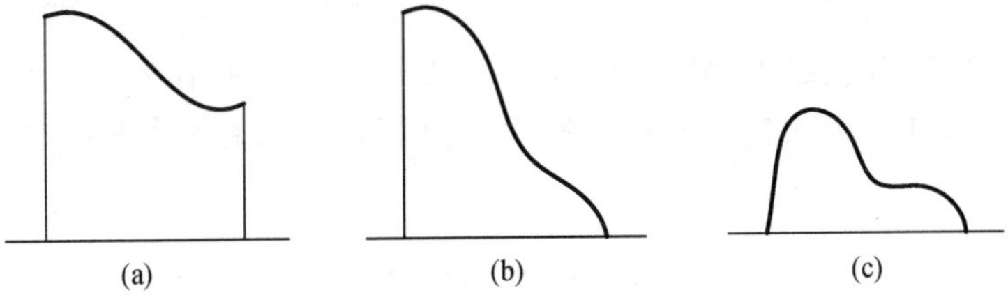

图 5-1

设函数 $y=f(x)\geqslant 0$ 在区间$[a,b]$上连续,则由曲线 $y=f(x)$,x 轴与直线 $x=a$,$x=b$ 所围成的图形即为曲边梯形(见图 5-2).函数 $y=f(x)$对应于区间$[a,b]$上的曲线称为曲边梯形的曲边.

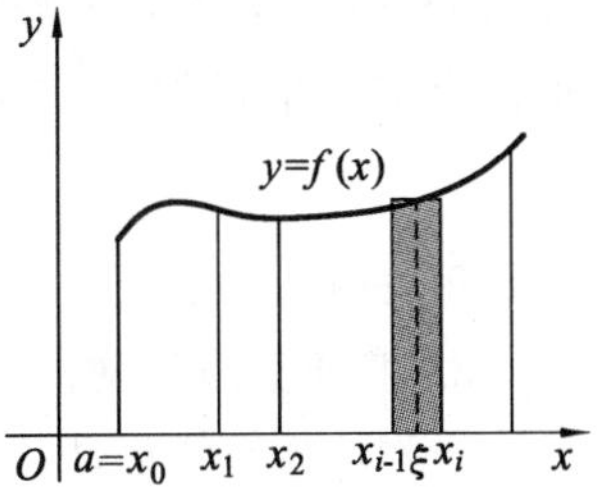

图 5-2

我们的基本问题是,这种曲边梯形的面积如何计算?或更确切地说,这种曲边梯形的面积如何表示?

如果曲边梯形的曲边是水平的,$f(x)=y_0$ 为常数,那么其图形为矩形.它的面积

$$S=y_0(b-a).$$

现在 $y=f(x)$的值随着 x 的变化而变化,问题便复杂多了.在函数连续的条件下,可以想象,如果曲边梯形的宽度很小,则 $f(x)$的变化也很小.因此,在小区间$[x,x+\Delta x]$上,

当 Δx 很小时，曲边梯形的面积可近似地用窄矩形的面积来代替，于是人们产生了如下想法：把这个曲边梯形用平行于 y 轴的直线分割成很多窄的小曲边梯形，这种小曲边梯形的面积近似地用矩形的面积代替，再将这些矩形的面积加起来就是曲边梯形面积的近似值.

显然，每个小区间的长度越小，近似程度就越好. 把区间 $[a,b]$ 无限细分，使每一个小区间缩向一点，即其长度无限趋于 0，则近似值就可变为曲边梯形面积的精确值了. 因此，可以按下面步骤来计算上述曲边梯形的面积：

在区间 $[a,b]$ 中任意插入 $n-1$ 个分点

$$a=x_0<x_1<x_2<\cdots<x_{i-1}<x_i<\cdots<x_{n-1}<x_n=b.$$

这些分点把 $[a,b]$ 分成 n 个小区间，它们的长度依次为

$$\Delta x_1=x_1-x_0,\cdots,\Delta x_i=x_i-x_{i-1},\cdots,\Delta x_n=x_n-x_{n-1}.$$

经过每一个分点作平行于 y 轴的直线段，把曲边梯形分成 n 个窄的小曲边梯形，设它们的面积依次为 $\Delta S_i(i=1,2,\cdots,n)$. 用相应的小矩形面积来近似代替第 i 个窄的小曲边梯形的面积 ΔS_i，则

$$\Delta S_i\approx f(\xi_i)\Delta x_i\quad(x_{i-1}\leqslant\xi_i\leqslant x_i,i=1,2,\cdots,n),$$

式中，ξ_i 为小区间 $[x_{i-1},x_i]$ 上任一点，$f(\xi_i)$ 为这个区间上小矩形的高.

于是所求曲边梯形的面积 S 近似等于 n 个小矩形的面积之和

$$S\approx f(\xi_1)\Delta x_1+f(\xi_2)\Delta x_2+\cdots+f(\xi_n)\Delta x_n=\sum_{i=1}^{n}f(\xi_i)\Delta x_i.$$

由于分点越多，误差越小. 记 $\lambda=\max\{\Delta x_1,\Delta x_2,\cdots,\Delta x_n\}$，让 $\lambda\to 0$（这时分段数无限增多，即 $n\to\infty$）. 如果上式右端极限存在，我们就把这极限值作为曲边梯形面积 S 的精确值

$$S=\lim_{\lambda\to 0}\sum_{i=1}^{n}f(\xi_i)\Delta x_i.\tag{1}$$

回忆一下在第二章第七节介绍的微元方法，若将区间 $[a,b]$ 分成许多微小的微元区间 $[x,x+\mathrm{d}x]$，相应的微小部分面积微元为 $\mathrm{d}S=f(x)\mathrm{d}x$（参见第二章第七节例 1），则根据量 S 具有的可加性，直观上有

$$S=\sum\mathrm{d}S=\sum f(x)\mathrm{d}x.\tag{2}$$

在这里，式(1)和式(2)具有类似的结构.

2. 变速直线运动的路程

设物体做直线运动，已知速度 $v=v(t)$ 是时间 t 的连续函数，$t\in[T_1,T_2]$，且 $v(t)\geqslant 0$，要求计算在这段时间内物体所经过的路程 S.

如果速度 $v=v(t)=v_0$ 不变，则路程 $S=v_0(T_1-T_2)$. 但现在速度是随时间而变化的变量，因此，所求路程 S 不能按此公式来计算. 然而，物体运动的速度函数 $v(t)$ 是连续变化的，在很短一段时间里，速度的变化很小，近似于匀速运动. 因此，在时间间隔很短的条件下，可以将速度看作常数，从而可得变速直线运动路程的近似值. 将这些近似值相加

就得到整个时间区间$[T_1,T_2]$上的路程的近似值，再让时间间隔趋于零，便可得到做变速直线运动的物体所经过的路程 S. 具体计算步骤如下：在时间间隔$[T_1,T_2]$内任意插入$n-1$个分点

$$T_1=t_0<t_1<t_2<\cdots<t_{n-1}<t_n=T_2.$$

这些分点把$[T_1,T_2]$分成 n 个小区间，每个小区间的长依次为

$$\Delta t_1=t_1-t_0,\cdots,\Delta t_i=t_i-t_{i-1},\cdots,\Delta t_n=t_n-t_{n-1},$$

相应地，在各小段内物体经过的路程依次为

$$\Delta S_1,\Delta S_2,\cdots,\Delta S_n.$$

在时间间隔$[t_{i-1},t_i]$上任取一个时刻 $\tau_i(t_{i-1}\leqslant\tau_i\leqslant t_i)$，以时刻 τ_i 的速度 $v(\tau_i)$来代替$[t_{i-1},t_i]$ 上各个时刻的速度，得到部分路程 ΔS_i 的近似值，即

$$\Delta S_i\approx v(\tau_i)\Delta t_i\quad(i=1,2,\cdots,n).$$

于是物体运动的路程 S 就近似于 n 段部分路程的近似值之和，即

$$\begin{aligned}S&\approx v(\tau_1)\Delta t_1+v(\tau_2)\Delta t_2+\cdots+v(\tau_n)\Delta t_n\\&=\sum_{i=1}^{n}v(\tau_i)\Delta t_i.\end{aligned}$$

记 $\lambda=\max\{\Delta t_1,\Delta t_2,\cdots,\Delta t_n\}$，让 $\lambda\to0$. 如果上式右端极限存在，我们就把这极限值作为物体运动路程 S 的精确值，即

$$S=\lim_{\lambda\to0}\sum_{i=1}^{n}v(\tau_i)\Delta t_i.$$

类似地，运动路程 S 同样可以直观地表示为

$$S=\sum\mathrm{d}S=\sum v(t)\mathrm{d}t.$$

二、定积分的定义

在上面两个例子中，要计算的量的实际意义虽然不同，但其数学形式是完全一样的，它们都由一个函数及其自变量的变化区间$[a,b]$所确定，并归结为计算下列和的极限：

$$\lim_{\lambda\to0}\sum_{i=1}^{n}f(\xi_i)\Delta x_i,$$

或直观上的表达式

$$\sum f(x)\mathrm{d}x.$$

在科学技术与各种应用问题中，还有许多具体问题可归结为这种和式的极限. 抛开这些问题的具体内容，抓住它们在数量关系上共同的本质加以概括，我们就可以给出下述定积分的定义.

定义 设函数 $f(x)$在区间$[a,b]$上有界，在$[a,b]$中任意插入 $n-1$ 个分点

$$a=x_0<x_1<x_2<\cdots<x_{i-1}<x_i<\cdots<x_{n-1}<x_n=b,$$

把区间$[a,b]$分成 n 个小区间. 各个小区间的长度依次为

$$\Delta x_i=x_i-x_{i-1},\ i=1,2,\cdots,n.$$

在每一个小区间$[x_{i-1},x_i]$上任意取一点$\xi_i(x_{i-1}\leqslant\xi_i\leqslant x_i)$，作函数值$f(\xi_i)$与小区间长度的乘积$f(\xi_i)\Delta x_i(i=1,2,\cdots,n)$，并作和式

$$S=\sum_{i=1}^{n}f(\xi_i)\Delta x_i.$$

记$\lambda=\max\{\Delta x_1,\Delta x_2,\cdots,\Delta x_n\}$，如果不论对$[a,b]$怎样分法，也不论在小区间$[x_{i-1},x_i]$上点$\xi_i$怎样取法，当$\lambda\to 0$时，和$S$总趋于确定的极限，则称这个极限为函数$f(x)$在区间$[a,b]$上的定积分(简称积分)，记作$\int_a^b f(x)\mathrm{d}x$，即

$$\int_a^b f(x)\mathrm{d}x=\lim_{\lambda\to 0}\sum_{i=1}^{n}f(\xi_i)\Delta x_i.$$

其中，$f(x)$叫做被积函数，$f(x)\mathrm{d}x$叫做被积表达式，x叫做积分变量，a叫做积分下限，b叫做积分上限，$[a,b]$叫做积分区间.

根据定积分的定义，前面所讨论的两个实际问题可以分别表述如下：

由曲线$y=f(x)(f(x)\geqslant 0)$，x轴与直线$x=a$，$x=b$所围成的曲边梯形的面积

$$S=\int_a^b f(x)\mathrm{d}x.$$

物体以变速$v=v(t)(v(t)\geqslant 0)$做直线运动，从时刻$t=T_1$到时刻$t=T_2$，该物体所经过的路程

$$S=\int_{T_1}^{T_2}v(t)\mathrm{d}t.$$

根据定积分的定义，直观上就有

$$\sum f(x)\mathrm{d}x=\int_a^b f(x)\mathrm{d}x$$

或

$$S=\sum \mathrm{d}S=\sum f(x)\mathrm{d}x=\int_a^b \mathrm{d}S=\int_a^b f(x)\mathrm{d}x. \tag{3}$$

如果$f(x)$在$[a,b]$上的定积分存在，我们就说$f(x)$在$[a,b]$上可积.

对于定积分，有这样一个重要问题：函数$f(x)$在$[a,b]$上满足怎样的条件时，$f(x)$在$[a,b]$上一定可积？对于这个问题我们在此不作严格论证，只给出以下两个充分条件：

定理 1 设$f(x)$在区间$[a,b]$上连续，则$f(x)$在$[a,b]$上可积.

定理 2 设$f(x)$在区间$[a,b]$上有界，且只有有限个间断点，则$f(x)$在$[a,b]$上可积.

定积分的几何意义：在$[a,b]$上，当$f(x)\geqslant 0$时，由前面的讨论我们知道，定积分$\int_a^b f(x)\mathrm{d}x$在几何上表示由曲线$y=f(x)(f(x)\geqslant 0)$，x轴与直线$x=a$，$x=b$所围成的曲边梯形的面积. 如果$f(x)<0$，则曲边梯形位于x轴的下方. 这时，$f(\xi_i)<0$，而$\Delta x_i=x_i-x_{i-1}>0$，所以$f(\xi_i)\Delta x_i<0$，从而和的极限$\lim\limits_{\lambda\to 0}\sum\limits_{i=1}^{n}f(\xi_i)\Delta x_i$为负，也就是说$\int_a^b f(x)\mathrm{d}x$

的值为负. 这时，$\int_a^b f(x)\mathrm{d}x$ 表示由曲线 $y=f(x)(f(x)<0)$，x 轴与直线 $x=a,x=b$ 所围成的曲边梯形的面积的负值. 如果 $f(x)$ 的值有正有负，则函数图形的某些部分在 x 轴的上方，而其他部分在 x 轴的下方(见图 5-3)，于是，定积分的几何意义为：

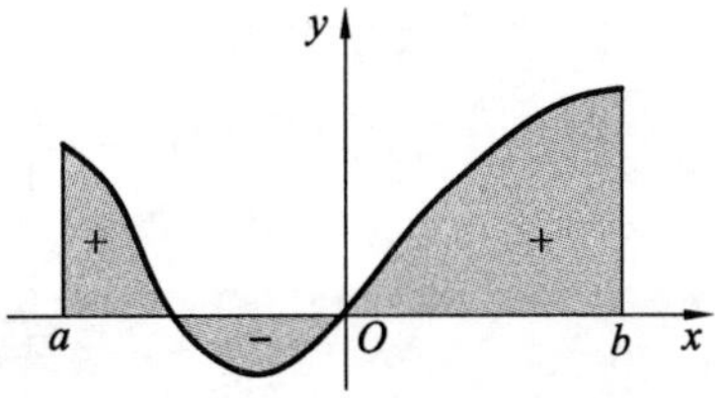

图 5-3

定积分 $\int_a^b f(x)\mathrm{d}x$ 是介于 x 轴、函数 $f(x)$ 及直线 $x=a,x=b$ 之间的各部分的图形面积的代数和，即在 x 轴上方的图形面积与在 x 轴下方的图形面积之差.

由定积分的定义及几何意义可以看出：一个函数 $f(x)$ 在区间 $[a,b]$ 上的定积分只和区间及区间上函数的几何图形有关，而和积分变量用什么字母表示无关，即

$$\int_a^b f(x)\mathrm{d}x=\int_a^b f(u)\mathrm{d}u=\int_a^b f(t)\mathrm{d}t=\cdots.$$

最后，我们举一个根据定义计算定积分的例子.

例 1 应用定积分的定义计算定积分 $\int_0^1 x^2\mathrm{d}x$.

解 因为被积函数 $f(x)$ 在积分区间 $[0,1]$ 上连续，而连续函数是可积的，所以定积分的值与区间 $[0,1]$ 的分法及点 ξ_i 的取法无关，因此，为了便于计算，不妨把区间 $[0,1]$ 分成 n 等份. 这样，每个小区间 $[x_{i-1},x_i]$ 的长度为 $\Delta x_i=\frac{1}{n}$，分点为 $x_i=\frac{i}{n}$. 此外，不妨把 ξ_i 取在小区间 $[x_{i-1},x_i]$ 的右端点，即 $\xi_i=x_i=\frac{i}{n}$，此时 $\lambda\to0$ 和 $n\to\infty$ 等价，于是

$$\int_0^1 f(x)\mathrm{d}x=\lim_{n\to\infty}\frac{1}{n}\sum_{i=1}^{n}f\left(\frac{i}{n}\right).$$

把 $f(x)=x^2$ 代入得

$$\int_0^1 x^2\mathrm{d}x=\lim_{n\to\infty}\sum_{i=1}^{n}\left(\frac{i}{n}\right)^2\cdot\frac{1}{n}=\lim_{n\to\infty}\frac{1}{n^3}\sum_{i=1}^{n}i^2,$$

利用求和公式

$$1^2+2^2+\cdots+n^2=\frac{n(n+1)(2n+1)}{6}$$

可得

$$\int_0^1 x^2\mathrm{d}x=\lim_{n\to\infty}\frac{1}{n^3}\cdot\frac{n(n+1)(2n+1)}{6}=\lim_{n\to\infty}\frac{\left(1+\frac{1}{n}\right)\left(2+\frac{1}{n}\right)}{6}=\frac{1}{3}.$$

习题 5-1

1. 用定积分定义计算下列积分：

(1) $\int_a^b k\mathrm{d}x$(k 是常数)； (2) $\int_0^1 x\mathrm{d}x$；

(3) $\int_0^1 e^x dx$.

2. 利用定积分的几何意义,说明下列等式:

(1) $\int_0^R \sqrt{R^2-x^2}dx = \frac{\pi R^2}{4}$; (2) $\int_{-\frac{\pi}{2}}^{\frac{\pi}{2}} \cos x dx = 2\int_0^{\frac{\pi}{2}} \cos x dx$.

第二节 定积分的性质

我们先对定积分作如下补充规定:当 $a=b$ 时,$\int_a^b f(x)dx = \int_a^a f(x)dx = 0$,当 $a>b$ 时,$\int_a^b f(x)dx = -\int_b^a f(x)dx$.

由定积分的定义及极限的运算法则与性质,可以得到定积分的若干性质.

在下面的讨论中,如不特别指明,对积分上下限的大小均不加限制,并假定各性质中所列出的定积分都是存在的.

性质 1 函数的和(差)的定积分等于它们的定积分的和(差),即

$$\int_a^b [f(x) \pm g(x)]dx = \int_a^b f(x)dx \pm \int_a^b g(x)dx.$$

证

$$\begin{aligned}\int_a^b [f(x) \pm g(x)]dx &= \lim_{\lambda\to 0}\sum_{i=1}^n [f(\xi_i) \pm g(\xi_i)]\Delta x_i \\ &= \lim_{\lambda\to 0}\sum_{i=1}^n f(\xi_i)\Delta x_i \pm \lim_{\lambda\to 0}\sum_{i=1}^n g(\xi_i)\Delta x_i \\ &= \int_a^b f(x)dx \pm \int_a^b g(x)dx.\end{aligned}$$

性质 1 对于任意有限个函数都是成立的.

性质 2 被积函数的常数因子可以提到积分号外面,即

$$\int_a^b kf(x)dx = k\int_a^b f(x)dx \ (k \text{ 为常数}).$$

证明方法同性质 1.

性质 3 如果将积分区间分成两部分,则在整个区间上的定积分等于这两部分区间上定积分之和,即设 $a<c<b$,则

$$\int_a^b f(x)dx = \int_a^c f(x)dx + \int_c^b f(x)dx.$$

证 因为函数 $f(x)$ 在区间 $[a,b]$ 上可积,所以不论把 $[a,b]$ 怎么分,积分和的极限总是不变的,因此,我们在分区间时,可以使 c 永远是个分点,那么,$[a,b]$ 上的积分和等于 $[a,c]$ 上的积分和加 $[c,b]$ 上的积分和,记为

$$\sum_{[a,b]} f(\xi_i)\Delta x_i = \sum_{[a,c]} f(\xi_i)\Delta x_i + \sum_{[c,b]} f(\xi_i)\Delta x_i.$$

令 $\lambda\to 0$,上式两端同时取极限,即得

$$\int_a^b f(x)\mathrm{d}x = \int_a^c f(x)\mathrm{d}x + \int_c^b f(x)\mathrm{d}x.$$

这个性质表明定积分对于积分区间是具有可加性的.

按定积分的补充规定，不论 a,b,c 的相对位置如何，总有等式

$$\int_a^b f(x)\mathrm{d}x = \int_a^c f(x)\mathrm{d}x + \int_c^b f(x)\mathrm{d}x$$

成立. 例如，当 $a<b<c$ 时，由于

$$\int_a^c f(x)\mathrm{d}x = \int_a^b f(x)\mathrm{d}x + \int_b^c f(x)\mathrm{d}x,$$

于是得

$$\int_a^b f(x)\mathrm{d}x = \int_a^c f(x)\mathrm{d}x - \int_b^c f(x)\mathrm{d}x = \int_a^c f(x)\mathrm{d}x + \int_c^b f(x)\mathrm{d}x.$$

性质 4　如果在区间 $[a,b]$ 上 $f(x) = 1$，则 $\int_a^b 1 \cdot \mathrm{d}x = \int_a^b \mathrm{d}x = b - a.$

性质 5　如果在区间 $[a,b]$ 上 $f(x) \geqslant 0$，则

$$\int_a^b f(x)\mathrm{d}x \geqslant 0 \ (a < b).$$

证　因为 $f(x) \geqslant 0$，所以 $f(\xi_i) \geqslant 0$. 又由于 $\Delta x_i > 0$，因此，

$$f(\xi_i)\Delta x_i \geqslant 0 \ (i=1,2,\cdots,n),$$

从而

$$\sum_{i=1}^{n} f(\xi_i)\Delta x_i \geqslant 0.$$

令 $\lambda \to 0$，上式取极限，根据极限的性质，即得 $\int_a^b f(x)\mathrm{d}x \geqslant 0.$

推论　如果在区间 $[a,b]$ 上 $f(x) \leqslant g(x)$，则

$$\int_a^b f(x)\mathrm{d}x \leqslant \int_a^b g(x)\mathrm{d}x \ (a < b).$$

证　作辅助函数 $F(x) = g(x) - f(x) \geqslant 0$，利用性质 1 和性质 5 即可证得.

性质 6　设 M 与 m 分别是函数 $f(x)$ 在区间 $[a,b]$ 上的最大值与最小值，则

$$m(b-a) \leqslant \int_a^b f(x)\mathrm{d}x \leqslant M(b-a).$$

证　因为 $m \leqslant f(x) \leqslant M$，所以由性质 5 的推论，

$$\int_a^b m\mathrm{d}x \leqslant \int_a^b f(x)\mathrm{d}x \leqslant \int_a^b M\mathrm{d}x. \tag{1}$$

再由性质 2 和性质 4，即得所要证的不等式.

性质 7（积分中值定理）　如果函数 $f(x)$ 在闭区间 $[a,b]$ 上连续，则在积分区间 $[a,b]$ 上至少存在一个点 ξ，使得

$$\int_a^b f(x)\mathrm{d}x = f(\xi)(b-a) \ (a \leqslant \xi \leqslant b). \tag{2}$$

这个公式叫做**积分中值公式**.

证　由于函数在闭区间$[a,b]$上连续，则必存在最大值和最小值. 沿用性质 6 中的记号，不等式(1)各除以 $b-a$，得

$$m \leqslant \frac{1}{b-a}\int_a^b f(x)\mathrm{d}x \leqslant M.$$

这表明，数值$\frac{1}{b-a}\int_a^b f(x)\mathrm{d}x$介于函数 $f(x)$ 的最小值 m 及最大值 M 之间. 根据闭区间上连续函数的介值定理，在$[a,b]$上至少存在一点 ξ，使得函数 $f(x)$ 在点 ξ 处的值与这个确定的数值相等，即

$$\frac{1}{b-a}\int_a^b f(x)\mathrm{d}x = f(\xi)\ (a \leqslant \xi \leqslant b).$$

两端各乘以 $b-a$，即得式(2).

积分中值定理的几何意义是：在区间$[a,b]$上至少存在一点 ξ，使得以区间$[a,b]$为底边，以曲线 $y=f(x)$ 为曲边的曲边梯形的面积等于同一底边而高为 $f(\xi)$的一个矩形的面积(见图 5-4).

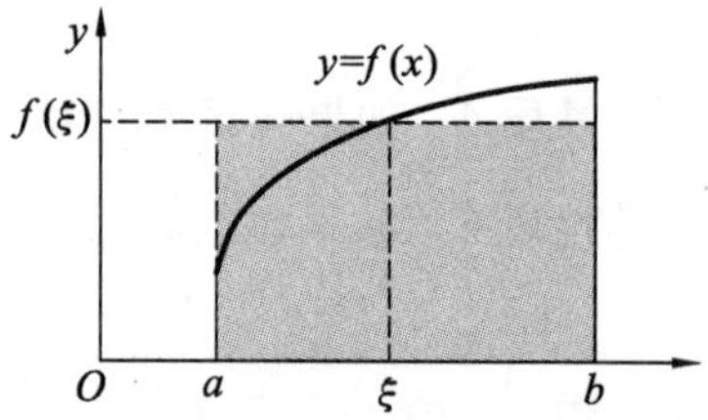

图 5-4

我们把函数 $y=f(x)$ 在区间$[a,b]$上的**平均值**定义为$\frac{1}{b-a}\int_a^b f(x)\mathrm{d}x$. 因此，积分中值定理又可叙述为：在区间$[a,b]$上至少存在一点 ξ，使得 $f(\xi)$ 等于函数 $y=f(x)$ 在区间$[a,b]$上的**平均值**，所以积分中值定理也叫**积分平均值定理**.

习题 5-2

1. 根据定积分的性质，说明下列积分哪一个值较大：

(1) $\int_0^1 x\mathrm{d}x$ 与 $\int_0^1 x^3\mathrm{d}x$；　　(2) $\int_1^2 x\mathrm{d}x$ 与 $\int_1^2 x^3\mathrm{d}x$；

(3) $\int_1^{1.5}\ln(1+x)\mathrm{d}x$ 与 $\int_1^{1.5}\ln^2(1+x)\mathrm{d}x$；　　(4) $\int_0^1\ln(1+x)\mathrm{d}x$ 与 $\int_0^1 x\mathrm{d}x$；

(5) $\int_0^1 x(\mathrm{e}^x-1)\mathrm{d}x$ 与 $\int_0^1 x^2\mathrm{d}x$.

2. 估计下列积分的值：

(1) $\int_1^4(x^2+1)\mathrm{d}x$；　　(2) $\int_0^2 \mathrm{e}^{x^2-x}\mathrm{d}x$.

3. 求函数 $y=\sin\omega x$ 在区间$[0,4]$上的平均值的积分表达式.

4. 设 $f(x)$和$|f(x)|$均可积，$a\leqslant b$，证明：$\left|\int_a^b f(x)\mathrm{d}x\right| \leqslant \int_a^b |f(x)|\mathrm{d}x$.

第三节　微积分基本公式

前面，我们通过一个例子看到直接按定义来计算定积分不是很容易的事. 如果被积函数是其他更复杂的函数，其困难就更大了，因此，我们必须寻求计算定积分的新方法.

现还是考虑速度与路程的关系. 设物体在一直线上运动，在时刻 t 时物体所在位置为 $S(t)$，速度为 $v(t)$.

从第一节中我们知道，物体在时间间隔$[T_1,T_2]$内经过的路程可以表示为速度函数 $v(t)$ 在$[T_1,T_2]$上的定积分$\int_{T_1}^{T_2} v(t)\,\mathrm{d}t$.

另一方面，物体在$[T_1,T_2]$上所经过的路程又可以表示为 $S(t)$在这段时间间隔上的增量

$$S(T_2)-S(T_1).$$

由此可知，位置函数 $S(t)$与速度函数 $v(t)$之间有关系式

$$\int_{T_1}^{T_2} v(t)\,\mathrm{d}t = S(T_2)-S(T_1). \tag{1}$$

由导数概念知 $S(t)$是 $v(t)$的原函数，所以关系式(1)表示，速度函数 $v(t)$在区间$[T_1,T_2]$上的定积分等于它的原函数 $S(t)$在区间$[T_1,T_2]$上的增量.

公式(1)是否普遍成立？即如果函数 $f(x)$在区间$[a,b]$上连续，那么，$f(x)$在区间$[a,b]$上的定积分就等于 $f(x)$的原函数 $F(x)$在区间$[a,b]$上的增量，也就是

$$\int_a^b f(t)\,\mathrm{d}t = F(b)-F(a). \tag{2}$$

如果这一公式是正确的话，则计算定积分就很简单了.

例 1　求$\int_0^1 x^2\,\mathrm{d}x$.

解　x 的一个原函数为$F(x)=\frac{1}{3}x^3$，因此，

$$\int_0^1 x^2\,\mathrm{d}x = F(1)-F(0) = \frac{1}{3}-0 = \frac{1}{3}.$$

这一结果和第一节例 1 结果相同，然而，这里的计算却简单多了.

公式(2)即为著名的**牛顿(Newton)-莱布尼茨(Leibniz)公式**，也叫做**微积分基本公式**. 这个公式揭示了定积分与被积函数的原函数之间的联系，为定积分的计算提供了一种有效而简便的方法. 下面将证明这一重要结果.

我们先讨论积分上限的函数和它的导数之间的关系.

设函数 $f(x)$在区间$[a,b]$上连续，x 为$[a,b]$上的一点，作 $f(x)$在$[a,x]$上的定积分$\int_a^x f(x)\,\mathrm{d}x$. 由于 $f(x)$ 在$[a,x]$上是连续的，因此，这个定积分存在. 这时变量 x 既表示定积分的上限，又表示积分变量. 因为定积分与积分变量的记号无关，所以，为了明确起见，

可以把积分变量改记成其他符号，例如可以写成 $\int_a^x f(t)\mathrm{d}t$. 如果上限 x 在区间 $[a,b]$ 上任意变动，则对于每一个取定的 x，定积分有一个对应值，所以它在 $[a,b]$ 上定义了一个函数，记作 $\Phi(x)$，如图 5-5 所示.

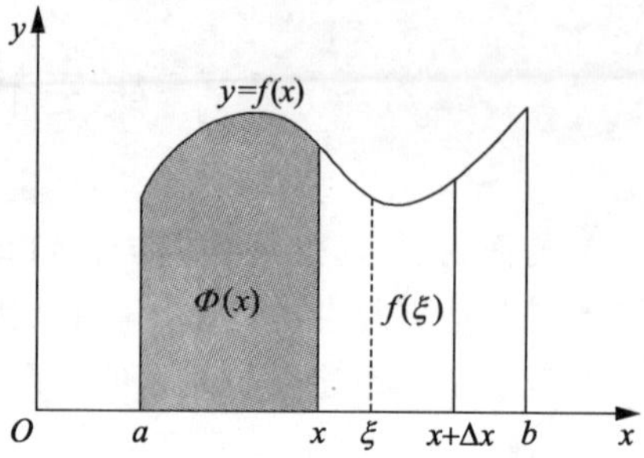

图 5-5

$$\Phi(x)=\int_a^x f(t)\mathrm{d}t \ (a\leqslant x\leqslant b).$$

定理 1 如果函数 $f(x)$ 在区间 $[a,b]$ 上连续，则积分上限的函数

$$\Phi(x)=\int_a^x f(t)\mathrm{d}t$$

在 $[a,b]$ 上可导，并且它的导数是

$$\Phi'(x)=\frac{\mathrm{d}}{\mathrm{d}x}\int_a^x f(t)\mathrm{d}t=f(x)\ (a\leqslant x\leqslant b). \tag{3}$$

证 当上限由 x 变到 $x+\Delta x$ 时，$\Phi(x)$ 在 $x+\Delta x$ 处的函数值为

$$\Phi(x+\Delta x)=\int_a^{x+\Delta x} f(t)\mathrm{d}t.$$

由此得函数的增量

$$\begin{aligned}\Delta\Phi=\Phi(x+\Delta x)-\Phi(x)&=\int_a^{x+\Delta x} f(t)\mathrm{d}t-\int_a^x f(t)\mathrm{d}t\\&=\int_a^x f(t)\mathrm{d}t+\int_x^{x+\Delta x} f(t)\mathrm{d}t-\int_a^x f(t)\mathrm{d}t\\&=\int_x^{x+\Delta x} f(t)\mathrm{d}t.\end{aligned}$$

应用积分中值定理有

$$\Delta\Phi=f(\xi)\Delta x,$$

这里，ξ 在 x 与 $x+\Delta x$ 之间. 上式两端除以 Δx，得

$$\frac{\Delta\Phi}{\Delta x}=f(\xi).$$

由于假设函数 $f(x)$ 在区间 $[a,b]$ 上连续，而 $\Delta x\to 0$ 时，$\xi\to x$，因此，

$$\lim_{\Delta x\to 0}\frac{\Delta\Phi}{\Delta x}=\lim_{\Delta x\to 0}f(\xi)=f(x),$$

即 $\Phi'(x)=f(x)$. 于是定理得证.

例 2 求 $\left(\int_0^x \mathrm{e}^{2t}\mathrm{d}t\right)'$，$\left(\int_0^{x^2} \mathrm{e}^{2t}\mathrm{d}t\right)'$.

解 利用公式(3)，得

$$\left(\int_0^x \mathrm{e}^{2t}\mathrm{d}t\right)'=\mathrm{e}^{2x}.$$

令 $u=x^2$，则

$$\left(\int_0^{x^2} e^{2t}\mathrm{d}t\right)' = \left(\int_0^{u} e^{2t}\mathrm{d}t\right)'_u \frac{\mathrm{d}u}{\mathrm{d}x} = e^{2u}\cdot 2x = 2xe^{2x^2}.$$

例 3 求 $\dfrac{\mathrm{d}}{\mathrm{d}x}\displaystyle\int_{x^2}^{x^3}\ln(1+t^3)\mathrm{d}t$.

解 $$\int_{x^2}^{x^3}\ln(1+t^3)\mathrm{d}t = \int_{x^2}^{0}\ln(1+t^3)\mathrm{d}t + \int_0^{x^3}\ln(1+t^3)\mathrm{d}t$$
$$= -\int_0^{x^2}\ln(1+t^3)\mathrm{d}t + \int_0^{x^3}\ln(1+t^3)\mathrm{d}t.$$

于是

$$\left[\int_{x^2}^{x^3}\ln(1+t^3)\mathrm{d}t\right]' = -\ln(1+x^6)\cdot(x^2)' + \ln(1+x^9)(x^3)'$$
$$= -2x\ln(1+x^6) + 3x^2\ln(1+x^9).$$

一般地,若函数 $f(x)$ 在区间 I 上连续,且 $u(x)$,$v(x)$ 均可微,则

$$\begin{aligned}\frac{\mathrm{d}}{\mathrm{d}x}\int_{u(x)}^{v(x)} f(t)\mathrm{d}t &= \frac{\mathrm{d}}{\mathrm{d}x}\left[\int_a^{v(x)} f(t)\mathrm{d}t - \int_a^{u(x)} f(t)\mathrm{d}t\right] \\ &= \left(\frac{\mathrm{d}}{\mathrm{d}v}\int_a^{v} f(t)\mathrm{d}t\right)\frac{\mathrm{d}v(x)}{\mathrm{d}x} - \left(\frac{\mathrm{d}}{\mathrm{d}u}\int_a^{u} f(t)\mathrm{d}t\right)\frac{\mathrm{d}u(x)}{\mathrm{d}x} \\ &= v'(x)f(v(x)) - u'(x)f(u(x)).\end{aligned}$$

例 4 求 $\displaystyle\lim_{x\to 0}\frac{\int_0^x t\sqrt{1+t^3}\,\mathrm{d}t}{x^2}$.

解 易知这是一个 $\dfrac{0}{0}$ 型的未定式,可利用洛必达法则来计算,因此,

$$\lim_{x\to 0}\frac{\int_0^x t\sqrt{1+t^3}\,\mathrm{d}t}{x^2} = \lim_{x\to 0}\frac{x\sqrt{1+x^3}}{2x} = \frac{1}{2}.$$

定理 1 指出了一个重要结论:连续函数 $f(x)$ 取变上限的定积分然后求导,其结果就是 $f(x)$ 本身. 也就是说,$\Phi(x)$ 是连续函数 $f(x)$ 的一个原函数. 因此,我们同时得到了如下的原函数存在定理.

定理 2 如果函数 $f(x)$ 在区间 $[a,b]$ 上连续,则

$$\Phi(x) = \int_a^x f(t)\mathrm{d}t$$

是 $f(x)$ 在区间 $[a,b]$ 上的一个原函数.

利用定理 2 可以证明牛顿-莱布尼茨公式.

定理 3 如果函数 $F(x)$ 是连续函数 $f(x)$ 在区间 $[a,b]$ 上的任意一个原函数,则牛顿-莱布尼茨公式成立.

证 根据定理 2 知道,函数 $\Phi(x) = \int_a^x f(t)\mathrm{d}t$ 也是 $f(x)$ 的一个原函数,而两个原函数的差是一个常数 C,即

$$F(x) - \Phi(x) = C\ (a\leqslant x\leqslant b). \tag{4}$$

当 $x=a$ 时，上式也应该成立，即

$$F(a)-\Phi(a)=C.$$

而 $\Phi(a)=0$，所以 $C=F(a)$，代入式(4)，得

$$\Phi(x)=F(x)-F(a),$$

即

$$\int_a^x f(t)\,\mathrm{d}t = F(x)-F(a).$$

令 $x=b$，再把积分变量 t 改写成 x，就得到所要证明的牛顿-莱布尼茨公式.

为方便起见，以后把 $F(b)-F(a)$ 记成 $F(x)\Big|_a^b$，于是公式(2)可写成

$$\int_a^b f(x)\,\mathrm{d}x = F(x)\Big|_a^b.$$

下面我们看几个例子.

例 5 求 $\int_2^4 \frac{\mathrm{d}x}{x}$.

解 因为 $\ln x$ 是函数 $\frac{1}{x}(x>0)$ 的原函数，所以

$$\int_2^4 \frac{\mathrm{d}x}{x} = \ln x\Big|_2^4 = \ln 4 - \ln 2 = \ln 2.$$

例 6 求 $\int_0^1 \frac{x^2}{1+x^2}\mathrm{d}x$.

解 $\int_0^1 \frac{x^2}{1+x^2}\mathrm{d}x = \int_0^1 \mathrm{d}x - \int_0^1 \frac{\mathrm{d}x}{1+x^2} = 1 - \arctan x\Big|_0^1 = 1-\frac{\pi}{4}.$

例 7 求 $\int_{-1}^3 |x-2|\,\mathrm{d}x$.

解 $\int_{-1}^3 |x-2|\mathrm{d}x = \int_{-1}^2 |x-2|\mathrm{d}x + \int_2^3 |x-2|\mathrm{d}x.$

在区间$[-1,2]$上，$|x-2|=2-x$，故

$$\int_{-1}^2 |x-2|\mathrm{d}x = \int_{-1}^2 (2-x)\mathrm{d}x.$$

同理，

$$\int_2^3 |x-2|\mathrm{d}x = \int_2^3 (x-2)\mathrm{d}x.$$

故
$$\int_{-1}^3 |x-2|\,\mathrm{d}x = \left(2x-\frac{1}{2}x^2\right)\Big|_{-1}^2 + \left(\frac{1}{2}x^2-2x\right)\Big|_2^3 = 5.$$

例 8 计算正弦曲线 $y=\sin x$ 在$[0,\pi]$上与 x 轴所围成的平面图形的面积.

解 由于在$[0,\pi]$上 $\sin x \geqslant 0$，故所求面积为

$$\begin{aligned} A &= \int_0^\pi \sin x\,\mathrm{d}x = -\cos x\Big|_0^\pi = -\cos\pi - (-\cos 0) \\ &= -(-1)-(-1) = 2. \end{aligned}$$

注 在使用牛顿-莱布尼茨公式时要注意被积函数必须在积分区间上连续，否则将会出现错误的结果. 如形式上利用牛顿-莱布尼茨公式有

$$\int_{-1}^{1} \frac{1}{x}\mathrm{d}x = -\frac{1}{x}\bigg|_{-1}^{1} = -2.$$

而这个结果是错误的. 事实上，被积函数为正，如果积分存在，利用本章第二节性质 5，应有$\int_{-1}^{1}\frac{1}{x}\mathrm{d}x \geqslant 0$，矛盾. 此处问题出在被积函数$\frac{1}{x}$在区间$[-1,1]$上不连续，$x=0$是无穷间断点.

习题 5-3

1. 计算下列导数：

(1) $\frac{\mathrm{d}}{\mathrm{d}x}\int_{0}^{x^2}\sqrt{1+t^2}\mathrm{d}t$；　(2) $\frac{\mathrm{d}}{\mathrm{d}x}\int_{x^2}^{x^3}\frac{\mathrm{d}t}{\sqrt{1+t^4}}$；

(3) $\frac{\mathrm{d}}{\mathrm{d}x}\int_{\sin x}^{\cos x}\cos(\pi t^2)\mathrm{d}t$；　(4) $\frac{\mathrm{d}}{\mathrm{d}x}\int_{\sqrt{x}}^{x^2}\frac{\sin t}{t}\mathrm{d}t$.

2. 求函数 $F(x)=\int_{0}^{x}t(t-4)\mathrm{d}t$ 在$[-1,5]$上的最大值与最小值.

3. 求下列极限：

(1) $\lim\limits_{x\to 0}\frac{\int_{0}^{x^2}\sqrt{1+t^2}\mathrm{d}t}{x^2}$；　(2) $\lim\limits_{x\to 0}\frac{\int_{0}^{x}\arctan t\mathrm{d}t}{x^2}$；

(3) $\lim\limits_{x\to 0}\frac{\int_{\cos x}^{1}\cos t^2\mathrm{d}t}{x^2}$；　(4) $\lim\limits_{x\to 0}\frac{\int_{0}^{\sin x}\sqrt{\tan t}\mathrm{d}t}{\int_{0}^{\tan x}\sqrt{\sin t}\mathrm{d}t}$.

4. 求下列定积分：

(1) $\int_{1}^{2}\left(x^2+\frac{1}{x^4}\right)\mathrm{d}x$；　(2) $\int_{4}^{9}\sqrt{x}(1+\sqrt{x})\mathrm{d}x$；

(3) $\int_{-1}^{0}\frac{3x^4+3x^2+1}{x^2+1}\mathrm{d}x$；　(4) $\int_{0}^{\frac{\pi}{4}}\tan^2\theta\mathrm{d}\theta$；

(5) $\int_{0}^{\sqrt{3}a}\frac{\mathrm{d}x}{a^2+x^2}$；　(6) $\int_{-\frac{1}{2}}^{\frac{1}{2}}\frac{\mathrm{d}x}{\sqrt{1-x^2}}$；

(7) $\int_{0}^{\pi}\cos^2\left(\frac{x}{2}\right)\mathrm{d}x$；　(8) $\int_{-1}^{2}|2x|\mathrm{d}x$；

(9) $\int_{-1}^{1}|x^2-x|\mathrm{d}x$；

(10) $\int_{0}^{2}f(x)\mathrm{d}x$，其中 $f(x)=\begin{cases}x+1, & 0\leqslant x\leqslant 1,\\ \frac{1}{2}x^2, & 1<x<2.\end{cases}$

5. 证明：$\frac{1}{2}<\int_0^{\frac{1}{2}}\frac{1}{\sqrt{1-x^n}}\mathrm{d}x<\frac{\pi}{6},n\geqslant 2.$

第四节　定积分的换元法与分部积分法

一、定积分的换元法

牛顿-莱布尼茨公式建立了定积分与不定积分之间的联系，从而可以利用不定积分计算定积分. 但用不定积分的换元法求原函数需把新变元换成原来的积分变量，这样做比较麻烦，为此我们给出定积分的换元方法，其要点在于对不定积分作换元的同时，积分限也作相应的变化. 先看一个例子.

例 1　计算$\int_0^8\frac{\mathrm{d}x}{1+\sqrt[3]{x}}$.

解　令$\sqrt[3]{x}=t$，则

$$x=t^3,\ \mathrm{d}x=3t^2\mathrm{d}t\ (\text{计算不定积分时换元}),$$

且当 $x=0$ 时，$t=0$；当 $x=8$ 时，$t=2$（定积分的积分限作相应变化）.

$$\int_0^8\frac{\mathrm{d}x}{1+\sqrt[3]{x}}=\int_0^2\frac{3t^2}{1+t}\mathrm{d}t=3\int_0^2\left(t-1+\frac{1}{1+t}\right)\mathrm{d}t$$

$$=3\left(\frac{1}{2}t^2-t+\ln|1+t|\right)\Big|_0^2=3\ln 3.$$

这样做的理论根据是下面的定理.

定理　设

(1) 函数 $f(x)$在区间$[a,b]$上连续；

(2) 函数 $x=\varphi(t)$在区间$[\alpha,\beta]$上是单值的，且具有连续导数；

(3) 当 t 在$[\alpha,\beta]$上变化时，$x=\varphi(t)$的值在$[a,b]$上变化，且 $\varphi(\alpha)=a,\varphi(\beta)=b$，

在这些条件下，则有定积分的换元公式

$$\int_a^b f(x)\mathrm{d}x=\int_\alpha^\beta f[\varphi(t)]\varphi'(t)\mathrm{d}t.$$

证　因 $f(x)$在$[a,b]$上连续，所以 $f(x)$的原函数 $F(x)$存在. 由牛顿-莱布尼茨公式得

$$\int_a^b f(x)\mathrm{d}x=F(b)-F(a).$$

又由定理条件

$$\frac{\mathrm{d}}{\mathrm{d}t}F[\varphi(t)]=F'(x)\varphi'(t)=f(x)\varphi'(t)=f[\varphi(t)]\varphi'(t),$$

所以 $F[\varphi(t)]$是 $F[\varphi(t)]\varphi'(t)$的原函数，故由牛顿-莱布尼茨公式得

$$\int_\alpha^\beta f[\varphi(t)]\varphi'(t)\mathrm{d}t=F[\varphi(t)]\Big|_\alpha^\beta=F[\varphi(\beta)]-F[\varphi(\alpha)]=F(b)-F(a),$$

即 $\int_a^b f(x)\mathrm{d}x = \int_\alpha^\beta f[\varphi(t)]\varphi'(t)\mathrm{d}t$.

这个定理告诉我们，用换元法 $x=\varphi(t)$ 把原来的积分变量 x 变换成新变量 t 时，在求出原函数后可不必把它变回成原变量 x 的函数，只要相应改变积分上、下限即可. 另外，在定积分计算中，我们不再区分第一换元积分法和第二换元积分法，只要求换元代换是单值代换即可.

例 2　求定积分 $\int_0^a \sqrt{a^2-x^2}\mathrm{d}x$.

解　设 $x=a\sin t$，则

$$\mathrm{d}x=a\cos t\mathrm{d}t.$$

我们将 x 的上、下限按代换 $x=a\sin t$ 相应地换成 t 的上、下限，即

$$当\ x=0\ 时，t=0；\ 当\ x=a\ 时，t=\frac{\pi}{2}.$$

于是

$$\int_0^a \sqrt{a^2-x^2}\mathrm{d}x = a^2\int_0^{\frac{\pi}{2}}\cos^2 t\mathrm{d}t = \frac{a^2}{2}\left(t+\frac{\sin 2t}{2}\right)\Big|_0^{\frac{\pi}{2}} = \frac{\pi a^2}{4}.$$

换元公式也可以反过来使用. 为方便起见，把换元公式左右两边对调位置，同时把 t 改为 x，而 x 改为 t，得

$$\int_\alpha^\beta f[\varphi(x)]\varphi'(x)\mathrm{d}x = \int_a^b f(t)\mathrm{d}t.$$

这样，我们可用 $t=\varphi(x)$ 来引入新变量 t.

例 3　计算 $\int_0^{\frac{\pi}{2}}\cos^5 x\sin x\mathrm{d}x$.

解　设 $t=\cos x$，则 $\mathrm{d}t=-\sin x\mathrm{d}x$，且

$$当\ x=0\ 时，t=1；\ 当\ x=\frac{\pi}{2}时，t=0.$$

于是

$$\int_0^{\frac{\pi}{2}}\cos^5 x\sin x\mathrm{d}x = -\int_1^0 t^5\mathrm{d}t = \int_0^1 t^5\mathrm{d}t = \frac{1}{6}t^6\Big|_0^1 = \frac{1}{6}.$$

在例 3 中，如果不明显地写出新变量 t，那么，定积分的上、下限就不要改变，请大家注意区别. 例如，

$$\int_0^{\frac{\pi}{2}}\cos^3 x\sin x\mathrm{d}x = -\int_0^{\frac{\pi}{2}}\cos^3 x\mathrm{d}(\cos x) = -\frac{\cos^4 x}{4}\Big|_0^{\frac{\pi}{2}}$$
$$= -\left(0-\frac{1}{4}\right) = \frac{1}{4}.$$

例 4　试证：

(1) 若 $f(x)$ 在 $[-a,a]$ 上连续且为偶函数，则 $\int_{-a}^a f(x)\mathrm{d}x = 2\int_0^a f(x)\mathrm{d}x$；

(2) 若 $f(x)$ 在 $[-a,a]$ 上连续且为奇函数，则 $\int_{-a}^a f(x)\mathrm{d}x = 0$.

证 因为

$$\int_{-a}^{a} f(x)\mathrm{d}x = \int_{-a}^{0} f(x)\mathrm{d}x + \int_{0}^{a} f(x)\mathrm{d}x,$$

对积分$\int_{-a}^{0} f(x)\mathrm{d}x$作代换$x=-t$,则得

$$\int_{-a}^{0} f(x)\mathrm{d}x = -\int_{a}^{0} f(-t)\mathrm{d}t = \int_{0}^{a} f(-t)\mathrm{d}t = \int_{0}^{a} f(-x)\mathrm{d}x.$$

于是

$$\int_{-a}^{a} f(x)\mathrm{d}x = \int_{0}^{a} f(-x)\mathrm{d}x + \int_{0}^{a} f(x)\mathrm{d}x = \int_{0}^{a} [(f(-x)+f(x)]\mathrm{d}x.$$

(1) 若函数 $f(x)$ 为偶函数,即 $f(-x)=f(x)$,则

$$f(x)+f(-x)=2f(x),$$

从而$\int_{-a}^{a} f(x)\mathrm{d}x = 2\int_{0}^{a} f(x)\mathrm{d}x$;

(2) 若函数 $f(x)$ 为奇函数,即 $f(-x)=-f(x)$,则

$$f(x)+f(-x)=0,$$

从而$\int_{-a}^{a} f(x)\mathrm{d}x = 0$.

利用这个结果,有些积分计算可以简化,甚至不经计算即得出结果. 例如,$\int_{-\frac{\pi}{2}}^{\frac{\pi}{2}} \frac{x^3}{1+x^6}\cos x\mathrm{d}x$ 中,被积函数为奇函数,故积分为零. 本题用牛顿-莱布尼茨公式是不可能求解的.

例 5 试证:

(1) $\int_{0}^{\frac{\pi}{2}} \cos^n x\mathrm{d}x = \int_{0}^{\frac{\pi}{2}} \sin^n x\mathrm{d}x$;

(2) $\int_{0}^{\pi} \sin^n x\mathrm{d}x = 2\int_{0}^{\frac{\pi}{2}} \sin^n x\mathrm{d}x$;

(3) $\int_{0}^{\pi} \cos^n x\mathrm{d}x = \begin{cases} 2\int_{0}^{\frac{\pi}{2}} \cos^n x\mathrm{d}x, & n \text{ 为偶数}, \\ 0, & n \text{ 为奇数}. \end{cases}$

证 (1) 设 $x=\frac{\pi}{2}-t$,则 $\mathrm{d}x=-\mathrm{d}t$,且

$$\text{当 } x=0 \text{ 时}, t=\frac{\pi}{2};\ \text{当 } x=\frac{\pi}{2} \text{ 时}, t=0.$$

于是

$$\int_{0}^{\frac{\pi}{2}} \cos^n x\mathrm{d}x = \int_{\frac{\pi}{2}}^{0} \cos^n\left(\frac{\pi}{2}-t\right)\mathrm{d}\left(\frac{\pi}{2}-t\right)$$

$$= -\int_{\frac{\pi}{2}}^{0} \sin^n t\mathrm{d}t = \int_{0}^{\frac{\pi}{2}} \sin^n t\mathrm{d}t.$$

(2)
$$\int_0^{\pi} \sin^n x\,dx = \int_0^{\frac{\pi}{2}} \sin^n x\,dx + \int_{\frac{\pi}{2}}^{\pi} \sin^n x\,dx.$$

令 $x=\pi-t$，则

$$\int_{\frac{\pi}{2}}^{\pi} \sin^n x\,dx = -\int_{\frac{\pi}{2}}^{0} \sin^n(\pi-t)\,dt = \int_0^{\frac{\pi}{2}} \sin^n x\,dx,$$

从而得证.

(3) 证明类似于(2)，请读者自证.

二、定积分的分部积分法

在计算不定积分时有分部积分法.相应地，计算定积分也有分部积分法.

设函数 $u(x)$，$v(x)$ 在区间 $[a,b]$ 上具有连续导数 $u'(x)$，$v'(x)$，则有

$$(uv)'=u'v+uv'.$$

分别求等式两端在 $[a,b]$ 上的定积分，

$$\int_a^b (uv)'\,dx = \int_a^b vu'\,dx + \int_a^b uv'\,dx,$$

即
$$uv\Big|_a^b = \int_a^b vu'\,dx + \int_a^b uv'\,dx.$$

于是

$$\int_a^b uv'\,dx = uv\Big|_a^b - \int_a^b vu'\,dx,$$

也可写成

$$\int_a^b u\,dv = uv\Big|_a^b - \int_a^b v\,du.$$

这就是定积分的分部积分公式.

例 6　求 $\int_1^5 \ln x\,dx$.

解　$$\int_1^5 \ln x\,dx = \int_1^5 (x)'\ln x\,dx = x\ln x\Big|_1^5 - \int_1^5 x\cdot\frac{1}{x}\,dx$$
$$= 5\ln 5 - x\Big|_1^5 = 5\ln 5 - 4.$$

例 7　求 $\int_0^{\frac{1}{2}} \arccos x\,dx$.

解　$$\int_0^{\frac{1}{2}} \arccos x\,dx = \int_0^{\frac{1}{2}} x'\arccos x\,dx = x\arccos x\Big|_0^{\frac{1}{2}} - \int_0^{\frac{1}{2}} x(\arccos x)'\,dx$$
$$= \frac{\pi}{6} - 0 + \int_0^{\frac{1}{2}} \frac{x}{\sqrt{1-x^2}}\,dx = \frac{\pi}{6} - \sqrt{1-x^2}\Big|_0^{\frac{1}{2}} = \frac{\pi}{6} + 1 - \frac{\sqrt{3}}{2}.$$

例 8　设 $I_n = \int_0^{\frac{\pi}{2}} \sin^n x\,dx = \int_0^{\frac{\pi}{2}} \cos^n x\,dx$，证明递推公式

$$I_n=\frac{n-1}{n}I_{n-2}$$

成立.

证 因为

$$I_n=\int_0^{\frac{\pi}{2}}\sin^n x\mathrm{d}x=\int_0^{\frac{\pi}{2}}\sin^{n-1}x\mathrm{d}(-\cos x),$$

于是,由分部积分公式得

$$\begin{aligned}I_n&=-\cos x\sin^{n-1}x\Big|_0^{\frac{\pi}{2}}+(n-1)\int_0^{\frac{\pi}{2}}\sin^{n-2}x\cos^2 x\mathrm{d}x\\&=0+(n-1)\int_0^{\frac{\pi}{2}}\sin^{n-2}x(1-\sin^2 x)\mathrm{d}x\\&=(n-1)\int_0^{\frac{\pi}{2}}\sin^{n-2}x\mathrm{d}x-(n-1)\int_0^{\frac{\pi}{2}}\sin^n x\mathrm{d}x\\&=(n-1)I_{n-2}-(n-1)I_n.\end{aligned}$$

由此得

$$I_n=\frac{n-1}{n}I_{n-2}.$$

利用此递推公式可以方便地计算一类三角函数的积分.如 $I_5=\int_0^{\frac{\pi}{2}}\sin^5 x\mathrm{d}x$.利用递推公式有

$$I_5=\frac{4}{5}I_3=\frac{4}{5}\cdot\frac{2}{3}I_1,$$

而 $I_1=\int_0^{\frac{\pi}{2}}\sin x\mathrm{d}x=1$,所以

$$I_5=\int_0^{\frac{\pi}{2}}\sin^5 x\mathrm{d}x=\frac{8}{15}.$$

又如 $I_6=\int_0^{\frac{\pi}{2}}\cos^6 x\mathrm{d}x$,利用递推公式有

$$I_6=\frac{5}{6}I_4=\frac{5}{6}\cdot\frac{3}{4}I_2=\frac{5}{6}\cdot\frac{3}{4}\cdot\frac{1}{2}I_0,$$

而 $I_0=\int_0^{\frac{\pi}{2}}\mathrm{d}x=\frac{\pi}{2}$,所以

$$I_6=\int_0^{\frac{\pi}{2}}\cos^6 x\mathrm{d}x=\frac{5\pi}{32}.$$

例 9 设 $f(x)=\int_1^x \mathrm{e}^{t^2}\mathrm{d}t$,求 $\int_0^1 f(x)\mathrm{d}x$.

解

$$\int_0^1 f(x)\mathrm{d}x=xf(x)\Big|_0^1-\int_0^1 xf'(x)\mathrm{d}x.$$

注意到 $f(1)=\int_1^1 \mathrm{e}^{t^2}\mathrm{d}t=0$, $f'(x)=\mathrm{e}^{x^2}$,于是有

$$\int_0^1 f(x)\mathrm{d}x = 0 - \int_0^1 x\mathrm{e}^{x^2}\mathrm{d}x = -\frac{1}{2}\mathrm{e}^{x^2}\Big|_0^1 = -\frac{1}{2}(\mathrm{e}-1).$$

习题 5-4

1. 计算下列定积分：

(1) $\int_1^5 \frac{\sqrt{x-1}}{x}\mathrm{d}x$；

(2) $\int_0^4 \frac{\mathrm{d}u}{1+\sqrt{u}}$；

(3) $\int_0^1 \frac{x}{(1+x^2)^3}\mathrm{d}x$；

(4) $\int_0^2 \frac{\mathrm{d}x}{\sqrt{x+1}+\sqrt{(x+1)^3}}$；

(5) $\int_1^2 \frac{1}{x(1+x^4)}\mathrm{d}x$；

(6) $\int_0^a x^2\sqrt{a^2-x^2}\mathrm{d}x$；

(7) $\int_1^2 \frac{\mathrm{e}^{\frac{1}{x}}}{x^2}\mathrm{d}x$；

(8) $\int_1^{\mathrm{e}^2} \frac{\mathrm{d}x}{x\sqrt{1+\ln x}}$；

(9) $\int_0^{\ln 2} \mathrm{e}^x(1+\mathrm{e}^x)^3\mathrm{d}x$；

(10) $\int_0^1 \frac{\mathrm{d}x}{\mathrm{e}^x+\mathrm{e}^{-x}}$；

(11) $\int_1^{\mathrm{e}} \frac{(\ln x)^4}{x}\mathrm{d}x$；

(12) $\int_{-1}^1 \frac{x}{\sqrt{5-4x}}\mathrm{d}x$；

(13) $\int_0^{16} \frac{\mathrm{d}x}{\sqrt{x+9}-\sqrt{x}}$；

(14) $\int_1^{\sqrt{3}} \frac{\mathrm{d}x}{x\sqrt{x^2+1}}$.

2. 利用函数的奇偶性计算下列积分：

(1) $\int_{-\pi}^{\pi} x^4\sin x\mathrm{d}x$；

(2) $\int_{-\frac{\pi}{2}}^{\frac{\pi}{2}} 4\cos^4 x\mathrm{d}x$；

(3) $\int_{-\frac{1}{2}}^{\frac{1}{2}} \frac{(\arcsin x)^2}{\sqrt{1-x^2}}\mathrm{d}x$；

(4) $\int_{-5}^5 \frac{x^3\sin^2 x\mathrm{d}x}{x^4+2x^2+1}$；

(5) $\int_{-\sqrt{3}}^{\sqrt{3}} |\arctan x|\mathrm{d}x$；

(6) $\int_{-2}^2 \frac{x+|x|}{2+x^2}\mathrm{d}x$.

3. 计算下列定积分：

(1) $\int_2^3 x\mathrm{e}^{-x}\mathrm{d}x$；

(2) $\int_0^{\frac{\pi}{2}} x^2\sin x\mathrm{d}x$；

(3) $\int_0^{\sqrt{3}} x\arctan x\mathrm{d}x$；

(4) $\int_0^{\sqrt{\ln 2}} x^3\mathrm{e}^{x^2}\mathrm{d}x$；

(5) $\int_{\frac{\pi}{4}}^{\frac{\pi}{3}} \frac{x}{\cos^2 x}\mathrm{d}x$；

(6) $\int_1^4 \frac{\ln x}{\sqrt{x}}\mathrm{d}x$；

(7) $\int_0^{\mathrm{e}-1} \ln(1+x)\mathrm{d}x$；

(8) $\int_0^2 \ln(x+\sqrt{x^2+1})\mathrm{d}x$.

4. 证明：若 $f(t)$ 是连续函数且为奇(偶)函数，则 $\int_0^x f(t)\mathrm{d}t$ 是偶(奇)函数.

第五节 广义积分初步

前面在讨论定积分的概念时，总是假定积分区间是有限的，被积函数必须是连续的或有界的(间断点的个数是有限的). 但在实际问题中，会遇到积分区间是无穷区间及被积函数为无界函数的积分. 这就需要对定积分的概念加以推广. 这种推广后的积分称为**广义积分**，而前面讲过的定积分就称为**常义积分**.

一、积分区间为无穷的广义积分

定义 1 设 $f(x)$ 在区间 $[a,+\infty)$ 上连续，对任意的 $b>a$，若极限 $\lim\limits_{b\to+\infty}\int_a^b f(x)\mathrm{d}x$ 存在，则称此极限为函数 $f(x)$ 在无穷区间 $[a,+\infty)$ 上的广义积分，记作 $\int_a^{+\infty} f(x)\mathrm{d}x$，即

$$\int_a^{+\infty} f(x)\mathrm{d}x=\lim_{b\to+\infty}\int_a^b f(x)\mathrm{d}x. \tag{1}$$

当上式极限存在时，称广义积分 $\int_a^{+\infty} f(x)\mathrm{d}x$ 存在或收敛；若上式极限不存在，则称广义积分 $\int_a^{+\infty} f(x)\mathrm{d}x$ 不存在或发散.

类似地，还可以定义广义积分 $\int_{-\infty}^b f(x)\mathrm{d}x$ 为

$$\int_{-\infty}^b f(x)\mathrm{d}x=\lim_{a\to-\infty}\int_a^b f(x)\mathrm{d}x\ (b>a).$$

若函数 $f(x)$ 在区间 $(-\infty,+\infty)$ 上连续，则若 $\int_{-\infty}^0 f(x)\mathrm{d}x$ 与 $\int_0^{+\infty} f(x)\mathrm{d}x$ 都存在时，定义广义积分

$$\begin{aligned}\int_{-\infty}^{+\infty} f(x)\mathrm{d}x&=\int_{-\infty}^0 f(x)\mathrm{d}x+\int_0^{+\infty} f(x)\mathrm{d}x\\&=\lim_{a\to-\infty}\int_a^0 f(x)\mathrm{d}x+\lim_{b\to+\infty}\int_0^b f(x)\mathrm{d}x.\end{aligned}$$

应当指出，广义积分 $\int_{-\infty}^{+\infty} f(x)\mathrm{d}x$ 存在或收敛，是要求广义积分 $\int_{-\infty}^0 f(x)\mathrm{d}x$ 与 $\int_0^{+\infty} f(x)\mathrm{d}x$ 同时收敛. 如果这两个广义积分发散，或者其中有一个广义积分发散，则 $\int_{-\infty}^{+\infty} f(x)\mathrm{d}x$ 必定发散.

例 1 求 $\int_0^{+\infty}\frac{1}{1+x^2}\mathrm{d}x$.

解 $\int_0^{+\infty}\frac{1}{1+x^2}\mathrm{d}x=\lim\limits_{b\to+\infty}\int_0^b\frac{1}{1+x^2}\mathrm{d}x=\lim\limits_{b\to+\infty}(\arctan x)\Big|_0^b=\frac{\pi}{2}.$

设 $F(x)$ 是连续函数 $f(x)$ 的一个原函数，按照牛顿-莱布尼茨公式，有

$$\int_a^b f(x)\mathrm{d}x = F(b) - F(a).$$

若 $\lim\limits_{b\to+\infty} F(b)$ 存在，并记此极限为 $F(+\infty)$，则有

$$\int_a^{+\infty} f(x)\mathrm{d}x = F(+\infty) - F(a).$$

同理，若 $\lim\limits_{a\to-\infty} F(a)$ 存在，并记此极限为 $F(-\infty)$，则有

$$\int_{-\infty}^b f(x)\mathrm{d}x = F(b) - F(-\infty).$$

类似地，有

$$\int_{-\infty}^{+\infty} f(x)\mathrm{d}x = F(+\infty) - F(-\infty).$$

例 2 求 $\int_0^{+\infty} \mathrm{e}^{-x}\sin 2x\mathrm{d}x \ (k > 0)$.

解 $\int_0^{+\infty} \mathrm{e}^{-x}\sin 2x\mathrm{d}x = \left.\dfrac{(-\sin 2x - 2\cos 2x)\mathrm{e}^{-x}}{5}\right|_0^{+\infty} = \dfrac{2}{5}.$

例 3 证明广义积分 $\int_1^{+\infty}\dfrac{1}{x^p}\mathrm{d}x$，当 $p>1$ 时收敛，当 $p\leqslant 1$ 时发散.

证 当 $p=1$ 时，

$$\int_1^{+\infty}\frac{1}{x^p}\mathrm{d}x = \int_1^{+\infty}\frac{1}{x}\mathrm{d}x = \ln x\Big|_1^{+\infty} = +\infty.$$

当 $p\neq 1$ 时，

$$\int_1^{+\infty}\frac{1}{x^p}\mathrm{d}x = \left(\frac{x^{1-p}}{1-p}\right)\Bigg|_1^{+\infty} = \begin{cases} +\infty, & p<1, \\ \dfrac{1}{p-1}, & p>1. \end{cases}$$

因此，

$$\int_1^{+\infty}\frac{1}{x^p}\mathrm{d}x = \begin{cases} \dfrac{1}{p-1}, & p>1, \\ \text{发散}, & p\leqslant 1. \end{cases}$$

例 4 判定 $\int_{-\infty}^{+\infty}\dfrac{x}{1+x^2}\mathrm{d}x$ 的敛散性.

解

$$\int_{-\infty}^{+\infty}\frac{x}{1+x^2}\mathrm{d}x = \int_{-\infty}^{0}\frac{x}{1+x^2}\mathrm{d}x + \int_0^{+\infty}\frac{x}{1+x^2}\mathrm{d}x.$$

由于

$$\int_0^{+\infty}\frac{x}{1+x^2}\mathrm{d}x = \frac{1}{2}\ln(1+x^2)\Big|_0^{+\infty} = +\infty,$$

故 $\int_{-\infty}^{+\infty}\dfrac{x}{1+x^2}\mathrm{d}x$ 发散.

注意

$$\int_{-\infty}^{+\infty}\frac{x}{1+x^2}\mathrm{d}x \neq \lim_{b\to+\infty}\int_{-b}^{b}\frac{x}{1+x^2}\mathrm{d}x,$$

因为后者的极限是存在的(其值为零).

二、无界函数的广义积分

定义 2 设函数 $f(x)$ 在区间 $(a,b]$ 上连续，而在点 a 的右邻域内无界，则对任意的 $\varepsilon>0$，$f(x)$ 在 $[a+\varepsilon,b]$ 上可积，如果极限

$$\lim_{\varepsilon\to0^+}\int_{a+\varepsilon}^{b} f(x)\mathrm{d}x \tag{2}$$

存在，则称此极限为函数 $f(x)$ 在 $(a,b]$ 上的广义积分，记作 $\int_a^b f(x)\mathrm{d}x$，即

$$\int_a^b f(x)\mathrm{d}x = \lim_{\varepsilon\to0^+}\int_{a+\varepsilon}^{b} f(x)\mathrm{d}x.$$

这时，称广义积分 $\int_a^b f(x)\mathrm{d}x$ 存在或收敛，若式(2) 中的极限不存在，则称广义积分 $\int_a^b f(x)\mathrm{d}x$ 发散.

同样地，如果函数 $f(x)$ 在区间 $[a,b)$ 上连续，且在点 b 的左邻域内无界，则对任意的 $\eta>0$，$f(x)$ 在区间 $[a,b-\eta]$ 上可积，若极限

$$\lim_{\eta\to0^+}\int_{a}^{b-\eta} f(x)\mathrm{d}x \tag{3}$$

存在，则称广义积分 $\int_a^b f(x)\mathrm{d}x$ 收敛，且有

$$\int_a^b f(x)\mathrm{d}x = \lim_{\eta\to0^+}\int_{a}^{b-\eta} f(x)\mathrm{d}x.$$

若式(3) 不存在，则称广义积分 $\int_a^b f(x)\mathrm{d}x$ 发散.

设 $f(x)$ 在 $[a,b]$ 上除点 $c(a<c<b)$ 外连续，在点 c 的邻域内无界(允许 $f(x)$ 在点 c 处无定义). 如果广义积分 $\int_a^c f(x)\mathrm{d}x$，$\int_c^b f(x)\mathrm{d}x$ 都收敛，则称广义积分 $\int_a^b f(x)\mathrm{d}x$ 收敛，且有

$$\begin{aligned}\int_a^b f(x)\mathrm{d}x &= \int_a^c f(x)\mathrm{d}x + \int_c^b f(x)\mathrm{d}x \\ &= \lim_{\eta\to0^+}\int_a^{c-\eta} f(x)\mathrm{d}x + \lim_{\varepsilon\to0^+}\int_{c+\varepsilon}^{b} f(x)\mathrm{d}x.\end{aligned}$$

例 5 求 $\int_0^a \frac{1}{\sqrt{a^2-x^2}}\mathrm{d}x\ (a>0)$.

解 $\int_0^a \frac{1}{\sqrt{a^2-x^2}}\mathrm{d}x = \lim_{\eta\to0^+}\int_0^{a-\eta}\frac{1}{\sqrt{a^2-x^2}}\mathrm{d}x = \lim_{\eta\to0^+}\left(\arcsin\frac{x}{a}\right)\Big|_0^{a-\eta} = \frac{\pi}{2}$.

对于无界函数的广义积分，有的书上又称为“瑕积分”. 在计算定积分时应当先审查

一下被积函数 $f(x)$，而不能单纯将瑕积分按常义积分去计算.

例如，$\int_{-1}^{1}\frac{1}{x^2}dx$ 是一个瑕积分，由于$\int_{-1}^{0}\frac{dx}{x^2}$ 与$\int_{0}^{1}\frac{dx}{x^2}$ 都发散，故知$\int_{-1}^{1}\frac{1}{x^2}dx$ 发散.

例 6　计算$\int_{-\frac{\pi}{2}}^{\frac{\pi}{2}}\frac{dx}{\sin^2 x}$.

解　先审查被积函数.

当 $x\to 0$ 时，$\frac{1}{\sin^2 x}\to+\infty$，故 $x=0$ 为无穷间断点，因此，积分是广义积分.

$$\lim_{\eta\to 0^+}\int_{-\frac{\pi}{2}}^{0-\eta}\frac{dx}{\sin^2 x}=-\lim_{\eta\to 0^+}\frac{\cos x}{\sin x}\bigg|_{-\frac{\pi}{2}}^{-\eta}=+\infty,$$

所以原积分发散.

习题 5-5

1. 判断下列各广义积分是否收敛. 如收敛，计算广义积分的值.

(1) $\int_{0}^{+\infty}xe^{-x}dx$；

(2) $\int_{2}^{+\infty}\frac{1}{x(\ln x)^k}dx(k>1)$；

(3) $\int_{0}^{+\infty}e^{-\sqrt{x}}dx$；

(4) $\int_{2}^{+\infty}\frac{1}{x^2+x-2}dx$；

(5) $\int_{1}^{+\infty}\frac{dx}{\sqrt[3]{x}}$；

(6) $\int_{0}^{+\infty}e^{-ax}dx, a>0$；

(7) $\int_{0}^{1}\frac{x}{\sqrt{1-x^2}}dx$；

(8) $\int_{1}^{4}\frac{dx}{(2-x)^2}$；

(9) $\int_{0}^{1}\frac{1}{\sqrt{1-x}}dx$；

(10) $\int_{0}^{1}\frac{\arcsin x}{\sqrt{1-x^2}}dx$.

△第六节　定积分的近似计算

虽然用牛顿-莱布尼茨公式可以简单地计算出定积分，但求原函数有时非常困难，还有些函数尽管原函数一定存在，但却不能用初等函数表示出来. 另一方面，在大量的应用问题中，只要能得到相应积分的具有一定精确度的近似值即可. 下面介绍两种近似计算定积分的方法.

一、梯形方法

由定积分的几何意义，当 $f(x)\geqslant 0$ 时，$\int_{a}^{b}f(x)dx$ 代表相应的曲边梯形的面积，它又可用 x 等于常数的许多直线划分为许多窄长的小曲边梯形，这些小曲边用直边来近似代替. 这就是梯形方法的基本思路，过程如下：

将区间$[a,b]$ n 等分，形成 n 个窄曲边梯形，这些窄曲边梯形的宽度均为

$$\Delta x=\frac{b-a}{n}.$$

把曲边的两端用直线段连接(见图 5-6),并用窄梯形来代替窄曲边梯形,累加起来就得到求$\int_a^b f(x)\mathrm{d}x$ 的近似公式

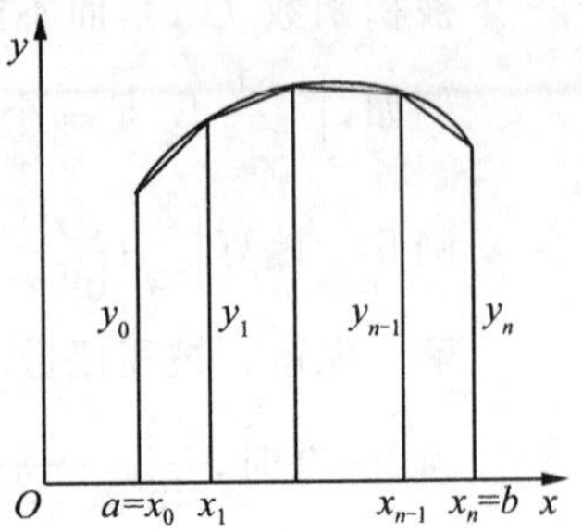

图 5-6

$$\begin{aligned}\int_a^b f(x)\mathrm{d}x &\approx \frac{1}{2}(y_0+y_1)\Delta x+\frac{1}{2}(y_1+y_2)\Delta x+\cdots+\\ &\quad \frac{1}{2}(y_{n-1}+y_n)\Delta x\\ &=\frac{b-a}{n}\left[\frac{1}{2}(y_0+y_n)+y_1+y_2+\cdots+y_{n-1}\right]\\ &=\frac{b-a}{n}\left\{\frac{1}{2}[f(x_0)+f(x_n)]+f(x_1)+f(x_2)+\cdots+f(x_{n-1})\right\}.\end{aligned} \tag{1}$$

此即为**梯形积分公式**.

例 1 用梯形公式求$\int_0^1 \mathrm{e}^{-x^2}\mathrm{d}x$ 的近似值.

解 将区间[0,1]10 等分,分点为 0,0.1,0.2,…,1.利用梯形公式(1) 计算得

$$\begin{aligned}\int_0^1 \mathrm{e}^{-x^2}\mathrm{d}x &\approx 0.1\times\left[\frac{1}{2}(\mathrm{e}^0+\mathrm{e}^{-1})+\mathrm{e}^{-0.1^2}+\cdots+\mathrm{e}^{-0.9^2}\right]\\ &\approx 0.1\times\left[\frac{1}{2}\times(1+0.367\,88)+0.990\,05+0.960\,79+0.913\,93+\right.\\ &\quad\left.0.852\,14+0.778\,80+0.697\,68+0.612\,63+0.527\,29+0.444\,86\right]\\ &=0.746\,21.\end{aligned}$$

二、抛物线方法

以上是把小曲边用直线段来代替,得出计算定积分的近似公式.如果用适当的抛物线的一小段弧来代替曲边,这样就可以得到抛物线方法.可以想象,这样的近似比前述方法有更高的精确度.事实上,用抛物线方法近似计算定积分应用得十分广泛.

将$[a,b]$作偶数 n 等分.为计算简洁,把 x_0 取在$-h$,$x_1=0$,$x_2=h$,相应的被积函数的函数值为 $y_0=f(x_0)$,$y_1=f(x_1)$,$y_2=f(x_2)$,设过三点(x_0,y_0),(x_1,y_1),(x_2,y_2)的抛物线为 $y=px^2+qx+r$,则有

$$y_0=ph^2-qh+r,$$
$$y_1=r,$$
$$y_2=ph^2+qh+r.$$

由此三式消去 q,r,得到

$$2ph^2=y_0-2y_1+y_2.$$

那么,以抛物线为曲边的曲边梯形面积为

$$A_1=\int_{-h}^{h}(px^2+qx+r)\mathrm{d}x=\left(\frac{p}{3}x^3+\frac{q}{2}x^2+rx\right)\Big|_{-h}^{h}=\frac{2}{3}ph^3+2rh$$

$$=\frac{h}{3}(2ph^2+6r)=\frac{h}{3}(y_0-2y_1+y_2+6y_1)=\frac{h}{3}(y_0+4y_1+y_2).$$

这就是在区间$[-h,h]$上,定积分$\int_{-h}^{h}f(x)dx$ 的近似计算公式.把图形向左或向右平移后上式仍然不变,因此,区间$[x_2,x_4]$,$[x_4,x_6]$,…,$[x_{n-2},x_n]$上相应的曲边为抛物线的曲边梯形面积为

$$A_2=\frac{h}{3}(y_2+4y_3+y_4),$$

$$A_3=\frac{h}{3}(y_4+4y_5+y_6),$$

…………

$$A_n=\frac{h}{3}(y_{n-2}+4y_{n-1}+y_n).$$

把这些结果相加,即得到整个曲边梯形面积$\int_a^b f(x)\mathrm{d}x$ 的近似值

$$\begin{aligned}\int_a^b f(x)\mathrm{d}x&\approx\frac{h}{3}[(y_0+4y_1+y_2)+(y_2+4y_3+y_4)+\cdots+\\&\quad(y_{n-2}+4y_{n-1}+y_n)]\\&=\frac{b-a}{3n}[(y_0+y_n)+2(y_2+y_4+\cdots+y_{n-2})+\\&\quad4(y_1+y_3+\cdots+y_{n-1})]\\&=\frac{b-a}{3n}\{[f(x_0)+f(x_n)]+2[f(x_2)+f(x_4)+\cdots+f(x_{n-2})]+\\&\quad4[f(x_1)+f(x_3)+\cdots+f(x_{n-1})]\}.\end{aligned}\tag{2}$$

公式(2)就是计算定积分的**抛物线公式**,也称为**辛普生(Simpson)**公式.

例 2 取 $n=10$,用辛普生公式(2)来计算例 1 中的积分$\int_0^1 \mathrm{e}^{-x^2}\mathrm{d}x$.

解 将分点 0,0.1,0.2,…,1 对应的函数值代入辛普生公式(2)得

$$\int_0^1 \mathrm{e}^{-x^2}\mathrm{d}x\approx\frac{1}{3\times10}[(y_0+y_{10})+2(y_2+y_4+y_6+y_8)+4(y_1+y_3+y_5+y_7+y_9)]$$

$$=\frac{0.1}{3}\times(1.367\,88+2\times3.037\,90+4\times3.740\,27)\approx0.746\,83.$$

*第七节 综合例题

例 1 求 $I=\lim\limits_{n\to\infty}\sum\limits_{i=1}^{n}\frac{n}{(n+i)^2}$.

解 这是无穷和式的极限，可利用定积分的定义进行计算. 因为

$$\sum_{i=1}^{n} \frac{n}{(n+i)^2} = \sum_{i=1}^{n} \frac{1}{\left(1+\frac{i}{n}\right)^2} \cdot \frac{1}{n},$$

根据积分和的形式，该和式的极限可以看成是函数

$$f(x)=\frac{1}{(1+x)^2}$$

在区间[0,1]上的积分. 又 $f(x)$在区间[0,1]上连续，从而可积，于是

$$I=\int_0^1 \frac{1}{(1+x)^2}\mathrm{d}x = \left(-\frac{1}{1+x}\right)\Big|_0^1 = \frac{1}{2}.$$

例 2 设函数 $f(x)$在闭区间$[a,b]$上连续，在开区间(a,b)上可导，且 $f'(x)<0$，

$$F(x)=\begin{cases}\dfrac{1}{x-a}\displaystyle\int_a^x f(t)\mathrm{d}t, & a<x\leqslant b,\\ f(a), & x=a.\end{cases}$$

证明：在闭区间$[a,b]$上，$F(x)$单调减少.

证 应用洛必达法则求极限

$$\lim_{x\to a^+} \frac{1}{x-a}\int_a^x f(x)\mathrm{d}x$$

知，$\lim\limits_{x\to a^+} F(x)=f(a)=F(a)$，所以，$F(x)$在左端点 $x=a$ 处右连续. 显然，$F(x)$在其他点处是连续并且可导的. 当 $x>a$ 时，

$$F'(x)=\frac{f(x)(x-a)-\displaystyle\int_a^x f(t)\mathrm{d}t}{(x-a)^2}.$$

再将上式分子记为

$$g(x)=f(x)(x-a)-\int_a^x f(t)\mathrm{d}t,$$

则 $g(a)=0$. 当 $x>a$ 时，

$$g'(x)=f'(x)(x-a)<0.$$

所以，$x>a$ 时，$F'(x)<0$. 利用单调性判别定理，在闭区间$[a,b]$上 $F(x)$单调减少.

例 3 设 $f(x)$ 为连续函数，$I=t\int_0^{\frac{s}{t}} f(tx)\mathrm{d}x$，其中 $t>0, s>0$，则 I 的值（ ）.

(A) 依赖于 s,t　　(B) 仅依赖于 s,t,x

(C) 依赖于 t,x，不依赖于 s　　(D) 依赖于 s，不依赖于 t

解 由于积分和积分变量无关，因此选项(B)、(C)是错误的. 表面上看，积分与 s,t 有关，但若令 $u=tx$，通过积分变换，$I=\int_0^s f(u)\mathrm{d}u$，所以选项(D)是正确的.

例 4 设 $f(x)$ 在$(-\infty,+\infty)$内连续，且 $F(x)=\int_0^x (x-2t)f(t)\mathrm{d}t$. 证明：

(1) 若 $f(x)$为奇（偶）函数，则 $F(x)$也为奇（偶）函数；

(2) 若 $f(x)$ 为单调增加(减少)函数,则 $F(x)$ 为单调减少(增加)函数.

证 (1) 设 $f(x)$ 为奇函数,即 $f(-x)=-f(x)$,则

$$F(-x)=\int_0^{-x}(-x-2t)f(t)\mathrm{d}t.$$

令 $t=-u$,于是

$$\begin{aligned}F(-x)&=\int_0^x(-x+2u)f(-u)(-\mathrm{d}u)=-\int_0^x(x-2u)f(u)\mathrm{d}u\\&=-\int_0^x(x-2t)f(t)f(t)\mathrm{d}t=-F(x).\end{aligned}$$

所以 $F(x)$ 为奇函数.

若 $f(x)$ 为偶函数,类似可证 $F(x)$ 也为偶函数.

(2) 设 $f(x)$ 为单调增加函数,则

$$\begin{aligned}F'(x)&=\left[\int_0^x(x-2t)f(t)\mathrm{d}t\right]'=\left[\int_0^x xf(t)\mathrm{d}t\right]'-\left[\int_0^x 2tf(t)\mathrm{d}t\right]'\\&=\left[x\int_0^x f(t)\mathrm{d}t\right]'-2\left[\int_0^x tf(t)\mathrm{d}t\right]'=\int_0^x f(t)\mathrm{d}t+xf(x)-2xf(x)\\&=\int_0^x f(t)\mathrm{d}t-xf(x)=x[f(\xi)-f(x)].\end{aligned}$$

上式最后一个等式利用了积分中值定理.由于 $f(x)$ 为单调增加函数,可以证明(读者自证),$\xi\neq x$.于是,当 $x>0$ 时,由于 $\xi<x$,$f(x)$ 单调增加,故 $F'(x)<0$;当 $x<0$ 时,由于 $x<\xi$,故 $f(\xi)>f(x)$,此时亦有 $F'(x)<0$.所以,$F(x)$ 在 $(-\infty,+\infty)$ 上单调减少.

$f(x)$ 为单调减少时的证明是类似的.

例 5 设

$$f(x)=\begin{cases}0, & x<0,\\ \sin x, & 0\leqslant x\leqslant\dfrac{\pi}{2},\\ \dfrac{1}{2}, & x>\dfrac{\pi}{2},\end{cases}$$

求 $\int_0^x f(x)\mathrm{d}x$.

解 由于未给出 x 的范围,所以要对 x 进行讨论.

当 $x<0$ 时,$\int_0^x f(x)\mathrm{d}x=\int_0^x 0\mathrm{d}x=0$;

当 $0\leqslant x\leqslant\dfrac{\pi}{2}$ 时,$\int_0^x f(x)\mathrm{d}x=\int_0^x\sin x\mathrm{d}x=1-\cos x$;

当 $x>\dfrac{\pi}{2}$ 时,

$$\int_0^x f(x)\mathrm{d}x=\int_0^{\frac{\pi}{2}}f(x)\mathrm{d}x+\int_{\frac{\pi}{2}}^x f(x)\mathrm{d}x=\int_0^{\frac{\pi}{2}}\sin x\mathrm{d}x+\int_{\frac{\pi}{2}}^x\frac{1}{2}\mathrm{d}x=1+\frac{1}{2}\left(x-\frac{\pi}{2}\right).$$

例 6 设函数 $f(x)$ 在 $[0,1]$ 上连续,证明:

$$\int_0^{\frac{\pi}{2}} f(\sin x)\mathrm{d}x = \int_0^{\frac{\pi}{2}} f(\cos x)\mathrm{d}x,$$

并计算 $I = \int_0^{\frac{\pi}{2}} \frac{\sin^\alpha x\,\mathrm{d}x}{\sin^\alpha x + \cos^\alpha x}$.

证 令 $x = \frac{\pi}{2} - t$,则 $\mathrm{d}x = -\mathrm{d}t$,于是

$$\int_0^{\frac{\pi}{2}} f(\sin x)\mathrm{d}x = \int_{\frac{\pi}{2}}^0 f\left[\sin\left(\frac{\pi}{2} - t\right)\right](-\mathrm{d}t) = \int_0^{\frac{\pi}{2}} f(\cos t)\mathrm{d}t = \int_0^{\frac{\pi}{2}} f(\cos x)\mathrm{d}x.$$

由此可见

$$I = \int_0^{\frac{\pi}{2}} \frac{\sin^\alpha x\,\mathrm{d}x}{\sin^\alpha x + \cos^\alpha x} = \int_0^{\frac{\pi}{2}} \frac{\cos^\alpha x\,\mathrm{d}x}{\sin^\alpha x + \cos^\alpha x},$$

所以有

$$2I = \int_0^{\frac{\pi}{2}} \frac{\sin^\alpha x\,\mathrm{d}x}{\sin^\alpha x + \cos^\alpha x} + \int_0^{\frac{\pi}{2}} \frac{\cos^\alpha x\,\mathrm{d}x}{\sin^\alpha x + \cos^\alpha x} = \int_0^{\frac{\pi}{2}} \mathrm{d}x = \frac{\pi}{2},$$

从而

$$I = \frac{\pi}{4}.$$

例 7 已知函数 $f(x)$在$[0,1]$上连续,且满足

$$f(x) = \mathrm{e}^x + x\int_0^1 f(\sqrt{x})\mathrm{d}x,$$

求 $f(x)$.

解 注意到$\int_0^1 f(\sqrt{x})\mathrm{d}x$是常数,因此可设

$$\int_0^1 f(\sqrt{x})\mathrm{d}x = C,$$

其中 C 为待定. 这样,$f(x)$的形式为

$$f(x) = \mathrm{e}^x + Cx,$$

将其代入 $f(x)$所满足的关系式中得到

$$\mathrm{e}^x + Cx = \mathrm{e}^x + x\int_0^1 (\mathrm{e}^{\sqrt{x}} + C\sqrt{x})\mathrm{d}x.$$

计算得

$$\int_0^1 \mathrm{e}^{\sqrt{x}}\mathrm{d}x = 2, \int_0^1 \sqrt{x}\mathrm{d}x = \frac{2}{3},$$

代入上式得 $C=6$,所以

$$f(x) = \mathrm{e}^x + 6x.$$

例 8 设 $f(x) = \int_1^x \mathrm{e}^{t^2}\mathrm{d}t$,求$\int_0^1 f(x)\mathrm{d}x$.

解 利用分部积分公式

$$\int_0^1 f(x)\mathrm{d}x = xf(x)\Big|_0^1 - \int_0^1 xf'(x)\mathrm{d}x.$$

注意到 $f(1)=\int_1^1 e^{t^2}dt=0, f'(x)=e^{x^2}$，于是有

$$\int_0^1 f(x)dx = 0-\int_0^1 xe^{x^2}dx = -\frac{1}{2}e^{x^2}\Big|_0^1 = -\frac{1}{2}(e-1).$$

例 9 已知 $f'(x)=\sin(x-1)^2$，且 $f(0)=0$，求$\int_0^1 f(x)dx$.

解 由分部积分法，得

$$\int_0^1 f(x)dx = \int_0^1 f(x)d(x-1) = [(x-1)f(x)]\Big|_0^1 - \int_0^1 (x-1)f'(x)dx$$

$$= -\int_0^1 (x-1)\sin(x-1)^2 dx = -\frac{1}{2}\int_0^1 \sin(x-1)^2 d(x-1)^2$$

$$= \frac{1}{2}[\cos(x-1)^2]\Big|_0^1 = \frac{1}{2}(1-\cos 1).$$

例 10 设 $f'(x)$在区间$[0,1]$上连续，且 $f(0)=f(1)=0$，证明：

$$\left|\int_0^1 f(x)dx\right| \leqslant \frac{M}{4},$$

其中 M 是$|f'(x)|$在区间$[0,1]$上的最大值.

证 利用分部积分公式得到

$$\int_0^1 f(x)dx = \left[\left(x-\frac{1}{2}\right)f(x)\right]\Big|_0^1 - \int_0^1 \left(x-\frac{1}{2}\right)f'(x)dx = -\int_0^1 \left(x-\frac{1}{2}\right)f'(x)dx.$$

因此，

$$\left|\int_0^1 f(x)dx\right| \leqslant \left|\int_0^1 \left(x-\frac{1}{2}\right)f'(x)dx\right| \leqslant \int_0^1 \left|x-\frac{1}{2}\right| \mid f'(x) \mid dx$$

$$\leqslant M\int_0^1 \mid x-\frac{1}{2} \mid dx = \frac{M}{4}.$$

注 我们常用的分部积分公式是

$$\int f(x)dx = xf(x) - \int xf'(x)dx.$$

但对于在$[a,b]$区间上的定积分，利用分部积分公式

$$\int_a^b f(x)dx = [(x-C)f(x)]\Big|_a^b - \int_a^b (x-c)f'(x)dx$$

是常见的方法，其中 C 常取为左端点(如例 8)，或右端点(如例 9)，或中间某一点(如例 10)，而选择合适的 C 则需要一定的技巧.

复习题五

一、选择题

1. 初等函数 $y=f(x)$在其定义域(a,b)上一定(　　).

(A) 连续　　(B) 可导　　(C) 可微　　(D) 可积

2. 下列积分可直接使用牛顿-莱布尼茨公式的有(　　).

(A) $\int_0^5 \frac{x^3}{x^2+1}dx$　　(B) $\int_{-1}^1 \frac{x}{\sqrt{1-x^2}}dx$

(C) $\int_0^4 \frac{x}{(x^{\frac{3}{2}}-5)^2}dx$　　(D) $\int_{\frac{1}{e}}^{e} \frac{1}{x\ln x}dx$

3. 下列等式正确的是(　　).

(A) $\frac{d}{dx}\int_a^b f(x)dx = f(x)$　　(B) $\frac{d}{dx}\int f(x)dx = f(x)+C$

(C) $\frac{d}{dx}\int_a^x f(x)dx = f(x)$　　(D) $\int f'(x)dx = f(x)$

4. 下列定积分中定积分的值小于零的有(　　).

(A) $\int_0^{\frac{\pi}{2}} \sin x dx$　　(B) $\int_{-\frac{\pi}{2}}^0 \cos x dx$

(C) $\int_{-3}^{-2} x^3 dx$　　(D) $\int_{-5}^{-2} x^2 dx$

5. 函数 $f(x)$ 在区间 $[a,b]$ 上连续,则 $\left(\int_x^b f(t)dt\right)' = $(　　).

(A) $f(x)$　　(B) $-f(x)$

(C) $f(b)-f(x)$　　(D) $f(b)+f(x)$

6. 设 $y=\int_0^{x^2}(t-1)(t-2)e^t dt$,则满足 $y'(x)=0$ 的零点有(　　).

(A) 1 个　　(B) 3 个　　(C) 4 个　　(D) 5 个

7. 设函数 $y=\int_0^x (t-1)dt$,则 y 有(　　).

(A) 极小值$\frac{1}{2}$　　(B) 极小值$-\frac{1}{2}$　　(C) 极大值$\frac{1}{2}$　　(D) 极大值$-\frac{1}{2}$

8. 设 $f(x)$在区间$[a,b]$上连续,则下列各式中不成立的是(　　).

(A) $\int_a^b f(x)dx = \int_a^b f(t)dt$　　(B) $\int_a^b f(x)dx = -\int_b^a f(x)dx$

(C) $\int_a^a f(x)dx = 0$　　(D) 若$\int_a^b f(x)dx = 0$,则 $f(x)=0$

9. 若$\int_0^k (2x-3x^2)dx = 0$,则 $k=$(　　).

(A) 0　　(B) -1　　(C) $\frac{1}{2}$　　(D) $\frac{3}{2}$

10. $\int_0^1 f'(2x)dx = $(　　).

(A) $2[f(2)-f(0)]$　　(B) $2[f(1)-f(0)]$

(C) $\frac{1}{2}[f(2)-f(0)]$　　(D) $\frac{1}{2}[f(1)-f(0)]$

11. 下列等式中对任意的连续函数 $f(x)$ 成立的有(　　).

(A) $\int_{-a}^{a} f(x)\mathrm{d}x = \int_{-a}^{a} f(-x)\mathrm{d}x$　　(B) $\int_{-a}^{a} f(x)\mathrm{d}x = 2\int_{0}^{a} f(x)\mathrm{d}x$

(C) $\int_{-a}^{a} f(x)\mathrm{d}x = -\int_{-a}^{a} f(-x)\mathrm{d}x$　　(D) $\int_{-a}^{a} f(x)\mathrm{d}x = 0$

12. 积分中值定理 $\int_{a}^{b} f(x)\mathrm{d}x = f(\xi)(b-a)$，其中(　　).

(A) ξ 是 $[a,b]$ 上任一点　　(B) ξ 是 $[a,b]$ 上必定存在的某一点

(C) ξ 是 $[a,b]$ 上唯一的某一点　　(D) ξ 是 $[a,b]$ 的中点

13. 设 $I = \int_{0}^{2} \sqrt{x^3 - 2x^2 + x}$，则有 $I =$ (　　).

(A) $\int_{0}^{2} \sqrt{x}(1-x)\mathrm{d}x$

(B) $\int_{0}^{1} \sqrt{x}(1-x)\mathrm{d}x + \int_{1}^{2} \sqrt{x}(x-1)\mathrm{d}x$

(C) $\int_{0}^{1} \sqrt{x}(x-1)\mathrm{d}x + \int_{1}^{2} \sqrt{x}(x-1)\mathrm{d}x$

(D) $\int_{0}^{2} \sqrt{x}(x-1)\mathrm{d}x$

14. 设 $\int_{a}^{b} f(x)\mathrm{d}x = 0$，且 $f(x)$ 在 $[a,b]$ 上连续，则在 $[a,b]$ 上(　　).

(A) $f(x) \equiv 0$　　(B) 必存在点 ξ，使 $f(\xi)=0$

(C) 必有唯一点 ξ，使 $f(\xi)=0$　　(D) 不一定存在点 ξ，使 $f(\xi)=0$

15. 设 $M = \int_{-\frac{\pi}{2}}^{\frac{\pi}{2}} \frac{\sin x}{1+x^2}\cos^4 x\mathrm{d}x$，$N = \int_{-\frac{\pi}{2}}^{\frac{\pi}{2}} (\sin^3 x + \cos^4 x)\mathrm{d}x$，$P = \int_{-\frac{\pi}{2}}^{\frac{\pi}{2}} (x^2\sin^3 x - \cos^4 x)\mathrm{d}x$，则有(　　).

(A) $N<P<M$　　(B) $M<P<N$

(C) $N<M<P$　　(D) $P<M<N$

16. 设 $I = \int_{0}^{a} x^3 f(x^2)\mathrm{d}x$，$a>0$，则 $I =$ (　　).

(A) $\int_{0}^{a^2} xf(x)\mathrm{d}x$　　(B) $\int_{0}^{a} xf(x)\mathrm{d}x$

(C) $\frac{1}{2}\int_{0}^{a^2} xf(x)\mathrm{d}x$　　(D) $\frac{1}{2}\int_{0}^{a} xf(x)\mathrm{d}x$

17. 设 $f(x)$ 是 $(-\infty,+\infty)$ 上的连续函数，则(　　).

(A) $\int_{-\infty}^{+\infty} f(x)\mathrm{d}x$ 必收敛

(B) 若 $\lim\limits_{a\to+\infty} f(x) = 0$，则 $\int_{-\infty}^{+\infty} f(x)\mathrm{d}x$ 收敛

(C) 若 $\lim\limits_{a\to+\infty}\int_{-a}^{a} f(x)\mathrm{d}x$ 存在，则 $\int_{-\infty}^{+\infty} f(x)\mathrm{d}x$ 收敛

(D) 当且仅当$\int_{-\infty}^{0} f(x)\mathrm{d}x$与$\int_{0}^{+\infty} f(x)\mathrm{d}x$都收敛时,$\int_{-\infty}^{+\infty} f(x)\mathrm{d}x$才收敛

18. 下列广义积分收敛的是(　　).

(A) $\int_{0}^{+\infty} \mathrm{e}^{x}\mathrm{d}x$　　(B) $\int_{\mathrm{e}}^{+\infty} \frac{1}{x\ln x}\mathrm{d}x$

(C) $\int_{1}^{+\infty} \frac{1}{\sqrt{x}}\mathrm{d}x$　　(D) $\int_{1}^{+\infty} x^{-\frac{3}{2}}\mathrm{d}x$

二、综合练习 A

1. 一物体做直线运动,其初速度为 v_0,加速度为 a (v_0,a 均为常数),求此物体在时间间隔$[0,10]$内所经过的路程 S.

2. 求由$\int_{0}^{y} \mathrm{e}^{t}\mathrm{d}t+\int_{0}^{x}\cos t\mathrm{d}t=0$所决定的隐函数 y 对 x 的导数$\frac{\mathrm{d}y}{\mathrm{d}x}$.

3. 求极限$\lim\limits_{x\to 0}\frac{\left(\int_{0}^{x}\mathrm{e}^{t^2}\mathrm{d}t\right)^2}{\int_{0}^{x}t\mathrm{e}^{2t^2}\mathrm{d}t}$.

4. 计算下列积分:

(1) $\int_{\sqrt{\mathrm{e}}}^{\mathrm{e}}\frac{\mathrm{d}x}{x\sqrt{\ln x(1-\ln x)}}$;　　(2) $\int_{0}^{1}\frac{\ln(1+x)}{(2-x)^2}\mathrm{d}x$;

(3) $\int_{1}^{\mathrm{e}}\sin(\ln x)\mathrm{d}x$;　　(4) $\int_{\frac{1}{\mathrm{e}}}^{\mathrm{e}}|\ln x|\mathrm{d}x$.

5. 求 $f(x)$,使得 $2\int_{0}^{1}f(x)\mathrm{d}x+f(x)-x=0$.

6. 求函数 $y=\int_{0}^{x}(x-t)f(t)\mathrm{d}t$ 关于 x 的一阶导数和二阶导数.

7. 证明下列各式(其中 $f(x)$是连续函数):

(1) $\int_{-\frac{\pi}{2}}^{\frac{\pi}{2}}f(\cos x)\mathrm{d}x=2\int_{0}^{\frac{\pi}{2}}f(\cos x)\mathrm{d}x$;

(2) $\int_{0}^{1}x^m(1-x)^n\mathrm{d}x=\int_{0}^{1}x^n(1-x)^m\mathrm{d}x$;

(3) $\int_{x}^{1}\frac{\mathrm{d}x}{1+x^2}=\int_{1}^{\frac{1}{x}}\frac{\mathrm{d}x}{1+x^2}$, $x>0$.

8. 已知 $f(x)$ 的一个原函数是$(\sin x)\ln x$,求$\int_{1}^{\pi}xf'(x)\mathrm{d}x$.

9. 设 $f''(x)$ 在区间$[0,\pi]$上连续,且 $f(0)=2$,$f(\pi)=1$,求$\int_{0}^{\pi}[f(x)+f''(x)]\sin x\mathrm{d}x$.

10. 证明:设 $f(x)$ 是以 l 为周期的连续函数,则$\int_{a}^{a+l}f(x)\mathrm{d}x=\int_{0}^{l}f(x)\mathrm{d}x$,即$\int_{a}^{a+l}f(x)\mathrm{d}x$的值与 a 无关.

11. 设 $f(x)$ 是以 L 为周期的连续函数，n 为自然数，证明：$\int_0^{nL} f(x)\,\mathrm{d}x = n\int_0^L f(x)\,\mathrm{d}x$.

三、综合练习 B

1. 计算下列极限：

(1) $\lim\limits_{n\to\infty}\int_0^1 \dfrac{x^n}{1+x^2}\mathrm{d}x$；　　(2) $\lim\limits_{n\to\infty}\dfrac{1^p+2^p+\cdots+n^p}{n^{p+1}}$，$p>1$；

(3) $\lim\limits_{n\to\infty}\sqrt[n]{\left(1+\dfrac{1}{n}\right)^2\left(1+\dfrac{2}{n}\right)^2\cdots\left(1+\dfrac{n}{n}\right)^2}$.

2. 设函数 $f(x)$ 连续，且 $f(0)\neq 0$，利用 $\int_0^x f(x-t)\mathrm{d}t = \int_0^x f(u)\mathrm{d}u$，求极限 $\lim\limits_{x\to 0}\dfrac{\int_0^x (x-t)f(t)\mathrm{d}t}{x\int_0^x f(x-t)\mathrm{d}t}$.

3. 设函数 $f(x)$ 连续，且 $\int_0^x tf(2x-t)\mathrm{d}t = \dfrac{1}{2}\arctan x^2$. 已知 $f(1)=1$，求 $\int_1^2 f(x)\,\mathrm{d}x$.

4. 已知 $f(x)=\begin{cases} x-1, & -1\leqslant x<0, \\ x+1, & 0\leqslant x\leqslant 1, \end{cases}$ 求 $F(x)=\int_{-1}^x f(t)\mathrm{d}t$ 在 $[-1,1]$ 上的表达式.

5. 设 $f(x)$ 是周期为 2 的周期函数，在 $[-1,1]$ 上，$f(x)=\begin{cases} x, & -1\leqslant x\leqslant 0, \\ \sin\sqrt{x}, & 0<x\leqslant 1, \end{cases}$ 求 $\int_0^5 f(x)\mathrm{d}x$.

6. 设 $f(x)=\int_\pi^x \dfrac{\sin t}{t}\mathrm{d}t$，求 $\int_0^\pi f(x)\mathrm{d}x$.

7. 已知 $\int_0^{+\infty} \mathrm{e}^{-x^2}\,\mathrm{d}x = \dfrac{\sqrt{\pi}}{2}$，求 $\int_{-\infty}^{+\infty} x^2\mathrm{e}^{-x^2}\,\mathrm{d}x$.

8. 若 $f(x)$ 为连续正值函数，证明：当 $x>0$ 时，函数 $F(x)=\dfrac{\int_0^x tf(t)\mathrm{d}t}{\int_0^x f(t)\mathrm{d}t}$ 单调增加.

9. 设 $f(x)$ 为连续函数，利用分部积分法证明：

$$\int_0^x f(u)(x-u)\mathrm{d}u = \int_0^x\left[\int_0^u f(x)\mathrm{d}x\right]\mathrm{d}u.$$

10. 求证方程 $\int_0^x \sqrt{1+t^4}\,\mathrm{d}t + \int_{\cos x}^0 \mathrm{e}^{-t^2}\,\mathrm{d}t = 0$ 有且只有一个实根.

第六章　定积分的应用

本章将应用定积分来分析和解决一些几何、物理乃至经济管理中的问题，其目的不仅在于掌握计算这些实际问题的求解公式，更重要的是还要深刻领会解决这些问题的思想方法——微元方法.

第一节　平面图形的面积

根据第五章第一节，曲边梯形的面积可以表示为$\int_a^b f(x)\mathrm{d}x$，直观上，它也可以用微元方法表示为$A=\int_a^b \mathrm{d}A=\int_a^b f(x)\mathrm{d}x$. 换言之，如果一个量$A$关于区间$[a,b]$具有可加性，且有微元表示$\mathrm{d}A=f(x)\mathrm{d}x$，则$A=\int_a^b f(x)\mathrm{d}x$. 下面我们将利用这种方法来讨论平面图形的面积问题.

一、直角坐标情形

如果函数$y=f(x)$、$y=g(x)$在$[a,b]$上连续，且当$x\in[a,b]$时$f(x)\geqslant g(x)$，在区间$[a,b]$内任取一点x，作出微元区间$[x,x+\Delta x]$，则该微元区间上介于两条曲线$y=f(x)$，$y=g(x)$之间的图形的面积微元（图 6-1 中的阴影部分）为

$$\mathrm{d}A=[f(x)-g(x)]\mathrm{d}x,$$

因而此图形（见图 6-1）的面积为

$$A=\int_a^b \mathrm{d}A=\int_a^b [f(x)-g(x)]\mathrm{d}x.$$

类似地，如果曲线$x=\psi(y)$位于曲线$x=\varphi(y)$的右边（见图 6-2），那么由这两条曲线及直线$y=c$，$y=d$所围成的平面图形的面积为

$$A=\int_c^d [\psi(y)-\varphi(y)]\mathrm{d}y.$$

下面通过几个具体例子来介绍计算一些平面图形面积的方法.

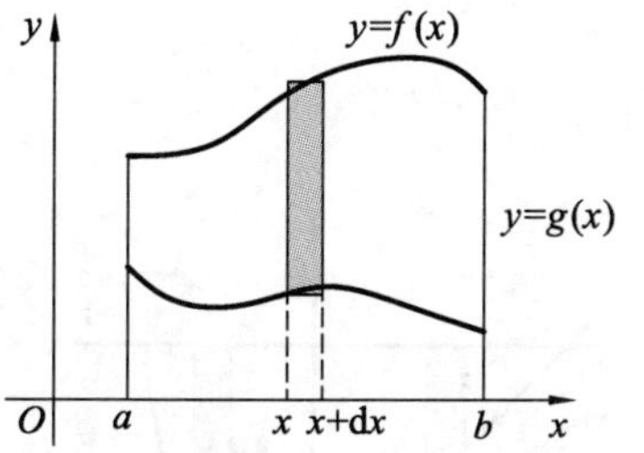

图 6-1

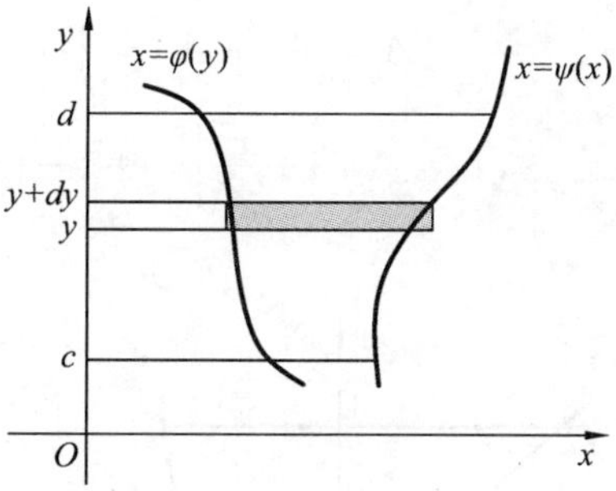

图 6-2

例 1　计算由抛物线 $y=x^2-1$ 与直线 $y=x+1$ 所围成的图形的面积.

解　所围图形如图 6-3 所示. 先求出这两条线的交点. 为此,解方程组

$$\begin{cases} y=x+1, \\ y=x^2-1, \end{cases}$$

得到两条线的交点为 $(-1,0)$ 及 $(2,3)$. 从而知道该图形在直线 $x=-1$ 及 $x=2$ 之间. 取横坐标 x 为积分变量,它的变化区间为 $[-1,2]$. 任取其上一微元区间 $[x,x+\mathrm{d}x]$,则相应的窄曲边梯形的面积微元

$$\mathrm{d}A=[x+1-(x^2-1)]\mathrm{d}x=(x-x^2+2)\mathrm{d}x.$$

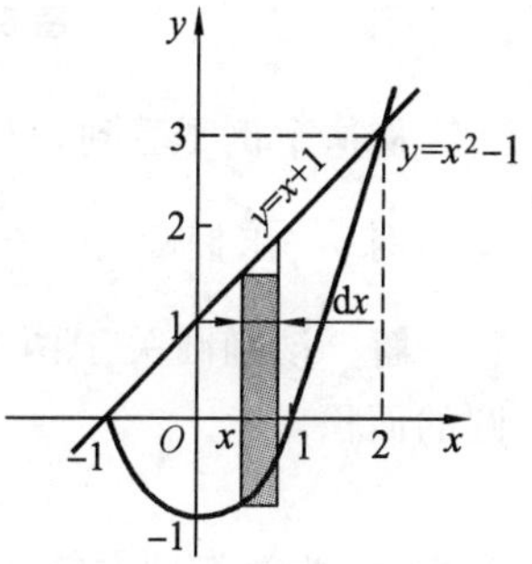

图 6-3

于是所要求的面积为

$$A=\int_{-1}^{2}\mathrm{d}A=\int_{-1}^{2}(x-x^2+2)\mathrm{d}x=\frac{9}{2}.$$

例 2　求由抛物线 $\sqrt{y}=x$ 与直线 $y=-x$ 及 $y=1$ 围成的平面图形的面积.

解　所围图形如图 6-4 所示. 先求出图形边界曲线的交点,可得 $(0,0)$,$(-1,1)$ 及 $(1,1)$. 选取 y 为积分变量,它的变化区间为 $[0,1]$,取微元区间 $[y,y+\mathrm{d}y]$,可得面积微元

$$\mathrm{d}A=(\sqrt{y}+y)\mathrm{d}y.$$

于是,所求图形的面积为

$$A=\int_{0}^{1}\mathrm{d}A=\int_{0}^{1}(\sqrt{y}+y)\mathrm{d}y=\frac{7}{6}.$$

如果选取 x 为积分变量,从图 6-5 可知,当 x 在区间 $[-1,0]$ 上变化时,其面积微元为

$$\mathrm{d}A_1=(1+x)\mathrm{d}x.$$

当 x 在区间 $[0,1]$ 上变化时,其面积微元为

$$\mathrm{d}A_2=(1-x^2)\mathrm{d}x.$$

于是所求图形的面积为

$$A = A_1 + A_2 = \int_{-1}^{0}(1+x)\mathrm{d}x + \int_{0}^{1}(1-x^2)\mathrm{d}x$$
$$=1+\frac{x^2}{2}\Big|_{-1}^{0}+1-\frac{x^3}{3}\Big|_{0}^{1}=\frac{7}{6}.$$

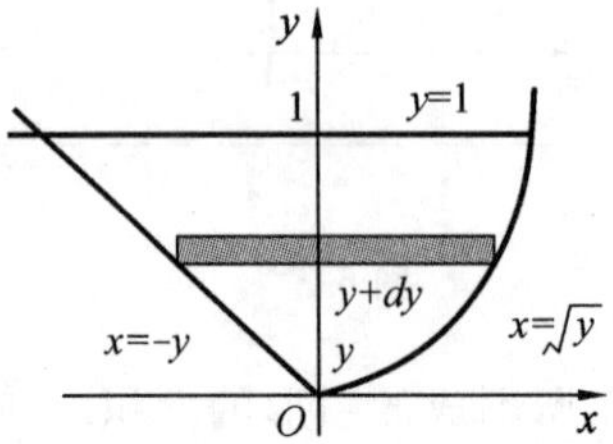

图 6-4

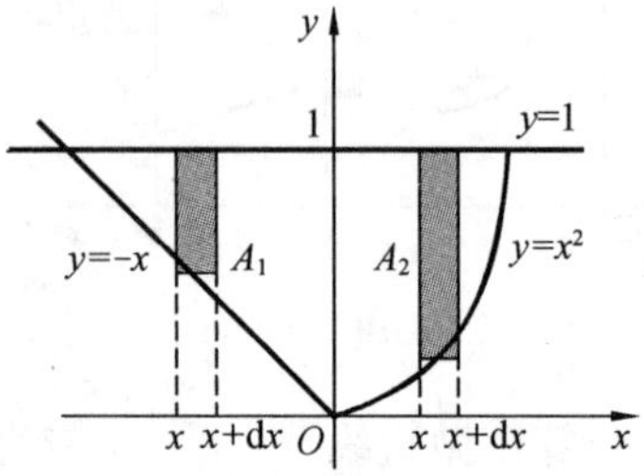

图 6-5

从这个例子看到，积分变量选得适当，可以使计算简单.

例 3 求椭圆$\frac{x^2}{a^2}+\frac{y^2}{b^2}=1$所围图形的面积(简称椭圆的面积).

解 该椭圆关于两坐标轴都对称(见图 6-6)，所以，椭圆的面积

$$A=4A_1,$$

其中 A_1 为该椭圆在第一象限部分的面积.

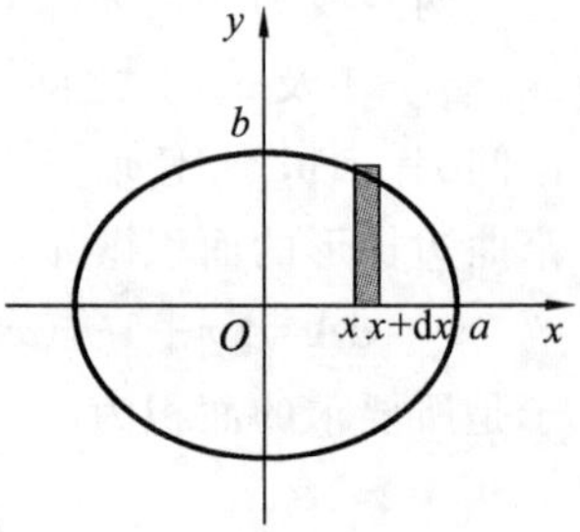

图 6-6

在区间$[0,a]$上取微元区间$[x,x+\mathrm{d}x]$，则面积微元 $\mathrm{d}A=y\mathrm{d}x$，于是

$$A = 4A_1 = 4\int_0^a y\mathrm{d}x.$$

利用椭圆的参数方程

$$\begin{cases} x=a\cos t, \\ y=b\sin t, \end{cases}$$

应用定积分换元法，令 $x=a\cos t$，则

$$\mathrm{d}x=-a\sin t\mathrm{d}t.$$

当 $x=0$ 时，$t=\frac{\pi}{2}$；当 $x=a$ 时，$t=0$. 所以

$$A = 4A_1 = 4\int_0^a y\mathrm{d}x = 4\int_{\frac{\pi}{2}}^{0} b\sin t(-a\sin t)\mathrm{d}t$$
$$= 4ab\int_0^{\frac{\pi}{2}}\sin^2 t\mathrm{d}t = 4ab\cdot\frac{1}{2}\cdot\frac{\pi}{2} = \pi ab.$$

当 $a=b$ 时，就得到圆面积的公式 $A=\pi a^2$.

二、极坐标情形

对于某些平面图形，用极坐标来计算它们的面积比较方便.

设由曲线 $r=\varphi(\theta)$ 及射线 $\theta=\alpha,\theta=\beta$ 围成一图形(简称为曲边扇形)，现在要计算它的面积(见图 6-7). 这里假定 $\theta\in[\alpha,\beta]$ 时，$\varphi(\theta)\geqslant 0$.

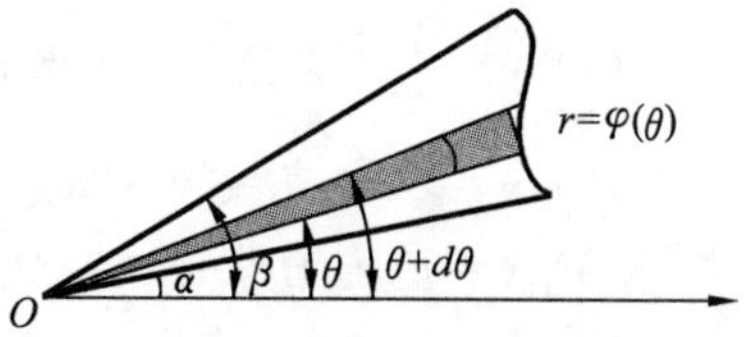

图 6-7

由于当 θ 在 $[\alpha,\beta]$ 上变动时，极径 $r=\varphi(\theta)$ 也随之变动，因此，所求图形的面积不能直接利用圆扇形面积公式 $A=\frac{1}{2}R^2(\beta-\alpha)$ 来计算.

取极角 θ 为积分变量，它的变化区间为 $[\alpha,\beta]$. 在区间 $[\alpha,\beta]$ 上取微元区间 $[\theta,\theta+\mathrm{d}\theta]$，所对应的窄曲边扇形，我们可以用半径为 $r=\varphi(\theta)$、中心角为 $\mathrm{d}\theta$ 的圆扇形来表示，从而得到该窄曲边扇形面积的面积微元

$$\mathrm{d}A=\frac{1}{2}[\varphi(\theta)]^2\mathrm{d}\theta.$$

于是所求曲边扇形的面积为

$$A=\int_{\alpha}^{\beta}\frac{1}{2}[\varphi(\theta)]^2\mathrm{d}\theta. \tag{1}$$

例 4　计算心形线

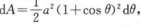

$$r=a(1+\cos\theta)\ (a>0)$$

所围成的图形(见图 6-8)的面积.

解　这个心形线的图形对称于极轴，因此所求图形的面积 A 是极轴以上部分的图形 A_1 的两倍. 对于极轴以上部分的图形，θ 的变化区间为 $[0,\pi]$，在 $[0,\pi]$ 上取微元区间 $[\theta,\theta+\mathrm{d}\theta]$. 以半径 $a(1+\cos\theta)$、中心角为 $\mathrm{d}\theta$ 的圆扇形面积微元

$$\mathrm{d}A=\frac{1}{2}a^2(1+\cos\theta)^2\mathrm{d}\theta,$$

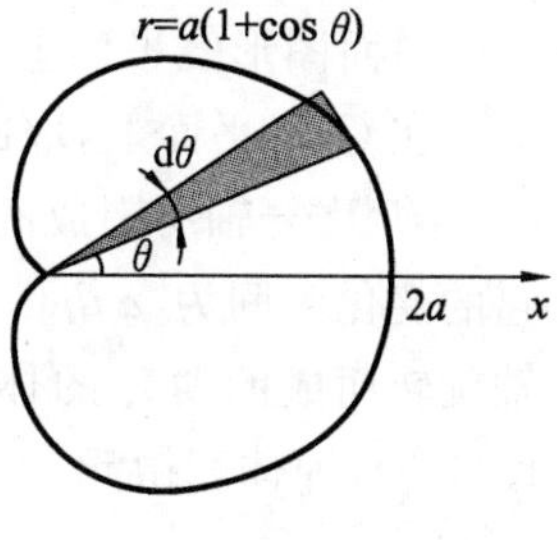

图 6-8

从而得所要求的面积

$$\begin{aligned}A&=2A_1=2\int_0^{\pi}\frac{1}{2}a^2(1+\cos\theta)^2\mathrm{d}\theta\\&=a^2\int_0^{\pi}(1+2\cos\theta+\cos^2\theta)\mathrm{d}\theta=a^2\int_0^{\pi}\left(\frac{3}{2}+2\cos\theta+\frac{1}{2}\cos 2\theta\right)\mathrm{d}\theta\\&=a^2\left(\frac{3}{2}\theta+2\sin\theta+\frac{1}{4}\sin 2\theta\right)\Big|_0^{\pi}=\frac{3}{2}\pi a^2.\end{aligned}$$

本题也可直接应用公式(1)求得.

习题 6-1

1. 求由下列各曲线所围成的图形的面积：

(1) $y=\frac{1}{x}$与直线 $y=x$ 及 $x=2$；

(2) $y=x^3$ 与直线 $y=2x$；

(3) $y=x^2$ 与直线 $y=x$ 及 $y=2x$；

(4) $y=|\lg x|$与直线 $x=0.1, x=10$ 及 $y=0$；

(5) $y^2=4(x-1)$与 $y^2=4(2-x)$.

2. 求抛物线 $y=-x^2+4x-3$ 及其在点(0,3)和(3,0)处的切线所围成的图形的面积.

3. 求由下列各曲线所围成的图形的面积：

(1) $r=2\cos\theta$；

(2) $r=(2+\cos\theta)$；

(3) $x=a\cos^3 t, y=a\sin^3 t$.

第二节 体 积

一、旋转体的体积

平面图形绕平面上一条直线旋转一周而成的立体叫旋转体.

在 Oxy 平面上，取旋转轴为 x 轴，那么旋转体可以看成是由曲线 $y=f(x)$、直线 $x=a$、$x=b$ 及 x 轴所围成的曲边梯形绕 x 轴旋转一周而成的立体. 取横坐标 x 为积分变量，它的变化区间为$[a,b]$. 在区间$[a,b]$上作微元区间$[x,x+\mathrm{d}x]$，对应的的窄曲边梯形绕 x 轴旋转而成的薄片的体积微元等于以 $f(x)$为底半径、$\mathrm{d}x$ 为高的扁圆柱体的体积(见图 6-9)，即体积微元

$$\mathrm{d}V=\pi[f(x)]^2\mathrm{d}x.$$

从而得所求的旋转体的体积

$$V=\int_a^b \pi[f(x)]^2\mathrm{d}x. \tag{1}$$

类似地，可以推出：由曲线 $x=\varphi(y)$、直线 $y=c$、$y=d(c<\mathrm{d})$与 y 轴所围成的曲边梯形，绕 y 轴旋转一周而成的旋转体(见图 6-10)的体积为

$$V=\pi\int_c^d[\varphi(y)]^2\mathrm{d}y. \tag{2}$$

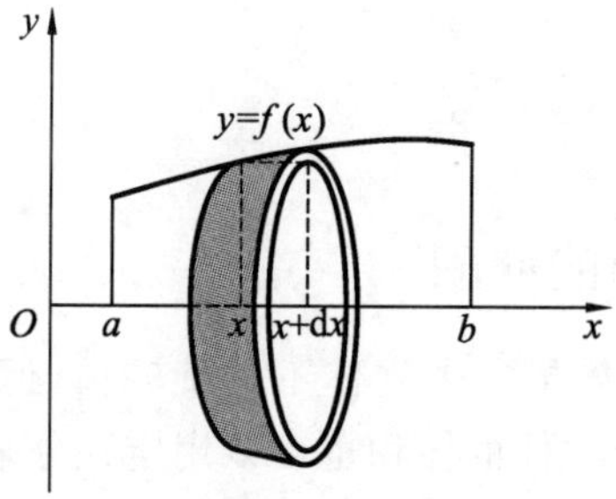

图 6-9

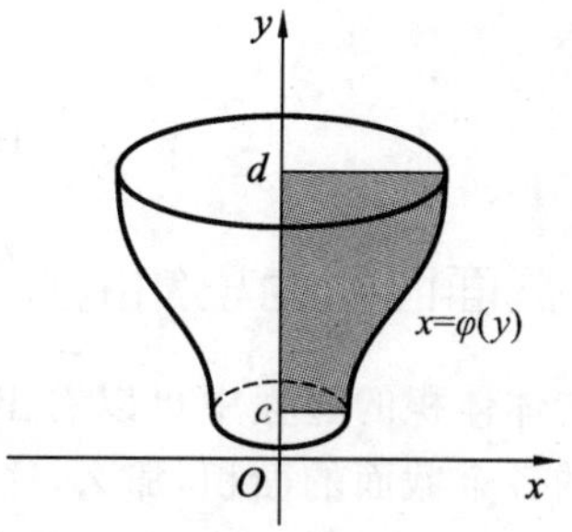

图 6-10

例 1　计算由椭圆

$$\frac{x^2}{a^2}+\frac{y^2}{b^2}=1$$

所围成的图形绕 x 轴旋转而成的旋转体(称为旋转椭球体)的体积.

解　这个旋转椭球体也可以看成是由半个椭圆

$$y=\frac{b}{a}\sqrt{a^2-x^2}$$

及 x 轴围成的图形绕 x 轴旋转而成的立体.

取 x 为积分变量,它的变化区间为$[-a,a]$. 如图 6-11 所示,旋转椭球体中相应于$[-a,a]$上任一小区间$[x,x+\mathrm{d}x]$的薄片的体积微元 $\mathrm{d}V$ 是底半径为$\frac{b}{a}\sqrt{a^2-x^2}$、高为 $\mathrm{d}x$ 的扁圆柱体的体积,即

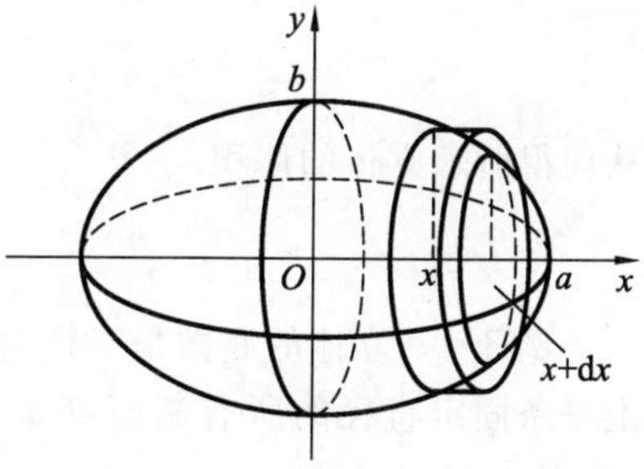

图 6-11

$$\mathrm{d}V=\frac{\pi b^2}{a^2}(a^2-x^2)\mathrm{d}x,$$

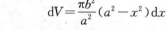

从而得旋转椭球体的体积

$$V=\int_{-a}^{a}\pi\frac{b^2}{a^2}(a^2-x^2)\mathrm{d}x$$

$$=\pi\frac{b^2}{a^2}\left(a^2x-\frac{x^3}{3}\right)\Big|_{-a}^{a}=\frac{4\pi ab^2}{3}.$$

当 $a=b$ 时,旋转椭球体就成为半径为 a 的球体,它的体积为$\frac{4}{3}\pi a^3$.

例 2　求由曲线 $xy=4$, $y=1$, $y=2$, x 轴围成的平面图形绕 y 轴旋转而成的旋转体的体积.

解　取 y 为积分变量,它的变化区间为$[1,2]$. 如图 6-12 所示,在区间$[1,2]$上任取一微元区间$[y,y+\mathrm{d}y]$,该区间上对应的薄片绕 y 轴旋转而成的旋转体的体积微元

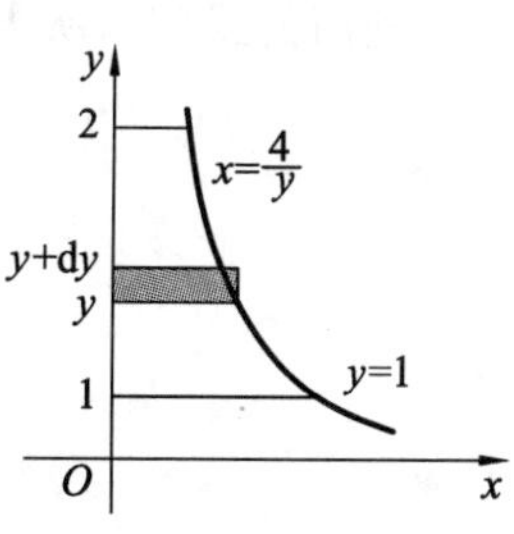

图 6-12

$$\mathrm{d}V=\pi x^2\mathrm{d}y=\pi\frac{16}{y^2}\mathrm{d}y,$$

故所求体积为

$$V=\int_1^2 16\pi\frac{\mathrm{d}y}{y^2}=8\pi.$$

二、平行截面面积为已知的立体的体积

从计算旋转体体积的过程中可以看出：如果一个立体不是旋转体，但却知道该立体垂直于一定轴的各个截面的面积，那么，这个立体的体积也可以用定积分来计算.

如图 6-13 所示，取定轴为 x 轴，并设该立体在过点 $x=a,x=b$ 且垂直于 x 轴的两平面之间. 以 $A(x)$ 表示过点 x 且垂直于 x 轴的截面面积. 假定 $A(x)$ 为 x 的已知的连续函数. 这时，取 x 为积分变量，它的变化区间为 $[a,b]$；立体中相应于 $[a,b]$ 上任一小区间 $[x,x+\mathrm{d}x]$ 的薄片的体积，近似于底面积为 $A(x)$、高为 $\mathrm{d}x$ 的扁柱体的体积，即体积微元

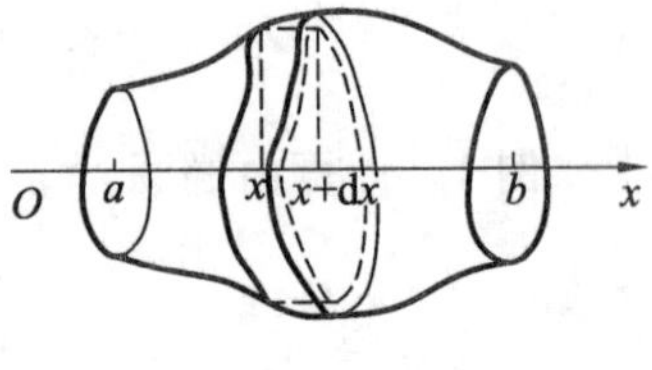

图 6-13

$$\mathrm{d}V=A(x)\mathrm{d}x,$$

从而得所求立体的体积

$$V=\int_a^b A(x)\mathrm{d}x. \tag{3}$$

例 3 一立体的底面是半径为 5 的圆，而垂直于底面上一条固定直径的所有截面都是等边三角形，求此立体(见图 6-14)的体积.

解 取底面一条固定直径为 x 轴，底面为 Oxy 平面(见图 6-14)，则底圆的方程为

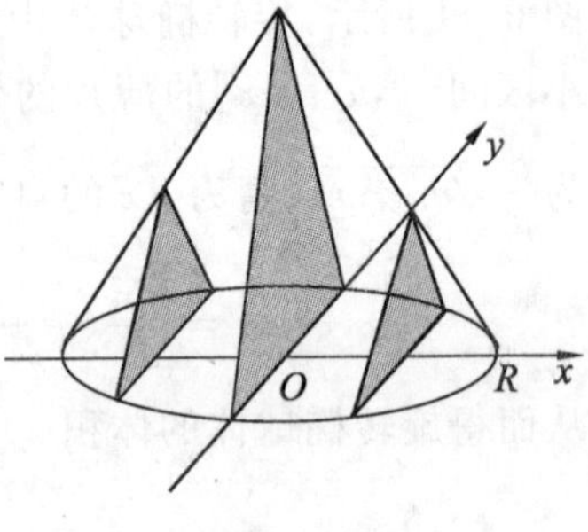

图 6-14

$$x^2+y^2=25^2.$$

设 $x\in[-5,5]$ 为 x 轴上任意一点，由题意，过点 x 的立体的截面是等边三角形，其边长是 $2y=2\sqrt{25-x^2}$，高为 $\sqrt{3}\sqrt{25-x^2}$，于是该截面的面积为

$$A(x)=\frac{1}{2}(2\sqrt{25-x^2})(\sqrt{3}\sqrt{25-x^2})=\sqrt{3}(25-x^2).$$

利用公式(3)，所求立体的体积为

$$V=\int_{-5}^{5}\sqrt{3}(25-x^2)\mathrm{d}x$$

$$=\sqrt{3}\left(25x-\frac{1}{3}x^3\right)\Big|_{-5}^{5}=\frac{500}{3}\sqrt{3}.$$

习题 6-2

1. 求下列已知曲线所围成的图形按指定的轴旋转所产生的旋转体的体积：

(1) $y=x^2$ 与 x 轴及 $x=1$ 所围成图形，绕 x 轴及 y 轴；

(2) $y=x^3$ 与直线 $x=2$ 及 $y=0$ 所围成的图形，绕 x 轴及 y 轴；

(3) $y=\sqrt{x}$ 与直线 $x=1,x=4$ 及 x 轴所围成的图形，绕 x 轴及 y 轴.

2. 一平面经过半径为 R 的圆柱体的底圆中心，并与底圆交成角 α(见图 6-15). 计算该平面截圆柱体所得立体的体积.

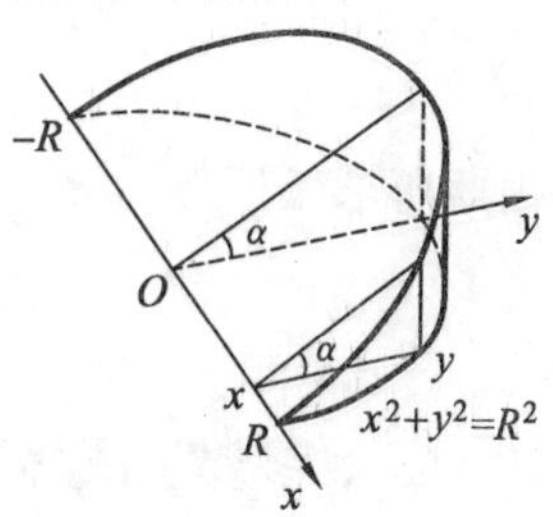

图 6-15

△第三节　平面曲线的弧长

一、直角坐标情形

现在我们讨论曲线 $y=f(x)$ 上相应于 x 从 a 到 b 一段弧(见图 6-16)的长度的计算公式.

取横坐标 x 为积分变量，它的变化区间为 $[a,b]$. 如果函数 $y=f(x)$ 具有一阶连续导数，则 $y=f(x)$ 上相应于 $[a,b]$ 上微元区间 $[x,x+\mathrm{d}x]$ 的一段弧的长度，可以用该曲线在点 $(x,f(x))$ 处的切线上相应的一小段的长度来代替. 而切线上该相应小段的长度为

$$\sqrt{(\mathrm{d}x)^2+(\mathrm{d}y)^2}=\sqrt{1+y'^2}\,\mathrm{d}x,$$

从而得弧长微元

$$\mathrm{d}s=\sqrt{1+y'^2}\,\mathrm{d}x.$$

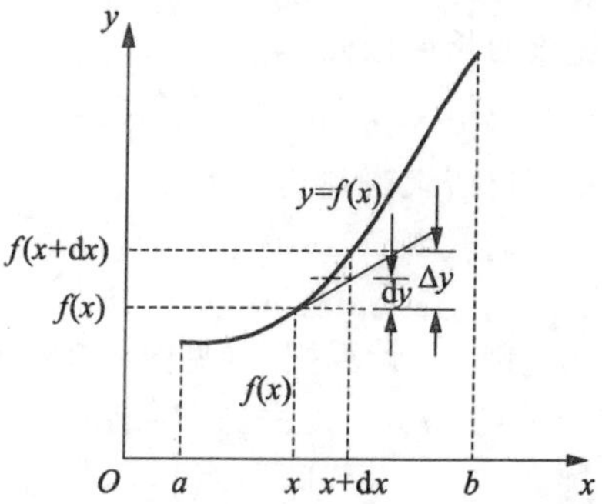

图 6-16

将弧长元素在闭区间 $[a,b]$ 上作定积分，便得所要求的弧长

$$s=\int_a^b\sqrt{1+y'^2}\,\mathrm{d}x.$$

例 1　两根电线杆之间的电线由于其本身的重量，下垂成曲线形，这样的曲线称为悬链线(见图 6-17). 悬链线方程为

$$y=a\cdot\mathrm{ch}\,\frac{x}{a},$$

其中 a 为常数. 为了计算电线杆的受力情况，需要计算悬链线上介于 $x=-b$ 与 $x=b$ 之间的一段弧长.

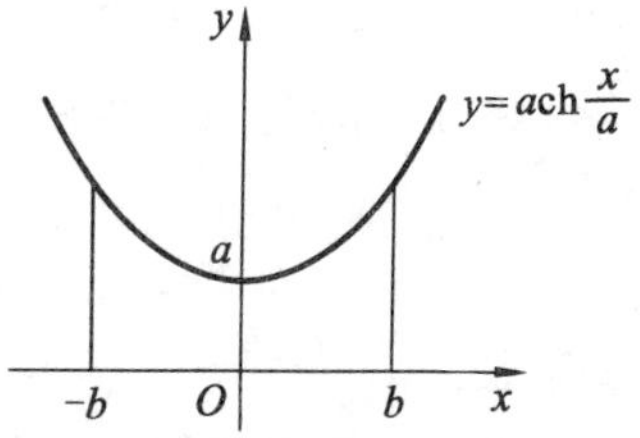

图 6-17

解 由对称性，要计算的弧长等于相应于区间$[0,b]$上的一段弧长的两倍. 因为 $y'=\operatorname{sh}\dfrac{x}{a}$，所以弧长元素为

$$ds=\sqrt{1+\operatorname{sh}^2\frac{x}{a}}\,dx=\operatorname{ch}\frac{x}{a}dx,$$

因此所求弧长为

$$s=2\int_0^b\operatorname{ch}\frac{x}{a}dx=2a\left(\operatorname{sh}\frac{x}{a}\right)\Big|_0^b=2a\operatorname{sh}\frac{b}{a}.$$

二、参数方程情形

对于有些用参数方程表示的曲线，也可以推得其弧长计算公式.

设曲线弧的参数方程为

$$\begin{cases}x=\varphi(t),\\ y=\psi(t)\end{cases}\quad(\alpha\leqslant t\leqslant\beta),$$

其中 $\varphi(t)$，$\psi(t)$在定义域内可导.

取参数 t 为积分变量，它的变化区间为$[\alpha,\beta]$. 相应于$[\alpha,\beta]$上微元区间$[t,t+dt]$的小弧段的长度微元

$$ds=\sqrt{(dx)^2+(dy)^2}=\sqrt{\varphi'^2(t)(dt)^2+\psi'^2(t)(dt)^2}=\sqrt{\varphi'^2(t)+\psi'^2(t)}\,dt.$$

从而得所求弧长为

$$s=\int_\alpha^\beta\sqrt{\varphi'^2(t)+\psi'^2(t)}\,dt.$$

例 2 计算摆线（见图 6-18）

$$\begin{cases}x=a(\theta-\sin\theta),\\ y=a(1-\cos\theta)\end{cases}$$

的一拱$(0\leqslant\theta\leqslant2\pi)$的长度.

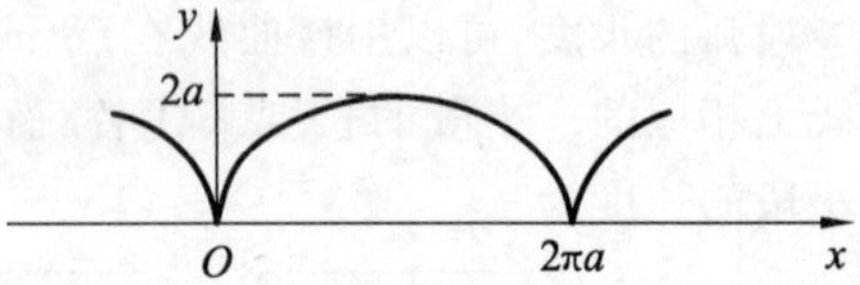

图 6-18

解 取参数 θ 为积分变量，弧长微元为

$$ds=\sqrt{a^2(1-\cos\theta)^2+a^2(\sin\theta)^2}\,d\theta=a\sqrt{2(1-\cos\theta)}\,d\theta=2a\sin\frac{\theta}{2}d\theta.$$

从而得所求弧长

$$s=\int_0^{2\pi}2a\sin\frac{\theta}{2}d\theta=2a\left(-2\cos\frac{\theta}{2}\right)\Big|_0^{2\pi}=8a.$$

例 3 求星形线（见图 6-19）

$$\begin{cases}x=a\cos^3t,\\ y=a\sin^3t\end{cases}\quad(0\leqslant t\leqslant2\pi)$$

的弧长.

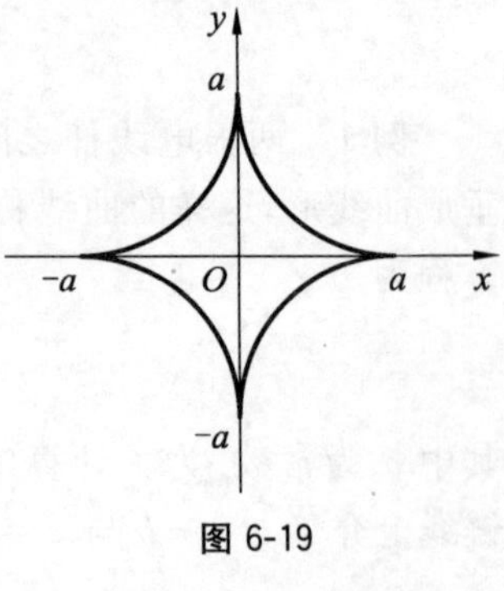

图 6-19

解 由于星形线关于两个坐标轴都对称，因此首先计算曲线在第一象限内的弧长 s_1. 取 t 为积分变量，由于

$$\frac{dx}{dt}=-3a\cos^2 t\sin t,$$

$$\frac{dy}{dt}=3a\sin^2 t\cos t,$$

$$ds=\sqrt{(-3a\cos^2 t\sin t)^2+(3a\sin^2 t\cos t)^2}\,dt$$

$$=3a\sin t\cos t dt\ \left(0\leqslant t\leqslant\frac{\pi}{2}\right),$$

故
$$s_1=\int_0^{\frac{\pi}{2}}3a\sin t\cos t dt=3a\left(\frac{\sin^2 t}{2}\right)\Big|_0^{\frac{\pi}{2}}=\frac{3}{2}a.$$

所以
$$s=4s_1=6a.$$

三、极坐标方程情形

设曲线弧由极坐标方程

$$r=r(\theta),\ \alpha\leqslant\theta\leqslant\beta$$

给出，将此式代入直角坐标和极坐标之间的关系式

$$\begin{cases}x=r\cos\theta,\\ y=r\sin\theta,\end{cases}$$

就得到曲线弧的以极角 θ 为参数的参数方程

$$\begin{cases}x=r(\theta)\cos\theta,\\ y=r(\theta)\sin\theta\end{cases}\ (\alpha\leqslant\theta\leqslant\beta).$$

由于

$$dx=(r'\cos\theta-r\sin\theta)d\theta,\ dy=(r'\sin\theta+r\cos\theta)d\theta,$$

$$ds=\sqrt{(dx)^2+(dy)^2}$$

$$=\sqrt{(r'\cos\theta-r\sin\theta)^2+(r'\sin\theta+r\cos\theta)^2}\,d\theta$$

$$=\sqrt{r^2+r'^2}\,d\theta.$$

于是

$$s=\int_\alpha^\beta\sqrt{r^2+r'^2}\,d\theta.$$

例 4　求心形线 $r=a(1+\cos\theta)$ $(a>0)$（见图 6-20）的弧长.

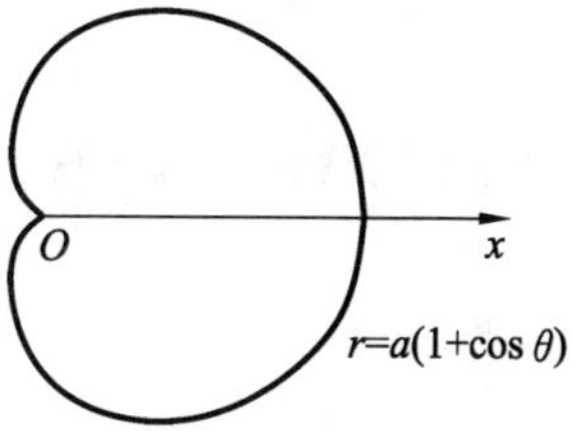

图 6-20

解　由于心形线对称于 x 轴，因此只要计算曲线在 x 轴上方部分的长再乘以 2 即可. 取 θ 为积分变量，它的变化区间为$[0,\pi]$. 弧长微元为

$$ds=\sqrt{r^2+r'^2}\,d\theta=\sqrt{a^2(1+\cos\theta)^2+a^2(\sin\theta)^2}\,d\theta$$

$$=a\sqrt{2(1+\cos\theta)}\,d\theta=2a\cos\frac{\theta}{2}d\theta.$$

于是所求的弧长

$$s=2\int_0^{\pi}2a\cos\frac{\theta}{2}\mathrm{d}\theta=4a\left(2\sin\frac{\theta}{2}\right)\Big|_0^{\pi}=8a.$$

△习题 6-3

1. 求下列曲线相应于指定两点间的弧段的弧长：

(1) $\begin{cases}x=a(\cos t+t\sin t),\\ y=a(\sin t-t\cos t),\end{cases}$ 自 $t=0$ 到 $t=\pi$；

(2) $y=\ln x$，自 $x=\sqrt{3}$ 到 $x=\sqrt{8}$；

(3) $y=\frac{1}{6}x^3+\frac{1}{2x}$，自 $x=1$ 到 $x=3$；

(4) $r\theta=1$，自 $\theta=\frac{3}{4}$ 到 $\theta=\frac{4}{3}$.

2. 计算半立方抛物线 $y^2=\frac{2}{3}(x-1)^3$ 被抛物线 $y^2=\frac{x}{3}$ 截得的一段弧长.

△第四节　定积分的其他应用

一、物理中的应用

1. 功

如果物体在直线运动的过程中有一个不变的力 F 作用在这物体上，且力的方向与物体运动方向一致，那么，在物体移动了距离 s 时，力 F 对物体所做的功为 $W=F\cdot s$. 如果物体在运动过程中所受到的力是变化的，这就是变力对物体做功的问题. 由于物体做功具有可加性，因此可利用第一节的微元方法将变力做功的问题归结为定积分问题. 下面通过具体例子说明如何计算变力所做的功.

例 1　已知弹簧拉长 0.02 m，需要 9.8 N 的力. 求把弹簧拉长 0.10 m 所做的功.

解　弹簧在弹性限度内，拉长（或压缩）所需的力的大小 F 与伸长（或压缩）的长度成正比，即当弹簧拉长 x m 时需要的力的大小为

$$F=F(x)=kx\ \mathrm{N},$$

其中，k 为弹性系数. 将 $x=0.02$ m，$F=9.8$ N 代入，得弹性系数

$$k=4.9\times10^2\ \mathrm{N/m}.$$

因此，变力

$$F(x)=4.9\times10^2x\ \mathrm{N}.$$

取 x 为积分变量，它的变化区间为 $[0,0.1]$. 设 $[x,x+\mathrm{d}x]$ 为该区间上任取的微元区间，弹簧在该区间上的伸长量为 $\mathrm{d}x$. 利用第二章第七节例 2 的结果，弹簧拉长 $\mathrm{d}x$ 所做的功的微元

$$dw=F(x)dx.$$

利用微元方法得到

$$W=\int_0^{0.1}F(x)dx=\int_0^{0.1}4.9\times10^2x\,dx=2.45\text{ J},$$

即弹簧拉长 0.10 m 所做的功为 2.45 J.

2. 引力

例 2　设有一长为 l，质量为 m 的均匀细杆，在其中垂线上距杆 a 单位处有一质量为 m_1 的质点 M，试计算细杆对质点 M 的引力.

解　根据万有引力定律，两个质量分别为 m_1 和 m_2，相距为 r 的质点间的引力为

$$F=k\frac{m_1\cdot m_2}{r^2},\ k\text{ 为引力常数.}$$

如果要计算一细长杆对一质点的引力，由于细杆上各点与质点的距离是变化的，所以就不能直接用上面的公式计算. 但由于力的分布具有可加性，因此可利用定积分来讨论它的计算方法.

如图 6-21 所示，建立坐标系，使杆位于 y 轴上，质点 M 位于 x 轴上. 取 y 为积分变量，它的变化区间为 $\left[-\frac{l}{2},\frac{l}{2}\right]$. 在杆上任取一小微元区间 $[y,y+dy]$，此微元杆长 dy，质量为 $\frac{m}{l}dy$，它与质点 M 间的距离为 $r=\sqrt{a^2+y^2}$. 根据万有引力定律，这一微元细杆对质点 M 的引力微元为

$$dF=k\frac{m}{l}\frac{m_1dy}{a^2+y^2}.$$

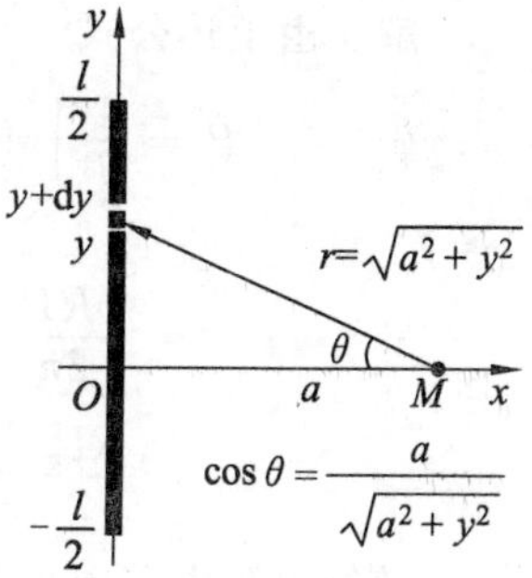

图 6-21

从而可求出 dF 在水平方向的分力为

$$dF_x=-k\frac{m}{l}\frac{am_1dy}{(a^2+y^2)^{\frac{3}{2}}}.$$

利用微元方法，可得到细杆对质点的引力在水平方向的分力为

$$F_x=-\int_{-\frac{l}{2}}^{\frac{l}{2}}k\frac{m}{l}\frac{am_1dy}{(a^2+y^2)^{\frac{3}{2}}}=\frac{-2kmm_1}{a\sqrt{4a^2+l^2}}.$$

另外，由对称性可知，引力在铅直方向的分力 $F_y=0$.

对于两个带电的物体(点)产生的电场力也有类似的公式(参见习题 6-4 第 2 题).

二、工程中的应用

1. 交流电的平均功率

我们知道，电流在单位时间内所做的功称为电流的功率 P，即

$$P=\frac{W}{t}.$$

直流电通过电阻 R，消耗在电阻 R 上的功率(即单位时间内消耗在电阻 R 上的功)是

$$P=I^2R,$$

其中 I 是直流电流(大小方向不变,是常数),功率 P 也是常数,则经过时间 t,消耗在电阻 R 上的功为

$$W=Pt=I^2Rt.$$

对于交流电来说,$i=i(t)$不是常数(是时间 t 的函数),因而通过电阻 R 所消耗的功率 $P=i^2(t)R$ 也随时间 t 而变化,在实用上,我们常采用平均功率.

由定积分中值定理计算函数平均值公式可得,在一个周期 T 内的交流电的平均功率为

$$\overline{P}=\frac{1}{T}\int_0^T R\,i^2(t)\mathrm{d}t=\frac{1}{T}\int_0^T u(t)i(t)\mathrm{d}t,$$

其中,$u(t)$是交电流的电压函数.

例 3 设交流电 $i(t)=I_\mathrm{m}\sin\omega t$,其中 I_m 是电流最大值(也称峰值),ω 为角频率,周期 $T=\frac{2\pi}{\omega}$,电流通过纯电阻电路,电阻 R 为常数.求平均功率 $\overline{P}$.

解 由上述公式

$$\overline{P}=\frac{1}{T}\int_0^T Ri^2(t)\mathrm{d}t=\frac{1}{\frac{2\pi}{\omega}}\int_0^{\frac{2\pi}{\omega}}RI_\mathrm{m}^2\sin^2\omega t\mathrm{d}t=\frac{\omega RI_\mathrm{m}^2}{2\pi}\int_0^{\frac{2\pi}{\omega}}\sin^2\omega t\mathrm{d}t$$

$$=\frac{\omega RI_\mathrm{m}^2}{2\pi}\int_0^{\frac{2\pi}{\omega}}\frac{1-\cos 2\omega t}{2}\mathrm{d}t=\frac{\omega RI_\mathrm{m}^2}{4\pi}\left(t-\frac{1}{2\omega}\sin 2\omega t\right)\Big|_0^{\frac{2\pi}{\omega}}$$

$$=\frac{RI_\mathrm{m}^2}{2}=\frac{I_\mathrm{m}U_\mathrm{m}}{2}\ (U_\mathrm{m}=I_\mathrm{m}R\text{ 为电压的峰值}).$$

该纯电阻电路中正弦交流电的平均功率等于电流、电压的峰值乘积的一半.通常交流电器上标明的功率就是平均功率.

2. 液体压力

在液体深 h 处的压强为 $p=\gamma h$,其中 γ 是液体的重度.如果有一面积为 A 的平板水平地放置在液体深为 h 的地方,那么,平板一侧所受的水压力为 $P=p\cdot A$.如果平板铅直放置在液体中,那么,由于不同深处的压强 p 不相等,平板一侧所受的液体压力就不能直接用上述方法计算,而要用定积分进行计算.

例 4 一等腰梯形的闸门,两底长分别为 10 m 与 6 m,高为 20 m,且上底位于水面,计算闸门一侧所受到的水压力.

解 选择坐标系(见图 6-22),梯形两腰方程为

$$y=\frac{1}{10}x,\ y=10-\frac{1}{10}x.$$

在区间[0,20]上,相应于微元区间$[x,x+\mathrm{d}x]$上等腰梯形面积的微元

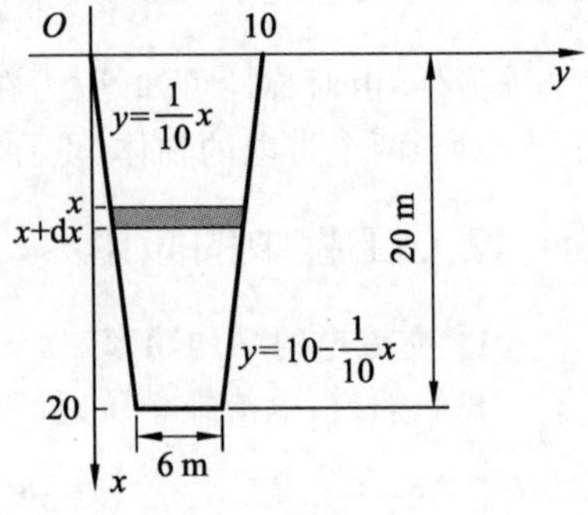

图 6-22

$$\mathrm{d}A=\left(10-\frac{x}{10}-\frac{x}{10}\right)\mathrm{d}x=\left(10-\frac{x}{5}\right)\mathrm{d}x.$$

该微小等腰梯形上压强看作为 $9\,800x$(水的重度为 $9\,800\ \mathrm{N/m^3}$),因此压力微元为

$$\mathrm{d}P=9\,800x\left(10-\frac{x}{5}\right)\mathrm{d}x,$$

于是闸门一侧受到的压力为

$$P=\int_0^{20}9\,800x\left(10-\frac{x}{5}\right)\mathrm{d}x=1.44\times10^7\ \mathrm{N}.$$

3. 液体的黏滞系数

例 5 为测量液体的黏滞系数,可将液体放入一圆锥形漏斗中,让其从底部小孔流出,通过测量液体流完的时间确定黏滞系数. 设圆锥形容器的高为 h,半径为 R,底部小孔的截面积为 s(见图 6-23). 根据水力学定律,当液体的高度为 h 时,其流速 $v=\mu\sqrt{2gh}$,其中 μ 为液体黏滞系数,g 为重力加速度. 若开始时液体高度为 h,试根据液体流完的时间 t_0 确定黏滞系数 μ.

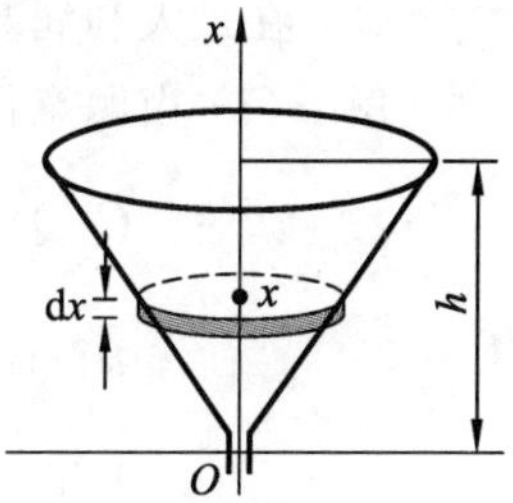

图 6-23

解 选取坐标系如图 6-23 所示.

由于液体流出的时间具有可加性,因此可用微元方法找出微小时间间隔 $\mathrm{d}t$ 和液面高度微小变化 $\mathrm{d}x$ 的关系.

设在时间区间 $[t,t+\mathrm{d}t]$ 内液面由 x 变化到 $x+\mathrm{d}x$ $(\mathrm{d}x<0)$,则体积的微小变化为

$$\mathrm{d}V=-\pi r^2\mathrm{d}x,$$

其中 $r=\frac{R}{h}x$,负号是因为 $\mathrm{d}x<0$,因此

$$\mathrm{d}V=-\pi\frac{R^2}{h^2}x^2\mathrm{d}x.$$

另一方面,减少的体积为从底部管口流出的流量. 依水力学定律,在 $\mathrm{d}t$ 这段时间内液体流出的流量为

$$sv\,\mathrm{d}t=\mu s\sqrt{2gx}\,\mathrm{d}t.$$

因此有

$$-\pi\frac{R^2}{h^2}x^2\mathrm{d}x=\mu s\sqrt{2gx}\,\mathrm{d}t.$$

整理得

$$\mathrm{d}t=-\frac{\pi R^2}{\mu sh^2\sqrt{2g}}x^{\frac{3}{2}}\mathrm{d}x,$$

因此

$$t_0=\int_h^0\left(-\frac{\pi R^2}{\mu sh^2\sqrt{2g}}x^{\frac{3}{2}}\right)\mathrm{d}x=\frac{\pi R^2}{5\mu s}\sqrt{\frac{2h}{g}}.$$

由此解得

$$\mu=\frac{\pi R^2}{5t_0 s}\sqrt{\frac{2h}{g}}.$$

三、经济管理中的应用

例 6 已知某产品的边际成本(元/件)为 $C'(Q)=2$,固定成本为 1 500 元;边际收入(元/件)为 $R'(Q)=20-0.02Q$. 求:

(1) 总成本函数 $C(Q)$、总收入函数 $R(Q)$ 和总利润函数 $L(Q)$.

(2) 产量 Q 为多少时,利润最大? 最大利润是多少?

(3) 在最大利润基础上再生产 40 件,利润会发生怎样的变化?

解 (1) 由题意得,$C(0)=C_0=1\,500$,$R(0)=0$,因此,

$$C(Q)=\int_0^Q C'(x)\mathrm{d}x+C_0=\int_0^Q 2\mathrm{d}x+1\,500=2Q+1\,500;$$

$$R(Q)=\int_0^Q R'(x)\mathrm{d}x=\int_0^Q(20-0.02x)\mathrm{d}x=20Q-0.01Q^2;$$

$$L(Q)=R(Q)-C(Q)=-0.01Q^2+18Q-1\,500.$$

(2) 边际利润为

$$L'(Q)=[R(Q)-C(Q)]'=R'(Q)-C'(Q)=18-0.02Q.$$

令 $L'(Q)=18-0.02Q=0$,得 $Q=900$.

又 $L''(Q)=-0.02<0$,所以 $Q=900$ 为 $L(Q)$ 唯一的极大点,即最大值点.

于是,当产量为 900 件时可获得最大利润,且最大利润

$$L(900)=6\,600\text{ 元}.$$

(3) 当产量从 900 件增加到 940 件时,总利润的改变量为

$$\Delta L=\int_{900}^{940}L'(Q)\mathrm{d}Q=\int_{900}^{940}(18-0.02Q)\mathrm{d}Q=-16.$$

这说明再生产 40 件,总利润反而减少 16 元.

例 7 在工程建设的许多运输问题中,运输材料的距离是不断变化的. 如修建公路,需要把修路的材料从某地均匀地运往公路沿线. 设运输材料总量为 W,公路长 L,为简单起见,设材料堆放点位于修建公路的起点. 现要计算运输工作量 F.

解 如果运输距离不变,则运输的工作量 F 用运输总量乘以运输的距离表示. 现运输总量为 W 的材料要均匀分布在长为 L 的公路沿线,因此,运输的距离在不断变化. 我们用 ρ 表示公路上单位长度所分布的材料,也称为密度,则密度

$$\rho=\frac{W}{L}.$$

在区间 $[0,L]$ 上取微元区间 $[x,x+\mathrm{d}x]$,则长为 $\mathrm{d}x$ 的公路所要运输的量为 $\rho\mathrm{d}x$,运输的路程为 x,因此,运输工作量为

$$\mathrm{d}F=x\rho\mathrm{d}x=\frac{W}{L}x\,\mathrm{d}x,$$

所以,总的运输工作量为

$$F=\int_0^L \mathrm{d}F=\int_0^L x\rho\,\mathrm{d}x=\int_0^L \frac{W}{L}x\,\mathrm{d}x=\frac{W}{2L}L^2=\frac{1}{2}LW.$$

这就是说,运输总量相当于将这些材料全部运送到公路的正中间.

△习题 6-4

1. 已知弹簧在拉伸过程中,弹性力 F 与伸长量 s 成正比,又设 9.8 N 的力能使弹簧伸长 1 cm,求把这根弹簧拉长 10 cm 所做的功.

2. 把一个带 $+q_0$ 电量的点电荷放在 r 轴上坐标原点 a 处,它将产生一个电场.这个电场对周围的电荷有作用力.由电学知道,如果另一个点电荷 $+q$ 放在这个电场中距离原点 O 为 r 的地方,那么电场对它的作用力的大小为 $F=k\dfrac{q_0q}{r^2}$ (k 是常数).如图 6-24 所示,当这个点电荷 $+q$ 在电场中从 $r=a$ 处沿 r 轴移动到 $r=b(a<b)$ 处时,计算电场力 F 对它所做的功.

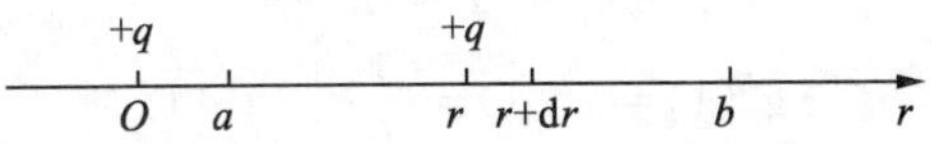

图 6-24

3. 一盛满水的圆锥形水池,深 15 m,口径 20 m,现欲将池中的水吸尽,需做多少功?

4. 有一闸门,它的形状和尺寸如图 6-25 所示,水面超过门顶 2 m.求闸门上所受的水压力.

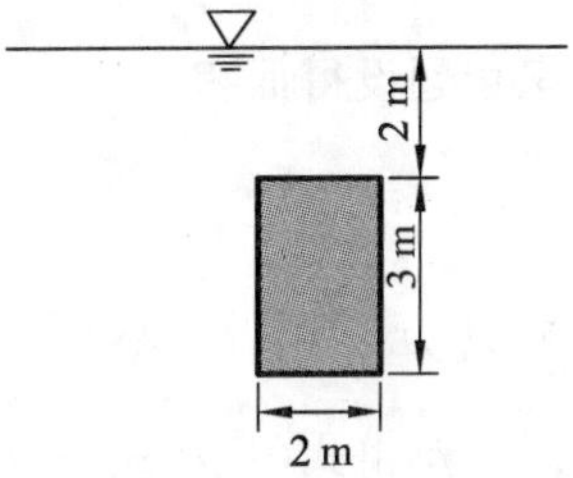

图 6-25

5. 一底为 8 cm、高为 6 cm 的等腰三角形片,铅直地沉没在水中,顶在上,底在下且与水面平行,而顶离水面 3 cm.试求它每面所受的压力.

6. 交流电的电压和电流分别为 $u(t)=U_m\sin\dfrac{2\pi}{T}t$ 和 $i(t)=I_m\sin\left(\dfrac{2\pi}{T}t-\varphi_0\right)$,其中 U_m 为电压的峰值,I_m 为电流的峰值.计算从 0 到 T 时间内的平均功率,并证明当 $\varphi_0=0$ 时 P 最大.

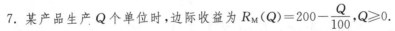

7. 某产品生产 Q 个单位时,边际收益为 $R_M(Q)=200-\dfrac{Q}{100}, Q\geqslant 0$.

(1) 求生产了 50 个单位时的总收益 R_T;

(2) 如果已经生产了 100 个单位,求如果再生产 100 个单位,总收益将是多少?

8. 设某商店售出 x 台录像机时的边际利润(百元/台)为 $L'(x)=12.5-\dfrac{x}{80}$ $(x\geqslant 0)$,且已知 $L(0)=0$.试求:

(1) 售出 40 台时的总利润 L;

(2) 售出60台时，前30台的平均利润和后30台的平均利润.

9. 某工厂生产某产品 Q 百台时的总成本 $C_T(Q)$（单位：万元）的边际成本为 $C_M(Q)=2$（单位：万元/百台，设固定成本为零），总收入（单位：万元）的边际收入为 $R_M(Q)=7-2Q$（单位：万元/百台）. 试求：

(1) 生产量 Q 为多少时总利润为最大？

(2) 在利润最大的生产量基础上又生产了50台，总利润减少了多少？

*第五节 综合例题

例 1 曲线 $f(x)=2\sqrt{x}$ 与 $g(x)=ax^2+bx+c(c>0)$ 相切于点(1,2)，它们与 y 轴所围图形的面积为 $\frac{5}{6}$. 试求 a,b,c 的值.

解 由于 $f(x)=2\sqrt{x}$ 与 $g(x)=ax^2+bx+c(c>0)$ 相切于点(1,2)，所以

$$g(1)=f(1)=2,$$

$$g'(1)=f'(1)=\frac{1}{\sqrt{x}}\Big|_{x=1}=1.$$

而 $g'(x)=2ax+b$，所以

$$\begin{cases}a+b+c=2,\\2a+b=1.\end{cases} \tag{1}$$

又由题设得面积

$$A=\int_0^1(ax^2+bx+c-2\sqrt{x})\mathrm{d}x=\frac{5}{6},$$

所以

$$\frac{a}{3}+\frac{b}{2}+c=\frac{13}{6}. \tag{2}$$

解由式(1)和式(2)组成的方程组得

$$a=2,\ b=-3,\ c=3.$$

例 2 设 $y=x^2$ 定义在[0,1]上，t 为(0,1)内的一点，问当 t 为何值时，图 6-26 中两阴影部分的面积 A_1 与 A_2 之和具有最小值.

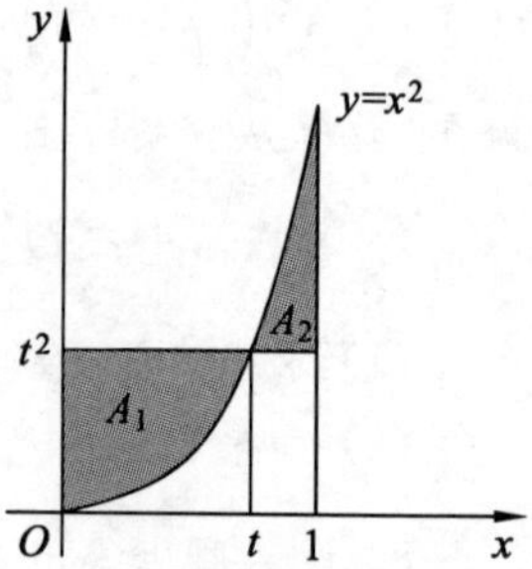

图 6-26

解 记图 6-26 中两阴影部分的面积 A_1 与 A_2 之和为 $A=A_1+A_2$，则

$$\begin{aligned}A=A_1+A_2&=\int_0^t(t^2-x^2)\mathrm{d}x+\int_t^1(x^2-t^2)\mathrm{d}x\\&=\left(t^2x-\frac{1}{3}x^3\right)\Big|_0^t+\left(\frac{1}{3}x^3-t^2x\right)\Big|_t^1\\&=\frac{4}{3}t^3-t^2+\frac{1}{3}\ (0\leqslant t\leqslant 1),\end{aligned}$$

$$A'(t)=4t^2-2t,\ A''(t)=8t-2.$$

令 $A'(t)=0$,得 $t=\frac{1}{2}$. 因为 $A''\left(\frac{1}{2}\right)=2>0$,故在(0,1)内 $A(t)$ 只有一个极值点 $t=\frac{1}{2}$,且是极小值点,从而 $t=\frac{1}{2}$时,A_1 与 A_2 之和最小.

例 3 计算摆线(见图 6-27)

$$\begin{cases}x=a(\theta-\sin\theta),\\ y=a(1-\cos\theta)\end{cases}$$

的一拱($0\leqslant\theta\leqslant2\pi$)与 x 轴围成的图形分别绕 x 轴和 y 轴旋转所成的旋转体的体积.

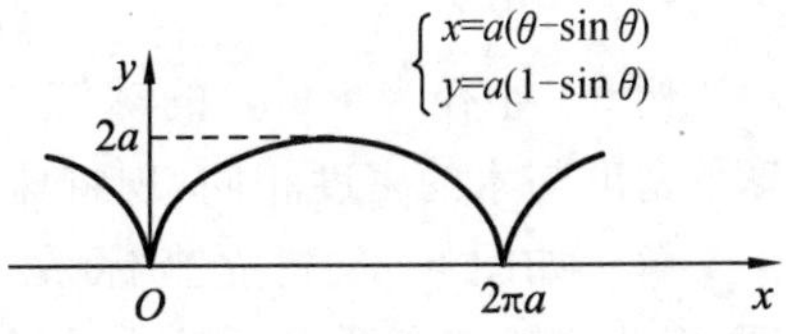

图 6-27

解 利用旋转体的体积公式

$$\begin{aligned}V_x &= \int_0^{2\pi a}\pi y^2(x)\mathrm{d}x = \int_0^{2\pi}\pi a^2(1-\cos\theta)^2 a(1-\cos\theta)\mathrm{d}\theta\\ &= \pi a^3\int_0^{2\pi}(1-\cos\theta)^3\mathrm{d}\theta = 8\pi a^3\int_0^{2\pi}\sin^6\frac{\theta}{2}\mathrm{d}\theta\\ &= 16\pi a^3\int_0^{\pi}\sin^6 u\mathrm{d}u = 32\pi a^3\int_0^{\frac{\pi}{2}}\sin^6 u\mathrm{d}u\\ &= 32\pi a^3 I_6 = 5\pi^2 a^3.\end{aligned}$$

上式用到了 $I_6=\int_0^{\frac{\pi}{2}}\sin^6 u\mathrm{d}u$ 的递推公式(见第五章第四节例 8).

对于形如图 6-27 的平面图形绕 y 轴旋转所成旋转体的体积,利用微元法(参见本章综合练习 A 第 1 题)可以得到体积公式为

$$V_y = 2\pi\int_0^{2\pi a}xy(x)\mathrm{d}x.$$

因此

$$\begin{aligned}V_y &= 2\pi a^3\int_0^{2\pi}(\theta-\sin\theta)(1-\cos\theta)^2\mathrm{d}\theta\\ &= 2\pi a^3\left[\int_0^{2\pi}\theta(1-\cos\theta)^2\mathrm{d}\theta-\int_0^{2\pi}\sin\theta(1-\cos\theta)^2\mathrm{d}\theta\right].\end{aligned}$$

利用分部积分法

$$\int_0^{2\pi}\theta(1-\cos\theta)^2\mathrm{d}\theta=\int_0^{2\pi}\theta\left(1-2\cos\theta+\frac{1+\cos2\theta}{2}\right)\mathrm{d}\theta=3\pi^2.$$

而

$$\int_0^{2\pi}\sin\theta(1-\cos\theta)^2\mathrm{d}\theta=\frac{1}{3}(1-\cos\theta)^3\Big|_0^{2\pi}=0,$$

所以 $V_y=6\pi^3a^3$.

例 4 求曲线 $y=\int_{-\frac{\pi}{2}}^{x}\sqrt{\cos t}\,\mathrm{d}t$ 的弧长.

解 先确定曲线弧段 $y=\int_{-\frac{\pi}{2}}^{x}\sqrt{\cos t}\,\mathrm{d}t$ 中 x 的变化范围.

由表达式 $y=\int_{-\frac{\pi}{2}}^{x}\sqrt{\cos t}\,\mathrm{d}t$ 要有意义，可得 $\cos t\geqslant 0$，所以，曲线弧的 x 的变化范围为 $-\frac{\pi}{2}\leqslant x\leqslant\frac{\pi}{2}$. 利用弧长计算公式得

$$s=\int_{-\frac{\pi}{2}}^{\frac{\pi}{2}}\sqrt{1+y'^2}\,\mathrm{d}x=2\int_0^{\frac{\pi}{2}}\sqrt{1+(\sqrt{\cos x})^2}\,\mathrm{d}x=2\sqrt{2}\int_0^{\frac{\pi}{2}}\cos\frac{x}{2}\,\mathrm{d}x=2.$$

例 5 半径为 R(m)的球沉入水中，球的上部与水面相切，球的密度与水的密度相同，现将球从水中取出需做多少功？

解 如图 6-28 建立坐标系. 由于球的密度与水的密度相同，因此球只有离开水面时才需做功. 设水的密度为 $\rho(\mathrm{kg/m^3})$. 在 $[0,2R]$ 上任取小区间 $[y,y+\mathrm{d}y]$，把相应的厚度为 $\mathrm{d}y$ 的薄层球台从水面移到图示位置，需要做的功近似为

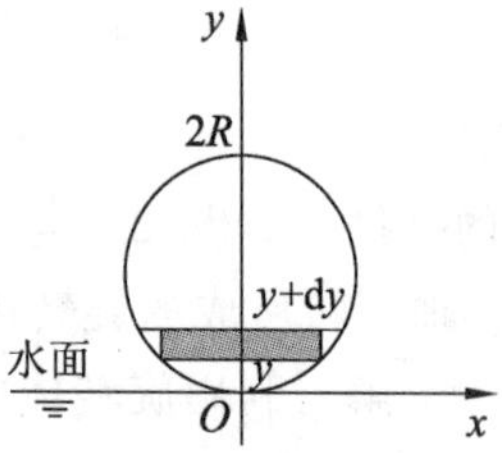

图 6-28

$$\mathrm{d}W=y\cdot\rho g\mathrm{d}V=\rho g\pi y(2Ry-y^2)\mathrm{d}y,$$

其中 g 为重力加速度，这就是功微元. 所以，所求功为

$$W=\int_0^{2R}\rho g\pi(2Ry^2-y^3)\mathrm{d}y=\rho g\pi\left(\frac{2Ry^3}{3}-\frac{y^4}{4}\right)\Big|_0^{2R}=\frac{4}{3}\times 10^3\pi gR^4\ \mathrm{J}.$$

例 6 某建筑工地打地基时，需要汽锤将桩打进土层. 汽锤每次击打都将克服土层对桩的阻力而做功. 设土层对桩的阻力的大小与桩被打进土层的深度成正比(比例系数为 $k>0$)，汽锤第一次击打将桩打进土层 a m. 根据设计方案，要求汽锤每次击打桩时所做的功与前一次击打桩时所做的功之比为常数 $r(0<r<1)$. 问：

(1) 汽锤 3 次击打桩后，可将桩打进地下多深？

(2) 若击打次数不限，汽锤至多可将桩打进地下多深？

解 根据题意，桩位于地下 x 处所受的阻力为 kx.

设 x_n 是第 n 次击打将桩打进地下的深度，w_n 是第 n 次击打所做的功.

(1) $x_1=a,w_1=\int_0^a kx\,\mathrm{d}x=\frac{1}{2}ka^2$.

由于 $w_2=rw_1$，即 $w_2=\int_{x_1}^{x_2}kx\,\mathrm{d}x=r\cdot\frac{1}{2}ka^2$，所以

$$x_2=\sqrt{1+r}\cdot a.$$

由于 $w_3=rw_2=r^2w_1$，即 $w_3=\int_{x_2}^{x_3}kx\,\mathrm{d}x=r^2\cdot\frac{1}{2}ka^2$，所以 $x_3=\sqrt{1+r+r^2}\cdot a$.

(2) 类似计算可得

$$x_n=\sqrt{1+r+r^2+\cdots+r^{n-1}}\cdot a$$

所以

$$\lim_{n\to\infty}x_n=\lim_{n\to\infty}\sqrt{1+r+r^2+\cdots+r^{n-1}}\cdot a=\lim_{n\to\infty}\sqrt{\frac{1-r^n}{1-r}}\cdot a=\frac{a}{\sqrt{1-r}},$$

即击打次数不限时，汽锤至多可将桩打进地下的深度为 $\frac{a}{\sqrt{1-r}}$.

复习题六

一、选择题

1. 图 6-29 中阴影部分的面积的总和可表示为(　　).

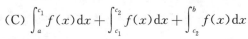

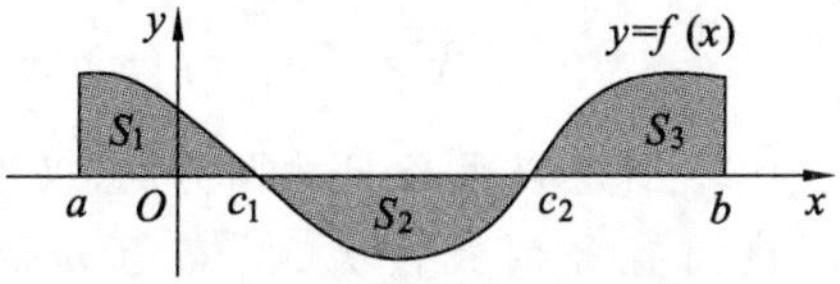

图 6-29

(A) $\int_a^b f(x)\mathrm{d}x$

(B) $\left|\int_a^b f(x)\mathrm{d}x\right|$

(C) $\int_a^{c_1} f(x)\mathrm{d}x+\int_{c_1}^{c_2} f(x)\mathrm{d}x+\int_{c_2}^{b} f(x)\mathrm{d}x$

(D) $\int_a^{c_1} f(x)\mathrm{d}x-\int_{c_1}^{c_2} f(x)\mathrm{d}x+\int_{c_2}^{b} f(x)\mathrm{d}x$

2. 由曲线 $y=\cos x$ 与直线 $x=0,x=\pi$ 及 $y=0$ 所围成图形的面积为(　　).

(A) $\int_0^{\pi}\cos x\mathrm{d}x$　　(B) $\int_0^{\pi}(0-\cos x)\mathrm{d}x$

(C) $\int_0^{\pi}|\cos x|\mathrm{d}x$　　(D) $\int_0^{\frac{\pi}{2}}\cos x\mathrm{d}x+\int_{\frac{\pi}{2}}^{\pi}\cos x\mathrm{d}x$

3. 曲线 $y=\mathrm{e}^x$ 与该曲线过原点的切线及 y 轴所围成图形的面积为(　　).

(A) $\int_0^1(\mathrm{e}^x-\mathrm{e}x)\mathrm{d}x$　　(B) $\int_1^{\mathrm{e}}(\ln y-y\ln y)\mathrm{d}y$

(C) $\int_1^{\mathrm{e}}(\mathrm{e}^x-x\mathrm{e}^x)\mathrm{d}x$　　(D) $\int_0^1(\ln y-y\ln y)\mathrm{d}y$

4. 曲线 $r=2a\cos\theta(a>0)$ 所围成图形的面积为(　　).

(A) $\int_0^{\frac{\pi}{2}}\frac{1}{2}(2a\cos\theta)^2\mathrm{d}\theta$　　(B) $\int_{-\pi}^{\pi}\frac{1}{2}(2a\cos\theta)^2\mathrm{d}\theta$

(C) $\int_0^{2\pi}\frac{1}{2}(2a\cos\theta)^2\mathrm{d}\theta$　　(D) $2\int_0^{\frac{\pi}{2}}\frac{1}{2}(2a\cos\theta)^2\mathrm{d}\theta$

5. 曲线 $y=\ln(1-x^2)$ 在 $0\leqslant x\leqslant\frac{1}{2}$ 上的一段弧长为(　　).

(A) $\int_0^{\frac{1}{2}}\sqrt{1+\left(\frac{1}{1-x^2}\right)^2}\mathrm{d}x$　　(B) $\int_0^{\frac{1}{2}}\frac{1+x^2}{1-x^2}\mathrm{d}x$

(C) $\int_0^{\frac{1}{2}}\sqrt{1+\frac{-2x}{1-x^2}}\mathrm{d}x$　　(D) $\int_0^{\frac{1}{2}}\sqrt{1+[\ln(1-x^2)]^2}\mathrm{d}x$

6. 矩形闸门宽 a m，高 h m，将其垂直放入水中，上沿与水面平齐，则闸门所受压力 F 为(　　).

(A) $g\int_0^h ax\mathrm{d}x$　　(B) $g\int_0^a ax\mathrm{d}x$

(C) $g\int_0^h\frac{1}{2}ax\mathrm{d}x$　　(D) $g\int_0^h 2ax\mathrm{d}x$

二、综合练习 A

1. 证明：由平面图形 $0\leqslant a\leqslant x\leqslant b,0\leqslant y\leqslant f(x)$ 绕 y 轴旋转所形成的旋转体体积为

$$V=2\pi\int_a^b xf(x)\mathrm{d}x.$$

2. 计算以半径 R 的圆为底，以平行于底且长度等于该圆直径的线段为顶、高为 h 的正劈锥体（见图 6-30）的体积.

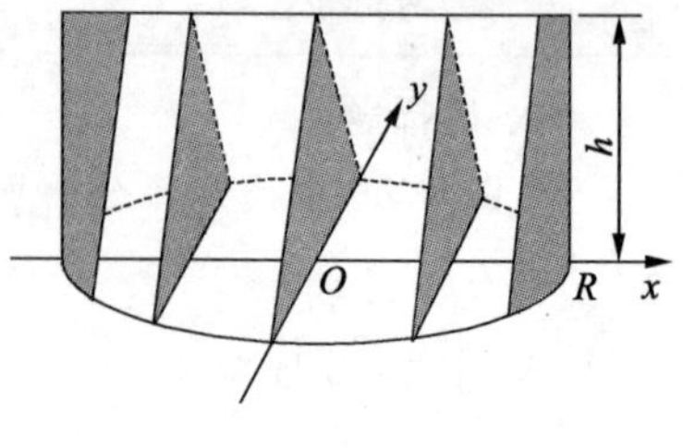

图 6-30

三、综合练习 B

1. 在曲线 $y=x^2(x\geqslant 0)$ 上某一点 A 处作切线，使它与曲线及 x 轴所围图形的面积为 $\frac{1}{12}$. 试求：

(1) 切点 A 的坐标；

(2) 上述所围图形绕 x 轴旋转一周所成旋转体的体积.

2. 设直线 $y=ax$ 与抛物线 $y=x^2$ 所围图形的面积为 S_1，它们与直线 $x=1$ 所围图形的面积为 S_2，并且 $a<1$.

(1) 试确定 a 的值，使得 S_1 与 S_2 之和最小；

(2) 求出该最小值所对应的平面图形绕 x 轴旋转一周所成旋转体的体积.

3. 求曲线 $y=\int_0^x\sqrt{\sin x}\,\mathrm{d}x$ 的弧长.

4. 计算圆 $x^2+(y-b)^2=R^2(b>R>0)$ 绕 Ox 轴旋转所生成的圆环体的体积.

5. 设有一长为 l，质量为 M 的均匀细杆，另有一质量为 m 的质点与杆在一条直线上，它到杆的近端距离为 a. 试计算细杆对质点的引力.

第七章 常微分方程

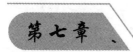

在自然科学和工程技术应用过程中，建立变量之间的函数关系是十分重要的，但在许多实际问题中，往往不能直接求出所需要的函数关系，而比较容易根据问题的某种性质或所遵循的科学规律，建立起这些变量与它们的导数之间的联系，这种联系就是微分方程. 通过求解这种方程，就可以找到变量之间的函数关系.

本章主要介绍微分方程的一些基本概念和几种较简单的微分方程的解法，并通过对一些实际问题的求解，使读者了解微分方程在应用中所起的重要作用.

第一节 微分方程的基本概念

我们先通过具体实例来说明微分方程的基本概念.

例 1 一曲线通过点(0, 1)，且在该曲线上任意点 $M(x,y)$ 处的切线斜率为 $2x$，求此曲线的方程.

解 设所求曲线方程为 $y=y(x)$，则根据导数的几何意义有

$$\frac{\mathrm{d}y}{\mathrm{d}x}=2x. \tag{1}$$

此外，$y(x)$ 还应满足下列条件

$$x=0 \text{ 时}, \ y=1. \tag{2}$$

由式(1)得

$$y=x^2+C. \tag{3}$$

把条件(2)代入式(3)，得

$$1=0+C, \ C=1.$$

把 $C=1$ 代入式(3)，即得所求的曲线方程为

$$y=x^2+1. \tag{4}$$

从几何上看，式(3)表示一族曲线，式(4)表示其中过(0, 1)的一条曲线.

例 2 一个质量为 m 的质点，以初速 v_0 竖直上抛，求质点的运动规律.

解 建立如图 7-1 所示坐标系. 设运动开始时($t=0$)，质点位于 x_0，在时刻 t，质点位于 x. 要求出变量 x 与 t 之间的函数关系 $x=x(t)$.

根据牛顿第二定律，未知函数 $x(t)$ 应满足关系式

$$m\frac{\mathrm{d}^2x}{\mathrm{d}t^2}=-mg, \ \text{即} \ \frac{\mathrm{d}^2x}{\mathrm{d}t^2}=-g. \tag{5}$$

此外，$x(t)$还应满足下列条件：

$$x\Big|_{t=0}=x_0,\ \frac{\mathrm{d}x}{\mathrm{d}t}\Big|_{t=0}=v_0. \tag{6}$$

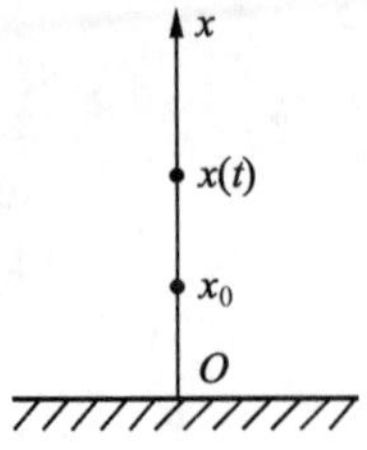

图 7-1

式(5)两端对 t 积分得

$$\frac{\mathrm{d}x}{\mathrm{d}t}=-gt+C_1, \tag{7}$$

再积分一次，得

$$x=-\frac{1}{2}gt^2+C_1t+C_2. \tag{8}$$

把条件(6)代入式(7)和式(8)，得 $C_1=v_0$，$C_2=x_0$，于是有

$$x(t)=-\frac{1}{2}gt^2+v_0t+x_0. \tag{9}$$

这两个例子中，关系式(1)和式(5)都含有未知函数的导数，它们都称为微分方程. 一般地，把含有未知函数及未知函数的导数或微分的方程，称为**微分方程**，微分方程中使所出现的未知函数的最高阶导数的阶数，称为**微分方程的阶**. 例如，方程(1)是一阶微分方程；方程(5)是二阶微分方程. 注意，在微分方程中自变量及未知函数可以不出现，但未知函数的导数或微分必须出现. 未知函数为一元函数的微分方程称为常微分方程，如方程(1)和方程(5)分别是一阶和二阶常微分方程. 未知函数为多元函数的微分方程称为偏微分方程. 本章只讨论常微分方程.

一阶常微分方程的一般形式为

$$y'=f(x,y) \text{ 或 } F(x,y,y')=0.$$

二阶常微分方程的一般形式为

$$y''=f(x,y,y') \text{ 或 } F(x,y,y',y'')=0.$$

n 阶常微分方程的一般形式为

$$y^{(n)}=f(x,y,y',\cdots,y^{(n-1)}) \text{ 或 } F(x,y,y',\cdots,y^{(n)})=0.$$

在研究某些实际问题时，首先要建立微分方程，然后求出满足微分方程的函数，即所求的函数代入微分方程中使方程两边为恒等式，这样的函数称为该**微分方程的解**. 例如，函数(3)和函数(4)都是微分方程(1)的解；函数(8)和函数(9)都是微分方程(5)的解.

从上述例子可见，微分方程的解可能含有也可能不含有任意常数. 一般地，微分方程的不含有任意常数的解称为微分方程的**特解**，含有相互独立的任意常数，且任意常数的个数与微分方程的阶数相等的解称为微分方程的**通解**(**一般解**). 这里所说的相互独立的任意常数，是指它们不能通过合并而使得通解中的任意常数的个数减少. 如，函数(3)是方程(1)的通解. 函数(8)是方程(5)的通解.

由于通解中含有任意常数，所以它还不能够完全确定地反映某一客观事物的规律性. 要完全确定地反映事物的规律性，必须确定这些常数的值. 为此要根据问题的实际情况，提出确定这些常数的条件. 例如，例 1 中的条件(2)、例 2 中的条件(6)便是这样的条件.

设微分方程中未知函数为 $y=y(x)$，如果微分方程是一阶的，那么，通常用来确定任意常数的条件是：当 $x=x_0$ 时，$y=y_0$，或写成

$$y\Big|_{x=x_0}=y_0,$$

其中，x_0，y_0 都是给定的值；如果微分方程是二阶的，那么通常用来确定任意常数的条件是：当 $x=x_0$ 时，$y=y_0$，$y'=y'_0$，或写成

$$y\Big|_{x=x_0}=y_0,\ y'\Big|_{x=x_0}=y'_0,$$

其中，x_0，y_0，y'_0 都是给定的值.上述这种条件称为**初始条件**.

确定了通解中的任意常数以后，就得到特解.例如，式(4)是微分方程(1)满足初始条件(2)的特解，式(9)是微分方程(5)满足初始条件(6)的特解.

求一阶微分方程 $F(x,y,y')=0$ 满足初始条件 $y\Big|_{x=x_0}=y_0$ 的特解这样一个问题，称为一阶微分方程的初值问题，记作

$$\begin{cases}F(x,y,y')=0,\\ y\Big|_{x=x_0}=y_0.\end{cases}\tag{10}$$

微分方程的特解的图形是一条曲线，称为微分方程的**积分曲线**.初值问题(10)的几何意义，就是求微分方程的通过点(x_0,y_0)的积分曲线.

例 3　验证函数 $x=C_1\sin 5t+C_2\cos 5t$ 是微分方程$\frac{\mathrm{d}^2x}{\mathrm{d}t^2}+25x=0$ 的通解（C_1，C_2 为任意常数）.

解　求出所给函数的一阶及二阶导数：

$$\frac{\mathrm{d}x}{\mathrm{d}t}=5(C_1\cos 5t-C_2\sin 5t),$$

$$\frac{\mathrm{d}^2x}{\mathrm{d}t^2}=-25(C_1\sin 5t+C_2\cos 5t).$$

代入微分方程得

$$-25(C_1\sin 5t+C_2\cos 5t)+25(C_1\sin 5t+C_2\cos 5t)=0.$$

因此函数 $x=C_1\sin 5t+C_2\cos 5t$ 是所给微分方程的解.又因为函数中含有两个相互独立的任意常数，而微分方程为二阶微分方程，所以该函数是所给微分方程的通解.

习题 7-1

1. 指出下列各题中的函数是否为所给微分方程的解：

(1) $xy'=x^2+y^2+y$，$y=x\tan\left(x+\frac{\pi}{6}\right)$；

(2) $y''+2y'-3y=0$，$y=x^2+x$；

(3) $y''-5y'+6y=0$，$y=C_1\mathrm{e}^{2x}+C_2\mathrm{e}^{3x}$；

(4) $y'' + y\sin x = x, y = \mathrm{e}^{\cos x}\int_0^x t\mathrm{e}^{-\cos t}\mathrm{d}t$.

2. 验证函数 $y=(C_1+C_2x)\mathrm{e}^{-x}$($C_1, C_2$ 是常数)是微分方程 $y''+2y'+y=0$ 的通解，并求出满足初始条件 $y\big|_{x=0}=4, y'\big|_{x=0}=-2$ 的特解.

3. 求下列微分方程或其初值问题的解：

(1) $\dfrac{\mathrm{d}s}{\mathrm{d}t}=t\mathrm{e}^t$；

(2) $\begin{cases} y''=2\sin\omega x, \\ y(0)=0, y'(0)=\dfrac{1}{\omega}. \end{cases}$

4. 写出由下列条件确定的曲线所满足的微分方程：

(1) 曲线在点(x,y)处的切线斜率等于该点的横坐标的平方；

(2) 曲线上点 $P(x,y)$处的法线与 x 轴的交点为 Q，而线段 PQ 被 y 轴平分.

第二节　可分离变量的微分方程

一阶微分方程的一般形式为

$$F(x,y,y')=0.$$

如果由上式可以解出 y'，则方程可以改写成导数形式

$$y'=f(x,y) \text{ 或 } \frac{\mathrm{d}y}{\mathrm{d}x}=f(x,y),$$

也可以写成对称形式

$$P(x,y)\mathrm{d}x+Q(x,y)\mathrm{d}y=0.$$

一阶微分方程是最简单的微分方程，即便如此，由于 F, f, P 和 Q 的多样性，也不能用一个通用的公式表达所有情况下的解，甚至不能保证方程一定有解. 因此，本节及下节将讨论几种可求解的特殊形式的一阶微分方程的求解问题.

一、可分离变量的微分方程

如果一阶微分方程能化为

$$\frac{\mathrm{d}y}{\mathrm{d}x}=f(x)g(y) \tag{1}$$

的形式，那么原方程称为可分离变量的微分方程或变量可分离的微分方程.

要解这类方程，先把原方程化为形式

$$\frac{\mathrm{d}y}{g(y)}=f(x)\mathrm{d}x,$$

该过程称为分离变量. 再对上式两端积分：

$$\int \frac{1}{g(y)}\mathrm{d}y = \int f(x)\mathrm{d}x + C^{①},$$

便可得到所求的通解.

如果要求其特解,可将定解条件代入通解中定出任意常数 C,即可得到相应的特解.

例 1　求解微分方程

$$\frac{\mathrm{d}y}{\mathrm{d}x}=2xy.$$

解　原微分方程分离变量后,得

$$\frac{1}{y}\mathrm{d}y=2x\mathrm{d}x.$$

两端积分,得

$$\ln|y|=x^2+C_1,$$

或

$$y=\pm \mathrm{e}^{C_1}\cdot \mathrm{e}^{x^2}.$$

因为 $\pm \mathrm{e}^{C_1}$ 可以表示任意非零常数,同时注意到 $y\equiv 0$ 也是原方程的解,因此令 C 为任意常数,便得原方程的通解为

$$y=C\mathrm{e}^{x^2}.$$

为了运算和叙述方便起见,可把上述 $\ln|y|$ 写成 $\ln y$,而把中间积分常数 C_1 写成 $\ln C$,则以上解答过程可简写为

$$\ln y=x^2+\ln C,$$

即

$$y=C\mathrm{e}^{x^2}.$$

只要表明最后得到的通解中的 C 为任意常数即可.

例 2　求微分方程 $(1+y^2)\mathrm{d}x-xy(1+x^2)\mathrm{d}y=0$ 满足初始条件 $y(1)=2$ 的特解.

解　原微分方程分离变量,得

$$\frac{y}{1+y^2}\mathrm{d}y=\frac{1}{x(1+x^2)}\mathrm{d}x,$$

或

$$\frac{y}{1+y^2}\mathrm{d}y=\left(\frac{1}{x}-\frac{x}{1+x^2}\right)\mathrm{d}x.$$

两端积分,得

$$\frac{1}{2}\ln(1+y^2)=\ln x-\frac{1}{2}\ln(1+x^2)+\frac{1}{2}\ln C,$$

即

$$\ln[(1+x^2)(1+y^2)]=\ln(Cx^2).$$

因此,通解为

$$(1+x^2)(1+y^2)=Cx^2,$$

这里 C 为任意常数.

① 这里的不定积分理解为被积函数的一个确定的原函数,对以后出现的类似情况,也同样理解.

把初始条件 $y(1)=2$ 代入通解，可得 $C=10$. 于是，所求特解为

$$(1+x^2)(1+y^2)=10x^2.$$

例 3 实验得出，在给定时刻 t，镭的衰变速率（质量减少的即时速度）与镭的现存量 $M=M(t)$ 成正比. 又当 $t=0$ 时，$M=M_0$. 求镭的存量与时间 t 的函数关系.

解 由题意得

$$\frac{\mathrm{d}M(t)}{\mathrm{d}t}=-kM(t)\ (k>0), \tag{2}$$

并满足初始条件 $M\Big|_{t=0}=M_0$.

方程(2)分离变量后得

$$\frac{\mathrm{d}M}{M}=-k\mathrm{d}t.$$

两端积分，得

$$\ln M=-kt+\ln C,$$

即

$$M=C\mathrm{e}^{-kt}.$$

将初始条件 $M\Big|_{t=0}=M_0$ 代入上式，得 $C=M_0$，故镭的衰变规律可表示为

$$M=M_0\mathrm{e}^{-kt}.$$

一般地，利用微分方程解决实际问题的步骤如下：

(1) 利用问题的性质建立微分方程，并写出初始条件；

(2) 求出方程的通解或特解.

二、齐次方程

可化为形如

$$\frac{\mathrm{d}y}{\mathrm{d}x}=f\left(\frac{y}{x}\right) \tag{3}$$

的微分方程，称为一阶齐次微分方程，简称为齐次方程. 例如方程

$$(xy-y^2)\mathrm{d}x-(x^2-2xy)\mathrm{d}y=0$$

可化为

$$\frac{\mathrm{d}y}{\mathrm{d}x}=\frac{xy-y^2}{x^2-2xy}=\frac{\frac{y}{x}-\left(\frac{y}{x}\right)^2}{1-2\left(\frac{y}{x}\right)}.$$

因此，它是一阶齐次微分方程.

齐次方程是一类可化为可分离变量的方程. 事实上，如果作变量替换

$$u=\frac{y}{x}, \tag{4}$$

则

$$y=ux,\ \frac{dy}{dx}=u+x\frac{du}{dx}.$$

将其代入方程(3)，便得

$$u+x\frac{du}{dx}=f(u).$$

这是变量可分离的方程. 分离变量并两端积分，得

$$\int\frac{1}{f(u)-u}du=\int\frac{1}{x}dx. \tag{5}$$

求出积分后，将 u 还原成 $\frac{y}{x}$，便得所给齐次方程的通解.

例 4　解微分方程

$$y'-\frac{y}{x}=2\tan\frac{y}{x}.$$

解　原方程可写成

$$y'=2\tan\frac{y}{x}+\frac{y}{x},$$

这是齐次方程. 令 $u=\frac{y}{x}$，则 $f(u)=2\tan u+u$，代入式(5)得

$$\int\frac{du}{2\tan u}=\int\frac{dx}{x}.$$

两端积分，得

$$\ln(\sin u)=2\ln x+\ln C=\ln Cx^2,$$

即

$$\sin u=Cx^2.$$

将 $u=\frac{y}{x}$ 代入上式，便得原方程的通解为

$$\sin\frac{y}{x}=Cx^2.$$

在微分方程中，一般习惯上把 x 看作自变量，但若这样不易解，也可将 y 看作自变量，求解时可能比较简便，如下例.

例 5　求微分方程

$$(y^2-3x^2)dy-2xydx=0$$

满足初始条件 $y\Big|_{x=0}=1$ 的特解.

解　原方程可化为

$$\frac{dx}{dy}=\frac{y^2-3x^2}{2xy}=\frac{1-3\left(\frac{x}{y}\right)^2}{2\cdot\frac{x}{y}}.$$

令 $u=\frac{x}{y}$，即 $x=uy$，则 $\frac{dx}{dy}=u+y\frac{du}{dy}$，代入上式，得

$$y\frac{du}{dy}=\frac{1-5u^2}{2u}.$$

分离变量并两端积分，得

$$\int\frac{2u}{1-5u^2}du=\int\frac{1}{y}dy,$$

即
$$-\frac{1}{5}\ln(1-5u^2)=\ln y-\frac{1}{5}\ln C,$$

从而得

$$y^5=\frac{C}{1-5u^2}.$$

将 $u=\frac{x}{y}$ 代入，得到原方程的通解为

$$y^5-5x^2y^3=C.$$

再将初始条件 $y\Big|_{x=0}=1$ 代入通解中，得到 $C=1$. 于是，所求特解为

$$y^5-5x^2y^3=1.$$

习题 7-2

1. 求下列微分方程的通解：

(1) $\frac{dy}{dx}=2xy$；　(2) $y^2dx+(x+1)dy=0$；

(3) $ydx+(x^2-4x)dy=0$；　(4) $\frac{dy}{dx}=10^{x+y}$；

(5) $(y+1)^2\frac{dy}{dx}+x^3=0$.

2. 解下列微分方程：

(1) $xy'=y+xe^{\frac{y}{x}}\ (x>0)$；　(2) $xy'=\sqrt{x^2-y^2}+y\ (x>0)$；

(3) $\frac{dy}{dx}=\frac{y}{x}+\tan\frac{y}{x}$；　(4) $y^2dx=x(xdy-ydx)$；

(5) $x(\ln x-\ln y)dy-ydx=0$.

3. 求满足下列初始条件的微分方程的特解：

(1) $y^2dx+(x+1)dy=0$，$y|_{x=0}=1$；　(2) $e^xdx-ydy=0$，$y(0)=1$.

4. 函数 $y=y(x)$ 在点 x 处的增量满足 $\Delta y=\frac{y\Delta x}{1+x^2}+o(\Delta x)(\Delta x\to 0)$，且 $y(0)=\pi$，求 $y(1)$.

5. 细菌的增长率与总数呈正比，如果培养的细菌总数在 24 h 内由 100 个单位增长

到 400 个单位，那么，前 12 h 后细菌总数是多少？

6. 一曲线通过点(2,3)，它在两坐标轴之间的任意切线段均被切点所平分，求该曲线的方程.

第三节　一阶线性微分方程

可化为形如

$$\frac{\mathrm{d}y}{\mathrm{d}x}+P(x)y=Q(x) \tag{1}$$

的微分方程，称为一阶线性微分方程，其中 $P(x)$，$Q(x)$均为 x 的已知函数.

当 $Q(x)\equiv 0$ 时，方程(1)

$$\frac{\mathrm{d}y}{\mathrm{d}x}+P(x)y=0 \tag{2}$$

称为对应于方程(1)的线性齐次微分方程.

显然，方程(2)是可分离变量的，分离变量后，得

$$\frac{\mathrm{d}y}{y}=-P(x)\mathrm{d}x.$$

两端积分，得

$$\ln y=-\int P(x)\mathrm{d}x+\ln C,$$

于是，方程(2)的通解为

$$y=C\mathrm{e}^{-\int P(x)\mathrm{d}x}. \tag{3}$$

下面求方程(1)的通解. 由于方程(1)包含了方程(2)的情况，那么方程(1)的通解也应包含方程(2)的通解，两者的解之间必有某种内在联系. 下面分析方程(1)的解的形式.

把方程(1)改写为

$$\frac{\mathrm{d}y}{y}=\left(-P(x)+\frac{Q(x)}{y}\right)\mathrm{d}x.$$

两端积分，得

$$\ln y=-\int P(x)\mathrm{d}x+\int\frac{Q(x)}{y}\mathrm{d}x+\ln C_1.$$

即
$$y=C_1\mathrm{e}^{\int\frac{Q(x)}{y}\mathrm{d}x}\cdot\mathrm{e}^{-\int P(x)\mathrm{d}x}.$$

因为积分$\int\frac{Q(x)}{y}\mathrm{d}x$中的被积函数含有未知函数 y，因此还未得到方程(1)的解. 但由于 y 是 x 的函数，则积分$\int\frac{Q(x)}{y}\mathrm{d}x$的结果应是 x 的函数. 故可设

$$C_1\mathrm{e}^{\int\frac{Q(x)}{y}\mathrm{d}x}=C(x),$$

从而方程(1)的解应具有如下形式

$$y = C(x)e^{-\int P(x)dx}. \tag{4}$$

将上述 y 及其导数

$$y' = C'(x)e^{-\int P(x)dx} - C(x)P(x)e^{-\int P(x)dx}$$

代入方程(1),得

$$C'(x)e^{-\int P(x)dx} - C(x)P(x)e^{-\int P(x)dx} + P(x)C(x)e^{-\int P(x)dx} = Q(x).$$

因此

$$C'(x)e^{-\int P(x)dx} = Q(x) \text{ 或 } C'(x) = Q(x)e^{\int P(x)dx}.$$

两端积分,得

$$C(x) = \int Q(x)e^{\int P(x)dx}dx + C.$$

把上式代入式(4),便得方程(1)的通解为

$$y = e^{-\int P(x)dx}\left(\int Q(x)e^{\int P(x)dx}dx + C\right). \tag{5}$$

这种将线性齐次方程(2)的通解(3)中的任意常数换成待定函数 $C(x)$,然后求得线性非齐次方程(1)通解的方法,称为常数变易法.

将式(5)写成两项之和

$$y = Ce^{-\int P(x)dx} + e^{-\int P(x)dx}\int Q(x)e^{\int P(x)dx}dx.$$

上式右端第一项是对应的线性齐次方程(2)的通解,第二项是线性非齐次方程(1)的一个特解(即在通解(5)中令 $C=0$,便得此特解).因此,一阶线性非齐次方程的通解等于对应的线性齐次方程的通解与线性非齐次方程的一个特解之和.

例1 求解微分方程

$$y' - y\cot x = 2x\sin x.$$

解法一 用常数变易法.对应的齐次方程为

$$y' - y\cot x = 0.$$

分离变量,得

$$\frac{1}{y}dy = \cot x dx.$$

两端积分,得

$$y = Ce^{\int \cot x dx} = Ce^{\ln(\sin x)} = C \cdot \sin x.$$

用常数变易法,把 C 换成新的未知函数 $C(x)$,即令

$$y = C(x)\sin x,$$

则

$$y' = C'(x)\sin x + C(x)\cos x.$$

代入原非齐次方程,得

$$C'(x)=2x.$$

两端积分，得

$$C(x)=x^2+C.$$

故所求通解为

$$y=(x^2+C)\sin x.$$

解法二　直接用公式(5)，其中

$$P(x)=-\cot x,\ Q(x)=2x\sin x,\ \int P(x)\mathrm{d}x=-\ln(\sin x).$$

因此，

$$\mathrm{e}^{\int P(x)\mathrm{d}x}=\frac{1}{\sin x},\ \mathrm{e}^{-\int P(x)\mathrm{d}x}=\sin x,$$

代入公式(5)得原方程的通解为

$$y=\sin x\left(C+\int 2x\mathrm{d}x\right)=(x^2+C)\sin x.$$

例 2　求微分方程 $(y^2-6x)y'+2y=0$ 满足初始条件 $y\Big|_{x=2}=1$ 的特解.

解　这个方程不是未知函数 y 与 y' 的线性方程，但是可以将它变形为

$$\frac{\mathrm{d}x}{\mathrm{d}y}=\frac{6x-y^2}{2y},$$

即

$$\frac{\mathrm{d}x}{\mathrm{d}y}-\frac{3}{y}x=-\frac{y}{2}. \tag{6}$$

若将 x 视为 y 的函数，则对于 $x(y)$ 及其导数 $\frac{\mathrm{d}x}{\mathrm{d}y}$ 而言，方程(6)是一个线性方程. 由通解公式(5)得

$$x=\mathrm{e}^{\int\frac{3}{y}\mathrm{d}y}\left(\int\left(-\frac{y}{2}\right)\mathrm{e}^{-\int\frac{3}{y}\mathrm{d}y}\mathrm{d}y+C\right)=y^3\left(\frac{1}{2y}+C\right).$$

以初始条件 $x=2$ 时，$y=1$ 代入，得 $C=\frac{3}{2}$. 因此，所求特解为

$$x=\frac{3}{2}y^3+\frac{y^2}{2}.$$

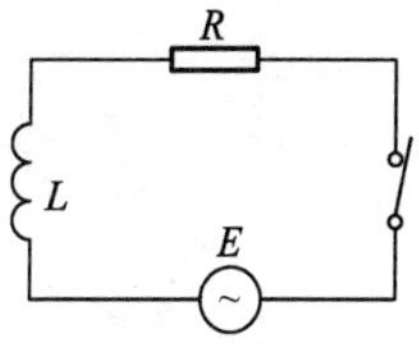

图 7-2

例 3　有一电路如图 7-2 所示，其中电源电动势为 $E=E_{\mathrm{m}}\sin\omega t$ (E_m，ω 都是常量)，电阻 R 和电感 L 都是常量，求 $i(t)$.

解　由回路电压定律：在闭合回路中，所有支路上的电压降为 0. 因为经过电阻 R 的电压降为 Ri，经过 L 的电压降为 $L\frac{\mathrm{d}i}{\mathrm{d}t}$，因此有

$$E-L\frac{\mathrm{d}i}{\mathrm{d}t}-Ri=0,$$

即

$$\frac{\mathrm{d}i}{\mathrm{d}t}+\frac{R}{L}i=\frac{E_{\mathrm{m}}\sin\omega t}{L},$$

初始条件为 $i\Big|_{t=0}=0$.

这是一阶线性方程,由解的公式可得

$$i(t)=e^{-\int\frac{R}{L}dt}\left(\int\frac{E_m}{L}\sin\omega t\cdot e^{\int\frac{R}{L}dt}dt+C\right)=e^{-\frac{R}{L}t}\left(\int\frac{E_m}{L}e^{\frac{R}{L}t}\sin\omega t\,dt+C\right).$$

应用分部积分法,得

$$\int e^{\frac{R}{L}t}\sin\omega t\,dt=\frac{e^{\frac{R}{L}t}}{R^2+\omega^2L^2}(RL\sin\omega t-\omega L^2\cos\omega t).$$

代入上式并化简,得

$$i(t)=\frac{E_m}{R^2+\omega^2L^2}(R\sin\omega t-\omega L\cos\omega t)+Ce^{-\frac{R}{L}t}.$$

将初始条件代入上式可得 $C=\frac{\omega LE_m}{R^2+\omega^2L^2}$. 因此,电流强度

$$i(t)=\frac{E_m}{R^2+\omega^2L^2}(R\sin\omega t-\omega L\cos\omega t)+\frac{\omega LE_m}{R^2+\omega^2L^2}e^{-\frac{R}{L}t}.$$

有时,一些方程可通过变量代换化为一阶线性微分方程,如下面的伯努利方程

$$\frac{dy}{dx}+P(x)y=Q(x)y^n\ (n\neq0,1) \tag{7}$$

就可化为线性方程. 事实上,在方程(7)两端同除以 y^n,得

$$y^{-n}\frac{dy}{dx}+P(x)y^{1-n}=Q(x).$$

再令 $z=y^{1-n}$,则

$$\frac{dz}{dx}=(1-n)y^{-n}\frac{dy}{dx}.$$

上式可化为

$$\frac{1}{1-n}\frac{dz}{dx}+P(x)z=Q(x),$$

即
$$\frac{dz}{dx}+(1-n)P(x)z=(1-n)Q(x).$$

这是函数 z 关于 x 的一阶线性方程,从而可用常数变易法或公式法得出 z,再用 y^{1-n} 代换 z,即得伯努利方程(7)的解.

例 4 求方程 $\frac{dy}{dx}-\frac{4}{x}y=x^2\sqrt{y}$ 的通解.

解 此方程是伯努利方程 $\left(n=\frac{1}{2}\right)$. 两端除以 $\sqrt{y}$,得

$$\frac{1}{\sqrt{y}}\frac{dy}{dx}-\frac{4}{x}\sqrt{y}=x^2.$$

令 $z=\sqrt{y}$,则有

$$2\frac{dz}{dx}-\frac{4}{x}z=x^2.$$

这是一阶线性方程,其通解为

$$z=x^2\left(\frac{x}{2}+C\right).$$

所以,原方程的通解为

$$y=x^4\left(\frac{x}{2}+C\right)^2.$$

习题 7-3

1. 求下列一阶线性微分方程的通解:

(1) $y'-y=\sin x$;　　(2) $y'+3y=e^{2x}$;

(3) $y'+\frac{1-2x}{x^2}y-1=0$;　　(4) $xyk'+y=x^3$;

(5) $y'=\frac{y}{x+y^3}$;　　(6) $y'=\frac{ay}{x}+\frac{x+1}{x}$ (a 为常数).

2. 求下列微分方程满足初始条件的特解:

(1) $y'-y\tan x=\sec x, y|_{x=0}=0$;

(2) $\frac{dT}{dt}+kt=100k$, 其中 k 为常数, $T(0)=101$.

3. 求下列微分方程的通解:

(1) $(y\ln x-2)y\,dx=x\,dy$;　　(2) $2xy\,dy=(2y^2-x)dx$.

△4. 求下列微分方程的通解:

(1) $\frac{dy}{dx}=\frac{y}{2x}+\frac{x^2}{2y}$;　　(2) $\frac{dy}{dx}+xy+x^3y^3=0$;

(3) $y^{\frac{4}{3}}y'+\frac{2}{x}y^{-\frac{1}{3}}=3x^2$;　　(4) $xy'+2y=3x^3y^{\frac{4}{3}}$.

5. 牛顿冷却定律(也适用于加热情况)指出,物体的温度随时间的变化率与物体跟周围环境的温差成正比. 现有温度未知的物体放置在温度恒定为 30 ℉的房间中. 若 10 min 后,物体的温度为 0 ℉;20 min 后,温度为 15 ℉. 求未知的初始温度 T_0.

第四节　可降阶的高阶微分方程

前面我们介绍了一些特殊的一阶微分方程的求解方法,有些二阶或高阶微分方程可以降为一阶微分方程求解. 下面介绍三种可降阶的微分方程的求解方法.

一、$y^{(n)}=f(x)$型的微分方程

这类方程的特点是不含未知函数 y,且除最高阶导数 $y^{(n)}$ 外不含其余各阶导数 y',

$y'', \cdots, y^{(n-1)}$. 这类方程的求解只要在方程

$$y^{(n)}=f(x)$$

两边连续积分 n 次：

$$y^{(n-1)}=\int f(x)\mathrm{d}x=\varphi_1(x,C_1),$$

$$y^{(n-2)}=\int \varphi_1(x,C_1)\mathrm{d}x=\varphi_2(x,C_1,C_2),$$

…………

$$y=\int \varphi_{n-1}(x,C_1,C_2,\cdots,C_{n-1})\mathrm{d}x=\varphi_n(x,C_1,C_2,\cdots,C_n),$$

从而 $y=\varphi_n(x,C_1,C_2,\cdots,C_n)$就是方程 $y^{(n)}=f(x)$的通解.

例 1 求解方程 $y''=x+\sin x$.

解 将方程积分一次，得

$$y'=\frac{1}{2}x^2-\cos x+C_1,$$

再积分一次得通解

$$y=\frac{1}{6}x^3-\sin x+C_1x+C_2.$$

二、$y''=f(x,y')$型的微分方程

这类二阶微分方程的特点是不显含未知函数 y，只要作变换 $y'=p(x)$，则 $y''=\frac{\mathrm{d}p}{\mathrm{d}x}$，原方程就可以降阶成关于变量 x,p 的一阶微分方程

$$\frac{\mathrm{d}p}{\mathrm{d}x}=f(x,p).$$

设该方程的通解为

$$p=\varphi(x,C_1) \text{ 或 } \frac{\mathrm{d}y}{\mathrm{d}x}=\varphi(x,C_1),$$

于是所给方程的通解为

$$y=\int \varphi(x,C_1)\mathrm{d}x+C_2.$$

例 2 求解方程$(1+x^2)y''=2xy'$，初始条件为 $y(0)=1, y'(0)=3$.

解 设 $y'=p(x)$，则 $y''=\frac{\mathrm{d}p}{\mathrm{d}x}$，故原方程成为

$$(1+x^2)\frac{\mathrm{d}p}{\mathrm{d}x}=2xp.$$

分离变量，得

$$\frac{\mathrm{d}p}{p}=\frac{2x}{1+x^2}\mathrm{d}x.$$

两端积分，得

$$\ln p=\ln(1+x^2)+\ln C_1,$$

即

$$p=y'=C_1(1+x^2).$$

由条件 $y'(0)=3$，得 $C_1=3$，于是

$$y'=3(1+x^2).$$

两端积分，得

$$y=x^3+3x+C_2.$$

又由条件 $y(0)=1$，得 $C_2=1$，故所求方程的特解为

$$y=x^3+3x+1.$$

三、$y''=f(y,y')$型的微分方程

这类二阶微分方程的特点是不显含自变量 x，只要作变换 $y'=p(y)$，则有

$$y''=\frac{\mathrm{d}p(y)}{\mathrm{d}x}=\frac{\mathrm{d}p(y)}{\mathrm{d}y}\cdot\frac{\mathrm{d}y}{\mathrm{d}x}=p'(y)p(y),$$

即 $y''=pp'(y)$，故方程 $y''=f(y,y')$就可以降阶成关于变量 y 与 p 的一阶微分方程

$$p\frac{\mathrm{d}p}{\mathrm{d}y}=f(y,p).$$

设该方程的通解为

$$p=\varphi(y,C_1)\text{ 或 }\frac{\mathrm{d}y}{\mathrm{d}x}=\varphi(y,C_1),$$

这是可分离变量的方程. 分离变量得

$$\mathrm{d}x=\frac{\mathrm{d}y}{\varphi(y,C_1)}.$$

两端积分，可得所求方程的通解

$$x=\int\frac{\mathrm{d}y}{\varphi(y,C_1)}+C_2,$$

其中，$\int\frac{\mathrm{d}y}{\varphi(y,C_1)}$ 是函数$\frac{1}{\varphi(y,C_1)}$ 的一个原函数.

例 3　求微分方程 $y'^2-yy''=0$ 的通解.

解　令 $y'=p(y)$，则 $y''=p\frac{\mathrm{d}p}{\mathrm{d}y}$，故原方程成为

$$p^2-yp\frac{\mathrm{d}p}{\mathrm{d}y}=0.$$

如果 $p\neq0$，则上式可化为

$$p-y\frac{\mathrm{d}p}{\mathrm{d}y}=0.$$

分离变量，得

$$\frac{\mathrm{d}p}{p}=\frac{\mathrm{d}y}{y}.$$

两端积分并化简得

$$p=C_1 y \text{ 或 } \frac{dy}{dx}=C_1 y,$$

再分离变量并积分得

$$\ln y=C_1 x+\ln C_2 \text{ 或 } y=C_2 e^{C_1 x}.$$

如果 $p=0$，即 $y'=0$，则 $y=C$，显然它也满足原方程，但 $y=C$ 已包含在解 $y=C_2 e^{C_1 x}$ 中 $(C_1=0)$，所以原方程的通解为

$$y=C_2 e^{C_1 x}.$$

例 4 求微分方程 $y''=y^{-3}$ 满足 $y\Big|_{x=0}=1, y'\Big|_{x=0}=1$ 的特解.

解 令 $y'=p(y)$，则 $y''=p\frac{dp}{dy}$，代入方程得

$$p\frac{dp}{dy}=y^{-3}.$$

分离变量并积分得

$$p^2=C_1-y^{-2},$$

即

$$\frac{dy}{dx}=\pm\frac{1}{y}\sqrt{C_1 y^2-1}.$$

为了后面讨论简便，可先将正负号及任意常数 C_1 定出. 由 $y'\Big|_{x=0}=1>0$ 可知，根式前面应取正号，将初始条件代入上式得 $C_1=2$，于是

$$\frac{dy}{dx}=\frac{1}{y}\sqrt{2y^2-1}.$$

再积分得

$$\sqrt{2y^2-1}=2x+C_2.$$

由初始条件得 $C_2=1$. 最后解得所求特解为

$$2y^2-1=(2x+1)^2.$$

习题 7-4

1. 求下列微分方程的通解：

(1) $y'''=xe^x$；　　(2) $y^3 y''-1=0$；

(3) $1+(y')^2=2yy''$；　　(4) $y''=1+(y')^2$；

(5) $(1+x^2)y''+(y')^2+1=0$；　　(6) $y''=(y')^3+y'$.

2. 求下列微分方程满足所给初始条件的特解：

(1) $y^3 y''+1=0,\ y\Big|_{x=1}=1,\ y'\Big|_{x=1}=0$；

(2) $y''-a(y')^2=0,\ y\Big|_{x=0}=0,\ y'\Big|_{x=0}=-1$；

(3) $(y''')^2+(y'')^2=1$, $y\Big|_{x=0}=0$, $y'\Big|_{x=0}=1$, $y''\Big|_{x=0}=0$.

第五节　高阶线性微分方程及其解的结构

在物理学和工程技术等实际问题中，常遇到高阶线性微分方程，对于它的研究已经有了相当完整的理论. 本节以二阶线性微分方程为主进行讨论，对于二阶以上的线性微分方程也有类似的结果.

一般地，形如

$$y''+P(x)y'+Q(x)y=f(x) \tag{1}$$

的方程称为**二阶线性微分方程**，其中 $P(x)$，$Q(x)$称为方程(1)的系数，而函数 $f(x)$称为自由项. 自由项恒为零的线性微分方程

$$y''+P(x)y'+Q(x)y=0 \tag{2}$$

称为**二阶齐次线性微分方程**，否则称为**二阶非齐次线性微分方程**.

对于二阶齐次线性微分方程，有下述两个定理.

定理 1　如果函数 $y_1(x)$，$y_2(x)$是齐次方程(2)的两个解，则它们的线性组合

$$y=C_1y_1+C_2y_2$$

也是方程(2)的解，其中 C_1，C_2 是任意常数.

证　因为 y_1，y_2 是方程(2)的解，所以

$$y_1''+P(x)y_1'+Q(x)y_1=0,$$
$$y_2''+P(x)y_2'+Q(x)y_2=0.$$

由于

$$\begin{aligned}&(C_1y_1+C_2y_2)''+P(x)(C_1y_1+C_2y_2)'+Q(x)(C_1y_1+C_2y_2)\\=&C_1[y_1''+P(x)y_1'+Q(x)y_1]+C_2[y_2''+P(x)y_2'+Q(x)y_2]\\=&0\end{aligned}$$

所以，$y=C_1y_1+C_2y_2$ 是齐次方程(2)的解.

由于讨论的是二阶线性微分方程，它的通解中应该有两个相互独立的任意常数，那么解 $y=C_1y_1+C_2y_2$(其中 C_1，C_2 是常数)是否为方程(2)的通解呢？如果取 $y_2=ky_1$(k为常数)，且 y_1 是方程(2)的解，则显然 $y_2=ky_1$ 也是方程(2)的解. 但由于

$$y=C_1y_1+C_2y_2=(C_1+C_2k)y_1=Cy_1\quad(\text{其中},C=C_1+C_2k)$$

只含一个任意常数 C，所以它不是方程(2)的通解. 那么特解 y_1，y_2 应满足什么条件，函数 $y=C_1y_1+C_2y_2$ 才是方程(2)的通解呢？为此需引入函数线性无关的概念.

设 $y_1(x)$，$y_2(x)$，…，$y_n(x)$为定义在区间 I 上的 n 个函数，如果存在 n 个不全为零的常数 k_1，k_2，…，k_n 使得当 $x\in I$ 时有恒等式

$$k_1y_1+k_2y_2+\cdots+k_ny_n\equiv 0$$

成立，那么称这 n 个函数在区间 I 上**线性相关**；否则称**线性无关**.

例如，函数 $1,\cos^2 x,\sin^2 x$ 在整个数轴上是线性相关的，因为取 $k_1=1,k_2=k_3=-1$，就有恒等式

$$1-\cos^2 x-\sin^2 x\equiv 0.$$

又如，函数 $1,x,x^2,x^3$ 在任何区间 $(a,\ b)$ 内是线性无关的，因为如果 k_1,k_2,k_3,k_4 不全为零，那么在该区间内至多只有三个 x 值能使三次多项式

$$k_1+k_2x+k_3x^2+k_4x^3$$

为零；要使它恒等于零，必须 k_1,k_2,k_3,k_4 全为零.

应用上述概念可知，对于两个函数的情形，它们线性相关与否，只要看它们的比是否为常数：如果比为常数，那么它们就线性相关；否则就线性无关.

例如，由于 $\dfrac{\sin x}{\cos x}=\tan x\neq$ 常数，所以 $\sin x$ 与 $\cos x$ 线性无关；又如 $\dfrac{2x}{x}\equiv 2$（常数），所以 $2x$ 与 x 线性相关.

定理 2 如果 $y_1(x),y_2(x)$ 是齐次方程(2)的两个线性无关的特解，则

$$y=C_1y_1+C_2y_2$$

是该方程的通解，其中 C_1,C_2 是任意常数.

以上定理给出了二阶齐次线性微分方程通解的结构. 如求齐次方程(2)的通解，应该先求它的两个线性无关的特解.

在一阶线性微分方程的讨论中，我们已经看到一阶非齐次线性微分方程的通解可以表示为对应的齐次方程的通解与一个非齐次方程的特解之和. 实际上，不仅一阶非齐次线性微分方程的通解具有这样的结构，而且二阶甚至更高阶的非齐次线性微分方程的通解也具有同样的结构.

定理 3 如果 y^* 是非齐次方程(1)的一个特解，Y 是与方程(1)对应的齐次方程(2)的通解，则

$$y=Y+y^*$$

是非齐次方程(1)的通解.

证 由条件可知

$$Y''+P(x)Y'+Q(x)Y=0,$$

$$y^{*\prime\prime}+P(x)y^{*\prime}+Q(x)y^*=f(x),$$

故

$$\begin{aligned}&(Y+y^*)''+P(x)(Y+y^*)'+Q(x)(Y+y^*)\\&=[Y''+P(x)Y'+Q(x)Y]+[y^{*\prime\prime}+P(x)y^{*\prime}+Q(x)y^*]\\&=0+f(x)=f(x).\end{aligned}$$

所以，$y=Y+y^*$ 是非齐次方程(1)的解. 由于齐次方程的通解 $Y=C_1y_1+C_2y_2$ 中含有两个相互独立的任意常数，因此 $y=Y+y^*$ 也含有两个相互独立的任意常数，故它是非齐次方程(1)的通解.

非齐次线性微分方程的特解有时候可以用下列定理来帮助求出.

定理 4　设有下列非齐次微分方程

$$y''+P(x)y'+Q(x)y=f_1(x)+f_2(x),$$

而 y_1^*,y_2^* 分别是下列方程

$$y''+P(x)y'+Q(x)y=f_1(x),$$
$$y''+P(x)y'+Q(x)y=f_2(x)$$

的特解，则 $y^*=y_1^*+y_2^*$ 是原方程的特解.

证　由于

$$(y_1^*+y_2^*)''+P(x)(y_1^*+y_2^*)'+Q(x)(y_1^*+y_2^*)=f_1(x)+f_2(x),$$

所以 $y^*=y_1^*+y_2^*$ 是原方程的特解.

这一定理通常称为非齐次线性微分方程的**叠加原理**.

二阶线性微分方程的解的这些性质可以推广到 n 阶线性微分方程

$$y^{(n)}+a_1(x)y^{(n-1)}+\cdots+a_{n-1}(x)y'+a_n(x)y=f(x).$$

习题 7-5

1. 下列函数组哪些是线性无关的：

(1) $1,x,x^2,\cdots,x^n$；　　(2) e^{-x},e^x；

(3) $\sin 2x,\sin x\cos x$；　　(4) $\ln x,\ln x^2(x>0)$.

2. 验证 $y_1=\cos\omega x$ 及 $y_2=\sin\omega x$ 是方程 $y''+\omega^2y=0$ 的两个解，并写出该方程的通解.

3. 证明函数 $y=C_1x^2+C_2x^2\ln x$（C_1,C_2 是任意常数）是方程 $x^2y''-3xy'+4y=0$ 的通解.

4. 设 y_1^*,y_2^*,y_3^* 是二阶非齐次线性微分方程的三个解，且它们是线性无关的，证明方程的通解为

$$y=C_1y_1^*+C_2y_2^*+(1-C_1-C_2)y_3^*.$$

第六节　二阶常系数齐次线性微分方程

根据二阶线性微分方程解的结构，二阶线性微分方程求解问题的关键在于求得二阶齐次方程的通解和非齐次方程的一个特解.本节和下一节将讨论二阶线性微分方程的一个特殊类型，即二阶常系数线性微分方程及其解法.

在二阶齐次线性微分方程

$$\frac{d^2y}{dx^2}+p\frac{dy}{dx}+qy=0 \tag{1}$$

中，如果系数 p,q 为常数，则该方程称为**二阶常系数齐次线性微分方程**.

要求微分方程(1)的通解，只要求出任意两个线性无关的特解即可.微分方程(1)的特征是 y'',y' 和 y 各乘以常数因子后相加等于零.如果能找到一个函数 y，其 y'',y' 和 y 之

间只相差一个常数，这样的函数就有可能是方程(1)的特解. 易知在初等函数中，指数函数 e^{rx} 符合上述要求，于是令 $y=e^{rx}$（r 是常数），看能否适当地选取常数 r，使 $y=e^{rx}$ 满足方程(1). 对 $y=e^{rx}$ 求导，得

$$y'=re^{rx},\ y''=r^2e^{rx}.$$

把 y,y',y'' 代入方程(1)，得

$$(r^2+pr+q)e^{rx}=0,$$

所以

$$r^2+pr+q=0. \tag{2}$$

由此可见，只要常数 r 满足方程(2)，函数 $y=e^{rx}$ 就是方程(1)的解. 我们把代数方程(2)称为微分方程(1)的**特征方程**. 特征方程(2)的根称为**特征根**，可以用公式

$$r_{1,2}=\frac{1}{2}(-p\pm\sqrt{p^2-4q})$$

求出. 它们有三种不同的情形.

根据特征方程根的三种情形，微分方程(1)的通解也就有三种不同的形式，现在分别讨论如下：

(1) 特征方程有两个不相等的实根，即 $r_1\neq r_2$. 这时，

$$\frac{y_1}{y_2}=\frac{e^{r_1x}}{e^{r_2x}}=e^{(r_1-r_2)x}$$

不是常数，因而 $y_1=e^{r_1x}$，$y_2=e^{r_2x}$ 是微分方程(1)的两个线性无关的特解，因此方程(1)的通解为

$$y=C_1e^{r_1x}+C_2e^{r_2x}.$$

(2) 特征方程有两个相等的根，即 $r_1=r_2$. 这时，只能得到微分方程(1)的一个特解 $y_1=e^{r_1x}$. 还需要求出另一个与 $y_1=e^{r_1x}$ 线性无关的特解 y_2，且要求 $\frac{y_2}{y_1}$ 不是常数. 为此，设 $\frac{y_2}{y_1}=u(x)\neq C$，即 $y_2=e^{r_1x}u(x)$. 将 y_2 求导，得

$$y_2'=e^{r_1x}[u'(x)+r_1u(x)],$$
$$y_2''=e^{r_1x}[u''(x)+2r_1u'(x)+r_1^2u(x)],$$

代入方程(1)得

$$e^{r_1x}\{[u''(x)+2r_1u'(x)+r_1^2u(x)]+p[u'(x)+r_1u(x)]+qu(x)\}=0.$$

约去 e^{r_1x}，得

$$u''(x)+(2r_1+p)u'(x)+(r_1^2+pr_1+q)u(x)=0.$$

由于 r_1 是特征方程(2)的重根，故 $r_1^2+pr_1+q=0$，$2r_1+p=0$，于是有

$$u''(x)=0.$$

由此解得 $u(x)=C_1+C_2x$. 由于只要得到一个不为常数的解，所以不妨选取 $u=x$，由此得微分方程的另一个解

$$y_2=xe^{r_1x},$$

从而微分方程(1)的通解为

$$y=C_1e^{r_1x}+C_2xe^{r_1x}=(C_1+C_2x)e^{r_1x}.$$

(3) 特征方程有一对共轭复根,即

$$r_1=\alpha+i\beta,\ r_2=\alpha-i\beta\ (\beta\neq 0).$$

这时,我们得到两个线性无关的复函数解

$$y_1^*=e^{(\alpha+i\beta)x},\ y_2^*=e^{(\alpha-i\beta)x}.$$

根据欧拉(Euler)公式 $e^{i\theta}=\cos\theta+i\sin\theta$,我们有

$$e^{(\alpha\pm i\beta)x}=e^{\alpha x}(\cos\beta x\pm i\sin\beta x)=e^{\alpha x}\cos\beta x\pm ie^{\alpha x}\sin\beta x.$$

取

$$y_1(x)=\frac{1}{2}[e^{(\alpha+i\beta)x}+e^{(\alpha-i\beta)x}]=e^{\alpha x}\cos\beta x,$$

$$y_2(x)=\frac{1}{2i}[e^{(\alpha+i\beta)x}-e^{(\alpha-i\beta)x}]=e^{\alpha x}\sin\beta x,$$

则根据上一节定理 1 知道,$y_1(x)$及 $y_2(x)$是方程(1)的两个实函数解,且由于$\frac{y_1(x)}{y_2(x)}=\cot\beta x$不是常数,即 $y_1(x)$与 $y_2(x)$是线性无关的. 所以方程(1)的通解为

$$y=C_1y_1(x)+C_2y_2(x)=e^{\alpha x}(C_1\cos\beta x+C_2\sin\beta x).$$

综上所述,二阶常系数齐次线性方程的求解步骤如下. 首先写出特征方程 $r^2+pr+q=0$,求出特征根 r_1,r_2;其次根据特征根的不同情况,对应地写出微分方程的通解:

如果是两个不相等的实根 r_1,r_2,则通解为 $y=C_1e^{r_1x}+C_2e^{r_2x}$;

如果是两个相等的实根 $r_1=r_2$,则通解为 $y=(C_1+C_2x)e^{r_1x}$;

如果是一对共轭复根 $r_{1,2}=\alpha\pm i\beta$,则通解为 $y=e^{\alpha x}(C_1\cos\beta x+C_2\sin\beta x)$.

例 1　求 $y''-2y'-3y=0$ 的通解.

解　特征方程为

$$r^2-2r-3=0,$$

解得特征根 $r_1=-1,r_2=3$,于是微分方程的通解为

$$y=C_1e^{-x}+C_2e^{3x}.$$

例 2　求微分方程$\frac{d^2s}{dt^2}+2\frac{ds}{dt}+s=0$ 满足初始条件 $s\big|_{t=0}=4,s'\big|_{t=0}=-2$ 的特解.

解　特征方程为

$$r^2+2r+1=0,$$

得特征根为 $r_1=r_2=-1$,所以通解为

$$s=(C_1+C_2t)e^{-t},$$

代入初始条件得

$$C_1=4,\ C_2=2.$$

所以所求特解为

$$s=(4+2t)e^{-t}.$$

例 3　求 $y''-2y'+5y=0$ 的通解.

解 特征方程与特征根为

$$r^2-2r+5=0,\ r=1\pm 2\mathrm{i},$$

故通解为

$$y=\mathrm{e}^x(C_1\cos 2x+C_2\sin 2x).$$

二阶以上线性齐次微分方程的求解方法与本节介绍的二阶常系数齐次线性微分方程通解的求解方法是类似的.下面仅举一例加以说明.

例 4 求四阶线性齐次微分方程 $y^{(4)}+8y'=0$ 通解.

解 特征方程为

$$r^4+8r=0,\ 即\ r(r+2)(r^2-2r+4)=0,$$

求得特征根为

$$r_1=0,\ r_2=-2,\ r_{3,4}=1\pm \mathrm{i}\sqrt{3}.$$

于是通解为

$$y=C_1+C_2\mathrm{e}^{-2x}+\mathrm{e}^x(C_3\cos\sqrt{3}x+C_4\sin\sqrt{3}x).$$

例 5 已知一个四阶常系数齐次线性微分方程的四个线性无关的特解为

$$y_1=\mathrm{e}^x,\ y_2=x\mathrm{e}^x,\ y_3=\cos 2x,\ y_4=3\sin 2x,$$

求这个四阶微分方程及其通解.

解 由 y_1 与 y_2 可知,它们对应的特征根为二重根 $r_1=r_2=1$. 由 y_3 与 y_4 可知,它们对应的特征根为一对共轭复根 $r_{3,4}=\pm 2\mathrm{i}$,故所求微分方程的特征方程为

$$(r-1)^2(r^2+4)=0,$$

即

$$r^4-2r^3+5r^2-8r+4=0,$$

从而它所对应的微分方程为

$$y^{(4)}-2y'''+5y''-8y'+4y=0.$$

此方程的通解为

$$y=(C_1+C_2x)\mathrm{e}^x+C_3\cos 2x+C_4\sin 2x.$$

习题 7-6

1. 求下列微分方程的通解:

(1) $y''-5y'+6y=0$;
(2) $y''+8y'+16y=0$;
(3) $y''+2y'+4y=0$;
(4) $4y''-8y'+5y=0$;
(5) $3y''-2y'+8y=0$;
(6) $y^{(4)}+5y''-36y=0$.

2. 求下列微分方程满足所给初始条件的特解:

(1) $y''+4y'+4y=0, y\big|_{x=0}=1, y'_{x=0}=0$;

(2) $y''-4y'+3y=0, y\big|_{x=0}=6, y'\big|_{x=0}=10$;

(3) $y''+y'+y=0, y\big|_{x=0}=0, y'\big|_{x=0}=1$;

(4) $y'''-y'=0,y\Big|_{x=0}=4,y'\Big|_{x=0}=-1,y''\Big|_{x=0}=1.$

第七节　二阶常系数非齐次线性微分方程

二阶常系数非齐次线性微分方程的一般形式是

$$y''+py'+qy=f(x), \tag{1}$$

其中，p,q 为常数，$f(x)$为给定的连续函数.

根据第五节定理 3，如果求出方程(1)的一个特解 $y^*(x)$，再求出对应的齐次方程的通解 $\bar{y}(x)=C_1y_1(x)+C_2y_2(x)$，那么方程(1)的通解就是

$$y=\bar{y}(x)+y^*(x)=C_1y_1(x)+C_2y_2(x)+y^*(x).$$

由于方程(1)对应的齐次方程的通解 $\bar{y}(x)=C_1y_1(x)+C_2y_2(x)$已经在第六节得到解决，因此，本节主要讨论微分方程(1)的一个特解 $y^*(x)$的求法.

方程(1)的特解形式与右端的自由项 $f(x)$有关. 在一般情形下，要求出方程(1)的特解是非常困难的，所以下面主要针对函数 $f(x)$的特殊形式，给出求方程(1)的一个特解的待定系数方法.

一、$f(x)=P_m(x)e^{\lambda x}$ 型

因为 $f(x)$是多项式与指数函数的乘积，而多项式与指数函数的乘积的导数仍然是同一类型的函数，所以我们推测 $y^*=Q(x)e^{\lambda x}$(其中 $Q(x)$是某个多项式)可能是方程(1)的一个特解. 把 y^*，$y^{*\prime}$及 $y^{*\prime\prime}$代入方程(1)，然后考虑能否适当选取多项式 $Q(x)$，使 $y^*=Q(x)e^{\lambda x}$满足方程(1). 为此，将

$$y^*=Q(x)e^{\lambda x},$$
$$y^{*\prime}=e^{\lambda x}[\lambda Q(x)+Q'(x)],$$
$$y^{*\prime\prime}=e^{\lambda x}[\lambda^2Q(x)+2\lambda Q'(x)+Q''(x)]$$

代入方程(1)，并消去 $e^{\lambda x}$，得

$$Q''(x)+(2\lambda+p)Q'(x)+(\lambda^2+p\lambda+q)Q(x)=P_m(x). \tag{2}$$

上式两端都是关于 x 的多项式，只要比较上式两端的同次幂的系数，就可以确定出多项式 $Q(x)$. 下面分三种情形讨论：

(1) 如果 λ 不是对应的齐次方程的特征根，即 $\lambda^2+p\lambda+q\neq0$，那么式(2)左端的多项式次数与 $Q(x)$的次数相同，即 $Q(x)$应该是一个 m 次多项式，因此可设

$$Q(x)=b_0x^m+b_1x^{m-1}+\cdots+b_{m-1}x+b_m, \tag{3}$$

其中，$b_0,b_1,\cdots,b_m$ 为 $m+1$ 个待定系数. 把式(3)代入式(2)，并比较两端同次幂的系数，就得到以 $b_0,b_1,\cdots,b_m$ 为未知数的 $m+1$ 个线性方程的方程组，从而可以定出 $b_i(i=0,1,\cdots,m)$，并得到一个特解 $y^*=Q_m(x)e^{\lambda x}$.

(2) 如果 λ 是特征方程的单根，即 $\lambda^2+p\lambda+q=0$，而 $2\lambda+p\neq0$，那么式(2)左端的次

数与 $Q'(x)$ 的次数相同，$Q'(x)$ 应是一个 m 次多项式. 不妨取 $Q(x)$ 的常数项为零，于是可设

$$Q(x)=xQ_m(x),$$

并可用同样的方法确定 $Q_m(x)$ 的系数 $b_i(i=0,1,\cdots,m)$.

(3) 如果 λ 是特征方程的重根，即 $\lambda^2+p\lambda+q=0$ 且 $2\lambda+p=0$，那么式(2)左端的次数与 $Q''(x)$ 的次数相同，$Q''(x)$ 应是一个 m 次多项式，不妨取 $Q(x)$ 的一次项及常数项均为零，于是可设

$$Q(x)=x^2Q_m(x),$$

并用同样的方法来确定 $Q_m(x)$ 的系数.

于是，有如下结论：如果 $f(x)=P_m(x)\mathrm{e}^{\lambda x}$，那么二阶常系数非齐次线性微分方程(1)具有形如

$$y^*=x^kQ_m(x)\mathrm{e}^{\lambda x} \tag{4}$$

的特解，其中 $Q_m(x)$ 是与 $P_m(x)$ 同次（m 次）的多项式，而 k 的取法如下：

$$k=\begin{cases}0,\ \lambda\text{ 不是特征方程的根},\\ 1,\ \lambda\text{ 是特征方程的单根},\\ 2,\ \lambda\text{ 是特征方程的重根}.\end{cases}$$

例 1　求微分方程 $y''-2y'-3y=3x+1$ 的一个特解.

解　方程的右端为 $P_m(x)\mathrm{e}^{\lambda x}$ 型，其中 $P_m(x)=3x+1$，$\lambda=0$.

特征方程为

$$r^2-2r-3=0,$$

特征根为 $r_1=-1$，$r_2=3$. 由于 $\lambda=0$ 不是特征方程的根，所以应设特解为

$$y^*=b_0x+b_1.$$

把它代入所给的方程，得

$$-3b_0x-2b_0-3b_1=3x+1.$$

比较两端同次幂的系数，得

$$\begin{cases}-3b_0=3,\\ -2b_0-3b_1=1.\end{cases}$$

由此求得 $b_0=-1$，$b_1=\dfrac{1}{3}$，于是求得一个特解为

$$y^*=-x+\frac{1}{3}.$$

例 2　求微分方程 $y''-5y'+6y=x\mathrm{e}^{2x}$ 的通解.

解　特征方程为

$$r^2-5r+6=0,$$

特征根为 $r_1=2$，$r_2=3$. 于是对应的齐次方程的通解为

$$\overline{y}(x)=C_1\mathrm{e}^{2x}+C_2\mathrm{e}^{3x}.$$

$\lambda=2$ 为特征方程的单根，所以应设一个特解为

$$y^*=x(b_0x+b_1)\mathrm{e}^{2x}.$$

求导得

$$y^{*\prime}=[2b_0x^2+(2b_0+2b_1)x+b_1]\mathrm{e}^{2x},$$

$$y^{*\prime\prime}=[4b_0x^2+(8b_0+4b_1)x+2b_0+4b_1]\mathrm{e}^{2x},$$

代入所给方程得

$$-2b_0x+2b_0-b_1=x.$$

比较同次幂系数得

$$\begin{cases}-2b_0=1,\\2b_0-b_1=0,\end{cases}$$

求得 $b_0=-\dfrac{1}{2}$，$b_1=-1$. 于是一个特解为

$$y^*=-x\left(\frac{1}{2}x+1\right)\mathrm{e}^{2x},$$

从而所求通解为

$$y=\bar{y}+y^*=C_1\mathrm{e}^{2x}+C_2\mathrm{e}^{3x}-x\left(\frac{1}{2}x+1\right)\mathrm{e}^{2x}.$$

△二、$f(x)=\mathrm{e}^{\lambda x}[P_l(x)\cos\omega x+P_n(x)\sin\omega x]$ 型

对这种情况，有与上述类似的结论，可以设方程(1)具有如下形式的一个特解：

$$y^*=x^k\mathrm{e}^{\lambda x}[Q_m(x)\cos\omega x+R_m(x)\sin\omega x],\tag{5}$$

其中，$Q_m(x)$，$R_m(x)$是待定的 m 次多项式，$m=\max\{l,n\}$，

$$k=\begin{cases}0,\ \lambda+\mathrm{i}\omega\text{ 不是特征根},\\1,\ \lambda+\mathrm{i}\omega\text{ 是特征根}.\end{cases}$$

证明略.

例 3　求 $y''+y=x\cos 2x$ 的一个特解.

解　这里 $f(x)=x\cos 2x$，属下列类型

$$\mathrm{e}^{\lambda}[P_l(x)\cos\omega x+P_n(x)\sin\omega x],$$

其中，$\lambda=0$，$\omega=2$，$l=1$，$n=0$. 微分方程的特征方程为

$$r^2+1=0.$$

由于 $\lambda+\mathrm{i}\omega=2\mathrm{i}$ 不是特征根，所以应取 $k=0$，而 $m=\max\{1,0\}=1$. 故应设特解为

$$y^*=(a_0x+a_1)\cos 2x+(b_0x+b_1)\sin 2x,$$

求导得

$$y^{*\prime}=(2b_0x+a_0+2b_1)\cos 2x+(-2a_0x+b_0-2a_1)\sin 2x,$$

$$y^{*\prime\prime}=(-4a_0x+4b_0-4a_1)\cos 2x+(-4b_0x-4a_0-4b_1)\sin 2x.$$

代入原方程，得

$$(-3a_0x+4b_0-3a_1)\cos 2x-(3b_0x+4a_0+3b_1)\sin 2x=x\cos 2x.$$

比较同类项的系数，得

$$\begin{cases}-3a_0=1,\\4b_0-3a_1=0,\\-3b_0=0,\\-4a_0-3b_1=0.\end{cases}$$

由此解得 $a_0=-\dfrac{1}{3}, a_1=0, b_0=0, b_1=\dfrac{4}{9}$. 于是求得一个特解为

$$y^*=-\frac{1}{3}x\cos 2x+\frac{4}{9}\sin 2x.$$

例 4 求微分方程 $y''+y=3(1-\cos 2x)$ 满足初始条件 $y(0)=y'(0)=1$ 的特解.

解 特征方程为

$$r^2+1=0,$$

得特征根 $r_{1,2}=\pm\mathrm{i}$，于是对应的齐次方程的通解为

$$\bar{y}=C_1\cos x+C_2\sin x,$$

其中，C_1，C_2 为任意常数.

注意到 $f(x)=3-3\cos x=f_1(x)+f_2(x)$，先分别考虑方程

$$y''+y=3, \tag{6}$$

$$y''+y=-3\cos 2x. \tag{7}$$

因为 $\lambda+\mathrm{i}\omega=2\mathrm{i}$ 不是上述两个方程的特征根，故可设方程(6)与方程(7)的特解分别为

$$y_1^*=A \text{ 与 } y_2^*=B\cos 2x+C\sin 2x.$$

将 $y_1^*=A$ 代入方程(6)得 $A=3$.

将 $y_2^*=B\cos 2x+C\sin 2x$ 代入方程(7)得 $B=1$，$C=0$. 根据解的叠加原理得题设方程的特解为

$$y^*=\cos 2x+3,$$

从而题设方程的通解为

$$y=C_1\cos x+C_2\sin x+\cos 2x+3.$$

将初始条件 $y(0)=y'(0)=1$ 代入通解，可确定出 $C_1=-3$，$C_2=1$，从而可得所求特解为

$$y=\sin x-3\cos x+\cos 2x+3.$$

△三、欧拉方程

一般说来，变系数线性微分方程是不容易求解的，但对于特殊的变系数线性微分方程，如欧拉方程：

$$x^n y^{(n)}+p_1x^{n-1}y^{(n-1)}+\cdots+p_{n-1}xy'+p_ny=f(x),$$

则可以通过变量代换化为常系数线性微分方程.

欧拉方程的特点是：方程中各项未知函数导数的阶数与其乘积因子自变量的幂次相同，方程中 $p_1,p_2,\cdots,p_n$ 为常数.

作变换 $x=\mathrm{e}^t$ 或 $t=\ln x$，将自变量 x 换成 t，则有

$$\frac{dy}{dx}=\frac{dy}{dt}\cdot\frac{dt}{dx}=\frac{1}{x}\frac{dy}{dt},$$

$$\frac{d^2y}{dx^2}=\frac{1}{x^2}\left(\frac{d^2y}{dt^2}-\frac{dy}{dt}\right),$$

$$\frac{d^3y}{dx^3}=\frac{1}{x^3}\left(\frac{d^3y}{dt^3}-3\frac{d^2y}{dt^2}+2\frac{dy}{dt}\right).$$

如果采用记号 D 表示对 t 求导的运算$\frac{d}{dt}$,那么上述计算结果可以写成

$$xy'=Dy,$$

$$x^2y''=\frac{d^2y}{dt^2}-\frac{dy}{dt}=\left(\frac{d^2}{dt^2}-\frac{d}{dt}\right)y=(D^2-D)y=D(D-1)y,$$

$$x^3y'''=\frac{d^3y}{dt^3}-3\frac{d^2y}{dt^2}+2\frac{dy}{dt}=(D^3-3D^2+2D)y=D(D-1)(D-2)y.$$

一般地,有

$$x^ky^{(k)}=D(D-1)\cdots(D-k+1)y,$$

把它代入欧拉方程,便得一个以 t 为自变量的常系数线性微分方程.在求出这个方程解后,把 t 换成 $\ln x$,即得原方程的解.

例 5　求欧拉方程 $x^3y'''+x^2y''-4xy'=3x^2$ 的通解.

解　作变换 $x=e^t$ 或 $t=\ln x$,原方程化为

$$D(D-1)(D-2)y+D(D-1)y-4Dy=3e^{2t},$$

即

$$D^3y-2D^2y-3Dy=3e^{2t}$$

或

$$\frac{d^3y}{dt^3}-2\frac{d^2y}{dt^2}-3\frac{dy}{dt}=3e^{2t}. \tag{8}$$

对应的齐次方程为

$$\frac{d^3y}{dt^3}-2\frac{d^2y}{dt^2}-3\frac{dy}{dt}=0, \tag{9}$$

其特征方程为 $r^3-2r^2-3r=0$;特征根 $r_1=0$, $r_2=-1$, $r_3=3$.齐次方程(9)的通解为

$$\bar{y}=C_1+C_2e^{-t}+C_3e^{3t}=C_1+\frac{C_2}{x}+C_3x^3.$$

因为方程(8)的自由项为 $3e^{2t}$,故它的特解形式为

$$y^*=be^{2t},$$

即原方程具有形如

$$y^*=be^{2t}=bx^2$$

的特解;将其代入原方程求得 $b=-\frac{1}{2}$,即

$$y^*=-\frac{1}{2}x^2.$$

于是,所给欧拉方程的通解为

$$y=C_1+\frac{C_2}{x}+C_3x^3-\frac{1}{2}x^2.$$

习题 7-7

1. 求下列微分方程的通解：

(1) $y''+5y'+4y=3-2x$；　(2) $y''-3y'=2-6x$；

(3) $y''+9y=e^x$；　(4) $y''-6y'+9y=e^{3x}(x+1)$；

△(5) $y''+y=\cos 2x$；　△(6) $y''+y=\sin x$；

△(7) $y''+y=e^x+\cos x$；　△(8) $y''-2y'+5y=\cos 2x$.

2. 求下列各微分方程满足所给初始条件的特解：

(1) $y''-y=4xe^x$，$y\Big|_{x=0}=0$，$y'\Big|_{x=0}=1$；

(2) $y''-4y'=5$，$y\Big|_{x=0}=1$，$y'\Big|_{x=0}=0$.

△3. 求下列欧拉方程的通解：

(1) $y''-\frac{y'}{x}=x$；　(2) $x^2y''+\frac{2}{5}xy'-y=0$.

△第八节　常系数线性微分方程组

在研究某些实际问题时，有时会遇到由几个微分方程联立起来共同确定几个具有同一自变量的函数的情形．这些联立的微分方程称为**微分方程组**．如果微分方程组中的每一个微分方程都是常系数线性微分方程，那么，这种微分方程组就叫做**常系数线性微分方程组**.

本节只讨论常系数线性微分方程组，其求解方法是：利用代数的方法从方程组中消去一些未知函数及其各阶导数，将所给方程组的求解问题转化为只含有一个未知函数的高阶常系数线性微分方程的求解问题．下面通过实例来说明常系数线性微分方程组的解法.

例 1　求微分方程组

$$\begin{cases}\dfrac{dy}{dx}=3y-2z, & (1)\\[2mm] \dfrac{dz}{dx}=2y-z & (2)\end{cases}$$

满足初始条件

$$y\Big|_{x=0}=1,\ z\Big|_{x=0}=0$$

的特解.

解　首先，设法消去未知函数 y. 由式(2)得

$$y=\frac{1}{2}\left(\frac{dz}{dx}+z\right). \tag{3}$$

对上式两端求导，有

$$\frac{dy}{dx}=\frac{1}{2}\left(\frac{d^2z}{dx^2}+\frac{dz}{dx}\right). \tag{4}$$

把式(3)、式(4)两式代入式(1)并化简，得

$$\frac{d^2z}{dx^2}-2\frac{dz}{dx}+z=0.$$

这是一个二阶常系数线性微分方程，易求出它的通解为

$$z=(C_1+C_2x)e^x. \tag{5}$$

再把式(5)代入式(3)，得

$$y=\frac{1}{2}(2C_1+C_2+2C_2x)e^x. \tag{6}$$

将式(5)、式(6)联立，就得到所给方程组的通解.

将初始条件代入式(5)和式(6)，得

$$\begin{cases}1=\frac{1}{2}(2C_1+C_2),\\0=C_1,\end{cases}$$

由此求得

$$C_1=0,\ C_2=2.$$

于是所给微分方程组满足给定的初始条件的特解为

$$\begin{cases}y=(1+2x)e^x,\\z=2xe^x.\end{cases}$$

例 2　求微分方程组

$$\begin{cases}2\frac{dx}{dt}+\frac{dy}{dt}=t-y, & (7)\\\frac{dx}{dt}+\frac{dy}{dt}=x+y+2t & (8)\end{cases}$$

的通解

解　为消去变量 y，先消去$\frac{dy}{dt}$. 为此将式(7)～式(8)，得

$$\frac{dx}{dt}+x+2y+t=0,$$

即有

$$y=-\frac{1}{2}\left(\frac{dx}{dt}+x+t\right), \tag{9}$$

将其代入式(8)，得

$$\frac{dx}{dt}-\frac{1}{2}\frac{d}{dt}\left(\frac{dx}{dt}+x+t\right)=x-\frac{1}{2}\left(\frac{dx}{dt}+x+t\right)+2t,$$

即

$$\frac{d^2x}{dt^2}-2\frac{dx}{dt}+x=-3t-1.$$

此微分方程的通解为

$$x=C_1\mathrm{e}^t+C_2t\mathrm{e}^t-3t-7. \tag{10}$$

把式(10)代入式(9),得

$$y=-C_1\mathrm{e}^t-C_2\left(t+\frac{1}{2}\right)\mathrm{e}^t+t+5. \tag{11}$$

将式(10)、式(11)联立起来,就得到所给方程组的通解.

△习题 7-8

1. 求下列微分方程组的通解:

(1) $\begin{cases}\dfrac{\mathrm{d}y}{\mathrm{d}t}+y=\mathrm{e}^t,\\ \dfrac{\mathrm{d}y}{\mathrm{d}t}-x=-t;\end{cases}$　　(2) $\begin{cases}\dfrac{\mathrm{d}x}{\mathrm{d}t}+\dfrac{\mathrm{d}y}{\mathrm{d}t}=-x+y+3,\\ \dfrac{\mathrm{d}x}{\mathrm{d}t}-\dfrac{\mathrm{d}y}{\mathrm{d}t}=x+y-3.\end{cases}$

2. 求微分方程组 $\begin{cases}\dfrac{\mathrm{d}x}{\mathrm{d}t}=y,\\ \dfrac{\mathrm{d}y}{\mathrm{d}t}=-x+t^2+\cos t\end{cases}$ 满足所给初始条件 $x\Big|_{t=0}=-1,y\Big|_{t=0}=0$ 的特解.

△第九节　差分方程

一、差分的概念与性质

一般地,在连续变化的时间范围内,变量 y 关于时间 t 的变化率是用 $\dfrac{\mathrm{d}y}{\mathrm{d}t}$ 来刻画的;对离散型的变量 y,我们常用在规定时间区间上的差商 $\dfrac{\Delta y}{\Delta t}$ 来刻画变量 y 的变化率. 如果取 $\Delta t=1$,则

$$\Delta y=y(t+1)-y(t)$$

可以近似表示变量 y 的变化率. 由此我们给出差分的定义.

定义 1　设函数 $y_t=y(t)$,称改变量 $y_{t+1}-y_t$ 为函数 y_t 的差分,也称为函数 y_t 的**一阶差分**,记作 Δy_t,即

$$\Delta y_t=y_{t+1}-y_t \quad 或 \quad \Delta y(t)=y(t+1)-y(t).$$

一阶差分的差分 $\Delta^2 y_t$ 称为二阶差分,即

$$\Delta^2 y_t=\Delta(\Delta y_t)=\Delta y_{t+1}-\Delta y_t=(y_{t+2}-y_{t+1})-(y_{t+1}-y_t)=y_{t+2}-2y_{t+1}+y_t.$$

类似地,可定义三阶差分、四阶差分等,即

$$\Delta^3 y_t=\Delta(\Delta^2 y_t),\ \Delta^4 y_t=\Delta(\Delta^3 y_t),\cdots.$$

一般地,函数 y_t 的 $n-1$ 阶差分的差分称为 n 阶差分,记作 $\Delta^n y_t$,即

$$\Delta^n y_t = \Delta^{n-1} y_{t+1} - \Delta^{n-1} y_t = \sum_{i=0}^{n} (-1)^i C_n^i y_{t+n-i}.$$

二阶及二阶以上的差分统称为高阶差分.

例 1　设 $y_t=t^2$,求 Δy_t, $\Delta^2 y_t$, $\Delta^3 y_t$.

解
$$\Delta y_t=\Delta(t^2)=(t+1)^2-t^2=2t+1.$$
$$\Delta^2 y_t=\Delta^2(t^2)=\Delta(2t+1)=[2(t+1)+1]-(2t+1)=2.$$
$$\Delta^3 y_t=\Delta(\Delta^2 y_t)=2-2=0.$$

例 2　设 $t^{(n)}=t(t-1)(t-2)\cdots(t-n+1)$,$t^{(0)}=1$,求 $\Delta t^{(n)}$.

解　设 $y_t=t^{(n)}=t(t-1)(t-2)\cdots(t-n+1)$,则

$$\begin{aligned}\Delta y_t &=(t+1)^{(n)}-t^{(n)}=(t+1)t(t-1)\cdots(t+1-n+1)-t(t-1)\cdots(t-n+2)(t-n+1)\\ &=[(t+1)-(t-n+1)]t(t-1)\cdots(t-n+2)=nt^{(n-1)}.\end{aligned}$$

注　若 $f(t)$为 n 次多项式,则 $\Delta^n f(t)$为常数,且

$$\Delta^m f(t)=0\ (m>n).$$

根据定义可知,差分满足以下性质:

(1) $\Delta(Cy_t)=C\Delta y_t$(C 为常数);

(2) $\Delta(y_t\pm z_t)=\Delta y_t\pm\Delta z_t$;

(3) $\Delta(y_t\cdot z_t)=z_t\Delta y_t+y_{t+1}\Delta z_t$;

(4) $\Delta\left(\dfrac{y_t}{z_t}\right)=\dfrac{z_t\Delta y_t-y_t\Delta z_t}{z_{t+1}\cdot z_t}$ $(z_t\neq 0)$.

在此,我们只证明性质(3),其余性质请读者自己证明.

证
$$\begin{aligned}\Delta(y_t\cdot z_t)&=y_{t+1}z_{t+1}-y_t z_t=y_{t+1}z_{t+1}-y_{t+1}z_t+y_{t+1}z_t-y_t z_t\\ &=z_t\Delta y_t+y_{t+1}\Delta z_t.\end{aligned}$$

注　差分具有类似导数的性质.

例 3　求 $y_t=t^2\cdot 3^t$ 的差分.

解　由差分的运算性质,有

$$\begin{aligned}\Delta y_t &=\Delta(t^2\times 3^t)=3^t\Delta t^2+(t+1)^2\Delta(3^t)\\ &=3^t(2t+1)+(t+1)^2\times 2\times 3^t=3^t(2t^2+6t+3).\end{aligned}$$

二、差分方程的概念

与微分方程的定义类似,下面我们给出差分方程的定义.

定义 2　含有未知函数 y_t 的差分的方程称为**差分方程**.

差分方程的一般形式为

$$F(t,y_t,\Delta y_t,\Delta^2 y_t,\cdots,\Delta^n y_t)=0$$

或

$$G(t,y_t,y_{t+1},y_{t+2},\cdots,y_{t+n})=0.$$

差分方程中所含未知函数差分的最高阶数称为该差分方程的阶.差分方程的不同形式可以相互转化.

例如，二阶差分方程 $y_{t+2}-2y_{t+1}-y_t=3^t$ 可化为

$$\Delta^2 y_t-2y_t=3^t.$$

又如，对于差分方程 $\Delta^3 y_t+\Delta^2 y_t=0$，由 $\Delta^n y_t=\sum_{i=0}^{n}(-1)^i C_n^i y_{t+n-i}$，得

$$\Delta^2 y_t=y_{t+2}-2y_{t+1}+y_t,$$

$$\Delta^3 y_t=y_{t+3}-3y_{t+2}+3y_{t+1}-y_t.$$

代入原方程得

$$(y_{t+3}-3y_{t+2}+3y_{t+1}-y_t)+(y_{t+2}-2y_{t+1}+y_t)=0,$$

因此，原方程可改写为

$$y_{t+3}-2y_{t+2}+y_{t+1}=0.$$

定义 3 满足差分方程的函数称为该差分方程的解.

例如，对于差分方程 $y_{t+1}-y_t=2$，将 $y_t=2t$ 代入方程有

$$y_{t+1}-y_t=2(t+1)-2t=2.$$

故 $y_t=2t$ 是该方程的解，易见对任意的常数 C，

$$y_t=2t+C$$

都是差分方程 $y_{t+1}-y_t=2$ 的解.

如果差分方程的解中含有相互独立的任意常数的个数恰好等于方程的阶数，则称这个解是差分方程的通解.

定义 4 若差分方程中所含未知函数及未知函数的各阶差分均为一次，则称该差分方程为线性差分方程，其一般形式为

$$y_{t+n}+a_1(t)y_{t+n-1}+\cdots+a_{n-1}(t)y_{t+1}+a_n(t)y_t=f(t),$$

其特点是 $y_{t+n},y_{t+n-1},\cdots,y_t$ 都是一阶的.

三、一阶常系数线性差分方程

一阶常系数差分方程的一般方程形式为

$$y_{t+1}-Py_t=f(t), \tag{1}$$

其中，P 为非零常数，$f(t)$为已知函数. 如果 $f(t)=0$，则方程(1)变为

$$y_{t+1}-Py_t=0. \tag{2}$$

方程(2)称为**一阶常系数线性齐次差分方程**. 相应地，$f(t)\neq 0$ 时方程(1)称为**一阶常系数线性非齐次差分方程**.

1. 一阶常系数线性齐次差分方程的通解

一阶常系数线性齐次差分方程的通解可用**迭代法**求得.

设 y_0 已知，将 $t=0,1,2,\cdots$ 代入方程 $y_{t+1}=Py_t$ 中，得

$$y_1=Py_0,\ y_2=Py_1=P^2y_0,\ y_3=Py_2=P^3y_0,\cdots,y_t=Py_{t-1}=P^ty_0,$$

则 $y_t=P^ty_0$ 为方程(2)的解.

容易验证，对任意常数 A，$y_t=AP^t$ 都是方程(2)的解，故方程(2) 的通解为

$$y_t = AP^t. \tag{3}$$

例 4　求差分方程 $y_{t+1}-3y_t=0$ 的通解.

解　利用公式(3)得题设方程的通解为

$$y_t = A3^t.$$

2. 一阶常系数线性非齐次差分方程的通解

定理　设$\overline{y_t}$为方程(2)的通解，y_t^*为方程(1)的一个特解，则 $y_t=\overline{y}_t+y_t^*$ 为方程(1)的通解.

证　由题设，有 $y_{t+1}^*-Py_t^*=f(t)$及 $\overline{y}_{t+1}-P\overline{y}_t=0$. 将这两式相加得

$$(\overline{y}_{t+1}+y_{t+1}^*)-P(\overline{y}_t+y_t^*)=f(t),$$

即 $y_t=\overline{y}_t+y_t^*$ 为方程(1)的通解.

下面对右端项 $f(t)$的几种特殊形式给出求其特解 y_t^* 的方法，进而给出式(1)的通解形式：

(1) $f(t)=C$(C 为非零常数).

给定 y_0，由 $y_{t+1}^*=Py_t^*+C$，可按如下迭代法求得特解 y_t^*：

$$\begin{aligned}
&y_1^*=Py_0+C,\\
&y_2^*=Py_1+C=P^2y_0+C(1+P),\\
&y_3^*=Py_2+C=P^3y_0+C(1+P+P^2),\\
&\cdots\cdots\cdots\cdots\\
&y_t^*=P^ty_0+C(1+P+P^2+\cdots+P^{t-1})\\
&\quad=\begin{cases}\left(y-\dfrac{C}{1-P}\right)P^t+\dfrac{C}{1-P}, & P\neq 1,\\ A+Ct, & P=1.\end{cases}
\end{aligned} \tag{4}$$

由于方程(2)的通解为$\overline{y_t}=A_1P^t$(A_1 为任意常数)，于是方程(1)的通解为

$$y_t=\overline{y_t}+y_t^*=\begin{cases}AP^t+\dfrac{C}{1-P}, & P\neq 1,\\ A+Ct, & P=1,\end{cases} \tag{5}$$

其中，A 为任意常数，且当 $P\neq 1$ 时，$A=y_0-\dfrac{C}{1-P}+A_1$；当 $P=1$ 时，$A=y_0+A_1$.

例 5　求差分方程 $y_{t+1}-3y_t=-2$ 的通解.

解　由于 $P=3$，$C=-2$，故原方程的通解为

$$y_t=A3^t+1.$$

(2) $f(t)=Cb^t$(C,b 为非零常数且 $b\neq 1$).

当 $b\neq P$ 时，设 $y_t^*=kb^t$ 为方程(1)的特解，其中 k 为待定系数. 将其代入方程(1)，得

$$kb^{t+1}-Pkb^t=Cb^t,$$

解得 $k=\dfrac{C}{b-P}$. 于是，所求特解为 $y_t^*=\dfrac{C}{b-P}b^t$，则当 $b\neq P$ 时，方程(1)的通解为

$$y_t = AP^t + \frac{C}{1-P}b^t. \tag{6}$$

当 $b=P$ 时,设 $y_t^* = ktb^t$ 为方程(1)的特解,代入方程(1),得

$$k = \frac{C}{P}.$$

所以,当 $b=P$ 时,方程的通解为

$$y_t = AP^t + Ctb^{t-1}. \tag{7}$$

(3) $f(t)=Ct^n$(C 为非零常数,n 为正整数).

当 $P\neq 1$ 时,设 $y_t^* = B_0 + B_1 t + \cdots + B_n t^n$ 为方程(1)的特解,其中,$B_0, B_1, \cdots, B_n$ 为待定系数.将其代入方程(1),求出系数 $B_0, B_1, \cdots, B_n$,就得到方程(1)的特解 y_t^*.

例 6 求差分方程 $y_{t+1}-4y_t=3t^2$ 的通解.

解 设方程的特解为 $y_t^* = B_0 + B_1 t + B_2 t^2$,将 y_t^* 的形式代入该方程,得

$$-(3B_0+B_1+B_2)+(-3B_1+2B_2)t-3B_2t^2=3t^2.$$

比较同次幂系数,得

$$B_0=-\frac{5}{9},\ B_1=-\frac{2}{3},\ B_2=-1.$$

从而所求特解为

$$y_t^* = -\left(\frac{5}{9}+\frac{2}{3}t+t^2\right).$$

所以该方程的通解为

$$y_t = -\left(\frac{5}{9}+\frac{2}{3}t+t^2\right)+A4^t.$$

例 7 求差分方程 $y_{t+1}+2y_t=t^2+4^t$ 的通解.

解 ① 先求对应的齐次差分方程 $y_{t+1}+2y_t=0$ 的通解.

因 $P=-2$,所以对应的齐次差分方程的通解为

$$\overline{y_t} = A(-2)^t.$$

② 再求差分方程 $y_{t+1}+2y_t=t^2$ 的特解.

因 $f(t)=t^2$,且 $P=-2\neq 1$,故它的特解为

$$y_t^* = B_0 + B_1 t + B_2 t^2.$$

将它代入方程 $y_{t+1}+2y_t=t^2$,得

$$B_0+B_1(t+1)+B_2(t+1)^2+2(B_0+B_1t+B_2t^2)=t^2.$$

比较系数得

$$B_0=\frac{1}{3},\ B_1=-\frac{2}{9},\ B_2=-\frac{1}{27}.$$

故方程 $y_{t+1}+2y_t=t^2$ 的特解为

$$y_t^* = -\frac{1}{27}-\frac{2}{9}t+\frac{1}{3}t^2.$$

③ 最后求差分方程 $y_{t+1}+2y_t=4^t$ 的特解.

$P=-2, b=4, C=1$，故方程的特解为

$$\tilde{y}_t=\frac{C}{b-P}\cdot 4^t=\frac{1}{6}\cdot 4^t.$$

综合以上结果得到原方程的通解为

$$y_t=\overline{y_t}+y_t^*+\tilde{y}_t=A(-2)^t-\frac{1}{27}-\frac{2}{9}t+\frac{1}{3}t^2+\frac{1}{6}\cdot 4^t.$$

△习题 7-9

1. 求下列函数的一阶和二阶差分：

(1) $y=1-2t^2$；　(2) $y=\frac{1}{t^2}$；

(3) $y=3t^2-t+2$；　(4) $y=t^2(2t-1)$；

(5) $y=e^{2t}$.

2. 确定下列方程的阶：

(1) $y_{x+3}-x^2y_{x+1}+3y_x=2$；　(2) $y_{x-2}-y_{x-4}=y_{x+2}$.

3. 求下列差分方程的通解：

(1) $y_{t+1}-2y_t=0$；　(2) $y_{t+1}+y_t=0$；

(3) $y_{t+1}-2y_t=6t^2$；　(4) $y_{t+1}+y_t=2^t$；

(5) $y_{t+1}-y_t=t$.

4. 求下列差分方程在给定初始条件下的特解：

(1) $4y_{t+1}+2y_t=1, y_0=1$；　(2) $y_{t+1}-y_t=3, y_0=2$；

(3) $2y_{t+1}+y_t=0, y_0=3$；　(4) $y_t=-7y_{t-1}+16, y_0=5$.

*第十节　综合例题

例 1　一容器最初容纳 v_0(L)盐水溶液，其中含盐 a(kg). 每升含 b(kg)盐的盐水以 e(L/min)的速度注入，同时，搅拌均匀的溶液以 f(L/min)的速度流出.

(1) 试建立容器中的含盐量的微分方程模型.

(2) 若容器中原有 100 L 的盐水，其中含盐 1 kg. 现将每升含 1 kg 盐的盐水以 3 L/min的速度注入，同时均匀的液体以同样的速度流出. 求：开始注盐水时刻 t 时，容器中的含盐量.

解　(1) 设开始注盐水时刻 t 时，容器的含盐量(单位：kg)为 Q，Q 的变化率 dQ/dt 等于盐的注入率减去流出率.

盐的注入率是 be(kg/min). 盐的流出率是流出盐水的含盐度与流出速度之积. 注意到时刻 t 时，容器中溶液的体积$=V_0+et-ft$，因此，时刻 t 时流出盐水的含盐度=

$\frac{Q}{v_0+(e-f)t}$. 于是，容器中的含盐量的微分方程模型为

$$\frac{dQ}{dt}=be-\frac{Q}{v_0+(e-f)t}f \quad 或 \quad \frac{dQ}{dt}+\frac{f}{v_0+(e-f)t}Q=be.$$

(2) 此时 $v_0=100, a=1, b=1, e=f=3$. 将其代入上式得

$$\frac{dQ}{dt}+0.03Q=3.$$

求解得

$$Q=Ce^{-0.03t}+100.$$

当 $t=0$ 时，$Q=a=1$. 代入上式得

$$1=Ce^0+100 \text{ 或 } C=-99.$$

于是开始注盐水时刻 t 时容器中的含盐量为

$$Q=-99e^{-0.03t}+100.$$

例 2 某种飞机在机场降落时，为了减少滑行距离，在触地的瞬间，飞机尾部张开减速伞，以增大阻力，使飞机迅速减速并停下. 现有一质量为 9 000 kg 的飞机，着陆时的水平速度为 700 km/h. 经测试，减速伞打开后，飞机所受的总阻力与飞机的速度成正比(比例系数为 $k=6.0\times10^6$). 问从着陆点算起，飞机滑行的最长距离是多少?

解 由题设，飞机的质量 $m=9\,000$ kg，着陆时的水平速度 $v_0=700$ km/h. 从飞机触地时开始计时，设 t 时刻飞机的滑行距离为 $x(t)$，速度为 $v(t)$.

根据牛顿第二定律，得 $m\frac{dv}{dt}=-kv$. 由于

$$\frac{dv}{dt}=\frac{dv}{dx}\cdot\frac{dx}{dt}=v\frac{dv}{dx},$$

因此有

$$dx=-\frac{m}{k}dv.$$

两端积分，得

$$x(t)=-\frac{m}{k}v(t)+C.$$

由 $v(0)=v_0, x(0)=0$，得 $C=\frac{m}{k}v_0$，从而

$$x(t)=\frac{m}{k}[v_0-v(t)].$$

当 $v(t)\to0$ 时，$x(t)\to\frac{m}{k}v_0=\frac{9\,000\times700}{6.0\times10^6}=1.05$ km. 所以，飞机滑行的最长距离是 1.05 km.

例 3 已知函数 $y=3+(x+2)e^{2x}$ 是二阶常系数非齐次方程

$$y''+a_1y'+a_2y=a_3e^{2x}$$

的特解，试确定该方程和它的通解.

解　由已知得

$$y=3+(x+2)e^{2x},$$
$$y'=(2x+5)e^{2x},$$
$$y''=(4x+12)e^{2x}.$$

代入方程得到 $a_1=-2, a_2=0, a_3=2$. 所以方程为 $y''-2y'=2e^{2x}$.

特征方程 $r^2-2r=0$ 的根为 $r_1=0, r_2=2$，所以原方程的通解为

$$y=C_1'+C_2'e^{2x}+3+(x+2)e^{2x}=C_1+C_2e^{2x}+xe^{2x},$$

其中，$C_1=C_1'+3, C_2=C_2'+2$ 为任意常数.

例 4　已知 $y_1=xe^x+e^{2x}, y_2=xe^x+e^{-x}, y_3=xe^x+e^{2x}+e^{-x}$ 是某二阶常系数线性非齐次微分方程的 3 个解，求此微分方程及其通解.

解　$y_3-y_1=e^{-x}, y_3-y_2=e^{2x}$ 为对应的齐次方程的两个线性无关的特解，所以特征值为 $r_1=-1, r_2=2$，特征方程为 $r^2-r-2=0$，从而原方程对应的齐次方程为

$$y''-y'-2y=0.$$

设所求方程为 $y''-y'-2y=f(x)$，将 y_1 代入得到

$$f(x)=(1-2x)e^x,$$

所以所求的方程为

$$y''-y'-2y=(1-2x)e^x;$$

所求的方程的通解为

$$y=C_1e^{-x}+C_2e^{2x}+xe^x+e^{2x},$$

其中，C_1, C_2 为任意常数.

例 5　求满足 $f(x)=\sin x+\int_0^x f(t)(x-t)\mathrm{d}t$ 的连续函数 $f(x)$.

解　$f(x)=\sin x+x\int_0^x f(t)\mathrm{d}t-\int_0^x tf(t)\mathrm{d}t$，所以

$$f'(x)=\cos x+\int_0^x f(t)\mathrm{d}t,$$
$$f''(x)=-\sin x+f(x).$$

问题化为如下的初值问题：

$$f''(x)-f(x)=-\sin x,\ f(0)=0,\ f'(0)=1.$$

特征方程 $r^2-1=0$ 的根为 $r_1=1, r_2=-1$，齐次方程通解为

$$F(x)=C_1e^x+C_2e^{-x}.$$

令 $f^*(x)=a\cos x+b\sin x$，代入初值问题方程，得到 $a=0, b=\frac{1}{2}$.

所以 $f(x)=C_1e^x+C_2e^{-x}+\frac{1}{2}\sin x$. 代入初始条件得到 $C_1=\frac{1}{4}, C_2=-\frac{1}{4}$，从而

$$f(x)=\frac{1}{4}(e^x-e^{-x}+2\sin x).$$

例 6 设 $y=y(x)$ 是一向上凸的连续曲线，其上任意一点 (x,y) 处的曲率为 $\dfrac{1}{\sqrt{1+y'^2}}$，且此曲线上点 $(0,1)$ 处的切线方程为 $y=x+1$. 求该曲线的方程，并求函数 $y=y(x)$ 的极值.

解 由题意知 $y''<0$，所以

$$\frac{-y''}{(1+y'^2)^{\frac{3}{2}}}=\frac{1}{\sqrt{1+y'^2}},$$

即

$$y''+y'^2+1=0,$$

且满足条件 $y(0)=1, y'(0)=1$.

令 $y'=p$，所以

$$\frac{\mathrm{d}p}{\mathrm{d}x}+p^2+1=0,$$

$$\frac{\mathrm{d}p}{1+p^2}=-\mathrm{d}x,$$

$$\arctan y'=-x+C_1.$$

代入初始条件 $y'(0)=1$，得到 $C_1=\dfrac{\pi}{4}$，所以

$$\arctan y'=\frac{\pi}{4}-x,$$

即

$$y'=\tan\left(\frac{\pi}{4}-x\right).$$

积分得

$$y=\ln\left[\cos\left(\frac{\pi}{4}-x\right)\right]+C_2.$$

代入初始条件 $y(0)=1$ 得到

$$C_2=1+\frac{1}{2}\ln 2,$$

所以

$$y=\ln\left[\cos\left(\frac{\pi}{4}-x\right)\right]+1+\frac{1}{2}\ln 2\ \left(-\frac{\pi}{4}<x<\frac{3\pi}{4}\right).$$

易见，当 $y'=0$ 即 $x=\dfrac{\pi}{4}$ 时，y 有极大值 $1+\dfrac{1}{2}\ln 2$.

例 7 设函数 $y(x)(x\geqslant 0)$ 二阶可导，且 $y'(x)>0, y(0)=1$. 过曲线 $y=y(x)$ 上任意一点 $P(x,y)$ 作该曲线的切线及 x 轴的垂线，上述两直线与 x 轴所围成的三角形的面积记为 S_1，区间 $[0,x]$ 上以 $y=y(x)$ 为曲边的曲边梯形面积记为 S_2，并设 $2S_1-S_2=1$，求此曲线 $y=y(x)$ 的方程.

解 点 $P(x,y)$ 的切线方程为 $Y-y=y'(X-x)$，令 $Y=0$，得 $X=x-\dfrac{y}{y'}$. 由于

$y'(x)>0, y(0)=1$，所以 $y>0(x>0)$，从而

$$S_1=\frac{1}{2}y\left(x-x+\frac{y}{y'}\right)=\frac{y^2}{2y'},$$

$$S_2=\int_0^x y(x)\mathrm{d}x.$$

由已知条件 $2S_1-S_2=1$ 得

$$\frac{y^2}{y'}-\int_0^x y\mathrm{d}x=1.$$

令 $x=0$，且有 $y(0)=1$，得

$$y'(0)=1.$$

方程 $\frac{y^2}{y'}=\int_0^x y\mathrm{d}x+1$ 两端对 x 求导得

$$\frac{2y(y')^2-y^2y''}{(y')^2}=y,$$

即 $y(y')^2=y^2y''$，则

$$(y')^2=yy''.$$

令 $y'=p, y''=p\frac{\mathrm{d}p}{\mathrm{d}y}$，代入上述方程得

$$p^2=yp\frac{\mathrm{d}p}{\mathrm{d}y}.$$

解之得 $p=C_1y$，即 $y'=C_1y$. 代入初始条件 $y(0)=1, y'(0)=1$ 得 $C_1=1$，所以 $\frac{\mathrm{d}y}{y}=\mathrm{d}x$. 解之得 $y=C_2\mathrm{e}^x$，代入初始条件 $y(0)=1$ 得 $C_2=1$. 所以，所求的曲线为

$$y=\mathrm{e}^x.$$

例 8 欲向宇宙发射一颗人造卫星，为使其摆脱地球引力，初始速度应不小于第二宇宙速度. 试计算此速度.

解 设人造地球卫星质量为 m，地球质量为 M，卫星的质心到地心的距离为 h. 由牛顿第二定律得

$$m\frac{\mathrm{d}^2h}{\mathrm{d}t^2}=-\frac{GMm}{h^2}\ (G\text{ 为引力系数}). \tag{1}$$

又设卫星的初速度为 v_0，已知地球半径 $R\approx 6.3\times 10^6$ m，则有初值问题

$$\frac{\mathrm{d}^2h}{\mathrm{d}t^2}=-\frac{GM}{h^2}, \tag{2}$$

$$h\Big|_{t=0}=R,\ \frac{\mathrm{d}h}{\mathrm{d}t}\Big|_{t=0}=v_0. \tag{3}$$

设 $\frac{\mathrm{d}h}{\mathrm{d}t}=v(h)$，则 $\frac{\mathrm{d}^2h}{\mathrm{d}t^2}=v\frac{\mathrm{d}v}{\mathrm{d}h}$，代入原方程(2)，得

$$v\mathrm{d}v=-\frac{GM}{h^2}\mathrm{d}h.$$

两端积分，并代入方程(3)得到

$$\frac{1}{2}v^2=\frac{1}{2}v_0^2+GM\left(\frac{1}{h}-\frac{1}{R}\right).$$

欲使卫星摆脱地球引力，应使 $h\to+\infty$. 注意到

$$\lim_{h\to+\infty}\frac{1}{2}v^2=\frac{1}{2}v_0^2-GM\frac{1}{R},$$

为使 $v\geqslant 0$，v_0 应满足

$$v_0\geqslant\sqrt{\frac{2GM}{R}}. \tag{4}$$

因为当 $h=R$(在地面上)时，引力＝重力，即

$$\frac{GMm}{R^2}=mg\ \ (g=9.81\ \mathrm{m/s^2}),$$

故 $GM=R^2g$. 代入式(4)得

$$\begin{aligned}v_0&\geqslant\sqrt{2Rg}=\sqrt{2\times 6.3\times 10^6\times 9.81}\\&\approx 11.2\times 10^3(\mathrm{m/s}).\end{aligned}$$

这说明第二宇宙速度为 11.2 km/s.

例 9 如图 7-3 所示，设位于坐标原点的甲舰向位于 x 轴上点 $A(1,0)$ 处的乙舰发射导弹，导弹始终对准乙舰. 如果乙舰以最大的速度 v_0 沿平行于 y 轴的直线行驶，导弹的速度是 $5v_0$，求导弹运行的曲线. 当乙舰行驶多远时，导弹将它击中？

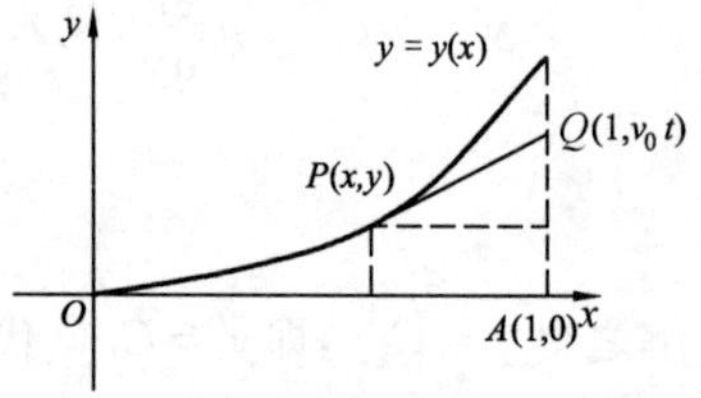

图 7-3

解 假设导弹在 t 时刻的位置为 $P(x(t),y(t))$，乙舰位于 $Q(1,v_0t)$. 由于导弹头始终对准乙舰，故此时直线 PQ 就是导弹的轨迹曲线弧 OP 在点 P 处的切线，即有

$$y'=\frac{v_0t-y}{1-x},$$

即

$$v_0t=(1-x)y'+y. \tag{5}$$

又根据题意，弧 OP 的长度为 AQ 的 5 倍，即

$$\int_0^x\sqrt{1+y'^2}\,\mathrm{d}x=5v_0t. \tag{6}$$

由式(5)、式(6)消去 t 并整理得模型

$$(1-x)y''=\frac{1}{5}\sqrt{1+y'^2}, \tag{7}$$

初值条件为 $y(0)=0$，$y'(0)=0$. 这是一个可降阶的二阶微分方程；利用变量代换的方法可得其解，即导弹的运行轨迹为

$$y=-\frac{5}{8}(1-x)^{\frac{4}{5}}+\frac{5}{12}(1-x)^{\frac{6}{5}}+\frac{5}{24}.$$

当 $x=1$ 时，$y=\frac{5}{24}$，即当乙舰航行到点$\left(1,\frac{5}{24}\right)$处时被导弹击中.

被击中时间为

$$t=\frac{y}{v_0}=\frac{5}{24v_0}.$$

复习题七

一、选择题

1. 下列方程中属于一阶微分方程的是(　　).

(A) $x(y'')^2-2yy'+x=0$　　(B) $(y'')^2+5(y')^4-y^5+x^7=0$

(C) $(x^2-y^2)\mathrm{d}x+(x^2+y^2)\mathrm{d}y=0$　　(D) $xy''+y'+y=0$

2. 方程 $(x+1)(y^2+1)\mathrm{d}x+y^2x^2\mathrm{d}y$ 是(　　).

(A) 齐次方程　　(B) 可分离变量方程

(C) 伯努利方程　　(D) 非齐次线性方程

3. 微分方程 $2y\mathrm{d}y-\mathrm{d}x=0$ 的通解是(　　).

(A) $y^2-x=C$　　(B) $y-\sqrt{x}=C$

(C) $y=x+C$　　(D) $y=-x+C$

4. 已知 $f(x)=\mathrm{e}^{x^2+\frac{1}{x^2}}$，$g(x)=\mathrm{e}^{x^2-\frac{1}{x^2}}$，$h(x)=\mathrm{e}^{\left(\frac{1}{x}-x\right)^2}$，则(　　).

(A) $f(x)$与 $g(x)$线性相关　　(B) $g(x)$与 $h(x)$线性相关

(C) $f(x)$与 $h(x)$线性相关　　(D) 任意两个都线性相关

5. 以 $y_1=\sin x$，$y_2=\cos x$ 为特解的常系数齐次线性方程是(　　).

(A) $y''-y=0$　　(B) $y''+y=0$

(C) $y''-y'=0$　　(D) $y''-y'=0$

6. 微积分方程 $y''+2y'+y=0$ 的通解是(　　).

(A) $y=C_1\cos x+C_2\sin x$　　(B) $y=C_1\mathrm{e}^x+C_2\mathrm{e}^{2x}$

(C) $y=(C_1+C_2x)\mathrm{e}^{-x}$　　(D) $y=C_1\mathrm{e}^x+C_2\mathrm{e}^{-x}$

7. 微分方程 $\frac{\mathrm{d}^2y}{\mathrm{d}x^2}+y=0$ 的通解是(　　).

(A) $y=A\sin x$　　(B) $y=B\cos x$

(C) $y=\sin x+B\cos x$　　(D) $y=A\sin x+B\cos x$

8. 方程 $y^{(4)}+8y''+16y=0$ 的通解是(　　).

(A) $y=(C_1+C_2x)\mathrm{e}^{-2x}+(C_3+C_4x)\mathrm{e}^{2x}$

(B) $y=(C_1+C_2x+C_3x^2+C_4x^3)\mathrm{e}^{2x}$

(C) $y=(C_1+C_2x+C_3x^2+C_4x^3)\mathrm{e}^{2x}$

(D) $y=(C_1+C_2x)\cos 2x+(C_3+C_4x)\sin 2x$

9. $y''-6y'+9y=x^2e^{3x}$ 的一个特解形式是 $y^*=$(　　).

(A) ax^2e^{3x}　　(B) $x^2(ax^2+bx+c)e^{3x}$

(C) $x(ax^2+bx+c)e^{3x}$　　(D) ax^4e^{3x}

10. $y''-5y'+6y=e^x\sin x+6$ 的特解形式可设为(　　).

(A) $e^x(a\cos x+b\sin x)+C$　　(B) $ae^x\sin x+b$

(C) $xe'(a\cos x+b\sin x)+C$　　(D) $ae^x\cos x+b$

11. 若 y_1,y_2 是 $y''+p(x)y'+q(x)y=0$ 的两个特解,则 $y=C_1y_1+C_2y_2$(其中 C_1,C_2 为任意常数)(　　).

(A) 是该方程的通解　　(B) 是该方程的解

(C) 是该方程的特解　　(D) 不一定是该方程的解

12. n 阶微分方程的特解和通解的关系是(　　).

(A) 通解可以由 n 个线性无关的特解经线性组合产生

(B) 任一个特解都可以经通解确定任意常数得到

(C) 通解和特解是微分方程的解,不一定有关系

(D) 通解就是由全部特解组成的解

13. 以 $e^x,e^x\sin x,e^x\cos x$ 为特解的常系数微分方程是(　　).

(A) $y'''-3y''+4y'-2y=0$　　(B) $y'''+3y''-4y'-2y=0$

(C) $y'''+y''-y'+y=0$　　(D) $y'''-y''-y'+y=0$

14. 用待定系数法求方程 $y''+2y'=5$ 的特解时,应设特解(　　).

(A) $y^*=a$　　(B) $y^*=ax^2$

(C) $y^*=ax$　　(D) $y^*=ax^2+bx$

15. 关于微分方程 $\frac{d^2y}{dx^2}+2\frac{dy}{dx}+y=e^x$,下列结论正确的是(　　).

① 该方程是齐次微分方程　　② 该方程是线性微分方程

③ 该方程是常系数微分方程　　④ 该方程是二阶微分方程

(A) ①,②,③　　(B) ①,②,④

(C) ①,③,④　　(D) ②,③,④

二、综合练习 A

1. 验证形如 $yf(xy)dx+xg(xy)dy=0$ 的微分方程,可经变量代换 $v=xy$ 化为可分离变量的方程,并求其通解.

2. 设函数 $y=(1+x)^2u(x)$ 是微分方程 $y'-\frac{2y}{x+1}=(x+1)^3$ 的通解,求函数 $u(x)$.

3. 设一阶线性微分方程 $y'+p(x)y=q(x)$ 有两个线性无关的解 y_1,y_2,若 $c_1y_1+c_2y_2$ 也是该方程的解,证明:$c_1+c_2=1$.

4. 设方程 $y''+p(x)y'+q(x)y=0$ 的系数满足

(1) $p(x)+xq(x)=0$,证明方程有特解 $y=x$;

(2) $1+p(x)+q(x)=0$，证明方程有特解 $y=e^x$.

5. 利用上题结论求方程 $(x-1)y''-xy'+y=0$ 的通解.

6. 已知某二阶非齐次线性微分方程具有下列三个解：

$$y_1=xe^x+e^{2x}, y_2=xe^x+e^{-x}, y_3=xe^x+e^{2x}-e^{-x},$$

求此微分方程及其通解.

三、综合练习 B

1. 用适当代换求解下列微分方程：

(1) $\frac{dy}{dx}=\frac{1}{x+y}$；

(2) $y'=\frac{1}{x-y}+1$；

(3) $xy'+y=y(\ln x+\ln y)$.

2. 设 $f(x)$ 在 $[0,+\infty]$ 上连续，且 $\lim\limits_{x\to+\infty}f(x)=a>0$. 求证：微分方程 $\frac{dy}{dx}+y=f(x)$ 的一切解当 $x\to+\infty$ 时都趋于 a.

3. 假设 $p(x)$ 为以 T 为周期的函数，证明：方程 $y'+p(x)y=0$ 的非零解仍以 T 为周期的充要条件是 $\int_0^T p(x)dx=0$.

4. 设 $f(x)$ 二阶可导，并且 $f'(x)=f(1-x)$，证明 $f(x)$ 满足微分方程 $f''(x)+f(x)=0$，并求 $f(x)$.

5. 设函数 $f(x)$ 连续，且有

$$f(x)=e^x+\int_0^x tf(t)dt-x\int_0^x f(t)dt,$$

求函数 $f(x)$.

6. 把 x 看成因变量，y 看成自变量，变换方程 $y''+(x+e^{2y})y'^3=0$.

7. 设降落伞从跳伞塔下落后，所受空气阻力与速度成正比（比例系数为 k，$k>0$），并设降落伞脱钩时（$t=0$）速度为零. 求降落伞下落速度与时间的函数关系.

8. 一链条悬挂在一钉子上，起动时一端离钉子 8 m，另一端离 12 m，若不计摩擦阻力，求此链条滑过钉子所需要的时间.

参考文献

[1] 吴建成.高等数学[M].3版.北京:高等教育出版社,2013.

[2] 同济大学数学系.高等数学[M].6版.北京:高等教育出版社,2007.

[3] 赵树嫄.微积分——经济应用数学基础(一)[M].3版.北京：中国人民大学出版社,2012.

[4] 吴建成.高等数学[M].2版.北京：机械工业出版社,2014.

附录 A　中学数学基础知识补充

一、常用的中学数学公式

1. 乘法公式

$(a+b)(a^2-ab+b^2)=a^3+b^3$;

$(a-b)(a^{n-1}+a^{n-2}b+\cdots+ab^{n-2}+b^{n-1})=a^n-b^n$,

或$\dfrac{a^n-b^n}{a-b}=a^{n-1}+a^{n-2}b+\cdots+b^{n-1}(n\geqslant 2, n\in\mathbf{N}_+)$.

2. 二项展开式

$$(a+b)^n=\sum_{k=0}^{n}\mathrm{C}_n^k a^{n-k}b^k \quad (n\in\mathbf{N}_+).$$

3. 对数恒等式

$a^{\log_a b}=b$, $\log_a a^b=b \quad (a>0, a\neq 1, b>0)$.

特别地,$\log_a b=\dfrac{\ln b}{\ln a}$, $\mathrm{e}^{\ln b}=b$.

这里 e=2.718 28…为一无理数,ln 是以 e 为底的对数,也称为自然对数.

4. 和(差)角公式

$\sin(\alpha\pm\beta)=\sin\alpha\cos\beta\pm\cos\alpha\sin\beta$;

$\cos(\alpha\pm\beta)=\cos\alpha\cos\beta\mp\sin\alpha\sin\beta$;

$\tan(\alpha\pm\beta)=\dfrac{\tan\alpha\pm\tan\beta}{1\mp\tan\alpha\tan\beta}$.

5. 二倍角公式

$\sin 2\alpha=2\sin\alpha\cos\alpha$;

$\cos 2\alpha=\cos^2\alpha-\sin^2\alpha=2\cos^2\alpha-1=1-2\sin^2\alpha$;

$\tan 2\alpha=\dfrac{2\tan\alpha}{1-\tan^2\alpha}$.

6. 半角公式

$\sin\dfrac{\alpha}{2}=\pm\sqrt{\dfrac{1-\cos\alpha}{2}}$;

$\cos\dfrac{\alpha}{2}=\pm\sqrt{\dfrac{1+\cos\alpha}{2}}$;

$\tan\dfrac{\alpha}{2}=\pm\sqrt{\dfrac{1-\cos\alpha}{1+\cos\alpha}}=\dfrac{\sin\alpha}{1+\cos\alpha}=\dfrac{1-\cos\alpha}{\sin\alpha}$.

7. 和差化积

$\sin\alpha+\sin\beta=2\sin\dfrac{\alpha+\beta}{2}\cos\dfrac{\alpha-\beta}{2}$;

$\sin\alpha-\sin\beta=2\cos\dfrac{\alpha+\beta}{2}\sin\dfrac{\alpha-\beta}{2}$;

$\cos\alpha+\cos\beta=2\cos\dfrac{\alpha+\beta}{2}\cos\dfrac{\alpha-\beta}{2}$;

$\cos\alpha-\cos\beta=-2\sin\dfrac{\alpha+\beta}{2}\sin\dfrac{\alpha-\beta}{2}$.

8. 积化和差

$\sin\alpha\cos\beta=\dfrac{1}{2}[\sin(\alpha+\beta)+\sin(\alpha-\beta)]$;

$\cos\alpha\sin\beta=\dfrac{1}{2}[\sin(\alpha+\beta)-\sin(\alpha-\beta)]$;

$\cos\alpha\cos\beta=\dfrac{1}{2}[\cos(\alpha+\beta)+\cos(\alpha-\beta)]$,特例 $\cos^2\alpha=\dfrac{1+\cos 2\alpha}{2}$;

$\sin\alpha\sin\beta=-\dfrac{1}{2}[\cos(\alpha+\beta)-\cos(\alpha-\beta)]$,特例 $\sin^2\alpha=\dfrac{1-\cos 2\alpha}{2}$;

9. 反三角函数

$y=\arcsin x\Leftrightarrow y\in\left[-\dfrac{\pi}{2},\dfrac{\pi}{2}\right]$ 且 $x=\sin y$;

$y=\arccos x\Leftrightarrow y\in[0,\pi]$ 且 $x=\cos y$;

$y=\arctan x\Leftrightarrow y\in\left(-\dfrac{\pi}{2},\dfrac{\pi}{2}\right)$ 且 $x=\tan y$.

10. 最简三角方程

$\sin x=a(|a|\leqslant 1)$ 的解为 $x=n\pi+(-1)^n\arcsin a\ (n\in\mathbf{Z})$;

$\cos x=a(|a|\leqslant 1)$ 的解为 $x=2n\pi\pm\arccos a\ (n\in\mathbf{Z})$;

$\tan x=a$ 的解为 $x=n\pi+\arctan a\ (n\in\mathbf{Z})$.

二、二阶和三阶行列式简介

设已知 4 个数排成正方形表

$$\begin{bmatrix} a_{11} & a_{12} \\ a_{21} & a_{22} \end{bmatrix},$$

则数 $a_{11}a_{22}-a_{12}a_{21}$ 称为对应于这个表的二阶行列式,用记号

$$\begin{vmatrix} a_{11} & a_{11} \\ a_{21} & a_{22} \end{vmatrix} \tag{1}$$

表示,即

$$\begin{vmatrix} a_{11} & a_{12} \\ a_{21} & a_{22} \end{vmatrix}=a_{11}a_{22}-a_{12}a_{21}.$$

数 $a_{11},a_{12},a_{21},a_{22}$ 叫做行列式(1)的元素，横排叫做行，竖排叫做列. 元素 a_{ij} 中的第一个指标 i 和第二个指标 j 分别表示行数和列数. 例如，元素 a_{21} 在行列式(1)中位于第二行和第一列.

利用行列式，可将方程组

$$\begin{cases} a_{11}x_1+a_{12}x_2=b_1, \\ a_{21}x_1+a_{22}x_2=b_2 \end{cases} \tag{2}$$

的解非常简洁地表示出来.

设

$$D=\begin{vmatrix} a_{11} & a_{12} \\ a_{21} & a_{22} \end{vmatrix}=a_{11}a_{22}-a_{12}a_{21},$$

$$D_1=\begin{vmatrix} b_1 & a_{12} \\ b_2 & a_{22} \end{vmatrix}=b_1 a_{22}-a_{12} b_2,$$

$$D_2=\begin{vmatrix} a_{11} & b_1 \\ a_{21} & b_2 \end{vmatrix}=a_{11}b_2-b_1a_{21},$$

用消去法容易看到，若 $D\neq 0$，则方程组(2)唯一的解为

$$x_1=\frac{D_1}{D},\ x_2=\frac{D_2}{D}. \tag{3}$$

例 1　解方程组

$$\begin{cases} x+y=1, \\ 2x-y=2. \end{cases}$$

解　$D=\begin{vmatrix} 1 & 1 \\ 2 & -1 \end{vmatrix}=-3, D_1=\begin{vmatrix} 1 & 1 \\ 2 & -1 \end{vmatrix}=-3,\ D_2=\begin{vmatrix} 1 & 1 \\ 2 & 2 \end{vmatrix}=0.$

因 $D=-3\neq 0$，故所给方程组有唯一解

$$x=\frac{D_1}{D}=\frac{-3}{-3}=1,\ y=\frac{D_2}{D}=\frac{0}{-3}=0.$$

下面介绍三阶行列式的概念.

设已知 9 个数排成正方形表

$$\begin{bmatrix} a_{11} & a_{12} & a_{13} \\ a_{21} & a_{22} & a_{23} \\ a_{31} & a_{32} & a_{33} \end{bmatrix}$$

则 $a_{11}a_{22}a_{33}+a_{12}a_{23}a_{31}+a_{13}a_{21}a_{32}-a_{13}a_{22}a_{31}-a_{12}a_{21}a_{33}-a_{11}a_{23}a_{32}$ 称为对应于这个表的三阶行列式，用记号

$$\begin{vmatrix} a_{11} & a_{12} & a_{13} \\ a_{21} & a_{22} & a_{23} \\ a_{31} & a_{32} & a_{33} \end{vmatrix}$$

表示，因此

$$\begin{vmatrix} a_{11} & a_{12} & a_{13} \\ a_{21} & a_{22} & a_{23} \\ a_{31} & a_{32} & a_{33} \end{vmatrix} = a_{11}a_{22}a_{33} + a_{12}a_{23}a_{31} + a_{13}a_{21}a_{32} - a_{13}a_{22}a_{31} - a_{12}a_{21}a_{33} - a_{11}a_{23}a_{32}. \quad (4)$$

关于三阶行列式的元素、行、列等概念，与二阶行列式的相应概念类似，不再重复.

利用交换律及结合律，可把式(4)改写如下：

$$\begin{vmatrix} a_{11} & a_{12} & a_{13} \\ a_{21} & a_{22} & a_{23} \\ a_{31} & a_{32} & a_{33} \end{vmatrix} = a_{11}(a_{22}a_{33} - a_{23}a_{32}) - a_{12}(a_{21}a_{33} - a_{23}a_{31}) + a_{13}(a_{21}a_{32} - a_{22}a_{31}).$$

将上式右端三个括号中的式子表示为二阶行列式，则有

$$\begin{vmatrix} a_{11} & a_{12} & a_{13} \\ a_{21} & a_{22} & a_{23} \\ a_{31} & a_{32} & a_{33} \end{vmatrix} = a_{11}\begin{vmatrix} a_{22} & a_{23} \\ a_{32} & a_{33} \end{vmatrix} - a_{12}\begin{vmatrix} a_{21} & a_{23} \\ a_{31} & a_{33} \end{vmatrix} + a_{13}\begin{vmatrix} a_{21} & a_{22} \\ a_{31} & a_{32} \end{vmatrix}.$$

上式称为三阶行列式按第一行的展开式.需要注意的是：第二项为负的，且这些二阶行列式可以通过划掉三阶行列式中第一行各元素所在的行与列得到.

例 2
$$\begin{vmatrix} 2 & 1 & 2 \\ -4 & 3 & 1 \\ 2 & 3 & 5 \end{vmatrix} = 2\times\begin{vmatrix} 3 & 1 \\ 3 & 5 \end{vmatrix} - 1\times\begin{vmatrix} -4 & 1 \\ 2 & 5 \end{vmatrix} + 2\times\begin{vmatrix} -4 & 3 \\ 2 & 3 \end{vmatrix}$$
$$= 2\times 12 - 1\times(-22) + 2\times(-18) = 10.$$

三、复数及其简单应用

1. 复数的概念

当 $\Delta = b^2 - 4ac \geqslant 0$ 时，一元二次方程 $ax^2 + bx + c = 0$ 有实数根

$$x_{1,2} = \frac{-b \pm \sqrt{b^2 - 4ac}}{2a}.$$

但是在 $\Delta < 0$ 的情况下，方程在实数范围内无解.为了对任意的一元二次方程都能求解，必须引入复数概念.

取 i 满足 $\mathrm{i}^2 = -1$，并记 $\mathrm{i} = \sqrt{-1}$，称 i 为虚数单位.对任意的 $x, y \in \mathbf{R}$，称形如 $x + \mathrm{i}y$ 的数为复数，x, y 分别称为复数的实部与虚部.当 $x = 0, y \neq 0$ 时，复数 $y\mathrm{i}$ 称为纯虚数；当 $y \neq 0$ 时，复数 $z = x + \mathrm{i}y$ 称为虚数.全体复数所成的集合 $\{x + \mathrm{i}y \mid x, y \in \mathbf{R}\}$ 称为复数集，记作 $\mathbf{C}$.当 $y = 0$ 时，复数 $x + \mathrm{i}y$ 就成了实数 x，因此实数集 $\mathbf{R} \subset \mathbf{C}$.

当记复数 $z = x + \mathrm{i}y$，复数 $x - \mathrm{i}y$ 称为 $x + \mathrm{i}y$ 的共轭复数，并记作 $\overline{x + \mathrm{i}y}$ 或 $\bar{z}$.

当 $x_1 = x_2$ 且 $y_1 = y_2$ 时，称复数 $x_1 + \mathrm{i}y_1$ 与 $x_2 + \mathrm{i}y_2$ 相等，并记作 $x_1 + \mathrm{i}y_1 = x_2 + \mathrm{i}y_2$.

2. 复数的代数运算

由于实数是复数的特例，因此复数的四则运算的方法和运算律，应与实数的四则运算的方法和运算律相符.

两个复数 $z_1 = x_1 + \mathrm{i}y_1, z_2 = x_2 + \mathrm{i}y_2$ 的四则运算定义如下：

(1) 加减法 $z_1 \pm z_2 = (x_1 + \mathrm{i}y_1) \pm (x_2 + \mathrm{i}y_2) = (x_1 \pm x_2) + \mathrm{i}(y_1 \pm y_2)$.

(2) 乘法 $z_1 \cdot z_2 = (x_1 + \mathrm{i}y_1) \cdot (x_2 + \mathrm{i}y_2) = (x_1x_2 - y_1y_2) + \mathrm{i}(x_1y_2 + x_2y_1)$.

由共轭复数的定义和复数的乘法可得 $z_1 \cdot \overline{z_1} = x_1^2 + y_1^2$, $\overline{z_1 \cdot z_2} = \overline{z_1} \cdot \overline{z_2}$.

(3) 除法 $\dfrac{z_2}{z_1} = \dfrac{z_2 \cdot \overline{z_1}}{z_1 \cdot \overline{z_2}} = \dfrac{x_1x_2 + y_1y_2}{x_1^2 + y_1^2} + \mathrm{i}\,\dfrac{x_1y_2 - x_2y_1}{x_1^2 + y_1^2}$ $(z_1 \neq 0)$.

复数的四则运算和实数的四则运算一样，先乘除、后加减，并有以下的运算律：

设 $z_1, z_2, z_3 \in \mathbf{C}$，则

(1) 交换律 $z_1 + z_2 = z_2 + z_1$, $z_1 \cdot z_2 = z_2 \cdot z_1$;

(2) 结合律 $z_1 + (z_2 + z_3) = (z_1 + z_2) + z_3$, $z_1 \cdot (z_2 \cdot z_3) = (z_1 \cdot z_2) \cdot z_3$;

(3) 分配律 $z_1 \cdot (z_2 + z_3) = z_1 \cdot z_2 + z_1 \cdot z_3$.

例 3 求 $\dfrac{1}{2-3\mathrm{i}} \cdot \dfrac{1}{1+\mathrm{i}}$.

解 $\dfrac{1}{2-3\mathrm{i}} \cdot \dfrac{1}{1+\mathrm{i}} = \dfrac{1}{(2-3\mathrm{i}) \cdot (1+\mathrm{i})} = \dfrac{1}{5-\mathrm{i}} = \dfrac{5+\mathrm{i}}{5^2+1^2} = \dfrac{5}{26} + \dfrac{1}{26}\mathrm{i}$.

例 4 解方程 $x^2 + 2x + 2 = 0$.

解 由二次方程的求根公式直接可得

$$x_{1,2} = \frac{-2 \pm \sqrt{2^2 - 4 \times 1 \times 2}}{2 \times 1} = -1 \pm \mathrm{i}.$$

3. 复数的三角表达式

复数 $z = x + \mathrm{i}y$ 称为复数 z 的代数表达式，下面从几何上介绍复数的三角形式. 复数 $z = x + \mathrm{i}y$ 实质上由一对有序实数 (x, y) 唯一确定，如果 x 轴上的单位是实数 1，y 轴上的单位是虚数单位 i，这样复数集 $\mathbf{C}$ 和 Oxy 面上的点 $M(x, y)$ 之间一一对应. 如果用 Oxy 面上的点表示复数，那么 Oxy 面就称为复平面. 这时，实数集与横轴上的点所成的集一一对应，因此把横轴称为实轴；一切纯虚数所成的集与纵轴上的一切点（除 0 外）所成的集一一对应，因此把纵轴称为虚轴. 复数 $z = x + \mathrm{i}y$ 除了可以用复平面上的点 $M(x, y)$ 表示外，还可用复平面上的向量 $\overrightarrow{OM}$ 表示，并称向量 $\overrightarrow{OM}$ 为复向量 z. 向量 $\overrightarrow{OM}$ 的模称为复数 z 的模，记作 $|z|$，显然 $|z| = \sqrt{x^2 + y^2}$. 实轴的正向到复向量 z 的角 θ 称为复数 z 的辐角，记作 $\operatorname{Arg} z$. 对一个取定的复数 z，辐角 $\operatorname{Arg} z$ 有相差 $2k\pi(k \in \mathbf{Z})$ 的无穷多种情形. 如果辐角 θ_0 满足 $-\pi < \theta_0 \leqslant \pi$，则称 θ_0 为复数 z 的辐角的主值，记作 $\arg z$，如图 A-1 所示.

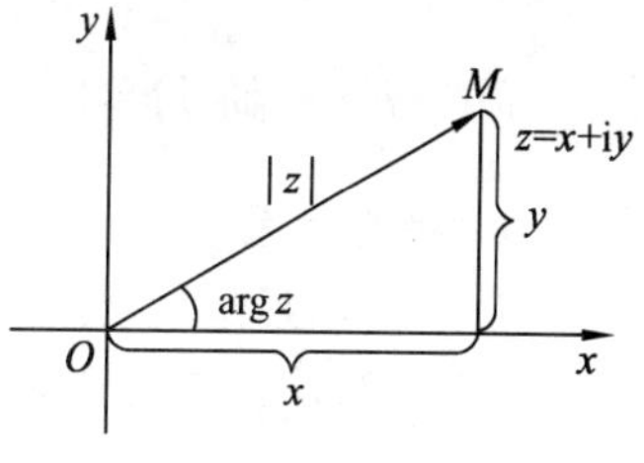

图 A-1

对复数 $z = x + \mathrm{i}y$，由图 A-1 可见，

$$x = |z|\cos(\operatorname{Arg} z),\quad y = |z|\sin(\operatorname{Arg} z),$$

因此

$$z = |z|[\cos(\operatorname{Arg} z) + \mathrm{i}\sin(\operatorname{Arg} z)]. \tag{5}$$

式(5)称为复数 z 的三角表示式.

例 5　设 θ 为复数 z 的一个辐角,证明 $z^2=|z|^2(\cos 2\theta+\mathrm{i}\sin 2\theta)$.

证　由式(5)得,

$$z=|z|(\cos\theta+\mathrm{i}\sin\theta)$$

根据复数的乘法,得

$$z^2=|z|^2(\cos\theta+\mathrm{i}\sin\theta)^2=|z|^2(\cos^2\theta-\sin^2\theta+2\mathrm{i}\sin\theta\cos\theta)=|z|^2(\cos 2\theta+\mathrm{i}\sin 2\theta).$$

4. 欧拉公式和复数的指数表达式

为了应用的需要,下面介绍重要的欧拉公式.

对任意的实数 θ,有

$$e^{\mathrm{i}\theta}=\cos\theta+\mathrm{i}\sin\theta. \tag{6}$$

式(6)称为欧拉(Euler)公式.

对复数 z,由式(5)和式(6),有

$$z=|z|e^{\mathrm{i}\operatorname{Arg} z}. \tag{7}$$

式(7)称为复数的指数表达式.

需要指出,实数中幂的运算法则在复数中也成立. $\forall\alpha\in\mathbf{R}$,由式(6)和式(7)有

$$z^\alpha=|z|^\alpha[\cos(\alpha\operatorname{Arg} z)+\mathrm{i}\sin(\alpha\operatorname{Arg} z)]. \tag{8}$$

特别地,$\theta\in\mathbf{R}$,$n\in\mathbf{N}_+$ 时,由式(8)有

$$(\cos\theta+\mathrm{i}\sin\theta)^n=\cos n\theta+\mathrm{i}\sin n\theta. \tag{9}$$

式(9)即复数中有名的棣莫弗(De Moivre)公式.

例 6　将复数 $1+\mathrm{i}\sqrt{3}$ 化为三角表示式和指数表示式.

解　由 $|1+\mathrm{i}\sqrt{3}|=\sqrt{1+3}=2$,$\cos\theta=\dfrac{1}{2}$,$\sin\theta=\dfrac{\sqrt{3}}{2}$;故 $\arg z=\dfrac{\pi}{3}$,$1+\mathrm{i}\sqrt{3}$ 的三角表示式和指数表示式为

$$1+\mathrm{i}\sqrt{3}=2\left(\cos\frac{\pi}{3}+\mathrm{i}\sin\frac{\pi}{3}\right)=2e^{\mathrm{i}\frac{\pi}{3}}.$$

四、极坐标介绍

1. 极坐标系

直角坐标系是最常用的一种坐标系,但它并不是用数来描写点的位置的唯一方法. 例如,炮兵射击目标时常常指出目标的方位和距离,用方向和距离描写点的位置,这是另一坐标系——极坐标系的基本思想.

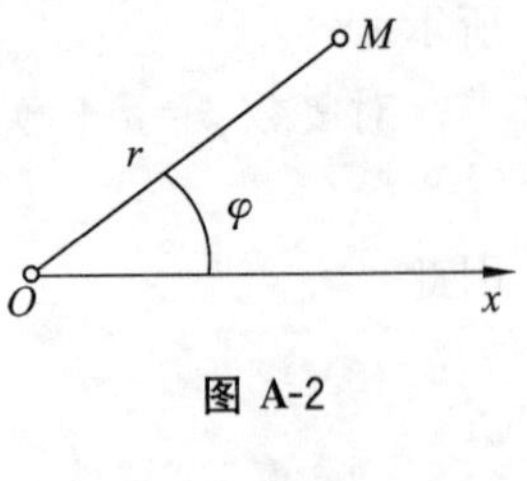

图 A-2

在平面上取一个定点 O,由点 O 出发的一条射线 Ox、一个长度单位及计算角度的一个正方向(反时针方向或顺时针方向,通常取反时针方向),合称为一个极坐标系. 平面上任一点 M 的位置可以由 OM 的长度 r 和从 Ox 到 OM 的角度 φ 刻画(见图 A-2). 这两个数 (r,φ) 合称为点 M 在该极坐标系中的极

坐标，点 O 称为极坐标系的极点，Ox 称为极轴.

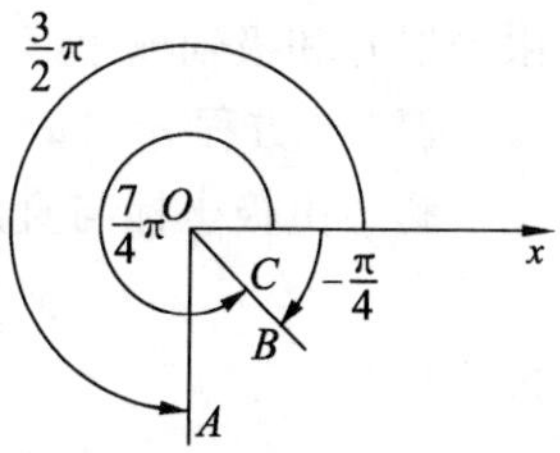

图 A-3

例 7　在极坐标系中，画出点 $A\left(4,\frac{3\pi}{2}\right)$，$B\left(3,-\frac{\pi}{4}\right)$，$C\left(2,\frac{7\pi}{4}\right)$的位置.

解　结果如图 A-3 所示.

点 M 的第一个极坐标 r 一般不取负值，当 $r=0$ 时，点 M 就与极点重合. 所以极点的特征是 $r=0$，φ 不定. 由于绕点 O 转一圈的角度是 2π，所以在极坐标中(r,φ)与$(r,\varphi+2k\pi)$（k 为整数）代表同一个点. 由此可见，点与它的极坐标的关系不是一对一的，这是极坐标与直角坐标不同的地方，应该注意.

如果限定 $r\geqslant0$，$-\pi<\varphi\leqslant\pi$（或 $0\leqslant\varphi<2\pi$），那么 φ，r 就被点 M 唯一确定（$M=0$ 时除外）.

极坐标的应用范围极为广泛，如机械中凸轮的设计、力学中行星的运动、物理中关于圆形物体的形变、温度分布、波的传播等各种问题常借助于极坐标来研究.

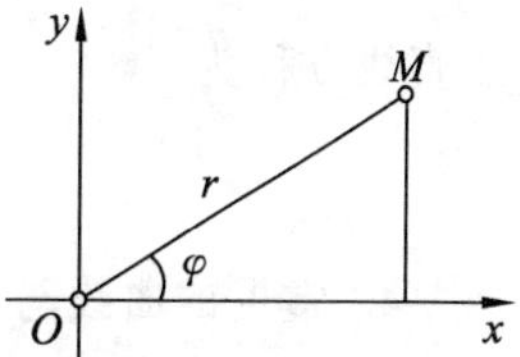

图 A-4

2. 极坐标与直角坐标的关系

设在平面上取定了一个极坐标系，以极轴为 x 轴，以 $\varphi=\frac{\pi}{2}$ 的射线为 y 轴，得到一个直角坐标系（见图 A-4）.

于是平面上任一点 M 的直角坐标(x,y)与极坐标之间有下列关系：

$$\begin{cases}x=r\cos\varphi,\\ y=r\sin\varphi,\end{cases}\tag{10}$$

所以

$$\begin{cases}r=\sqrt{x^2+y^2},\\ \cos\varphi=\dfrac{x}{\sqrt{x^2+y^2}},\\ \sin\varphi=\dfrac{y}{\sqrt{x^2+y^2}},\\ \tan\varphi=\dfrac{y}{x}\text{（如果 }M\text{ 不在 }y\text{ 轴上）}.\end{cases}\tag{11}$$

3. 曲线的极坐标方程

极坐标也是用一对实数来描写点的位置的一种方法，因而也建立了方程和图形之间的一种对应关系.

定义　设取定了平面上的一个极坐标系，方程

$$F(r,\varphi)=0$$

称为一条曲线的极坐标方程，如果该曲线是由极坐标(r,φ)满足方程的点所组成的.

曲线的极坐标方程反映了曲线上点的极坐标 r 与 φ 之间的相互制约关系. 如方程 $r=r_0>0$ 表示以极点为圆心，r_0 为半径的圆周；方程 $\varphi=\varphi_0$ 表示以极点为端点，另一端无

限伸展并和极轴成 φ_0 角的射线.

例 8 方程 $r=2a\cos\varphi(a>0)$ 表示什么样的图形?

解 由极坐标与直角坐标之间的关系有

$$x^2+y^2=r^2=2ar\cos\varphi=2ax.$$

配方得

$$(x-a)^2+y^2=a^2,$$

因此,方程 $r=2a\cos\varphi$ 表示以点 $(a,0)$ 为圆心,半径为 a 的圆周,如图 A-5 所示.

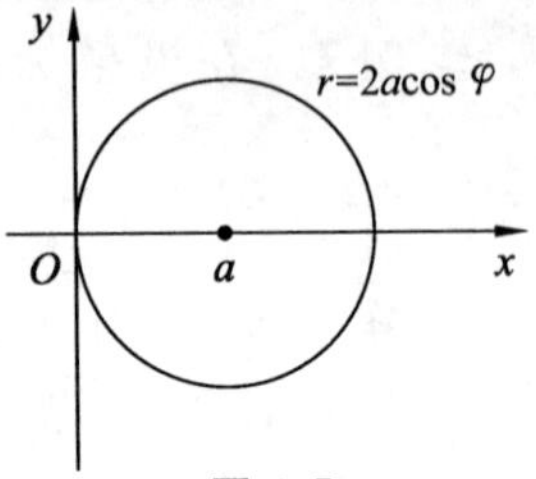

图 A-5

例 9 求直线 $x+y=1$ 的极坐标方程.

解 由关系式(10)可得

$$r(\cos\varphi+\sin\varphi)=1,$$

故直线方程为

$$r=\frac{1}{\cos\varphi+\sin\varphi}.$$

4. 常见的曲线与极坐标方程

我们列出常见的极坐标系下的曲线形状与方程,如图 A-6 至图 A-11 所示.

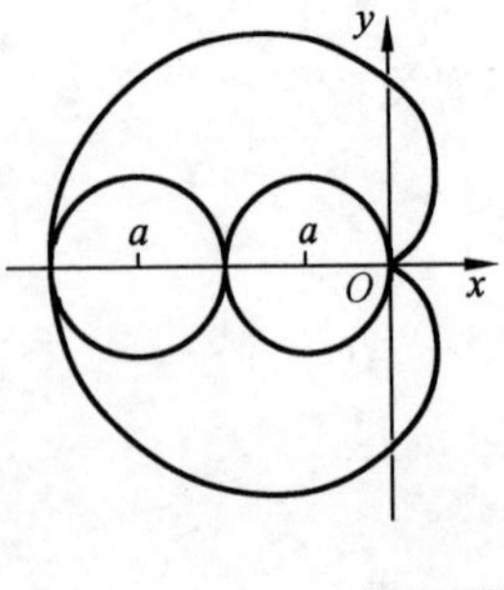

$x^2+y^2+ax=a\sqrt{x^2+y^2}$

$r=a(1-\cos\theta)$

图 A-6 心形线

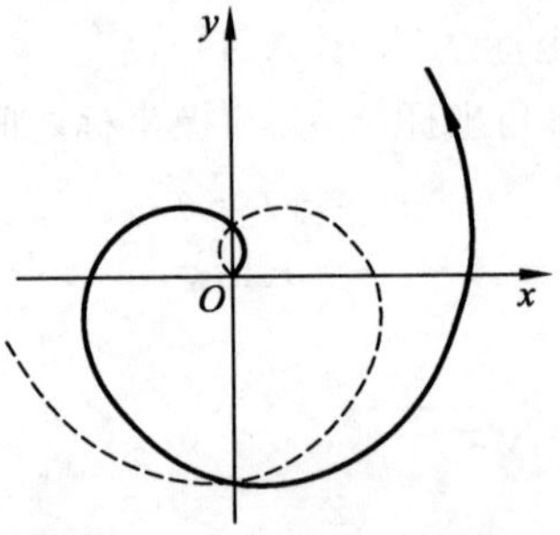

$r=a\theta$

图 A-7 阿基米德螺线

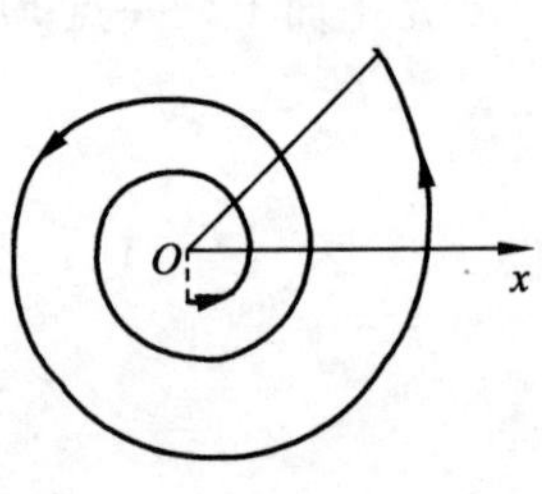

$r=e^{a\theta}$

图 A-8 对数螺线

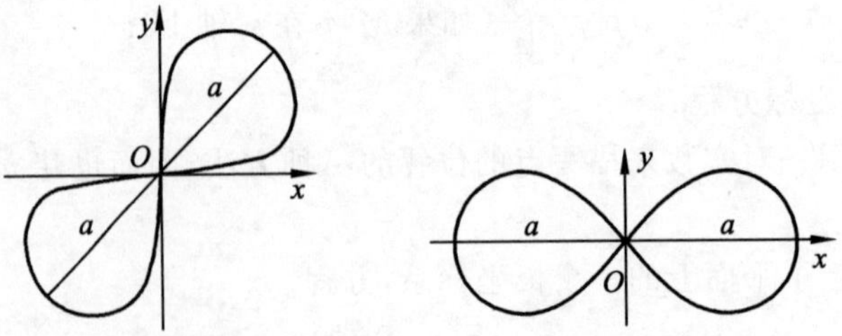

$(x^2+y^2)^2=2a^2xy$

$r^2=a^2\sin 2\theta$

$(x^2+y^2)^2=a^2(x^2-y^2)$

$r^2=a^2\cos 2\theta$

图 A-9 伯努利双纽线

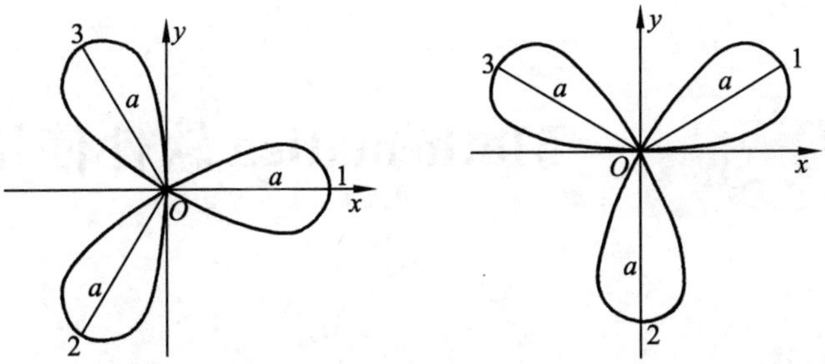

$r=a\cos 3\theta$　　　　$r=a\sin 3\theta$

图 A-10　三叶玫瑰线

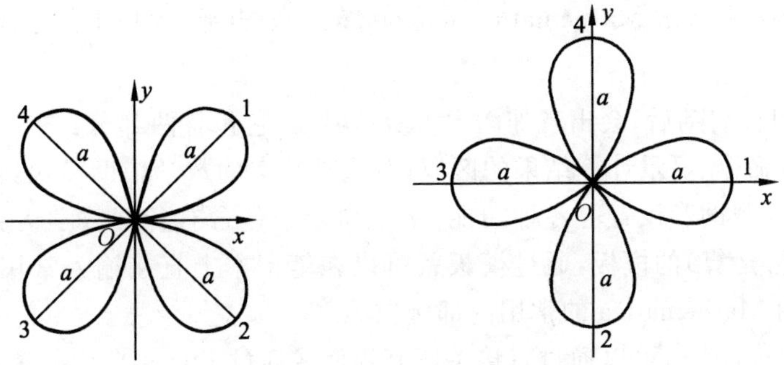

$r=a\sin 2\theta$　　　　$r=a\cos 2\theta$

图 A-11　四叶玫瑰线

附录 B Mathematica 软件使用简介

一、基本操作

1. 启动 Mathematica

在 Windows 中双击 Mathematica 的图标或从“开始”菜单下的程序菜单中选中相应的程序.

Mathematica 启动后，会出现如图 B-1 所示界面，它包含两部分：左边是一个新的笔记本，是所输入命令、显示计算结果的区域；右边是基本的数学辅助模块，含有计算器、基本的命令、排版、帮助和设置等各种功能. 基本命令中包含有各种数学运算（如常见的微积分运算和矩阵运算）的模板，通过模板就可以在笔记本上直接输入常用的数字符号和表达式，或调用 Mathematica 的常用内部函数等.

退出 Mathematica，可以通过直接关闭其界面或通过 File 菜单中的选项 Exit 实现.

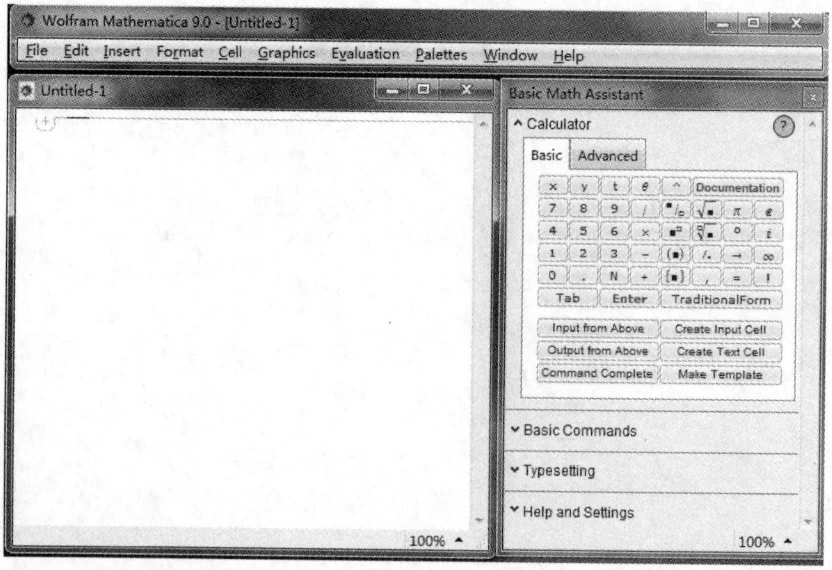

图 B-1

2. 用 Mathematica 进行计算

用 Mathematica 进行一些简单的计算或运算非常方便，只要把需运算的表达式在笔记本窗口中逐行输入，然后同时按下 Shift 与 Enter 两个键或仅按下数字小键盘中的 Enter 键，则 Mathematica 就会给出相应的计算结果.

例 1　用 Mathematica 计算 9.7^{200}.

方法一　直接在笔记本窗口中输入 9.7^200，并按下“Shift＋Enter”键即可. 结果如下：

```
In[1]: = 9.7^200
Out[1] = 2.26124 × 10^197.
```

说明　In[n]表示第 n 个输入，上面的 In[1]表示第 1 个输入. 相应地，Out[n]或%n 表示第 n 个输出. 为了简洁，下面在介绍输入形式和输出结果时，把输入语句和输出结果列在一起，中间用逗号隔开；在实际操作时，是输入一个语句，按下数字小键盘中的 Enter 键就会给出一个输出结果.

方法二　点击基本输入模板(Basic Input Palette)中的■□按钮，则■□出现在当前的笔记本窗口中，通过 Tab 键来切换光标位置，并输入相应的内容，最后按下“Shift＋Enter”键，输入形式为 In[2]:＝9.7^{200}，执行结果和第一种方式相同.

说明　有时输入的指令可能需计算很长时间，或者由于不小心还会造成无限循环，那么为了中断计算，可以使用快键“Alt＋.”或者使用菜单命令“Kernel→Abort Evaluation”.

二、基本运算

1. Mathematica 的一些规定

(1) 区分字母的大小写

所有的 Mathematica 命令都是以大写字母开头的，而其中有些命令(如：FindRoot)要使用多个大写字母，为了避免冲突，用户定义的符号最好都用小写字母开头.

(2) 不同的括号有不同的用途

方括号：用于函数参数指定. 如用 Mathematica 计算正弦函数在 x 处的值时，应输入为 Sin[x]，而不是 Sin(x).

圆括号：表示组合. 如(2＋3)＊4，不要输入[2＋3]＊4.

大括号：表示列表. 如{1, 2, 3, 4}表示一个数表.

(3) 标点

逗号：用来分隔函数的参数.

分号：加在指令的后面来避免显示该命令的计算(运算)结果，但命令仍被执行.

(4) 运算符号

符号＋、－、＊、/分别表示加、减、乘、除. 符号^表示乘方运算符号，如 2^3，表示 2 的 3 次方.

乘法运算还可以用符号×表示，也可省略符号. 需注意以下两点：

① a＊b，a b，a(b＋1)均代表乘法，分别为 a×b，a×b，a×(b＋1).

② 2a，2×a，2＊a，2 a 均表示 2 与 a 相乘，而 ab 并不表示 a 与 b 相乘，它表示单个符号，这个符号以 a 开头 b 结尾.

2. 函数

(1) 常用数学函数

Sin[x], Cos[x], Tan[x],Cot[x], Sec[x], Csc[x], ArcSin[x], ArcCos[x], ArcTan[x], ArcCot[x], ArcSec[x],ArcCse[x] 为常见的三角函数和反三角函数,这与通常使用的符号一致. 其他的函数有:Exp[x] 表示 e^x; Log[x]表示 $\ln x$; Log[a,x] 表示 $\log_a x$; Sqrt[x] 表示$\sqrt{x}$; Abs[x]表示求实数的绝对值或复数的模; Sign[x]表示符号函数; Max[x_1,x_2,…] 表示求一组数的最大值; Min[x_1,x_2,…]求一组数的最小值;等等. 读者可查阅 Mathematica 教程了解其他函数的使用方法.

(2) 数学函数的使用

如果输入 Sin[2],输出仍是准确值 Sin[2]. 当输入 Sin[2.0]时,或输入 N[Sin[2]]时,Mathematica 输出近似值. 如输入

In[1]: = Sin[2], In[2]: = Sin[2.0], In[3]: = N[Sin[2]].

则执行结果为 Out[1] = Sin[2]Out[2] = ,Out[3] = 0.909297.

(3) 自定义函数及使用

例 2 自定义一元函数 $f(x)=x^3+bx+c$ 和二元函数 $f(x,y)=x^2+y^2$.

解 输入 In[1]: = f[x_]: = x^3 + b * x + c,In[2]: = f[1], In[3]: = f[t + 1].

执行结果为 Out[2] = 1 + b + c,Out[3] = c + b(1 + t) + $(1 + t)^3$.

输入 In[1]: = f[x_,y_]: = x^2 + y^2,In[2]: = f[2,3],In[3]: = f[x - 1,y - 1].

执行结果为 Out[2] = 13,Out[3] = $(-1 + x)^2 + (-1 + y)^2$.

三、二维图形

在平面直角坐标系中绘制函数 $y=f(x)$图形的 Mathematica 函数是 Plot,其调用格式如下:

- Plot[f[x],{x,a,b}]绘制函数 $f(x)$在[a,b]内的图形;
- Plot[f_1[x],f_2[x],…},{x,a,b}]同时绘制多个函数的图形.

例 3 在同一个坐标系中绘制 $\sin x$,$\cos x$ 在[0,2π]上的图形.

解 输入 In[1]: = Plot[{Sin[x],Cos[x]},{x,0,2π}]

执行结果如图 B-2 所示.

Mathematica 的许多函数都有可选参数,绘图函数也一样有可选参数,如何正确选择这些参数及如何画出二维图形和三维图形,读者可通过 Mathematica 的帮助功能来自行学习掌握绘图软件的用法.

例 4 使用可选参数画出函数 $\tan x$ 在区间[$-\pi$,π]上的图形.

解 输入 In[1]: = Plot[Tan[x],{x, - π,π},PlotRange→{ - 10.10]

执行结果如图 B-3 所示. 注意本例中的函数有无穷间断点.

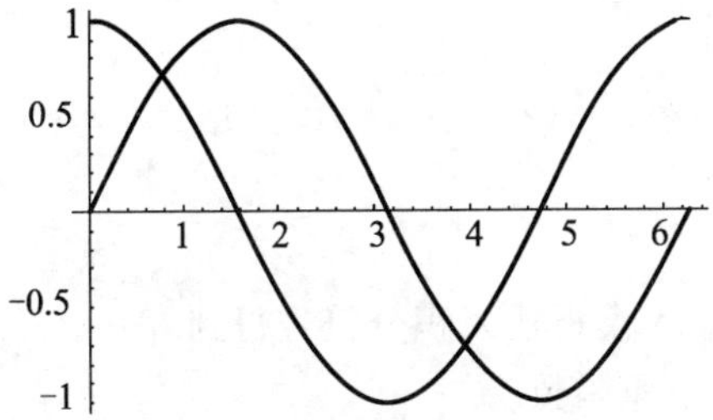

图 B-2

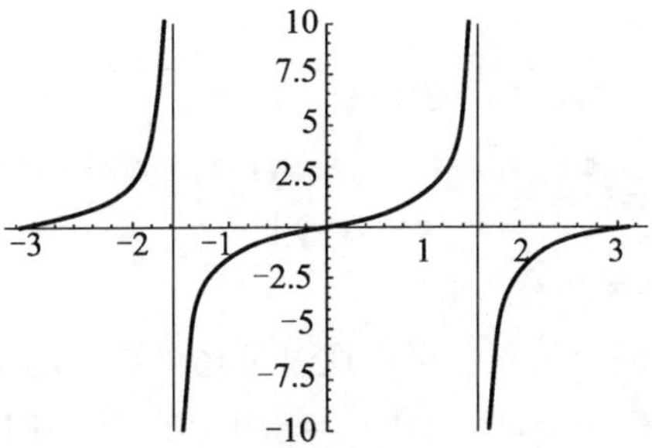

图 B-3

四、Mathematica 在微积分中的应用

1. 求极限

语句 Limit[f[x],x→x_0]为求函数 $f(x)$ 当 $x\to x_0$ 时的极限. 对于其他形式求极限的语句,仅用例子说明如下.

例 5 求下列极限:

(1) $\lim\limits_{x\to 0}\dfrac{\sin x}{x}$; (2) $\lim\limits_{x\to\infty}\left(1+\dfrac{1}{2x}\right)^x$; (3) $\lim\limits_{x\to 0^-}e^{\frac{1}{x}}$; (4) $\lim\limits_{x\to 0^+}e^{\frac{1}{x}}$.

解 输入

In[1]:= Limit$\left[\dfrac{\text{Sin[x]}}{\text{x}},\text{x}\to 0\right]$,

In[2]:= Limit[(1 + 1/(2x))^x,x→∞],

In[3]:= Limit[Exp$\left[\dfrac{1}{\text{x}}\right]$,x→0,Direction→1],

In[4]:= Limit[Exp$\left[\dfrac{1}{\text{x}}\right]$,x→0,Direction→ - 1].

执行结果为 Out[1] = 1,Out[2] = $\sqrt{e}$,Out[3] = 0,Out[4] = ∞.

说明 In[3]和 In[4]中,Driection→1 表示求左极限,Driection→−1 表示求右极限.

2. 求导数

语句 D[f,Var]为求函数 f 对自变量 Var 的偏导数.

语句 D[f,x_1,x_2,…]为求函数 f 对自变量 $x_1,x_2,\cdots$混合偏导数.

语句 D[f,{x_1,n_1},{x_2,n_2},…]为求函数 f 对自变量 $x_1,x_2,\cdots$的 $n_1,n_2,\cdots$阶的混合偏导数.

例 6 求下列函数的导数:

(1) $y=2x^3+3x+1$,求 y'; (2) $u=f(x+y,xy)$,求$\dfrac{\partial^2 u}{\partial x\partial y}$.

解 输入

In[1]:= D[2x^3 + 3x + 1,x],

In[2]:= D[f[x + y,x * y],x,y]

执行结果为

Out[1] = 3 + 6x^2,

Out [2] = f$^{(0,1)}$[x + y,xy] + xf$^{(1,1)}$[x + y,xy] + y(xf$^{(0,2)}$[x + y,xy] + f$^{(1,1)}$[x + y,xy]) + f$^{(2,0)}$[x + y,xy].

3. 求积分

求函数的积分可以通过下述函数或基本输入模板输入积分符号得到.

语句 Integrate[f[x],x]用于求 $f(x)$的一个原函数.

语句 Integrate[f[x],{x,a,b}]用于求 $\int_a^b f(x)\mathrm{d}x$.

语句 Integrate[f[x,y],{x,a,b},{y,y_1,y_2}]用于求 $\int_a^b \mathrm{d}x\int_{y_1(x)}^{y_2(x)} f(x,y)\mathrm{d}y$，多重积分类似.

例 7 计算下列积分：

(1) $\int x\sin x\mathrm{d}x$； (2) $\int f(x)f'(x)\mathrm{d}x$； (3) $\int_1^{+\infty} \mathrm{e}^{-2x}\mathrm{d}x$；

(4) $\int_0^R \mathrm{d}x\int_0^{\sqrt{R^2-x^2}} \sqrt{R^2-x^2}\mathrm{d}y$； (5) 求$\int_0^{2\pi} \sin^2 x\mathrm{d}x$ 的近似值.

解 输入

```
In[1]: = Integrate[x * Sin[x],x],
In[2]: = ∫f[x] * f´[x]dx,
In[3]: = Integrate[Exp[ - 2x],{x,1, + ∞ }],
In[4]: = Integrate[Sqrt[R^2 - x^2],{x,0,R},{y,0,sqrt[R^2 - x^2]}],
In[5]: = NIntegrate[Sin[x]^2,{x,0,2Pi}].
```

执行结果为

Out[1] = - xCos[x] + Sin[x], Out[2] = $\frac{\text{f[x]}^2}{2}$,Out[3] = $\frac{1}{2\text{e}^2}$,

Out[4] = $\frac{2\text{R}^3}{3}$,Out[5] = 3.14159.

4. 无穷级数求和

语句 Sum[f[i],{i,imin,imax}]表示求 $\sum_{i=imin}^{imax} f(i)$. 其中 $i$min 可以是 $-\infty$，$i$max 可以是 ∞(即 $+\infty$)，但必须满足 $i$min $\leqslant$ $i$max. 此外，利用基本输入模板也可以求得上述和.

例如，语句 In[1]: = Sum[1/i^2,{i,1,∞}] 表示求级数 $\sum_{i=1}^{\infty} \frac{1}{i}$.

5. 将函数展为幂级数

语句 Series[f[x],{x,x_0,n}]表示将 $f(x)$在 x_0 处展成幂级数，直到 n 次为止. 例如，语句In[1]:=Series[Sin[x],{x,0,10}]表示将 $\sin x$ 展成 x 的幂级数，展开到第 10 项.

6. 解常微分方程(组)

语句 DSolve[equ,y[x],x]为求方程 *equ* 的通解 $y(x)$,其中 x 为自变量;

语句 DSolve[{equ,y[x_0]==y_0},y[x],x]为求满足条件 $y(x_0)=y_0$ 的特解 $y(x)$;

语句 NDSolve[{equ,y[x_0]==y_0},y[x],x]为求满足条件 $y(x_0)=y_0$ 的特解 $y(x)$ 的近似解;

语句 DSolve[{equ1,equ2,…},{y_1[x],y_2[x],…},x]为求方程组的通解;

语句 DSolve[{equ1,…,y_1[x_0]==y_{10},…},{y_1[x],…},x]为求方程组的特解.

输入微分方程时要注意:

(1) 未知函数总带自变量;

(2) 等号用连续键入"=="表示;

(3) 导数符号用键盘上的撇号,连续两撇表示二阶导数.类似地,可以输入三阶导数等.当求微分方程的数值解时,输出的结果为两个数组 x,y 的对应值,可通过绘图语句了解曲线的形状.

例 8　求下列微分方程的通解或特解:

(1) $y'+2xy=x$,求通解;　　(2) $y''+2y'+y=x$,求通解;

(3) $y'=2xy,y(0)=1$,求特解.

解　输入 In[1]:= DSolve[y'[x] + 2x * y[x] == x,y[x],x],结果为

$$\left\{\left\{y[x]\to\frac{1}{2}+e^{-x^2}c[1]\right\}\right\};$$

In[2]:= DSolve[y''[x] + 2 * y'[x] + y[x] == x,y[x],x],结果为

$$\{\{y[x]\to e^{-x}(e^{x}(-2+x)+c[1]+xc[2])\}\};$$

In[3]:= DSolve[{y'[x] == 2x * y,y[0] == 1},y[x],x],结果为

$$\{\{y[x]\to 1+x^2y\}\}.$$

说明　结果中的 c[1],c[2]代表积分常数.